中国轻工业“十三五”规划教材
高等学校食品质量与安全专业适用教材

食品包装学

杨开　董同力嘎　主编

中国轻工业出版社

图书在版编目（CIP）数据

食品包装学/杨开，董同力嘎主编．—北京：中国轻工业出版社，2024.7
中国轻工业“十三五”规划教材　全国高等学校食品质量与安全专业适用教材
ISBN 978-7-5184-2207-4

Ⅰ．①食…　Ⅱ．①杨…②董…　Ⅲ．①食品包装—高等学校—教材
Ⅳ．①TS206

中国版本图书馆 CIP 数据核字（2018）第 295481 号

责任编辑：马　妍　　责任终审：孟寿萱　　整体设计：锋尚设计
策划编辑：马　妍　　责任校对：晋　洁　　责任监印：张　可

出版发行：中国轻工业出版社（北京鲁谷东街 5 号，邮编：100040）
印　　刷：三河市国英印务有限公司
经　　销：各地新华书店
版　　次：2024 年 7 月第 1 版第 5 次印刷
开　　本：787×1092　1/16　印张：18
字　　数：410 千字
书　　号：ISBN 978-7-5184-2207-4　定价：42.00 元
邮购电话：010-85119873
发行电话：010-85119832　　010-85119912
网　　址：http：//www.chlip.com.cn
Email：club@chlip.com.cn

241231J1C105ZBQ

高等学校食品质量与安全专业教材
编审委员会

本书编审委员会

主　　编　杨　开（浙江工业大学）

　　　　　董同力嘎（内蒙古农业大学）

副 主 编　袁亚宏（西北农林科技大学）

　　　　　孙玉敬（浙江工业大学）

　　　　　孙炳新（沈阳农业大学）

参编人员　（以姓氏汉语拼音排序）

　　　　　蔡路昀（中国计量大学）

　　　　　丁　甜（浙江大学）

　　　　　金建昌（浙江树人大学）

　　　　　庞林江（浙江农林大学）

　　　　　杨海花（西北农林科技大学）

　　　　　云雪艳（内蒙古农业大学）

主　　审　孙培龙（浙江工业大学）

序 | Preface

食品包装是食品工业体系的重要组成部分,在生产、流通、消费过程中发挥着不可或缺的作用。包装作为食品的“衣物”，在原材料、辅料和工艺等方面也影响着食品的质量与安全。而食品的质量与安全不仅关系到广大人民群众的健康，而且影响社会稳定和经济发展。随着科技发展，各类新型食品包装材料和技术方法在提高产业水平的同时，包装本身也存在潜在的安全风险，食品包装的质量安全已得到广泛关注，国内外市场对其要求也日趋严格。

食品质量与安全作为新兴专业，为了适应当前经济发展，尤其需要加强专业建设和人才培养。中国轻工业出版社组织从事一线教学的中青年教师编写了首本食品质量与安全专业的《食品包装学》教材。本教材突出食品质量与安全的专业特色，既传承了食品包装学经典的内容，也体现了与相关专业的差异性。在介绍常规的食品包装材料、原理、技术等内容的基础上，重点突出食品包装相关的质量与安全知识，较详细地阐述了食品包装安全、食品包装中的物质迁移理论与规律、食品包装材料安全性检测与评价等其他食品包装学教材较少涉及的内容，并反映了当代食品包装的前沿成果和发展方向。

本书兼具专业性、科学性、成熟性、新颖性和实用性等特点，可为食品质量与安全专业本科生今后从事食品包装相关的实际工作、解决各类技术问题打下基础。同时，本书也可作为食品与包装相关专业的科研、设计、生产的技术人员和商贸流通领域有关经营管理人员的实用参考书。

本教材的顺利出版，为我国食品质量与安全专业高等教育水平的提高产生积极作用。

叶兴乾

浙江大学　教授/博导

2019 年 3 月

前言 | Preface

食品是人类赖以生存和发展的最基本物质基础，食品包装是食品工业的重要环节，与食品加工、贮藏、流通与消费等诸多环节密切相连。食品质量与安全关系国计民生和社会稳定，近几十年来，因食品包装产生的食品质量安全问题频发，引起了国内外广泛关注。

本书共分两部分，第一部分“食品包装学理论”（第一章至第五章）较系统地介绍了食品包装的概念、食品包装材料及容器、食品包装原理及品质控制、食品包装技术和工艺；第二部分“食品包装材料安全控制”（第六章至第九章）阐述了食品包装安全、食品包装中的物质迁移理论与规律、食品包装材料安全性检测与评价、食品包装标准与法规；各章节附相应的思考题。在体系和内容上，本教材与现有的食品包装学教材有较大不同，力求客观反映当前国内外的包装技术、包装材料、包装工艺以及各学科成果在食品包装上的应用和发展方向。

本书由杨开和董同力嘎担任主编，袁亚宏、孙玉敬和孙炳新任副主编。编写分工如下：第一章由杨开编写；第二章第一节至第四节由孙玉敬编写，第五节至第七节由董同力嘎编写；第三章由蔡路昀编写；第四章由云雪艳编写；第五章第一节至第五节由袁亚宏编写，第六节至第八节由杨海花编写；第六章由杨开编写；第七章由孙炳新编写；第八章第一节由金建昌编写，第二节由丁甜编写；第九章第一节、第二节由庞林江编写，第三节由杨开编写。杨开和董同力嘎负责全书大纲和最后的统稿，浙江工业大学的张酥、张雅杰和内蒙古农业大学的卢月圆、陆浩等研究生参与了全书编辑整理工作。浙江工业大学的孙培龙教授对全书进行了细致的审阅，并提出了宝贵的建议和意见。

本书在编写过程中，得到了浙江工业大学教务处和浙江工业大学食品科学与工程学科的大力支持，并受到2018年浙江工业大学重点建设教材资助，同时也参考了国内外许多专家学者的文献资料，在此一并表示衷心感谢！

本书在相关高校教师多年教学工作和科研成果的基础上广泛吸取国内外经验，虽经编者努力，但由于本书内容所涉及的学科领域较广且发展迅速，加之编写时间和知识能力有限，书中难免有疏漏或不当之处，敬请广大同仁和读者不吝指教，以便后续更正和修订。

编 者

2019年3月

目录 Contents

第一章 绪论

CHAPTER 1

产品进入流通就称为商品，而包装是产品生产的继续，也是产品转变为商品的必要手段。食品包装是最古老的包装行业，起源于人类生存持续的食物贮存需要，历来都是包装的主体，在现代包装领域占有非常重要的地位。食品包装是以食品为核心的系统工程，涉及食品的品质安全、包装材料、包装原理、包装技术和设备、包装标准法规和包装设计。随着技术进步、经济发展和消费水平的日益提高，人们对食品包装的要求越来越高，食品包装新材料、新技术和新装备的研究开发日新月异，丰富和改变了人们的生活方式，但同时也带来一些食品卫生安全和环境污染等问题。

第一节 包装的定义、作用与分类

一、包装的定义

根据 GB/T 4122.1—2008《包装术语　第 1 部分：基础》，包装（package，packaging）的定义为：在流通过程中保护产品，方便贮运，促进销售，按一定技术方法而采用的容器、材料及辅助物等的总体名称；也指为了达到上述目的而采用容器、材料和辅助物的过程中施加一定技术方法等的操作活动。

世界各国对包装的定义不尽相同，但其基本含义是一致的，都以包装的功能作用为其核心内容，归纳成两方面：一是关于包装商品的容器、材料及辅助物品；二是关于实施包装封缄等的技术活动。

而食品包装（food packaging）则是指：采用适当的包装材料、容器和包装技术，把食品包裹起来，以使食品在运输贮藏流通过程中保持其原有品质状态和价值。食品包装是包装工程的主体内容。

二、包装的作用

现代商品社会中，包装对商品流通起着极其重要的作用。包装的科学合理性会影响到商品的质量可靠性，以及能否以完美的状态传送到消费者手中。包装的设计和装潢水平直接影响到商品本身的市场竞争力乃至品牌、企业形象。现代包装的主要功能体现在以下四个方面。

（一） 保护商品

包装最重要的作用就是保护商品。商品在贮运、销售、消费等流通过程中常会受到各种不利条件及环境因素的破坏和影响，采用科学合理的包装可使商品避免或减少受到这些破坏和影响，以期达到保护商品的目的。

对食品产生破坏的因素大致有两类：一类是自然因素，包括光线、氧气、水及水蒸气、高低温、微生物、昆虫、尘埃等，可引起食品变色、氧化、变味、腐败和污染；另一类是人为因素，包括冲击、振动、跌落、承压载荷、人为盗窃、污染等，可引起内装物变形、破损和变质等。不同食品、不同的流通环境对包装保护功能的要求不同。

包装对产品的保护作用主要表现在以下几个方面：

（1）物理防护 包括防振动、防冲击、防压挤、隔热、防尘、防静电、阻光、阻氧、阻水蒸气、阻隔异味等。

（2）化学防护 包括防氧化、防老化、防锈蚀、防分解等。

（3）生物防护 包括防虫、防鼠、防腐烂和霉变等。

另外还有防泄漏、防盗窃、防止其他意外事故等作用。

（二） 方便贮运

包装能为生产、流通、消费等环节提供诸多方便：能够方便厂家及运输部门搬运装卸、仓储部门堆放保管、商店陈列销售，也方便消费者的携带、取用和消费。科学和人性化的包装可以为人们创造节约时间、利用空间、享受愉悦的消费过程。一般来说，产品没有包装就很难进行储运和销售。对于商品种类繁多、周转迅速的现代物流产业来说，科学合理的包装设计也是非常重要的，它可以有效地利用十分宝贵的货架空间，同时也使物流过程非常流畅，方便储运。

（三） 促进销售

包装是提高商品竞争能力、促进销售的重要手段。包装能发挥信息传递的功能，是传达商品信息的重要媒介。精美的包装能在心理上说服购买者，增加其购买欲望。随着市场竞争由商品内在质量、价格、成本竞争转向更高层次的品牌形象竞争，食品包装形象将直接反映一个品牌和一个企业的形象。

（四） 提高商品价值

包装本身也是一种商品，当和其内容物在一起时，包装的价值就和商品紧密地融合在一起。但包装是一个特殊的商品，是商品生产的延续，产品通过包装能免受各种损害，避免降低或失去其原有的价值，同时也因保护产品质量而获得时空价值。包装的增值作用不仅体现在包装直接给商品增加价值，而且更体现在通过包装塑造名牌所体现的品牌价值。

三、 包装的分类

现代包装种类很多，因分类角度不同形成多种分类方法。

（一） 按流通过程中的作用分类

（1）销售包装 又称小包装或商业包装，一般随商品销售给顾客。其不仅具有对商品的直接保护作用，而且更注重包装的促销和增值功能。瓶、罐、盒、袋及其组合包装一般属于销售包装。

（2）运输包装 又称大包装或外包装，应具有很好的保护功能及方便贮运和装卸功能。

瓦楞纸箱、木箱、金属大桶、各种托盘、集装箱等属运输包装。

（二）按包装结构形式分类

可分为贴体包装、泡罩包装、热收缩包装、开窗式包装、可携带包装、托盘包装和组合包装等。

（三）按包装材料和容器分类

包装按包装材料和容器分类如表1-1所示。

表1-1　包装按材料和容器分类

包装材料	包装容器类型
纸与纸板	纸盒、纸箱、纸袋、纸罐、纸杯、纸质托盘、纸浆模塑制品等
塑料	塑料薄膜袋、中空塑料容器、编织袋、周转箱、塑料片材热成型容器（杯、盘、碟、贴体包装和泡罩包装的型材）、拉伸膜裹包、热收缩膜包装、软管、软塑箱、钙塑箱等
金属	马口铁、无锡钢板等制成的金属罐、桶等，铝、铝箔制成的罐、软管、软包装等
复合材料	纸、塑料、铝箔等组合而成的复合软包装袋、复合罐、软管等
玻璃陶瓷	瓶、罐、坛、缸等
木材	木箱、板条箱、胶合板箱、花格木箱等
其他	麻袋、布袋、草或竹制容器等

（四）按被包装产品分类

可分为食品包装、化工产品包装、建材包装、纺织品包装、工艺品包装、电子品包装、医药品包装、机电品包装、有毒物品包装、易碎物品包装、易燃品包装、杂品包装等。

（五）按销售对象分类

可分为出口包装、内销包装、军用包装和民用包装等。

（六）按包装技术方法分类

可分为真空和充气包装、控制气氛包装、脱氧包装、防潮包装、软罐头包装、无菌包装、热成型包装、拉伸包装、热收缩包装、防震包装、缓冲包装和智能包装等。

第二节　食品包装与现代生活

包装与现代生活息息相关，现代社会生活离不开包装，包装的发展也深刻地改变和影响着人们的生活。

一、包装策略与企业文化

产品包装是企业形象最直接生动的反映，包装形象包括了企业标志、商标、标准字体、标准色等企业形象要素。现代企业越来越注重产品的包装形象，企业包装策略与整体形象包装互相结合，已成为现代企业文化主流。因为品牌的确立和认同，首先经过产品包装形象的确立和认同；包装产品经过大批量的、多次重复的展现和消费，商品形象直接而有效地印在消费者的心目中。因此，包装成为企业树立形象、创造品牌最基本、最重要的手段。

二、包装与资源环境

资源消耗和环境保护是全球生态两大热点问题，包装与其密切相关，并且已成为这两个问题的关注焦点之一。包装工业消耗大量的自然资源，数量巨大的包装废弃物成为环境污染源，这些因素均在助长自然环境恶性循环，世界各国为此投入巨大。

（一）包装与资源

包装工业资源消耗量巨大，如美国用于包装的纸和纸板占纸制品总量的90%，包装消耗着相当数量的自然资源，同时林木的大量采伐也严重破坏气候和生态平衡。

各种包装材料或容器的生产和使用均需要能源，表1-2所示为几种包装容器生产所需总能源的比较，其中单位内装量所需能源以纸箱、纸盒包装生产最节能；玻璃瓶罐在周转使用的情况下，单位容器重量最节能。

表1-2　几种包装容器的生产所需总能源的比较

包装容器	玻璃瓶罐				金属罐	纸箱	纸盒	袋
周转次数	1	8	20	30	1	1	1	1
内装量/mL	200	200	200	200	250	1000	500	200
单位容器重所需能源/（kJ/g）	28.59* 22.40	8.37	5.78	5.19	119.45*	98.05	116.43	287.13*
单位内装量所需总能源/（kJ/g）	17.84* 13.94	15.03	10.34	9.29	14.91	3.14	4.65	8.33

注：*外包装用瓦楞纸箱，其他则用塑料格箱。

从省料、节能、减排的观点出发，包装应力求精简合理，防止过分包装和夸张包装，并充分考虑包装材料的轻量化。此外，通过改进包装结构，实现包装机械化、自动化，加强包装标准化和质量管理等也能达到省料节能减排的目的。

（二）包装与环境保护

包装在促进商品经济发展的同时，也对生态环境造成严重影响。包装物的生命周期对生态环境的影响几乎涉及大气、水体、土壤、森林和海洋等各个方面。包装对环境造成的直接或间接影响包括土壤退化、水资源污染、森林等稀缺资源的锐减、固体废弃物污染和有毒化学物质污染等，严重影响了资源与环境的可持续发展。

据统计表明，全国垃圾积累量已超过70亿t，占地6.67万ha，每年经济损失高达300亿元，600多个大中城市中，2/3以上的城市被垃圾包围，其中1/4已无填埋堆放场地。2015年全国246个大、中城市生活垃圾产量就达1.856亿t，且每年以8%~10%的速度增长。包装废弃物约占城市固体垃圾总量的1/3，其中塑料占包装废弃物总量的37.8%、纸占34.8%、玻璃占16.9%、金属占10.5%。近年来，我国包装废弃物的回收工作在国家和地方政府主管部门有关政策和法规的指导下，虽然取得较大进步，但总体形势仍不容乐观。除啤酒瓶和塑料周转箱回收情况比较好外，其他包装废弃物的回收率相当低，总的回收率还达不到20%。

包装物生产同样会污染环境，纸制包装在制造过程中，严重污染环境，制浆造纸企业的废水排放量约占全部工业废水排放量的10%。塑料和玻璃工业也排放出大量有毒有害气体如硫化物等，对大气造成严重污染，这既是对资源的消耗，又是对环境的破坏。

（三）　绿色包装体系

一般认为“绿色包装”概念是指能够循环利用、再生利用或能降解腐化，且在产品的整个生命周期中，对人体及环境不造成公害，同时有利于节约资源的适度包装。

所谓绿色包装材料，是指能够循环使用、再生利用或降解腐化，不造成资源浪费，并在材料存在的整个生命周期中对人体及环境不造成公害的包装材料。绿色包装材料本质上涵括了保护环境和资源再生两方面的含义，是一个闭合的生态循环圈，如图1-1所示。

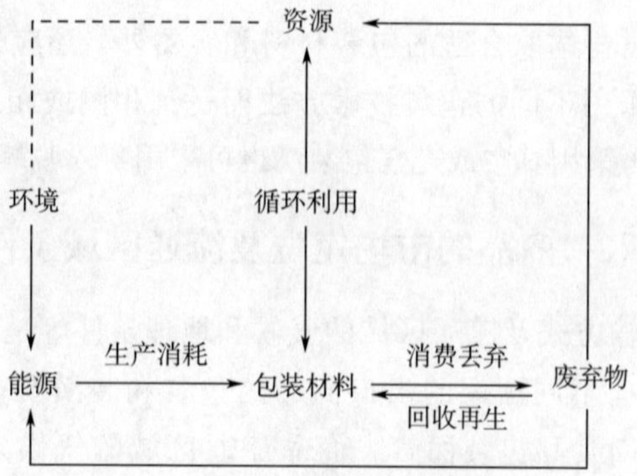

图1-1　包装材料的生态循环系统

绿色包装技术体系应该解决包装在使用前后的整个过程中对生态环境的破坏问题，研究和寻找理想的绿色包装技术，或针对商品不同要求开发研究相应的绿色包装制品和方法。

倡导绿色包装的实际意义在于促进建立和完善包装资源的回收和再生系统。使包装废弃物得到充分利用，大大减少对生态环境的污染和破坏，同时又大量减少自然资源的消耗，使得人类的生存环境更安全、更清洁、更舒适。保护环境、节约资源两者相辅相成，不可分割。其中保护环境是核心，节约资源可减少废弃物，实质也就是从源头上对环境保护。

第三节　食品包装的任务及研究内容

一、　食品本身特性和所要求的保护条件

首先应了解食品的主要成分、特性及其加工和贮运流通过程中可能发生的内在反应，包括非生物内在生化反应和生物性的腐败变质反应机理，其次应考虑影响食品中主要成分的因素，尤其营养成分敏感因素的影响。

只有掌握了被包装食品的生物、化学、物理学特性及其敏感因素，确定其要求的保护条

件，才能正确选用包装材料、包装工艺技术来实施包装，发挥包装的保护功能，并达到适当延长食品贮存保鲜保质期的目的。

二、 包装材料的性能、 适用范围及条件

包装材料种类繁多、性能各异，因此，只有了解各种包装材料和容器的包装的物理、化学和机械性能、应用范围、成本等条件，才能根据包装食品的防护要求选择既能保护食品风味和质量，又能体现其商品价值，并使综合包装成本合理的包装材料。另外基于食品质量安全，包装操作时还应了解包装材料中添加剂等成分向食品中的迁移情况，以及食品中某些组分向包装材料的渗透和被吸附情况。

三、 包装技术和方法

对于给定的食品，除需要选取合适的包装材料和容器外，还应采用最适宜的包装技术方法。同一种食品往往可以采用不同的包装技术方法而达到相同或相近的包装要求和效果。例如，对于易氧化的食品，可采用真空或充气包装，也可采用封入脱氧剂进行包装。

四、 商品的市场定位及流通区域条件

商品的市场定位、运输方式及流通区域的气候和地理条件等是食品包装设计必须考虑的因素。国内销售商品与面向不同国家的出口商品的包装和装潢要求不同，不同运输方式对包装的保护性要求不同。对食品包装而言，商品流通区域的气候条件变化至关重要，因为环境温湿度对食品内部成分的化学变化、食品微生物及其包装材料本身的阻隔性都有很大的影响。

五、 合理的结构设计和装潢设计

根据食品所需要的保护性要求、预计包装成本、包装量等诸方面条件进行合理的包装设计，包括容器形状、耐压强度、结构形式、尺寸、封合方式等。应做到包装结构合理、节省材料和运输空间、尽量做到一器多用。装潢设计应与内装商品相适应；并做到商标醒目、文字简明、图案色彩鲜明富有视觉冲击力，且能迎合所定位消费人群的喜好。出口商品还应注意消费国家的民族习惯，避免消费群体禁忌。

六、 包 装 测 试

合格产品必须有合格的包装。除对产品本身进行检测外，还需对包装进行检测，合格后方能进入流通领域。包装测试项目大致可分成下面两大类：

（1）包装材料或容器的检测　检测项目包括包装材料或容器的氧气透过率、水蒸气透过率、二氧化碳透过率、透光率；薄膜类材料的耐折性、耐撕裂强度、断裂伸长、拉伸强度、软化温度、脆化温度；黏合部分的剥离强度和剪切强度；包装材料与内装食品间的反应；印刷油墨和增塑剂等有害成分向食品的迁移量，包装容器的耐霉、耐锈蚀实验等。

（2）包装食品的包装件的检测　包括耐跌落、耐压缩、耐振动、耐冲击、回转试验等，主要解决贮运流通过程中的耐破损问题。

七、包装标准及法规

包装操作自始至终每一步骤都应严格按照标准、条例、法规进行选材、密封、印刷、捆扎、贴标等。只有标准化、规范化过程贯穿整个包装操作过程，才能保证从包装的原材料供应、包装作业到商品流通及国际贸易等顺利进行。

第四节　食品包装的安全与卫生

一、食品包装安全与卫生面临的问题

食品除了其自身的安全性问题外，还受到食品包装的影响。食品包装材料的安全性是食品安全不可分割的重要组成部分。近年来因食品包装材料安全性引起的食品安全事故也屡屡发生，尤其是塑料食品包装材料中的有毒有害物质。

二、食品包装安全与卫生的考察方面

提供安全与卫生的包装食品是食品厂商的最基本要求。食品包装各个环节的安全与卫生问题，可大致从三个方面去考察，即包装材料本身的安全与卫生性、包装后食品的安全与卫生性、包装废弃物对环境的安全与卫生性，如图 1-2 所示。

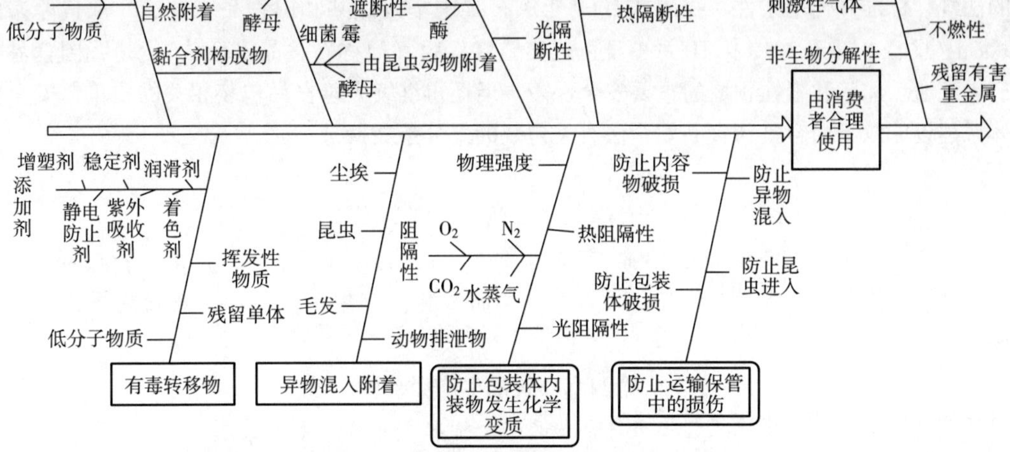

图 1-2　食品包装的安全与卫生

三、 包装材料安全卫生对食品的影响

包装材料的安全与卫生问题主要来自包装材料内部的有毒、有害成分，如合成材料的单体残留、助剂、材料降解产物、黏合剂以及印刷油墨等，对包装食品的迁移，主要通过以下几个方面影响食品安全。

（一） 食品包装材料性能的改变

包装材料内含小分子化学物种类繁多，包括各类添加剂如抗氧化剂、增塑剂、光稳定剂以及热稳定剂等，这些添加剂的使用是为了提高包装材料的性能。如果包装材料内的添加剂向食品发生了迁移，则在包装材料内的含量会减少甚至全部迁出，从而降低包装材料性能，导致其保护内装食品能力下降，间接地造成食品安全隐患。

（二） 食品包装材料化学迁移物的毒性影响

包装材料向食品迁移的化学物包括各类添加剂、加工助剂、塑料单体、低聚体、印刷油墨、胶黏剂等，化学种类繁多，特性各异，大多是具有毒性的。这些物质进入食品后会存留在食品当中，如果它们在食品体系中稳定存在，则对消费者身体健康造成危害。

（三） 食品包装材料化学迁移物在食品内不稳定性的影响

包装材料向食品迁移的化学物，其中一些在食品体系内自身就是不稳定的，会因为食品体系的特殊环境条件而出现化学变化。此外，一些迁移物进入食品体系后会与食品组分发生化学反应，这就会对食品的色、香、味等品质造成影响，也不排除新生成有毒、有害物质，从而危害食品安全。

（四） 食品包装材料化学物向外界迁移的影响

除了包装材料化学物向食品迁移，也有包装材料化学物透过包装材料向外界迁移的现象。食品包装印刷油墨以及胶黏剂中的有机溶剂具有较强的挥发性，很容易透过食品包装材料进入环境当中，对消费者健康造成危害或打消购买欲望。

四、 食品包装安全与卫生的法律法规

包装的安全与卫生直接影响包装食品的安全与卫生，世界各国都制定了有关包装安全与卫生的法规、标准和使用条件。我国在2009年颁布《中华人民共和国食品安全法》取代原来的《食品卫生法》，并于2015年10月1日正式实施修订版（简称新食品安全法），是我国食品在生产、流通、加工和餐饮领域的重要安全保障。但还得继续完善食品包装相关的质量与安全标准体系建设。以下内容是新食品安全法有关包装的部分条文摘录。

第一章 总 则

第二条 在中华人民共和国境内从事下列活动，应当遵守本法：（三）用于食品的包装材料、容器、洗涤剂、消毒剂和用于食品生产经营的工具、设备（以下称食品相关产品）的生产经营。

第四章 食品生产经营

第三十三条 食品生产经营应当符合食品安全标准，并符合下列要求：（七）直接入口的食品应当使用无毒、清洁的包装材料、餐具、饮具和容器。

第三十四条 禁止生产经营下列食品、食品添加剂、食品相关产品：（九）被包装材料、容

器、运输工具等污染的食品、食品添加剂。(十一) 无标签的预包装食品、食品添加剂。

第四十一条 生产食品相关产品应当符合法律、法规和食品安全国家标准。对直接接触食品的包装材料等具有较高风险的食品相关产品，按照国家有关工业产品生产许可证管理的规定实施生产许可。质量监督部门应当加强对食品相关产品生产活动的监督管理。

第四十六条 食品生产企业应当就下列事项制定并实施控制要求，保证所生产的食品符合食品安全标准。(二) 生产工序、设备、贮存、包装等生产关键环节控制。

第六十六条 进入市场销售的食用农产品在包装、保鲜、贮存、运输中使用保鲜剂、防腐剂等食品添加剂和包装材料等食品相关产品，应当符合食品安全国家标准。

第六十七条 预包装食品的包装上应当有标签。标签应当标明下列事项：(一) 名称、规格、净含量、生产日期；(二) 成分或者配料表；(三) 生产者的名称、地址、联系方式；(四) 保质期；(五) 产品标准代号；(六) 贮存条件；(七) 所使用的食品添加剂在国家标准中的通用名称；(八) 生产许可证编号；(九) 法律、法规或者食品安全标准规定应当标明的其他事项。专供婴幼儿和其他特定人群的主辅食品，其标签还应当标明主要营养成分及其含量。食品安全国家标准对标签标注事项另有规定的，从其规定。

第六十八条 食品经营者销售散装食品，应当在散装食品的容器、外包装上标明食品的名称、生产日期或者生产批号、保质期以及生产经营者名称、地址、联系方式等内容。

第六章 食品进出口

第九十七条 进口的预包装食品、食品添加剂应当有中文标签；依法应当有说明书的，还应当有中文说明书。标签、说明书应当符合本法以及我国其他有关法律、行政法规的规定和食品安全国家标准的要求，并载明食品的原产地以及境内代理商的名称、地址、联系方式。预包装食品没有中文标签、中文说明书或者标签、说明书不符合本条规定的，不得进口。

思考题

1. 现代包装的四个功能及相互关系如何?

2. 简要论述包装与企业文化、资源和环境的关系。

3. 结合现今的互联网和物联网，论述怎样做好食品包装。

4. 包装测试的内容有哪些?

5. 食品包装的安全与卫生需要考虑哪些方面?

6. 对周边超市目前流通销售的食品进行分类调查，分析其所用的包装材料和包装技术方法，并写出调研报告。

CHAPTER 2

第二章 食品包装材料及容器

食品包装材料是伴随着人类的文明而产生的，原始的包装大都取自于大自然，狩猎时代的树叶、兽皮，石器时代的石器、铁器、铜器、布匹，19 世纪前欧洲的木桶、羊皮、猪皮、羊胃及日本的树叶、荷叶、竹筒、木桶、竹皮编织物、稻草编织物。直到 19 世纪罐藏技术的出现，才是食品包装真正工业化开始。目前食品包装主要用的包装材料（产值比例）有：纸（35%）、塑料（31%）、玻璃（29%）、金属（26%）、陶瓷等，而其中发展最快、应用最广的是塑料包装材料。但考虑到环境污染、食品质量及物流等问题，绿色环保或者抗菌、控温等功能性包装材料是未来发展的方向。

第一节 纸包装材料及容器

纸是以纤维素为原料制成材料的通称，是一种古老而又传统的包装材料。在现代包装工业体系中，纸和纸包装容器仍占有非常重要的地位。目前，一些发达国家纸包装占包装材料总量的 40%~50%，我国占 40%左右。从发展趋势来看，纸包装材料的用量还将增大。纸类包装材料之所以在包装领域独占鳌头，是因为其具有如下独特的优点：

（1）原料来源广泛、成本低廉、品种多样、容易形成大批量生产；

（2）加工性能好、便于复合加工，且印刷性能优良；

（3）具有一定机械性能、重量较轻、缓冲性好；

（4）废弃物可回收利用，无白色污染。

纸作为现代包装材料主要用于制作箱、盒、袋、容器等包装制品，其中瓦楞纸板及其纸箱占据纸类包装材料和制品的主导地位。由多种材料复合而成的复合纸和纸板、特种加工纸，已被广泛应用以解决塑料包装所造成的环境保护问题。

一、纸类包装材料的包装性能

用作食品包装的纸类包装材料性能主要体现在以下几方面。

（一）机械性能

纸和纸板具有一定的强度、挺度和机械适应性，它的强度大小主要决定于纸的材料、质量、厚度、加工工艺、表面状况及一定的温湿度条件等。另外纸还具有一定的折叠性、弹性及撕裂性等，适合制作成型包装容器或用于裹包。

环境温湿度对纸和纸板的强度有很大的影响，空气温湿度的变化会引起纸和纸板平衡水分的变化，最终使其机械性能发生不同程度的变化，由于纸质纤维具有较大的吸水性，当湿度增大时，纸的抗拉强度和撕裂强度会下降而影响纸和纸板的使用性。

在测定纸和纸板的机械性能指标时必须保持一个相对的温湿度条件。我国采用的是(65%±2%）相对湿度、(20±2)℃温度的试验条件；ISO 标准则采用（50%±2%）相对湿度、(23±1)℃温度的试验条件。

（二） 阻隔性能

纸和纸板属于多孔性纤维材料，对水分、气体、光线、油脂等具有一定程度的渗透性，且其阻隔性受温湿度的影响较大。单一纸类包装材料一般不能用于包装水分、油脂含量较高及阻隔性要求高的食品，但可以通过适当的表面加工来满足其阻隔性能的要求。

（三） 印刷性能

纸和纸板吸收和黏结油墨的能力较强，所以印刷性能好，因此在包装上常作为印刷表面。纸和纸板的印刷性能主要决定于表面平滑度、施胶度、弹性及黏结力等。

（四） 加工性能

纸和纸板具有良好的加工性能、可折叠处理，并可采用多种封合方式，容易加工成具有各种性能的包装容器，容易实现机械化加工操作，且目前已经有成熟的生产工艺。良好的加工性能为设计各种功能性结构（如开窗、提手、间壁及设计展示台等）创造了条件。另外，通过适当的表面加工处理，可以为纸和纸板提供必要的防潮性、防虫性、阻隔性、热封性、强度及物理性能等，扩大其使用范围。

（五） 卫生安全性能

在纸的加工过程中，尤其是化学法制浆，通常会残留一定的化学物质（如硫酸盐法制浆过程残留的碱液及盐类），因此，必须根据包装内容物来合理选择各种纸和纸板。

二、 纸及纸板的质量指标

用作食品包装的纸类包装材料质量要求主要包括：外观、物理机械性能和光学性能等。

（一） 外观

纸的外观品质可以根据纸的不同用途，用其各种外观“纸病”加以度量。凡不包括在纸张技术要求内的纸张缺欠称为纸病。可以用感官鉴别的纸病称为外观纸病，外观纸病的产生原因通常为加工时原料处理不当、操作不当、包装运输疏忽等。具体有以下几种：

(1）尘埃　指肉眼可见的与纸张表面颜色有显著差别的细小脏点。

(2）透光点和透帘　把纸张迎光照看，见到纸页纤维层较其他部分薄的称透光点，大的称透帘。

(3）孔眼和破洞　指纸张上完全穿通的窟窿，小的称孔眼，大的称破洞。

(4）褶子　纸张本身折叠产生的条痕，能伸展开的（仍有折痕）称活褶子，不能展开的称为死褶子。

(5）皱纹　纸面出现凹凸不平的曲皱，破坏纸张的平滑匀称，妨碍印刷。

（二） 物理性能

(1）定量（W）　定量指每平方米纸或纸板的质量，单位 g/m^2。

（2）厚度（d） 厚度指纸样在两测量板之间，在一定压力下直接测出来的厚度，单位 mm。

（3）紧度（D） 紧度是纸的单位体积的质量，指纸的结实与松弛程度，单位 g/m^3。

（4）成纸方向 纵向，与造纸机运行方向平行的方向；横向，与造纸机运行方向垂直的方向。纸与纸板的许多性能都有显著的方向性，如抗拉强度和耐折度，纵向大于横向，撕裂度则横向大于纵向。

（5）纸面 正面，指抄纸时与毛毯接触的一面，也称毯面；反面，指抄纸时贴向抄纸网的一面，也称网面。纸张的反面有网纹而比较粗糙、疏松，正面则比较平滑、紧密。

（6）水分 水分指单位质量的试样，在 100~105℃温度烘干至质量不变时，所减少的质量与试样原质量的百分比，以%表示。

（7）平滑度 平滑度指在规定真空度下，使定量容积的空气透过纸样与玻璃面之间的缝隙所用的时间，单位 s。

（8）施胶度 施胶度指用标准墨划线后，不发生扩散和渗透的线条的最大宽度，单位 mm。它反映了加入胶料的程度。

（9）吸水性 吸水性指单位面积的试样在规定的温度条件下，浸水 60s 后吸收的实际水分，单位 $g/(m^2 \cdot h)$。

（三） 机械性能

（1）抗拉强度 抗拉强度指纸或纸板抵抗平行施加的拉力的能力，即拉断之前所承受的最大拉力。表示方法有：抗张强度、抗张指数、抗张力（N）、裂断长、伸长率。

①抗张强度：指单位宽度的纸和纸板断裂前所能承受的最大张力，单位 N/m（GB/T 22898—2008）。

②抗张指数：抗张强度除以定量，单位 N · m/g（GB/T 22898—2008）。

③裂断长：宽度一致的纸盒纸板在自身重量作用下断裂时的长度称为裂断长，单位 m。

④伸长率：指纸和纸板断裂时的伸长对原试样长度的比率，用%表示。

（2）破裂强度 破裂强度又称耐破度，指单位面积纸或纸板所能承受的均匀增大的垂直最大压力，单位 kPa。这是一个综合性能指标，对包装用纸具有特别意义。

（3）撕裂度 撕裂度是表明纸的抗撕破能力。采用预切口将纸两边往相反方向撕裂至一定长度所需的力，单位 mN。它是包装纸、箱板纸的重要质量指标。

（4）耐折度 耐折度指在一定张力下将纸或纸板往返折叠，直至折缝断裂为止的双折次数，分为纵向和横向两项，单位为折叠次数。

（5）耐破度 由液压系统施加压力，当弹性胶膜顶破纸样圆形面积时的最大压力，单位 kPa。

（6）戳穿强度 戳穿强度指在流通过程中，突然受到外部冲击时所能承受的冲击力的强度。

（7）环压强度 在一定加压速度下，使环形试样平均受压压溃时所能承受的最大力。

（8）边压强度 在一定加压速度下，使矩形的瓦楞试样垂直于压板，平均受压时所能承受的最大力。

（四） 光学性质

（1）白度 白度指白或近白的纸对蓝光的反射率所显示的白净程度，用标准白度计对照测量。用反射百分率（%）表示。

（2）透明度　透明度指可见光透过纸的程度，以清楚地看到底样字迹或线条的试样层数来表示。

（五） 化学性质

（1）酸碱度　纸在制造过程中，由于方法不同，使纸呈酸性或碱性。酸碱性大都能使纸质量显著降低，必须严格控制。对于直接接触食品的包装用纸，还要考虑是否对食品有影响。

（2）纸、纸板和纸浆纤维组成　分析标准见 GB/T 4688—2002《纸、纸板和纸浆纤维组成的分析》。

三、 包装用纸和纸板

（一） 包装用纸和纸板的分类、规格

（1）纸和纸板的分类　凡定量在 225g/m^2 以下或厚度小于 0.1mm 的称为纸，定量在 225g/m^2 以上或厚度大于 0.1mm 的称为纸板。但这一划分标准并不是很严格，如有些折叠盒纸板、瓦楞原纸的定量虽小于 225g/m^2，通常也称为纸板；有些定量大于 225g/m^2 的纸，如白卡纸、绘图纸等通常也称为纸。

（2）纸和纸板的规格　纸与纸板可分为平板和卷筒两种规格，其规格尺寸根据不同形式有两种要求：平板纸对长和宽有要求，卷筒纸和盘纸只对宽度有要求。在包装方面，纸主要用作包装商品、制作纸袋、印刷装潢商标等；纸板则主要用于生产纸箱、纸盒、纸桶等包装容器。

（二） 包装用纸

包装用纸品种很多。食品包装必须选择适宜的包装用纸，使其质量指标符合保护包装食品质量完好的要求。常用食品包装用纸有以下几种：

（1）牛皮纸　牛皮纸是用硫酸盐木浆抄制的高级包装用纸，具有高施胶度，因其坚韧结实似牛皮而得名，定量一般在 30～100g/m^2，分优等品、一等品和合格品三个等级，可经纸机压光或不压光。根据纸的外观，有单面光、双面光和条纹等品种；有漂白与未漂白之分，多为本色纸，色泽为黄褐色。牛皮纸机械强度高，有良好的耐破度和纵向撕裂度，并富有弹性，具有良好的抗水性、防潮性和印刷性。大量用于食品的销售包装和运输包装，如包装点心、粉末等食品，多采用强度不太大、表面涂树脂等材料的牛皮纸。牛皮纸主要技术指标如表 2-1 所示。

（2）羊皮纸　羊皮纸又称植物羊皮纸或硫酸纸。它是用未施胶的高质量化学浆纸表面纤维胶化，即羊皮化后，经洗涤中和残酸，再用甘油浸渍塑化形成质地紧密坚韧的半透明乳白色双面平滑纸张。由于采用硫酸处理而羊皮化，因此也称硫酸纸，羊皮纸具有良好的防潮性、气密性、耐油性和机械性能。满足油性食品、冷冻食品、防氧化食品的防护要求，可以用于乳制品、油脂、鱼肉、糖果点心、茶叶等食品的包装。食品包装用羊皮纸定量为 45、60g/m^2，工业品包装的标准定量 45、60 和 75g/m^2，但应注意羊皮纸酸性对金属制品的腐蚀作用。食品羊皮纸的主要技术指标如表 2-2 所示。

表 2-1　　牛皮纸主要技术指标（GB/T 22865—2008）

指标名称		单位	规定		
			优等品	一等品	合格品
定量*		g/m^2	40.0±2.0　50.0±2.5　60.0±3.0　70.0±3.5　80.0±4.0　90.0±4.5　100±5.0　120±5.0		
耐破度≥	40.0 g/m^2	kPa	135	120	80
	50.0 g/m^2		175	155	110
	60.0 g/m^2		215	190	145
	70.0 g/m^2		255	225	185
	80.0 g/m^2		305	265	225
	90.0 g/m^2		345	305	260
	100.0 g/m^2		390	345	295
	120.0 g/m^2		470	420	360
纵向撕裂度≥	40.0 g/m^2	mN	290	245	135
	50.0 g/m^2		435	380	225
	60.0 g/m^2		580	495	335
	70.0 g/m^2		725	610	450
	80.0 g/m^2		900	705	545
	90.0 g/m^2		1080	815	650
	100.0 g/m^2		1220	910	740
	120.0 g/m^2		1480	1130	950
吸水性（cobb，60s）≤		g/m^2	30		
交货水分		%	8.0±2.0		

注：*本表规定外的定量，其指标可就近按插入法考核。

表 2-2　　羊皮纸主要技术指标（GB/T 24696—2009）

指标名称		单位	规定		
			优等品	一等品	合格品
定量		g/m^2	45.0±2.5　60.0±3.0		
抗张指数（纵横平均）≥		N·m/g	54.0	47.0	42.0
耐破指数	干	kPa·m^2/g	4.50	4.00	3.50
	湿		3.00	2.50	2.00
耐折度（纵横平均）≥		次	250	220	200
透油度	≤0.25mm	个/cm^2	2		
	>0.25mm		不应有		

续表

指标名称		单位	规定		
			优等品	一等品	合格品
尘埃度	0.2~1.5mm² ≤	个/m²	20	30	50
	>1.5mm²		不应有		
水抽提液 pH		—	7.0±1.0		
交货水分		%	7.0±2.0		

其中主要指标介绍如下。

①耐破指数：耐破度除以其定量，单位 kPa · m²/g。

②透油度：指在一定温度和压力条件下，标准变压器油在一定时间内从 1m² 面积的纸页中渗透过来的质量，单位 g/m²（GB/T 5406—2002）。

③尘埃度：每平方米纸和纸板上，具有一定面积的尘埃的个数；或每平方米面积的纸和纸板上尘埃的等值面积，单位 mm²（GB/T 1541—2013）。

（3）鸡皮纸　鸡皮纸是一种单面光的平板薄型包装纸，定量为 40g/m²，不如牛皮纸强韧，故戏称“鸡皮纸”。鸡皮纸纸质坚韧，有较高的耐破度、耐折度和耐水性，有良好的光泽。可供包装食品、日用百货等，也可印刷商标。鸡皮纸生产过程和单面光牛皮纸生产过程相似，要施胶、加填和染色。用于食品包装的鸡皮纸不得使用对人体有害的化学助剂，要求纸质均匀、纸面平整、正面光泽良好及无明显外观缺陷，其卫生要求应符合 GB 4806.8—2016《食品接触用纸和纸板材料及制品》的规定。

（4）食品包装纸　按质量分为一等品和合格品；按用途分为Ⅰ型和Ⅱ型。Ⅰ型为糖果包装原纸。为卷筒纸经印刷上蜡加工后供糖果包装和商标用纸，可按订货合同生产平板纸（尺寸：787mm×1092mm），或按订货合同规定卷筒规格。Ⅱ型为普通食品包装纸。有双面光和单面光两种，色泽可根据订货合同规定白度或其他色泽进行生产，技术指标如表 2-3、表 2-4 所示。

表 2-3　Ⅰ型（糖果包装原纸）技术指标（QB 1014—2010）

指标名称		单位	规定	
			一等品	合格品
定量		g/m²	24.0±1.0 28.0±1.2	24.0±1.2 28.0±1.5
耐破指数		kPa · m²/g	40.4	23.2
抗张指数（纵横平均）≥		N · m/g	6.96	4.00
尘埃度	0.3~2.0mm² ≤	个/m²	100	160
	1.0~1.5mm² 黑色尘埃≤		8	12
	大于 1.5mm² 黑色尘埃		不应有	
	大于 2.0mm² 尘埃		不应有	
交货水分		%	6.0~8.0	

表 2-4 Ⅱ型（普通食品包装纸）技术指标（QB 1014—2010）

指标名称		单位	规定	
			一等品	合格品
定量		g/m^2	40.0±2.0　50.0±2.5　60.0±3.0	
抗张指数（纵横平均）≥		N·m/g	2.00	1.25
撕裂指数（纵向）≥		$mN \cdot m^2/g$	31.4	26.5
吸水性（cobb，60s）≤		g/m^2	30	
尘埃度	0.3~2.0mm^2≤	个/m^2	160	
	2.0~3.0mm^2 的黑色尘埃≤		10	
	大于 3.0mm^2 的黑色尘埃		不应有	
交货水分		%	5.0~9.0	

食品包装纸直接与食品接触，必须严格遵守其理化卫生指标要求，纸张纤维组织应均匀，不许有明显的云彩花，纸面应平整，不许有褶子、皱纹、破损裂口等纸病。

（5）半透明纸　半透明纸是一种柔软的薄型纸，定量为31g/m^2，用漂白硫酸盐木浆特殊压光处理而制成的双面光纸，质地紧密坚韧，具有半透明、防油、防水防潮等性能，且有一定的机械强度。可用于土豆片、糕点等脱水食品的包装，也可作为乳制品、糖果等油脂食品包装。

（6）玻璃纸　玻璃纸又称赛璐玢，是一种天然再生纤维素透明薄膜，也是一种透明性最好的高级包装材料，可见光透过率达 100%，质地柔软、厚薄均匀，有优良的光泽度、印刷性、阻气性、耐油性、耐热性，且不带静电。多用于中、高档商品包装，主要用于糖果、糕点、化妆品、药品等商品美化包装，也可用于纸盒的开窗包装。但它的防潮性差，撕裂强度较小，干燥后发脆，不能热封。玻璃纸分平板纸和卷筒纸。国产玻璃纸技术指标如表2-5、表 2-6 所示，分优等品和合格品两等，要求纸面平整、洁净、明亮，不允许有短边、裂口、缺角、褶子、严重皱纹等外观缺陷。用于直接接触食品的玻璃纸不得使用对身体有害的助剂，卫生要求符合 GB 4806.8—2016 的规定。用于透明胶带原纸的玻璃纸，当要求不加防黏剂时，可不考核抗黏性指标，但应在合同中标明。每批纸的颜色不应有显著差别。彩色纸应色彩鲜艳美观，颜色均匀，不应有宽度大于 1mm 的色道子，或按合同要求。玻璃纸和其他材料复合，可以改善其性能。为了提供其防潮性，可在普通玻璃纸上涂一层或两层树脂（硝化纤维素、PVDC 等）制成防潮玻璃纸。在玻璃纸上涂蜡可以制成蜡纸，与食品直接接触，有很好的保护性。

（7）茶叶袋滤纸　茶叶袋滤纸是一种低定量专用包装纸。用于袋泡茶的包装，要求纤维组织均匀，无折痕皱纹，无异味，具有较大的湿强度和一定的过滤速度，耐沸水冲泡。同时应有适应袋泡茶自动包装机包装的强度和弹性。茶叶袋滤纸国外多用马尼拉麻生产。我国用桑皮纤维经高游离状打浆后抄造，再经树脂处理，也可用合成纤维（即湿式无纺布）制造。热、非热封型茶叶袋滤纸技术指标如表 2-7、表 2-8 所示。

表 2-5　　非防潮食品用玻璃纸技术要求（GB/T 24695—2009）

指标名称		单位	规定			
定量		g/m²	≤40		>40	
定量偏差			一等品	合格品	一等品	合格品
			±2	±3	±2	±3
厚度横幅差≤	平板	μm	4	5	4	5
	卷筒		3	4	3	4
抗张强度≥	纵	N/15mm	20	15	25	20
	横		10	8	15	10
伸长率≥	纵	%	7	7	10	8
	横		15	12	20	15
交货水分		%	8.0±2.0			
抗黏性≥		%	70			
含硫量≤		%	0.03			
小于 0.5mm 的气泡≤		个/m²	0	5	0	5

表 2-6　　防潮食品用玻璃纸技术要求（GB/T 24695—2009）

指标名称		单位	规定			
定量		g/m²	≤40		>40	
定量偏差			一等品	合格品	一等品	合格品
			±2	±3	±3	±4
厚度横幅差≤	平板	μm	3	4	4	5
	卷筒		2	3	3	4
抗张强度≥	纵	N/15mm	35	30	40	35
	横		15	10	20	16
伸长率≥	纵	%	10		10	
	横		20		20	
交货水分		%	8.0±2.0			
透湿度≤		g/（m²·24h）	60			
热封强度≥		N/37mm	1.764		1.5	
抗黏性≥		%	70			
含硫量≤		%	0.03			
小于 0.5mm 的气泡≤		个/m²	0	5	0	5

表 2-7　　热封型茶叶袋滤纸技术指标（GB/T 25436—2010）

指标名称		单位	规定					
			16.5g	17.5g	18.5g	21.0g	22.0g	23.0g
定量		g/m^2	16.5±0.8	17.5±0.9	18.5±1.0	21.0±1.1	22.0±1.1	23.0±1.2
紧度≥		g/cm^3	0.20	0.20	0.21	0.21	0.21	0.21
抗张强度≥	纵向	kN/m	0.45	0.50	0.52	0.52	0.60	0.60
	横向	kN/m	0.10	0,11	0.12	0.12	0.12	0.12
纵向湿抗张强度≥		kN/m	0.10	0.11	0.11	0.11	0.12	0.12
热封强度≥		kN/m	0.080	0.080	0.080	0.090	0.10	0.10
透气度*≥		CU	10000	6000	6000	5000	4000	3000
滤水时间*≤		s	2.0	2.0	2.0	3.0	3.0	3.0
交货水分≤		%	8.0					
异味		—	合格					
漏茶末		—	合格					

注：* 选择透气度和滤水时间中的一项进行测定，有一项合格即为合格。

表 2-8　　非热封型茶叶袋滤纸技术指标（GB/T 28121—2011）

指标名称		单位	规定	
			Ⅰ型	Ⅱ型
定量		g/m^2	12.5±1.0	14.5±1.0
厚度≥		μm	20	30
抗张强度≥	纵向	kN/m	0.55	0.60
	横向	kN/m	0.20	0.20
纵向湿抗张强度≥		kN/m	0.12	0.12
滤水时间*≥		s	1.0	1.0
透气度*（1kPa）≥		$cm^3/(min \cdot cm^2)$	12000	10000
交货水分≤		%	4.0~10.0	
异味		—	合格	
漏茶末		—	合格	

注：* 选择透气度和滤水时间中的一项进行测定，有一项合格即为合格。

（8）涂布纸　涂布纸是在纸表面涂布沥青、低密度聚乙烯（LDPE）或聚偏二氯乙烯（PVDC）乳液、改性蜡（热熔黏合剂和热封蜡）等，使纸的性能得到改善。如 PVDC 涂布纸表面非常光滑，无臭无味，可用于极易受水蒸气损害，特别是需要隔绝氧气的食品包装。此外，还可以涂布防锈剂、防霉剂、防虫剂等制成防锈纸、防霉纸、防虫纸等。

（9）复合纸　复合纸是另一类加工纸，是将纸与其他挠性包装材料相贴合而制成的一种高性能包装纸。常用的复合材料有塑料及塑料薄膜［如聚乙烯（PE）、聚丙烯（PP）、聚对苯二甲酸乙二醇酯（PET）、PVDC 等］和金属箔（如铝箔）等。复合方法有涂布、层合等方法。复合加工纸具有许多优异的综合包装性能，从而改善了纸的单一性能，使纸基复合材料大量用于食品包装等场合。

（三） 包装用纸板

（1）白纸板 白纸板是一种白色挂面纸板，有单面和双面两种，其结构由面层、芯层、底层组成。白纸板作为重要的高级销售包装材料，应该具备三大功能：印刷功能、加工功能、包装功能。产品按质量水平可分为 A、B、C 三个等级，纸板底面颜色可按订货合同规定，有平板纸和卷筒纸两种产品类型。单面白纸板面层通常是用漂白的化学木浆制成，表面平整、洁白、光亮，芯层和底层常用半化学木浆、精选废纸浆、化学草浆等低级原料制成；双面白纸板底层原料与面层相同，仅芯层原料较差。白纸板主要用于销售包装，经彩色印刷后可制成各种类型的纸盒、箱，起着保护商品、装潢美化商品的促销作用，也可用于制作吊牌、衬板和吸塑包装的底板。随着商品经济的发展，市场对白纸板的需求量越来越大，因为白纸板具有如下优点：①具有一定的挺度和良好印刷性；②缓冲性能好，制成纸盒后能够有效地保护商品；③具有优良的成型性与折叠性，机械加工能够实现高速连续生产；④废旧纸板可再生利用，自然条件下能被微生物降解，不污染环境；⑤白纸板作为基材可与其他材料复合，制成包装性能优良的复合包装材料。

（2）标准纸板 标准纸板是一种经压光处理，适用于制作精确特殊模压制品以及重制品的包装纸板，颜色为纤维本色，其技术指标如表 2-9 所示。

表 2-9 标准纸板技术指标（QB/T 1314—1991）

指标名称	单位	规定		试验方法
		A 等	B 等	
厚度	mm	1.0±0.10 1.5±0.15 2.0±0.15 2.5±0.20 3.0±0.20 4.0±0.25 5.0±0.25		GB/T 451.3—2002
紧度≥	g/cm^3	0.75	0.75	GB/T 451.2—2002
横向抗张强度≥ 厚度 1.0mm 1.5mm 2.0mm 2.5mm 3.0mm 4.0mm 5.0mm	kN/m	 15.0 22.0 29.0 37.0 44.0 59.0 78.0	 12.0 18.0 24.0 29.0 35.0 47.0 59.0	GB/T 453—2002

续表

指标名称	单位	规定		试验方法
		A 等	B 等	
横向伸长率≥	%	5.5	5.0	GB/T 453—2002
灰分≥	%	2.0	2.0	GB/T 463—2003
水抽提液酸度	%	0.05		GB/T 1545.1—2003
交货水分	%	10.0±2.0		GB/T 462—2008

(3) 箱纸板　箱纸板是以化学草浆或废纸浆为主的纸板，以本色居多，表面平整、光滑，纤维紧密、纸质坚挺、韧性好，具有较好的耐压、抗拉、耐撕裂、耐戳穿、耐折叠和耐水性能，印刷性能好。箱纸板用于制造瓦楞纸板、固体纤维板或“纸板盒”等产品。牛皮箱纸板俗称挂面纸板或牛皮卡纸，为表面两层或一层用硫酸盐木浆制造，配浆中硫酸盐木浆占80%以上，且正反面色泽相近。箱纸板按质量分为优等品、一等品、合格品三个等级。其中，优等品适宜制造重型、精细、贵重和冷藏物品包装用的瓦楞纸板；一等品适宜制造一般物品包装用的瓦楞纸板；合格品适宜制造轻载瓦楞纸板。箱板纸又分平板纸和卷筒纸两种。

(4) 瓦楞芯（原）纸　瓦楞芯（原）纸是一种低定量的薄纸板，具有一定的耐压、抗拉、耐破、耐折叠的性能。瓦楞芯纸经轧制成瓦楞纸后，用黏结剂与箔纸板黏合成瓦楞纸板，可用来制造纸盒、纸箱和做衬垫用。瓦楞纸在瓦楞纸板中起支撑和骨架作用，因此，提高瓦楞芯纸的质量，是提高纸箱抗压强度的一个重要方面。瓦楞芯纸按质量分为优等品、一等品、合格品三个等级，其中，优等品又分为三个等级，分别是：AAA（瓦楞芯纸优等品中的最高等级）；AA（瓦楞芯纸优等品中的第二等级）；A（瓦楞芯纸优等品中的第三等级）。瓦楞芯纸的纤维组织应均匀，纸幅间厚薄一致；纸面应平整，不许有影响使用的褶子、窟窿、硬杂物等外观纸病；瓦楞芯纸切边应整齐，不许有裂口、缺角、毛边等现象；水分应控制在8%～11%，如果水分超过15%，加工时会出现纸身软、挺力差、压不起楞、不吃胶、不黏合等现象；如果水分低于8%，纸质发脆，压楞时会出现破裂现象。

(5) 加工纸板　加工纸板是为了改善原有纸板的包装性能，对纸板进行再加工的一类纸板，如在纸板表面涂蜡、涂聚乙烯或聚乙烯醇等，处理后纸板的防潮、强度等综合包装性能大大提高。

（四） 瓦楞纸板

瓦楞纸板是由瓦楞芯纸轧制成屋顶瓦片状波纹，然后将瓦楞纸与两面箱板纸黏合制成。瓦楞波纹宛如一个个连接的小型拱门，相互并列支撑形成类似三角的结构体，既坚固又富有弹性，能承受一定重量的压力。瓦楞形状由两圆弧一直线相连接所决定，瓦楞波纹的形状直接关系到瓦楞纸板的抗压强度及缓冲性能。

(1) 瓦楞纸板的楞形　所谓楞型，是指瓦楞的型号种类，即瓦楞的大小、密度与特性的不同分类。同一楞型，其楞形可以不同。一般可分为U形、V形和UV形三种，如图2-1所示。

U形瓦楞的圆弧半径较大，缓冲性能好，富有弹性，当压力消除后，仍能恢复原状，但抗压力较弱，黏合剂的施涂面大，容易黏合。V形瓦楞的圆弧半径较小，缓冲性能差，抗压力强，在加压初期抗压性较好，但超过最高点后即迅速破坏，黏合剂的施涂面小，不易黏合，但

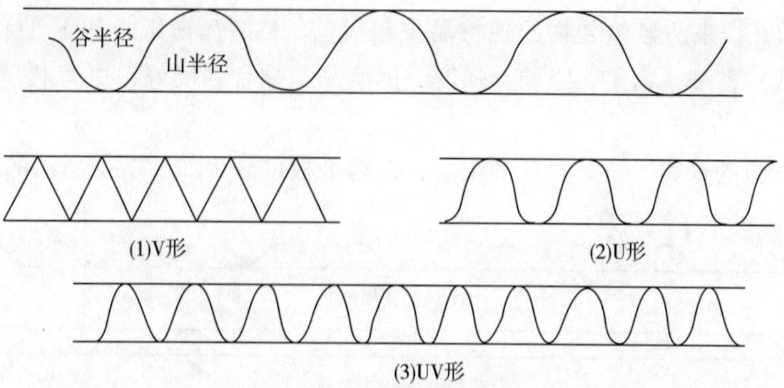

图 2-1　瓦楞的形状

成本低。UV 形是介于 V 形和 U 形之间的一种楞形，其圆弧半径大于 V 形，小于 U 形，因而兼有二者的优点，是目前广泛使用的楞形。按 GB/T 6544—2008 规定，UV 形的瓦楞纸板的楞型有 A、B、C、E、F 五种，如表 2-10 所示。

表 2-10　　瓦楞纸板的楞型标准（GB/T 6544—2008）

楞型	楞高（h）/mm	楞宽（t）/mm	楞数/（个/300mm）
A	4.5~5.0	8.0~9.5	34±3
C	3.5~4.0	6.8~7.9	41±3
B	2.5~3.0	5.5~6.5	50±4
E	1.1~2.0	3.0~3.5	93±6
F	0.6~0.9	1.9~2.6	136±20

A 型楞：单位长度内的瓦楞数量少而瓦楞高度大，有较大的缓冲力。A 楞纸箱适于包装较轻的易碎物品。

B 型楞：单位长度内的瓦楞数量多，而瓦楞高度小。B 楞纸箱适于包装较重和较硬的物品，多用于罐头、瓶装物品等的包装。由于 B 楞坚硬且不易破坏，近年来多用它制造形状复杂的组合箱。

C 型楞：总位长度内的瓦楞数及瓦楞高度介于 A、B 型之间，性能则接近于 A 楞。近年来，随着保管及运输费用的上涨，纸板厚度低于 A 楞的 C 楞纸板受到人们的重视。

E 型楞：单位长度内的瓦楞数目最多，瓦楞高度最小，具有平坦表面和较高平面刚度。用它制造的瓦楞折叠纸盒，比普通纸板缓冲性能好，而且开槽切口美观；表面光滑可进行较复杂的印刷，大量用于食品的销售包装。

F 型瓦楞：具有比 E 型瓦楞纸板更好的裱合性，与彩印面纸板裱合后，面纸表面平整、光滑，无露楞、起皱褶现象，并可承受更大的平面压力，是 E 型瓦楞纸板的 3~4 倍。因而可直接在面纸板上印刷更精细、复杂的图案和文字。同时，它可与 A、B、C、E 型瓦楞纸板组成多层瓦楞纸板，以获得各种物理性能，用于装载各种不同硬度、尺寸、重量的物品。

此外，F 型瓦楞还适合普通平压压痕切线机、裱纸机进行加工，切口整齐、美观，更适用于真空吸附传送的自动生产线及包装线；还可以采用各种不同的原纸、彩色原纸、皱纹纸、香味纸起楞，获得不同效果和风格的单面细瓦楞纸板。并可直接用于制作各种纸箱、纸盒及包装物，以其细密的瓦楞来凸显包装物的独特品位和风韵。F 型瓦楞纸板比 E 型瓦楞纸板的厚度小，瓦楞（坑纸）精细、密集、坚硬，强度、挺度高，黏合强度好，更有利于防止过度包装，符合环保要求。

（2）瓦楞纸板的种类　按其材料的组成，瓦楞纸板可分为如图 2-2 所示的几种。

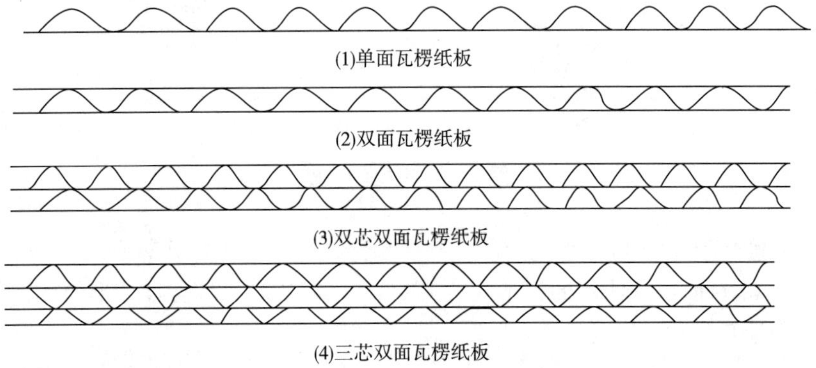

图 2-2　瓦楞纸板种类

单面瓦楞纸板：仅在瓦楞芯纸的一侧贴有面纸，一般不用于制作瓦楞纸箱，而是作为缓冲材料和固定材料。

双面瓦楞纸板：又称单瓦楞纸板，在瓦楞芯纸的两侧均贴以面纸，目前多使用这种纸板。

双芯双面瓦楞纸板：简称双瓦楞纸板，用双层瓦楞芯纸加以面纸板制成，即由一块单面瓦楞纸板和一块双面瓦楞纸板黏合而成。在结构上，可以采用各种楞型的组合形式，如 AB、BC、AC、AA 等结构。组合形式不同，其性能也各不相同，一般外层用抗戳穿能力好的楞型，而内层用抗压强度高的楞型，由于双瓦楞纸板比单瓦楞纸板厚，所以各方面的性能都比较好，特别是垂直抗压强度明显提高，多用于制造易损、较重及需要长期保存等的物品（如含水分较多的新鲜果品等）的包装纸箱。

三芯双面瓦楞纸板：简称三瓦楞纸板，使用三层瓦楞芯纸制成，即由一块单面瓦楞纸板和一块双瓦楞纸板黏合而成。在结构上也可以采用 A、B、C、E 各种楞型的组合，常用 AAB、AAC、CCB 和 BAE 结构。其强度比双瓦楞纸板又要强一些，可以用来包装重物品以代替木箱，一般与托盘或集装箱配合使用。

（3）瓦楞纸板技术标准　GB/T 6544—2008 规定，瓦楞纸板按质量分为优等品和合格品。单瓦楞纸和双瓦楞纸按照大小综合定量不同各分为 1 类～5 类，三瓦楞纸板按照其最小综合定量不同分为 1 类～4 类。同时标准规定瓦楞纸板表面应平整、清洁，不许有缺材、薄边，切边整齐，黏合牢固，其脱胶部分之和每平方米不大于 $20cm^2$。

四、纸包装制品

纸包装制品种类繁多，用途广泛，既可用于销售包装，又可用于运输包装，主要有瓦楞纸箱、纸盒、纸杯、纸罐、纸制托盘、纸浆模塑制品等，随着包装容器环保要求越来越高，新的纸包装制品不断涌现。

（一）　纸箱

纸箱与纸盒是主要的纸制包装容器，两者形状相似，习惯上小的称盒，大的称箱，没有严格的区分界限。作为包装容器，盒一般用于销售包装，而箱则多用于运输包装。包装用纸箱按结构可分为瓦楞纸箱和硬纸板箱两类。包装上用得最多的是瓦楞纸箱，本节将主要介绍瓦楞纸箱。

（1）瓦楞纸箱的特性　瓦楞纸箱由瓦楞纸板制作而成，是使用最广泛的纸包装容器。纸板结构 50%～70%的体积中空，具有良好的缓冲减震性能，与相同定量的层合纸板相比，瓦楞纸板的厚度大 2 倍，大大增强了纸板的横向抗压强度，故大量用于运输包装。与传统的运输包装相比，瓦楞纸箱有如下特点：

①轻便牢固、缓冲性能好：瓦楞纸板是空心结构，以最少的用材构成刚性较大的箱体。

②原料充足、成本低：瓦楞纸板的原料很多，边角木料、竹、麦草、芦苇等均可，其成本仅为同体积木箱的一半左右。

③加工简便：瓦楞纸箱的生产可实现高度的机械化和自动化，用于产品的包装操作也可实现机械化和自动化。

④贮藏和运输方便：空箱可折叠或平铺展开运输和存放，便于装卸、搬运和堆码，节省运输工具和库房的有效空间，提高其使用效率。

⑤使用范围广：瓦楞纸箱包装物品范围广，与各种覆盖物和防潮材料结合使用，可大大提高使用性能，拓展使用范围，如防潮瓦楞纸箱可包装水果和蔬菜；加塑料薄膜覆盖的可包装易吸潮食品；使用塑料薄膜衬套，在箱中可形成密封包装，可包装液体、半液体食品等。

⑥易于印刷装潢：瓦楞纸板有良好的吸墨能力，印刷装潢效果好。

（2）纸箱箱型结构的基本型式　纸箱种类繁多，结构型式各异。按照国际纸箱箱型标准，基本箱型一般用四位数字表示，前两位表示箱型种类，后两位表示同一箱型种类中不同的纸箱式样。纸箱箱型结构基本形式如下：

02 类摇盖纸箱：由一页纸板裁切而成纸箱坯片，通过钉合、联合剂或胶纸带黏合来结合接头。运输时呈平板状，使用时封合上下摇盖。这类纸箱使用最广，尤其是 0201 箱，可用来包装多种商品，国际上称为 RSC 箱。02 类箱基本箱型和代号如图 2-3 所示。

03 类套合型纸箱：由两个以上独立部分组成，即箱体与箱盖（有时也包括箱底）分离。纸箱正放时，顶盖或底盖可以全部或部分盖住箱体。图 2-4 所示为 03 类箱型。

04 类折叠型纸箱：通常由一页纸板组成，不需钉合或胶纸带黏合，甚至一部分箱型不需要黏合剂黏合，只要折叠即能成型，还可设计锁口、提手和展示牌等结构。图 2-5 所示为 0420 箱型。

05 类滑盖型纸箱：由数个内装箱或框架及外箱组成，内箱与外箱以相对方向运动套入。这一类型的部分箱型，可以作为其他类型纸箱的外箱。图 2-6 所示为 05 类箱的一种形式。

06 类固定型纸箱：由两个分离的端面及连接这两个端面的箱体组成。使用前通过钉合、黏合剂或胶纸带黏合将端面及箱体连接起来，没有分离的上下盖。图 2-7 所示为 0601 箱型。

07 类自动型纸箱：仅有少量黏合，只是一页纸板成型，运输呈平板状，使用时只要打开箱体即可自动固定成型。结构与折叠纸盒相似。图 2-8 所示为 0713 型箱。

09 类内衬件：包括隔垫、隔框、衬垫、隔板、垫板等。盒式纸板、衬套周边不封闭，放

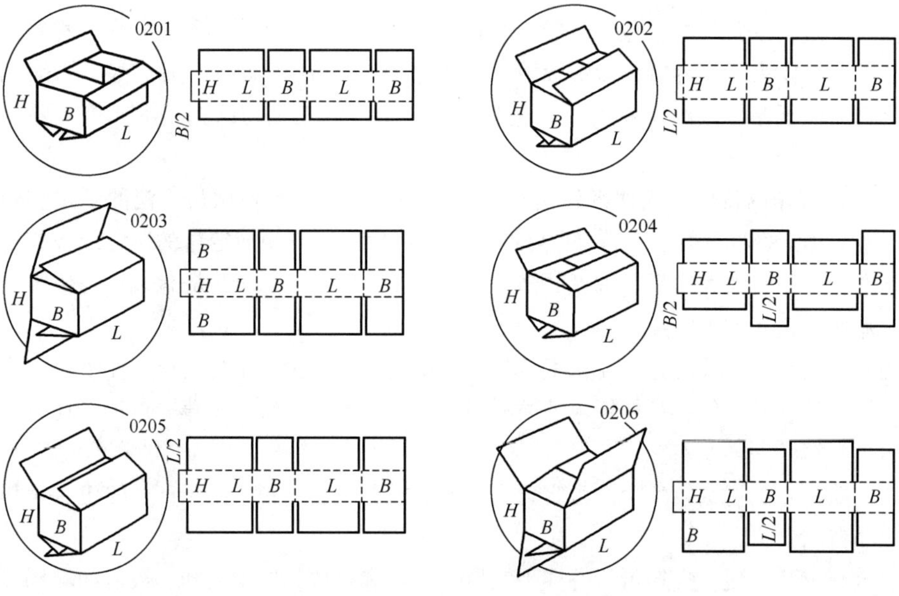

图 2-3 02 类箱基本箱型和代号

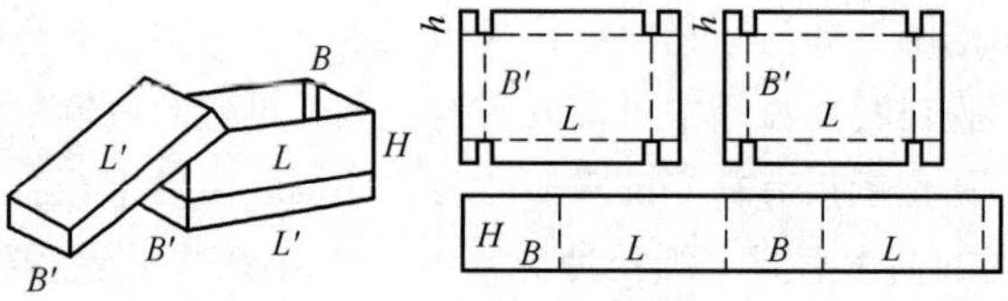

图 2-4 03 类套合型纸箱

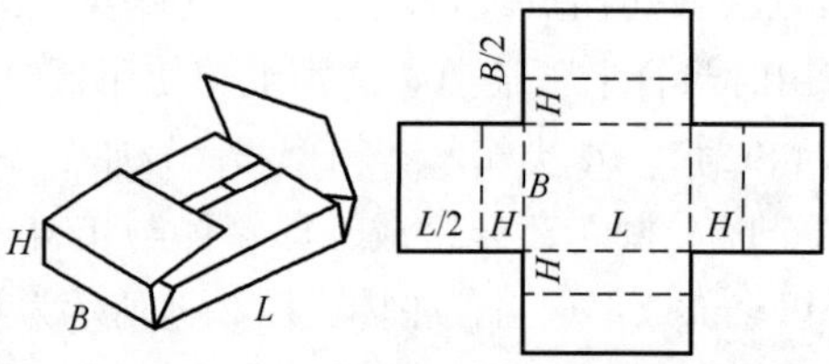

图 2-5 04 类折叠型纸箱

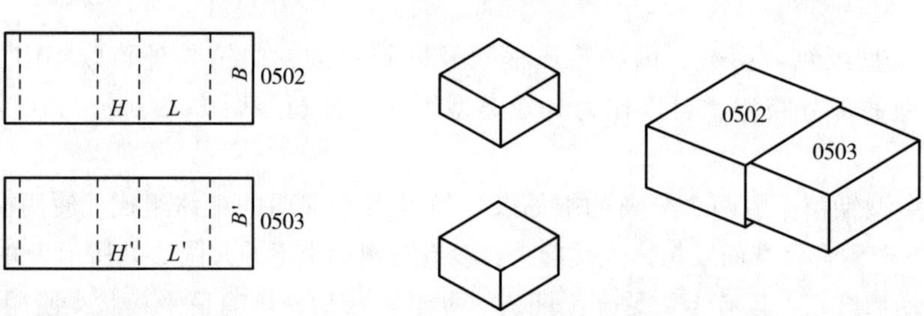

图 2-6 05 类滑盖型纸箱

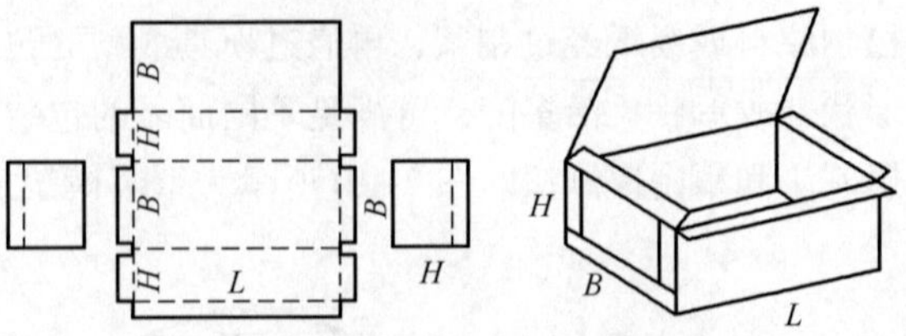

图 2-7　06 类固定型纸箱

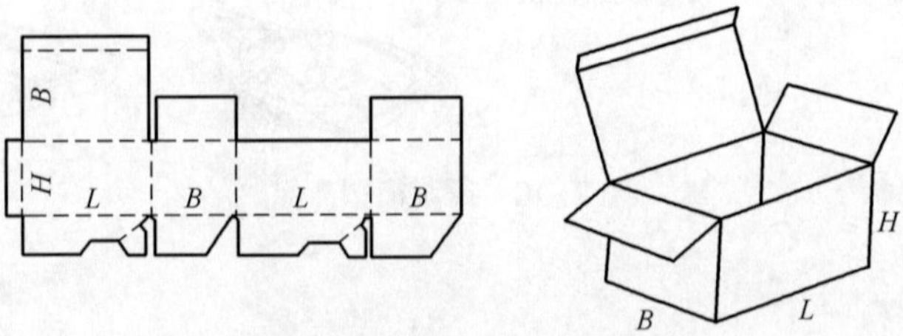

图 2-8　07 类自动型纸箱

在纸盒内部，加强了箱壁并提高包装的可靠性。隔垫、隔框用于分割被包装的产品，提高箱底的强度等。图 2-9 所示为 09 类隔框中常见的几种。

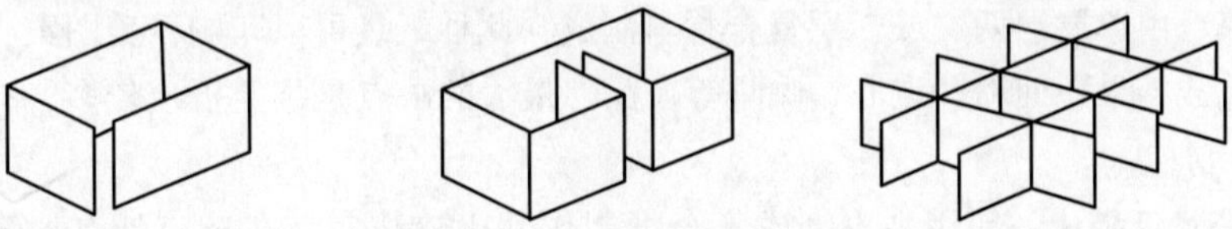

图 2-9　09 类内衬件

（二） 纸盒

纸盒的种类和式样很多，差别在于结构形式、开口方式和封口方法。通常按照制盒方式来分纸盒可分为折叠纸盒和固定纸盒两类。

（1）折叠纸盒　采用纸板裁切压痕后折叠成盒，成品可折叠成平板状，使用时打开即成盒。纸板厚度为 0.3~1.1mm，可选用白纸板、挂面纸板、双面异色纸板及其他涂布纸板等耐折纸箱板。按结构特征分类，折叠纸盒分为管式折叠纸盒、盘式折叠纸盒和非管非盘式折叠纸盒三类。常用的折叠纸盒形式有扣盖式、黏接式、手提式、开窗式等。

（2）固定纸盒　固定纸盒又称粘贴纸盒，用手工粘贴制作，其结构形状、尺寸空间等在制盒时已确定，其强度和刚性较折叠纸盒高，且货架陈列方便，但生产效率低、成本高、占据空间大。制造固定纸盒的基材主要选用挺度较高的非耐折纸板，如各种草板纸、刚性纸板以及食品包装用双面异色纸板等。内衬选用白纸或白细瓦楞纸、塑胶、海绵等。贴面材料包括铜版纸、蜡纸、彩色纸、仿革纸、布、绢、革和金属箔等。盒角可以采用涂胶纸带加固、钉合等方式进行固定。

（三） 纸浆模塑制品

纸浆模塑制品是由植物原料或废纸经过制浆，再通过模具成型的包装弃器。纸浆模塑制品的形状取决于成型模的形状，故形状灵活多变，可满足不同商品的包装要求。制造纸浆模塑制品有两种方法，即普通模制法和精密模制法。图 2-10 所示为纸浆模塑产品。

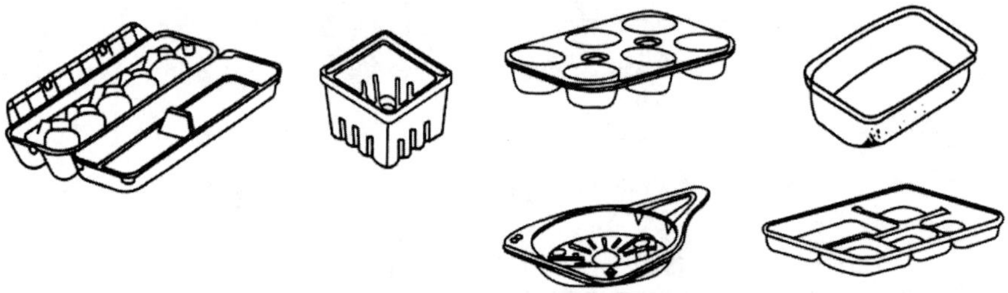

图 2-10 纸浆模塑产品

（四） 纸袋

纸袋多采用黏合或缝合方式成袋。作为一种软包装容器，用途广泛，种类繁多。可分为以下几类：

（1）信封式纸袋 信封式纸袋的开口和折盖均在具有较大尺寸的侧面上，底部不形成平面，常用于粉状商品、文件资料等。

（2）自立式纸袋 此种纸袋通常袋底呈长方形，袋口容易开启，开启后可直立放置，以便产品的装填。由单层、两层或三层复合材料制成，此种纸袋可以印刷精美图案，制袋成本较低，可用于包装糖果、面粉、点心、咖啡等产品。最大的缺点是袋上折痕较多，有可能会影响其强度。

（3）便携式纸袋 一般用牛皮纸或复合纸制作，比较结实，在袋口处有加强边，并配有提手，以利于携带，常用于礼品包装。

（4）M 形折式纸袋 M 形折式纸袋的侧边折痕呈 M 形，使用时，纸袋能扩张成长方形截面，一般具有较大容积。

（5）阀门纸袋 阀门纸袋的周围均封闭，在其中一端装一个阀门，物料即从阀门处充填进袋，在袋内物品压力下关闭阀门，常用于颗粒物品包装。

纸袋的封口方式主要有：缝制封口、黏胶带封口、绳子捆扎封口、金属条开关扣式封口和热封合等方式。

（五） 复合纸杯

复合纸杯由以纸为基材的复合材料经卷绕并与纸胶合而成，口大底小、形状如杯，并带有不同的封口形式，是一种很实用的纸质容器。

纸杯的特点是质轻、卫生、价廉、便于废弃处理；杯身制成波纹又具有一定的保温性能。目前纸杯已经广泛用作饭店、饮料店、宾馆、飞机、轮船等的一次性使用容器，用于盛装乳制品、果酱、饮料、冰淇淋及快餐面等食品。常用的纸杯的材质：第一类是 PE/纸复合材料，可耐沸水煮而作热饮料杯；第二类是涂蜡纸板材料，主要用作冷饮料杯或常温、低温的流体食品杯；第三类是 PE/Al/纸，主要用作长期保存型纸杯，具有罐头的功能，因此也称纸杯罐头。纸杯有有盖和无盖之分，杯盖可用黏接、热合或卡合的方式装在杯口上以形成密封。

第二节　塑料包装材料及容器

塑料是一种以高分子聚合物——树脂为基本成分，再加入一些用来改善其性能的各种添加剂制成的高分子有机材料。塑料用作包装材料是现代包装技术发展的重要标志，因其原材料来源丰富、成本低廉、性能优良，成为近年来世界上发展较快、用量巨大的包装材料。塑料包装材料广泛应用于食品包装，并有逐步取代玻璃、金属、纸类等传统包装材料的趋势，使食品包装的面貌发生了巨大的改变，体现了现代食品包装形式的丰富多样、流通使用方便的特点，成为食品销售包装中最主要的包装材料之一。尽管塑料包装材料用于食品包装还存在着某些卫生安全及包装废弃物回收处理对环境的污染等问题，但塑料包装材料仍是21世纪需求增长最快的食品包装材料之一。

一、塑料的基本概念、组成、物态及包装性能

（一）塑料的组成和分类

高分子聚合物是一类相对分子质量通常在$10^4\sim10^6$以上的大分子物质，其分子所含原子数通常是几万、几十万甚至高达几百万个，分子长度达$10^2\sim10^4$nm或更长。由于高分子聚合物由巨大的分子组成，且大分子又有特殊的结构，从而使高分子聚合物具有一系列低分子化合物所不具有的特殊性能，如化学惰性、难溶、强韧性等。高分子聚合物的相对分子质量虽然很大，但它们的化学组成并不复杂，通常由C、H、O、N等构成，往往由一种或几种简单的低分子化合物（也称单体）以某种形式重复连接而成。如聚乙烯由若干乙烯组成，简写为$\text{+}CH_2\text{—}CH_2\text{+}_n$。高分子聚合物大分子是由一些基本单元结构重复连接而成，这一单元结构称为链节，如聚乙烯分子的链节是$\text{+}CH_2\text{—}CH_2\text{+}$。大分子中重复链节的数目$n$为链节数，也称作聚合度。显然，高分子聚合物大分子的分子质量M及分子链的长度与聚合度有关。

同一种高分子聚合物中，各大分子所含链节的数目是不同的，即聚合度不同。因此，某种高分子聚合物的聚合度和分子质量是指其平均聚合度和平均分子质量。

（二）高分子聚合物的物态及相应性能

高分子聚合物在不同温度下分别呈现出玻璃态、高弹态、黏流态，各种物态分别具有一定的特性。高分子聚合物的结构不同其物态也不同。其关系用温度-形变曲线来表示。

（1）线性无定形高分子聚合物　在恒定的应力下，随着温度升高，它出现三种物态，如图2-11所示。

①玻璃态：温度低于玻璃化温度T_g，它是聚合物作为塑料时的使用状态。这时聚合物的形变小，而且随外力的消失而消失，呈现刚硬的固体状态。T_b通常称为脆化点。

②高弹态：温度介于T_g和黏流温度T_m之间，大分子的热运动加剧，聚合物变成有极高弹性的物体，弹性变形可达原长的5~10倍。室温下的橡胶即处于此种状态下。

③黏流态：温度介于T_m和分解温度T_d之间，分子动能增加到大分子之间可以相互滑动的状态而使高分子聚合物变成可流动的黏稠液体，是聚合物成型加工的物态，如流动树脂。温度超过分解温度T_d时，大分子共价键破坏而导致高分子聚合物的分解。因此，使用温度一般在

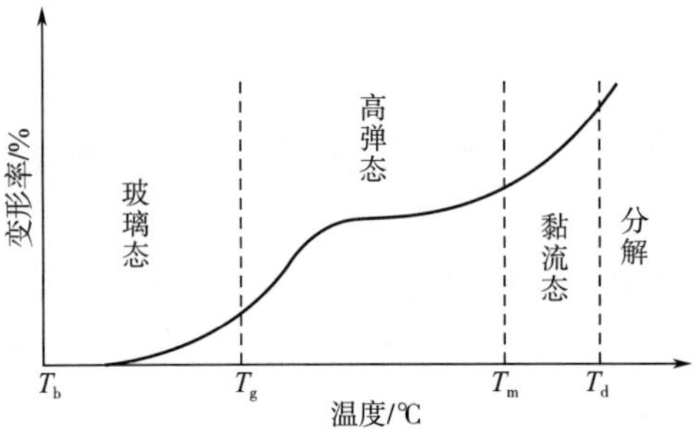

图 2-11 线性无定形高分子聚合物温度-形变曲线

T_g 以下；加工温度一般在 $T_m \sim T_d$。

（2）线性结晶型高分子聚合物 图 2-12 所示为线性结晶型高分子聚合物的温度-形变曲线，由图可见，它只有结晶态和黏流态，因为大分子热运动的加剧不足以克服结晶区原子之间的结合力，不能成为具有极高弹性的物体。当大分子不能保持有序排列的结构时，晶区消失而呈现了黏流态。以 T_m 为分界点，高于 T_m 适合聚合物成型加工。

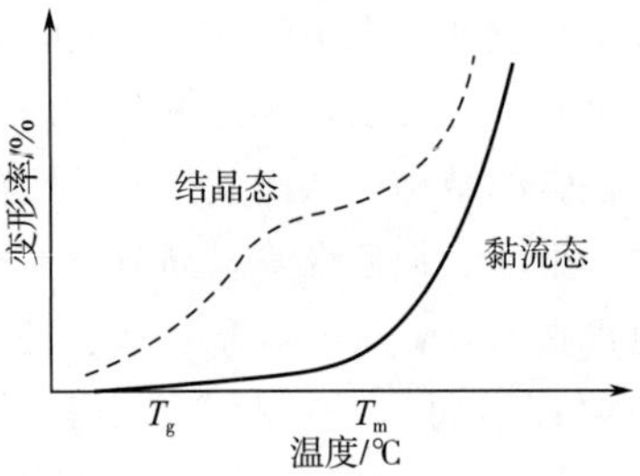

图 2-12 线性结晶型高分子聚合物温度-形变曲线

（3）体型高分子聚合物 因为大分子的关联，使大分子束缚而不能产生相对滑动，因此体型高分子聚合物没有高弹态和黏流态。温度达到一定程度，聚合物只有分解。

（三） 塑料的组成

塑料是一种以高分子聚合物——树脂为基本成分，再加入一些用来改善性能的各种添加剂而制成的高分子材料。其中树脂是最基本、最主要的组分，也是决定塑料类型、性能和用途的根本因素。

（1）聚合物树脂 塑料中聚合物树脂占 40%~100%。塑料的性能主要取决于树脂的种类、性质及在塑料中所占的比例，各类添加剂也能改变塑料的性质，但所用树脂种类仍是决定塑料性能和用途的根本因素。目前生产上常用树脂有两大类，一类为加聚树脂，如聚乙烯、聚丙烯、聚氯烯、聚乙烯醇、聚苯乙烯等，这是构成食品包装用树脂的主体；另一类是缩聚树脂，如酚醛、环氧、氨基酸脂等，在食品包装上应用较少。

（2）常用添加剂 常用的添加剂有增塑剂、稳定剂、填充剂、抗氧化剂等。

①增塑剂：是一类提高树脂可塑性和柔软性的添加剂，通常为一些有机低分子物质。聚合物分子间夹有低分子物质后，加大了分子间距，降低其分子间作用力，从而增加大分子的柔顺

性和相对滑移流动能力。因此，树脂中加入一定量增塑剂后，其 T_g、T_m 降低，在黏流态时黏度降低，流动塑变能力增高，从而改善塑料成型加工性能。

②稳定剂：用于防止或延缓高分子材料的老化变质。塑料老化变质的因素很多，主要有氧气、光和热等。稳定剂主要有三类：第一类为抗氧剂，有胺类抗氧剂和酚类抗氧剂，酚抗氧剂其抗氧能力不及胺类，但因具有毒性低、不易污染的特点而被大量应用；第二类为光稳定剂，用于反射或吸收紫外光、防止塑料树脂老化、延长其使用寿命，效果显著且用量极少，光稳定剂品种繁多，用于食品包装应选用无毒或低毒的品种；第三类为热稳定剂，可防止塑料在加工和使用过程中因受热而引起降解，是塑料等高分子材料加工时不可缺少的一类助剂，目前应用最多的是用于聚氯乙烯的热稳定剂，其中铅稳定剂和金属皂类热稳定剂因含重金属而毒性大，因此，用于食品包装应选用有机锡稳定剂等低毒性产品。

③填充剂：它的功用是弥补树脂的某些不足性能，改善塑料的使用性能，如提高制品的尺寸稳定性、耐热性、硬度、耐气候性等，同时可降低塑料成本。常用填充剂有碳酸钙、陶土、滑石粉、石棉、硫酸钙等，其用量一般为20%~50%。

④着色剂：用于改变塑料等合成材料固有的颜色，分为无机颜料、有机颜料和其他染料。塑料着色可使制品美观，提高其商品价值，用作包装材料还可起屏蔽紫外线和保护内容物的作用。

⑤其他添加剂：根据其功能和使用要求，在塑料中可加入润滑剂、固化剂、发泡剂，抗静电剂和阻燃剂等。

塑料所用各种添加剂应具有与树脂很好的相容性、稳定性、不相互影响其作用等特性，对用于食品包装的塑料，特别要求添加剂具有无味、无臭、无毒、不溶出的特性，以免影响包装食品的品质、风味和卫生安全性。

（四） 塑料的分类

塑料的品种很多，分类方法也很多，通常按塑料在加热、冷却时呈现的性质不同，把塑料分为热塑性塑料和热固性塑料两类。

（1）热塑性塑料　热塑性塑料主要以加成聚合树脂为基料，加入适量添加剂而制成。在特定温度范围内能反复受热软化流动和冷却硬化成型，其树脂化学组成及基本性能不发生变化。这类塑料成型加工简单，包装性能良好，可反复成型，但刚硬性低，耐热性不高。包装上常用的热塑性塑料品种有聚乙烯、聚丙烯、聚氯乙烯、聚乙烯醇、聚酰胺、聚碳酸酯、聚偏二氯乙烯等类塑料。

（2）热固性塑料　热固性塑料主要以缩聚树脂为基料，加入填充剂、固化剂及其他适量添加剂而制成。在一定温度下经一定时间固化，再次受热，只能分解，不能软化，因此不能反复塑制成型。这类塑料具有耐热性好，刚硬、不熔等特点，但较脆且不能反复成型。包装上常用的有氨基塑料、酚醛塑料、环氧塑料等。

（五） 塑料材料的主要包装性能指标

（1）保护性能指标　指的是能保护内容物，防止其质变、被破坏的性能，主要包括阻透性、机械力学性能、稳定性等。

①阻透性：包括对水分、水蒸气、气体、光线等的阻隔性能。

a. 透气度 Q_g 和透气系数 P_g：透气度 Q_g 指一定厚度材料在一个大气压差条件下，$1m^2$ 面积、24h内所透过的气体量（在标准状况下），单位 $cm^3/(m^2 \cdot 24h)$。透气系数 P_g 指单位时间、单位压差下透过单位面积和厚度材料的气体量，单位 g/（m·h·Pa）。

b. 透湿度 Q_v 和透湿系数 P_v：透湿度 Q_v 指一定厚度材料在一个大气压差条件下，$1m^2$ 面积、24h 内所透过的水蒸气的克数，单位 g/（m^2·24h）。透湿系数 P_v 指单位时间和单位压差下，透过单位面积和厚度材料的水蒸气质量，单位 g/（m·h·Pa）。

c. 透水度 Q_w 和透水系数 P_v：透水度 Q_w 指 $1m^2$ 材料在 24h 内所透过的水分质量，单位 g/（m^2·24h）。透水系数 P_v 指单位时间和单位压差下，透过单位面积和厚度材料的水分质量，单位 g/（m·h·Pa）。

d. 透光度 T：指透过材料的光通量和射到材料表面光通量的比值，单位%。

②机械力学性能：指外力作用下材料表现出抵抗外力作用而不发生变形和破坏的性能，主要有下列几项。

a. 硬度：指在外力作用下材料表面抵抗外力作用而不发生永久变形的能力，常用布氏硬度（HB）和洛氏硬度（HK）表示。

b. 抗张、抗压、抗弯强度：材料在拉、压、弯力缓慢作用下不被破坏时，单位受力截面所能承受的最大力分别称为材料的抗张、抗压、抗弯强度（MPa）。

c. 爆破强度：使塑料薄膜袋破裂所施加的最小内应力，表示容器材料的抗内压能力；也可由材料的抗张强度来表示，常常用来检测包装封口的封合强度。

d. 撕裂强度：指材料抵抗外力作用，使材料沿缺口连续撕裂破坏的性能；也指一定厚度材料，在外力作用下沿缺口撕裂单位长度所需的力，单位 N/cm。

e. 戳刺强度：材料被尖锐物刺破所需的无原则的最小力，单位 N。

③稳定性：指材料抵抗环境因素（温度、介质、光等）的影响而保持其原有性能的能力，包括耐高、低温性，耐化学性、耐老化性等。

a. 耐高、低温性能：温度对塑料包装材料的性能影响很大，温度升高，其强度和刚性明显降低，其阻隔性能也会下降；温度降低，会使塑料的塑性和韧性下降而变脆。材料的耐高温性能用温度指标来表示，热分解温度是鉴定塑料耐高温性能的指标之一，而耐低温性用脆化温度表示（指材料在低温下受某种形式外力作用时发生脆性破坏的温度）。用于食品的塑料包装材料应具有良好的耐高、低温性能。

b. 耐化学性：指塑料在化学介质中的耐受程度，评定依据通常是塑料在介质中经一定时间后的重量、体积、强度、色泽等的变化情况，目前尚无统一的耐腐蚀标准。

c. 耐老化性：指塑料在加工、贮存、使用过程中在受到光、热、氧、水、生物等外界因素作用下，保持其化学结构和原有性能而不被损坏的能力。

（2）卫生安全性　食品用塑料包装材料的卫生安全性非常重要，主要包括无毒性、耐腐蚀性、防有害物质渗透性、防生物侵入性等。

①无毒性：塑料由于其成分组成、材料制造、成型加工以及与之相接触的食品之间的相互关系等原因，存在着有毒单体或催化剂残留，有毒添加剂及其分解老化产生的有毒产物等物质的溶出和污染食品的不安全问题。目前国际上都采用模拟溶媒溶出试验来测定塑料包装材料中有毒有害物的溶出量，并对之进行毒性试验，由此获得对材料无毒性的评价，确定保障人体安全的有毒物质极限溶出量和某些塑料材料的使用限制条件。

②抗生物侵入性：塑料包装材料无缺口及孔隙缺陷时，一般其材料本身就可抗环境微生物的侵入渗透，但要完全抵抗昆虫、老鼠等生物的侵入则较困难。材料抗微生物侵入的能力与其

强度有关，塑料的强度比金属玻璃低得多，为保证包装食品在贮存环境中免受生物侵入污染，有必要对材料进行虫害侵害率或入侵率试验，为食品包装的选材及确定包装质量要求和贮存条件等技术指标提供依据。

③侵害率：指用一定厚度某材料制成的容器内装食品后密封，在存放环境中存放至被昆虫侵入包装时所经过的平均周数。

④入侵率：指用一定厚度某材料制成的容器装入食品后密封，在存放环境中存放时每周侵入包装的昆虫的个数。

（3）加工工艺性及主要性能指标　包装制品成型加工工艺性及主要性能指标：塑料包装制品大多数是塑料加热到黏流状态后在一定压力下成型的，表示其成型工艺性好坏的主要指标有：熔融指数（MI）、成型温度及温度范围（温度低，范围宽则成型容易）、成型压力（MPa）、塑料热成型时的流动性、成型收缩率。

包装操作加工工艺性及主要性能指标，表示包装材料在食品包装工艺过程，尤其在机械化、自动化工艺过程中的操作适应能力。其工艺性指标有：机械性能，包括强度和刚度；热封性能，包括热封温度、压力、时间及热封强度（在规定的冷却时间内热封焊缝所能达到的抗破裂强度）等；印刷适应性，包括油墨颜料与塑料的相容性，印刷精度、清晰度、印刷层耐磨性等。

二、　食品包装常用的塑料树脂

（一）　聚酯

聚酯（polyethylene terephthalate，PET）是聚对苯二甲酸和乙二醇酯的简称，俗称涤纶。其分子结构式如图 2-13 所示。

PET 树脂大分子主链因含有苯环而具有高强韧性，因有柔性醚键（—O—）而仍有较好的柔顺性。大分子具强极性，因苯环的存在使大分子可能为结晶，也可能为无定形结构。

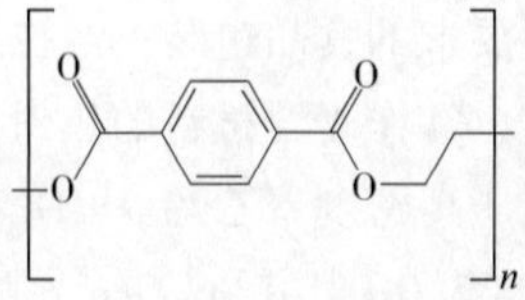

图 2-13　PET 的分子结构式

PET 用于食品包装，与其他塑料相比具有许多优良的包装特性：具有优良的阻气、阻湿、阻油等高阻隔性，化学稳定性良好；具有其他塑料所不及的高强韧性能，抗拉强度是 PE 的 5~10 倍，是 PA 的 3 倍，抗冲强度也很高，还具有良好的耐磨和耐折叠性；具有优良的耐高低温性能，可在-70~120℃温度下长期使用，短期使用可耐 150℃高温，且高低温对其机械性能影响很小；光亮透明，可见光透过率高达 90%以上，并可阻挡紫外线；印刷性能较好；卫生安全性好，溶出物总量很小；由于熔点高，故成型加工、热封较困难。PET 制作薄膜用于食品包装主要有 4 种形式。

①无晶型未定向透明薄膜，抗油脂性很好，可用来包装含油及肉类制品，还可作食品桶、箱、盒等容器的衬袋。

②上述薄膜进行定向拉伸，制成无晶型定向拉伸收缩膜，表现出高强度和良好热收缩性，可用作畜肉食品的收缩包装。

③结晶型塑料薄膜，即通过拉伸提高 PET 的结晶皮，使薄膜的强度、阻隔性、透明度、光泽性得到提高，包装性能更优越，可大量用于食品包装。

④其他材料复合，如真空涂铝、钾、PVDC 等制成高阻隔包装材料，用于保质期较长的高

温蒸煮杀菌食品包装和冷冻食品包装。

PET 也有较好的耐药品性，经过拉伸，强度好而透明，许多清凉饮料都使用 PET 瓶包装。PET 不吸收橙汁的香气成分 d-柠檬烯，显示出良好的保香性，因此，作为原汁用保香性包装材料是很适合的。

（二） 聚乙烯

聚乙烯（polyethylene，PE）是由乙烯单体经加成聚合而成的高分子化合物，为无臭、无毒、乳白色的蜡状固体，其分子结构式为 $\left[CH_2—CH_2 \right]_n$，大分子为线性结构，简单规整且无极性，柔顺性好，易于结晶。聚乙烯塑料是由 PE 树脂加入少量的润滑剂、抗氧化剂等添加剂构成。

聚乙烯的主要包装特性：阻水阻湿性好，但阻气和阻有机蒸汽的性能差；具有良好的化学稳定性，常温下与一般酸碱不起作用，但耐油性稍差；有一定的机械抗拉和抗撕裂强度，柔韧性好；耐低温性很好，能适应食品的冷冻处理，但耐高温性能差，一般不能用于高温杀菌食品的包装；光泽度、透明度不高，印刷性能差，用作外包装需经电晕处理和表面化学处理改善其印刷性能；加工成型方便，制品灵活多样，且热封性能很好。PE 树脂本身无毒，添加剂量极少，因此被认为是一种安全性很好的包装材料。

聚乙烯的主要品种、性能特点及应用如下：

①高压低密度聚乙烯（LDPE）：具有分支较多的线性大分子结构，结晶度较低，密度也低，为 0.91~0.94g/cm^3，因此，阻气阻油性差，机械强度也低，但延伸性、抗撕裂性和耐冲击性好，透明度较高，热封件和加工件性能好。

LDPE 在包装上主要制成薄膜，用于包装要求较低的食品，尤其是有防潮要求的干燥食品。利用其透气性好的特点，可用于生鲜果蔬的保鲜包装，也可用于冷冻食品包装，但不宜单独用于有隔氧要求的食品包装；经拉伸处理后可用于热收缩包装，由于其热封性、卫生安全性好，价格便宜，常作复合材料的热封层，大量用于各类食品的包装。

②低压高密度聚乙烯（HDPE）：大分子呈直链线性结构，分子结合紧密，结晶度高达85%~95%，密度为 0.94~0.96g/cm^3，故其阻隔性和强度均比 LDPE 高，耐热性也高，长期使用温度可达 100℃，但柔韧性、透明性、热成型加工性等性能有所下降。HDPE 也大量用于薄膜包装食品，与 LDPE 相比，相同包装强度条件下可节省原材料。由于其耐高温性较好，也可作为复合膜的热封层用于高温杀菌（110℃）食品的包装。HDPE 也可制成瓶、罐容器盛装食品。

③线性低密度聚乙烯（LLDPE）：大分子的支链长度和数量均介于 LDPE 和 HDPE 之间，具有比 LDPE 优的强度性能，抗拉强度提高了 50%，且柔韧性比 HDPE 好，加工性能也较好，可不加增塑剂吹塑成型。LLDPE 主要制成薄膜，用于包装肉类、冷冻食品和乳制品，但其阻气性差，不能满足较长时间的保质要求。为改善这一性能，采用与丁基橡胶共混来提高阻隔性，这种改性的 PE 产品在食品包装上有较好的应用前景。

（三） 聚氯乙烯

聚氯乙烯（polyvinyl chloride，PVC）以聚氯乙烯树脂为主体，加入增塑剂、稳定剂等添加剂混合组成，PVC 树脂的分子结构式如图 2-14 所示。

大分子中 C—Cl 键有较强极性，大分子间结合力强，柔顺性差且不易结晶。

（1）性能特点　PVC 树脂热稳定性差，在空气中超过 150℃会降解而放出 HCl，长期处于 100℃温度下也会降解，在成型加工时也会发生热分解，这些因素限制了 PVC 制品的使用温度，一般需在PVC树脂中加入2%~5%的稳定剂。PVC树脂的分子结构决定了它具有较高黏流化温度，且很接近其分解温度，同时其黏流态时的流动性也差，为此需加入增塑剂来改善其成型加工性能。根据增塑剂的加入量不同可获得不同品种的PVC塑料，增塑剂量达树脂量的30%~40%时构成软质PVC，增塑剂量小于5%时构成硬质PVC。

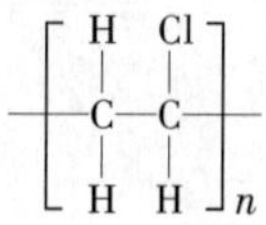

图2-14　PVC的分子结构式

(2) 包装特性　PVC的阻气阻油性优于PE塑料，硬质PVC优于软质PVC；阻湿性比PE差；化学稳定性优良，透明度、光泽性比PE优良；机械性能好，碳质PVC有很好的抗拉强度和刚性，软质PVC相对较差，但柔韧性和抗撕裂强度比PE高；耐高低温性差，一般使用温度为-15~55℃，有低温脆性；加工性能因加入增塑剂和稳定剂而得到改善，加工温度在140~180℃范围；着色性、印刷性和热封性较好。

(3) 包装应用　PVC存在的卫生安全问题决定其在食品包装上的使用范围，软质PVC增塑剂含量大，卫生安全性差，一般不用于直接接触食品的包装，可利用其柔软性、加工条件好的特点制作弹性拉伸膜和热收缩膜，又因其价廉，透明性、光泽度优于PE且有一定透气性而常用于生鲜果蔬包装。硬质PVC中不含或含微量增塑剂，安全性好，可直接用于食品包装。

（四） 聚丙烯

聚丙烯（polypropylene，PP）的主要成分是聚丙烯树脂，分子结构式如图2-15所示。

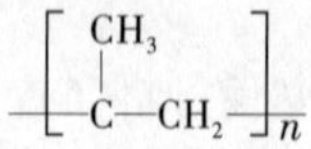

图2-15　PP的分子结构式

PP为线性结构，大分子侧基无极性，但在主链上的有规则或无规则分布将影响分子的结晶性，密度为0.90~0.91g/cm³，是目前最轻的食品包装用塑料材料。

(1) 主要包装特性　阻隔性优于PE，水蒸气透过率和氧气透过率与高密度聚乙烯相似，但阻气性仍较差；机械性能较好，强度、硬度、刚性都高于PE，尤其是具有良好的抗弯强度；化学稳定性良好，在一定温度范围内，对酸碱盐及许多溶剂等有稳定性；耐高温性优良，可在100~120℃范围内长期使用，无负荷时可在150℃使用，耐低温性比PE差，-17℃时性能变脆；光泽度高，透明性好，印刷性差，印刷前表面需经一定处理，但表面装潢印刷效果好；成型加工性能良好，但制品收缩率较大，热封性比PE差，但比其他塑料要好；卫生安全性高于PE。

(2) 包装应用　聚丙烯主要制成薄膜材料包装食品，薄膜经定向拉伸处理（BOPP、OPP）后的各种性能，包括强度、透明光泽效果、阻隔性比普通薄膜（CPP）都有所提高。尤其是BOPP，强度是PE的8倍，吸油率为PE的1/5，故适宜包装含油食品，在食品包装上可替代玻璃纸包装点心、面包等。其阻湿耐水性比玻璃纸好，透明度、光泽性及耐撕裂性不低于玻璃纸，印刷装潢效果不如玻璃纸，但成本可低40%左右，可用作糖果、点心的扭结包装。

PP可制成热收缩膜进行热收缩包装，也可制成透明的其他包装容器或制品，同时还可制成各种形式的捆扎绳、带，在食品包装上用途十分广泛。

（五） 聚苯乙烯

聚苯乙烯（polystyrene，PS）由苯乙烯单体加聚合成，分子结构式如图2-16所示。

因大分子主链上带有苯环侧基，结构不规整、不易结晶，柔顺性很低，因此，PS是线性、无定性、弱极性高分子化合物。

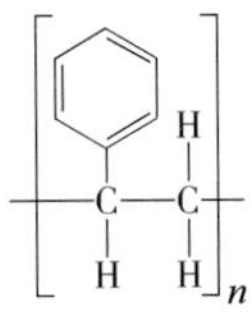

图 2-16 PS 的分子结构式

（1）性能特点 PS 阻湿、阻气性能差，阻湿性能低于 PE；机械性能好，具有较高的刚硬性，但脆性大，耐冲击性能很差；能耐一般酸、碱、盐、有机酸、低级醇，其水溶液性能良好，但易受到有机溶剂如烃类、酯类等的侵蚀软化甚至溶解；透明度好，高达 88%～92%，有良好的光泽性；耐热性差，连续使用温度为 60～80℃，耐低温性良好；成型加工性好，易着色和表面印刷，制品装饰效果很好；无毒无味，卫生安全性好，但 PS 树脂中残留单体苯乙烯及其他一些挥发性物质有低毒，对人体最大无害剂量为 133mg/kg 体重。

（2）包装应用 PS 塑料在包装上主要制成透明食品盒、水果盘、小餐具等，色泽艳丽，形状各异，包装效果很好。PS 薄膜和片材料经拉伸处理后，冲击强度得到改善，可制成收缩薄膜，片材大量用于热成型包装容器。发泡聚苯乙烯 EPS 可用作保温及缓冲包装材料。

（3）PS 的改性品种 PS 最主要的缺点是脆性。其改性品种 ABS 由丙烯脂、丁二烯和苯乙烯三元共聚而成，具有良好的柔韧性和热塑性，对某些酸、碱、油、脂肪和食品有良好的耐性，在食品工程上常用于制作管材、包装容器等。

（六） 聚碳酸酯

聚碳酸酯（polycarbonate，PC）是一种无色透明的无定性热塑性材料，其名称来源于内部的 $-O-\overset{O}{\overset{\|}{C}}-O-$。它是由双酚 A（BPA）和碳酰氯（COCl）反应而成。PC 结构式如图 2-17 所示。

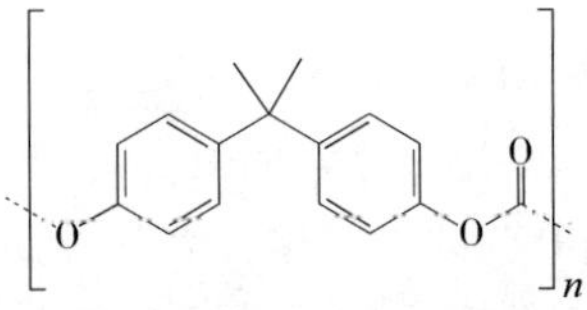

图 2-17 PC 的分子结构式

（1）性能特点 PC 大分子链节结构的规整性决定了它能够结晶，又难与熔体结晶，具有很好的透明性和机械性能，尤其是低温抗冲击性能，故 PC 是一种非常优良的包装材料，但因价格贵而限制了它的广泛应用。

（2）适用场合 在包装上，PC 可注塑成型为盆、盒，吹塑成型为瓶、罐等各种韧性高、透明性好、耐热又耐寒的产品，用途较广。在包装食品时因其透明而可制成“透明”罐头，可耐 120℃高温杀菌处理。存在的缺点是：因刚性大而耐应力开裂性差和耐药品性较差，应用共混改性技术，如用 PE、PP、PET、ABS 和 PA 等与之共混成塑料合金可改善其应力开裂性，但其共混改性产品一般都失去了光学透明性。

（七） 聚偏二氯乙烯

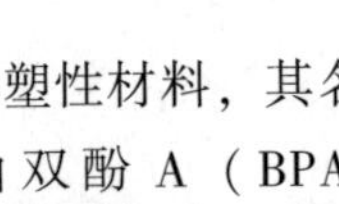

图 2-18 PVDC 的分子结构式

聚偏二氯乙烯（polyvinylidene chloride，PVDC）是由 PVDC 树脂和少量增塑剂和稳定剂制成，结构式如图2-18所示。

（1）性能特点 PVDC 软化温度高、接近其分解温度，在热、紫外线等作用下易分解，与一般增塑剂相溶性差，加热成型困难而难以应用；工程上采用与氯乙烯单体共聚的办法来改善 PVDC 的使用性能，大分子有极性、分子结合力强，结构对称、规整，故结晶性高，加工性较差，制成薄膜材料时一般需加入稳定剂和增塑剂。

（2）包装特性 PVDC 树脂用于食品包装具有许多优异的包装性能：阻隔性很高，且受环境温度的影响较小，耐高低温性良好，适用于高温杀菌和低温冷藏；化学稳定性很好，不易受酸、碱和普通有机溶剂的侵蚀；透明性光泽性良好，制成收缩薄膜后的收缩率可达30%~60%，适用于畜肉制品的灌肠包装，但因其热封性较差，薄膜封口强度低，一般需采用高频或脉冲热封合，也可采用铝丝结扎封口。

（3）适用场合　PVDC 膜是一种高阻隔性包装材料，其成型加工困难，价格较高。目前除单独用于食品包装外，还大量用于与其他材料复合制成高性能复合包装材料。由于 PVDC 有良好的熔黏性，可作复合材料的黏合剂，或溶于溶剂成涂料，涂覆在其他薄膜材料或容器表面（称 K 涂），可显著提高阻隔性能，适用于长期保存的食品包装。

（八）　聚酰胺

聚酰胺（polyamide，PA）通称尼龙 Ny（nylon），是分子主链上含大量酰胺基团结构的线型结晶型高聚物，按链节结构中 C 原子数量分为 Ny6 和 Ny12 等。PA 树脂大分子为极性分子，分子间结合力强，大分子易结晶。其结构式如图 2-19 所示。

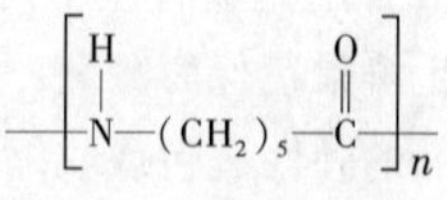

图 2-19　PA 的分子结构式

在食品包装上使用的主要是 PA 薄膜类制品，具有的包装特性如下。

①阻气性优良，但因分子极性较强，是一种典型的亲水性聚合物，阻湿性差，吸水性强，且随吸水量的增加而溶胀，其阻气阻湿性能急剧下降。

②化学稳定性良好，PA 具有优良的耐油性、耐碱和大多数盐液的作用，但强酸能侵蚀它，水和醇能使其溶胀。

③PA 抗拉强度较大，但随其吸湿量的增多而使强度降低；抗冲击强度比其他塑料明显高出很多，且随吸湿量增加而提高。

④耐高低温性优良，正常使用温度范围在-60~130℃，短时耐高温达 200℃。

⑤成型加工性较好，但热封性不良（180~190℃），一般常用其复合材料。

⑥卫生安全性好。

（九）　聚乙烯醇

聚乙烯醇（polyvinyl alcohol，PVA）由聚醋酸乙烯酯（polyvinyl acetate）经碱性醇液醇解而得，是一种分子极性较强且有高度结晶的高分子化合物，分子结构式如图 2-20 所示。

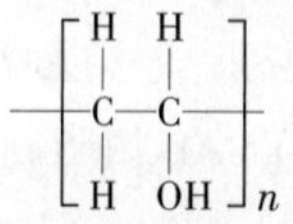

图 2-20　PVA 的分子结构式

（1）性能特点　包装上 PVA 通常制成薄膜用于包装食品，具有如下特点：阻气性能很好，特别是对有机溶剂蒸汽和惰性气体及芳香气体；因其为亲水性物质，阻湿性差，透湿能力是 PE 的 5~10 倍，吸水性强、易吸水溶胀，且随吸湿量的增加而使其阻气性能急剧降低；化学稳定性良好，透明度、光泽性及印刷性都很好；机械性能好，抗拉强度、韧性、伸长率均较高，但因承受吸湿量和增塑剂量的增加而使强度降低；耐高温性较好，耐低温性较差。

（2）适用场合　PVA 薄膜可直接用于包装含油食品和风味食品，吸湿性强使其不能用于防潮包装，但通过与其他材料复合可避免易吸潮的缺点，充分发挥其优良的阻气性能而广泛用于肉类制品如香肠、烤肉、切片火腿等包装，也可用于黄油、干酪及快餐食品包装。

（十）　乙烯-醋酸乙烯共聚物

乙烯-醋酸乙烯共聚物（ethylene vinyl acetate，EVA）由乙烯和醋酸乙烯酯（VA）共聚而得，EVA 的性能取决于 VA 的分子质量及其在共聚物中的含量，当 EVA 分子质量一定时，共聚物中 VA 含量低则接近于 PE 的性能，VA 含量在 10%~20%时能部分结晶，而用于塑料 EVA 含量在 10%左右时，EVA 刚性较好，成型加工性、耐冲击性比 PE 还好些；当 VA 含量增大时，它的弹性、柔软性、透明性增大，VA 含量大于 30%时的 EVA 特性类似橡胶；当 VA 含量大于 60%时便成为热熔黏结剂。

（1）性能特点　EVA 阻隔性比 LDPE 差，且随密度降低透气性增加；环境抗老化性能比 PE 好，强度也比 LDPE 高，增加 VA 含量能更好地抗紫外线，耐臭氧作用比橡胶高；透明度高，光泽性好，易着色，装饰效果好；成型加工温度比 PE 低 20~30℃，加工性好，可热封，也可黏合；具有良好抗霉菌生长的特性，卫生安全。

（2）适用场合　不同的 EVA 在食品包装上用途不同。VA 含量少的 EVA 薄膜可作呼吸膜包装生鲜果蔬保鲜贮藏，也可直接用于其他食品的包装；VA 含量 10%~30%的 EVA 薄膜可用作食品的弹性裹包或收缩包装，因其热封温度低、封合强度高、透明性好而常作复合膜的内封层。EVA 挤出涂布在 BOPP、PET 和玻璃纸上，可直接用来包装干酪等食品。VA 含量高的 EVA 可用作黏结剂和涂料。

（十一） 乙烯-乙烯醇共聚物

乙烯-乙烯醇共聚物（ethylene vinyl alcoho，EVAL）是乙烯和乙烯醇的共聚物，乙烯醇改善了乙烯的阻气性，而乙烯则改善了乙烯醇的可加工性和阻湿性，故 EVAL 既具有聚乙烯的易流动加工成型性和优良的阻湿性，又具有聚乙烯醇的极好阻气性。

（1）性能特点　EVAL 树脂是高度结晶型树脂，EVAL 从最突出的优点是对气体氧气、二氧化碳、氮气的高阻隔性，及优异的保香阻异味性能。EVAL 的性能依赖于其共聚物中单体的相对浓度，一般地，当乙烯含量增加时，阻气性下降，阻湿性提高，加工性能也提高；由于 EVAL 从主链上有羟基而具亲水性，吸收水分后会影响其高阻隔性，为此常采用共挤方法把 EVAL 夹在聚烯烃等防潮材料的中间，充分体现其高阻隔性能；EVAL 有良好的耐油和耐有机溶剂性，且有高抗静电性，薄膜有高的光泽度和透明度，并有低的雾度。

（2）适用场合　EVAL 作为高性能包装新材料，目前已开始用于有高阻隔性要求的包装上，如真空包装、充气包装或脱氧包装，可长效保持包装内部气氛的稳定。EVAL 可制成单膜，可共挤制成多层膜及片材，也可采用涂布方法复合，加工方法灵活多样。杜邦公司还采用云母填充 EVAL 树脂制成高阻隔包装容器，使其阻隔性进一步提高，二氧化碳的渗透性降低了 3~4 倍。目前由于 EVAL 的价格较高而限制了其在食品包装上的广泛应用。

三、 常用食品包装塑料薄膜

（一） 普通塑料膜

普通塑料膜是指采用挤出吹塑成型、T 形模法成型、溶液流延法成型及压延成型的未经拉伸处理的一类薄膜，包装性能主要取决于树脂品种，在单一薄膜中，阻湿性能好的薄膜如 PVDC、拉伸 PP 和 PE、PET；气体阻隔性优良的如 PVA、PA、PE、PVDC、EVAL；耐高温性较好的如 CPP、PA、PET，适用于高温杀菌食品的包装。

（二） 定向拉伸塑料薄膜

将普通塑料薄膜在其玻璃化至熔点的某一温度条件下，拉伸到原长度的几倍，然后在张紧状态下，在高于其拉伸温度而低于熔点的温度区间内某一温度，保持几秒进行热处理定型，最后急速冷却至室温，可制得定向拉伸塑料薄膜（streched film）。经过定向拉伸的薄膜，其抗拉强度、阻隔性能、透明度等都有很大的提高。

定向拉伸薄膜具有的性能除取决于塑料的品种、分子质量、结晶度等材料因素和热处理温度、时间外，与拉伸程度有重要关系，其机械性能、阻透性能和耐热耐寒性能等随拉伸率的增大、分子定向程度的提高而提高。此外，拉伸薄膜的性能与拉伸方向也有关，单向拉伸薄膜在拉伸方向上强度增加，而未拉伸方向强度较低、易撕裂；双向拉伸薄膜可分为非均衡拉伸和均衡拉伸两种，均衡拉伸膜纵横两向性能相同，而非均衡拉伸膜性能有方向性。定向拉伸膜的缺点是延伸率降低，热封性能变差，独立使用时不易封口，使用时一般与 PE 等具有良好热封性的薄膜复合。食品包装上目前使用的单向拉伸膜有 OPP、OPS、OPET、OPVDC 等，双向拉伸膜有 BOPP、BOPE、BOPS、BOPA 等。

（三） 热收缩薄膜

热收缩薄膜（shrink film）是指未经热处理定型的定向拉伸薄膜，拉伸薄膜聚合物大分子的定向分布状态是不稳定的，在高于拉伸温度和低于熔点温度的条件下，分子热运动使大分子从定向分布状态又恢复到无规则线团状态，使拉伸薄膜沿拉伸方向收缩还原。这种热收缩性能被应用于包装食品，对被包装食品具有很好的保护性、商品展示性和经济实用性。目前使用较多的收缩薄膜是 PVC、PE、PP，其次有 PVDC、PET、EVA、氯化橡胶等。

（四） 弹性（拉伸） 薄膜

弹性（拉伸）薄膜（elastic film）是一种具有特殊性能的薄膜，具有较大的延伸率而又有足够的强度，有良好的拉伸弹性和弹性张力。拉伸薄膜的性能指标如下。

（1）自黏性　自黏性指薄膜之间接触后的黏附性，在拉伸缠绕过程裹包之后，能使新包装商品紧固而不会松散，自黏性受外界环境中湿度、灰尘、污染物等多种因素影响。

（2）韧性　韧性指薄膜抗戳穿和抗撕裂的综合性质。

（3）许用拉伸　许用拉伸指在一定用途情况下，能保持包装必需的特性所能施加的最大拉伸。

（4）应力滞留　应力滞留指在拉伸裹包过程中，对薄膜施加的张力能保持的程度。对乙烯-醋酸乙烯共聚物、低密度聚乙烯和线性低密度聚乙烯薄膜，常用的应力滞留程度是将薄膜原始长度拉伸至 130%，在 16h 中松弛至 60%～65%，聚氯乙烯薄膜则松弛至 25%。

食品包装常用拉伸薄膜有 PVC、EVA、LDPE、LLDPE，其中 EVA 和 LLDPE 弹性好，是理想品种。

四、 塑料包装容器及制品

塑料通过各种加工手段，可制成具有各种性能和形状的包装容器及制品，食品包装上常用的有塑料中空容器、热成型容器、塑料箱、钙塑瓦楞箱、塑料包装袋等。塑料包装容器成型加工方法很多，常用的有注射成型、中空吹塑成型、片材热成型等，可根据塑料的性能，制品的种类、形状、用途、成本等选择合理的成型方法。

（一） 塑料瓶

塑料瓶具有许多优异的性能，被广泛应用在液体食品包装上，除酒类的传统玻璃瓶包装外，塑料瓶已成为最主要的液体食品包装容器，大有取代普通玻璃瓶的趋势。目前包装上应用的塑料瓶品种有 PE、PP、PVC、PET、PS、PC 等。

（1）硬质 PVC 瓶　硬质 PVC 瓶无毒、质硬、透明性很好，食品上主要用于食用油、酱油、不含气饮料等液态食品的包装。无毒食品级硬质 PVC 安全指标：树脂中 PVC 单体的含量小于 1mg/kg，25℃、60min 正庚烷溶出试验的蒸发残留量小于 150mg/kg。PVC 瓶有双轴拉伸瓶和普通吹塑瓶两种。双轴拉伸 PVC 瓶的阻隔性和透明度均比普通吹塑 PVC 瓶好，用于碳酸饮料包装时的最大二氧化碳充气量为 5g/L，在 3 个月内能保持饮料中的二氧化碳含量，但拉伸 PVC 瓶的阻氧性极为有限，不宜盛装对氧较敏感的液态食品。

（2）PE 瓶　PE 瓶主要有 LDPE 瓶和 HDPE 瓶，在食品包装上应用很广，但由于其不透明性、高透气性、渗油等缺点而很少用于液体食品包装。PE 瓶的高阻湿性和低价格使其广泛用于药品片剂包装，也用于日用化学品包装。

（3）PET 瓶　PET 瓶一般采用注-拉-吹工艺生产，是定向拉伸瓶的最大品种，其特点为高强度、高阻隔性、透明美观、保香性好、质轻（仅为玻璃瓶的 1/10）、再循环性好，在含气饮料包装上几乎全部取代了玻璃瓶。PET 瓶虽具有高阻隔性，但对二氧化碳的阻隔性还不彻底。采用 PVDC 涂制成 PET-PVDC 复合瓶，能有效地提高其阻隔性而用于富含营养物质食品的长期贮存。

（4）PS 瓶　PS 瓶最大的特点是光亮透明、尺寸稳定性好、阻气防水性能也较好，且价格较低，因此可适用于对氧气敏感的产品包装，但它不适合包装含大量香水或调味香料的产品，因为其中的酯和酮会溶解 PS。由于 PS 的脆性，PS 瓶只能用注-吹工艺生产。

（5）PC 瓶　PC 瓶具有极高的强度和透明度，耐热、耐冲击、耐油及耐应变，但其最大的不足就是价格昂贵，且加工性能差，加工条件要求高，故应用较少。国外在食品包装上用作小型牛奶瓶，可进行蒸汽消毒，也可采用微波灭菌，可重复使用数次。

（6）PP 瓶　PP 瓶加工性能较差。采用挤-吹工艺生产的普通 PP 瓶，其透明度、耐油性、耐热性比 PE 瓶好，但它的透明度、刚性和阻气性均不及 PVC 瓶，且低温下耐冲击能力较差，易脆裂，因此很少应用。采用挤（注）-拉-吹工艺生产的 PP 瓶，在性能上得到明显改善，有些性能还优于 PVC 瓶，且拉伸后质量减轻，节约原料 30%左右，可用于包装不含气果汁饮料及日用化学品。

（二） 塑料包装袋

（1）单层薄膜袋　单层薄膜袋由各类聚乙烯、聚丙烯薄膜（通常为筒膜）制成，因其尺寸大小各异、厚薄及形状不同，可用于多种食品包装，有口袋形塑料袋，也可做成背心式购物袋用于市场购物。LDPE 吹塑薄膜具有柔软、透明、防潮性能好、热封性能良好等优点，多用于小食品包装。HDPE 吹塑薄膜的力学性能优于 LDPE 吹塑薄膜，且具有挺括、易开口的特点，但透明度较差，通常用于制作背心式购物袋。LLDPE 吹塑薄膜具有优良的抗穿刺性和良好的焊接性，即使在低温下仍具有较高的韧性，可用于制作对抗穿刺性要求较高的垃圾袋。聚丙烯吹塑薄膜由于透明度高，多用于制作服装、丝绸、针织品及食品的包装袋。

（2）复合薄膜袋　为满足食品包装对高阻隔、高强度、高温灭菌、低温保存保鲜等方面的要求，可采用多层复合塑料膜制成的包装袋。如前已提及的高温蒸煮袋便是复合薄膜包装袋的重要品种。

（3）挤出网眼袋　挤出网眼袋以 HPPE 为原料，经熔融挤出、旋转机头成型，再经单向拉伸而成的连续网束，只需按所需长度切割，将一端热熔在一起，另一端穿入提绳即成挤出网袋，适合于水果、罐头、瓶装酒的外包装，美观大方。另一种挤出网眼袋是由发泡聚苯乙烯 EPS 为原料，经熔融挤出制成，主要用于水果、瓶罐的缓冲包装。

（三） 塑料周转箱和钙塑瓦楞箱

塑料周转箱是最具有塑料包装箱特色的一类塑料箱，具有体积小、质量轻、美观耐用、易清洗、耐腐蚀、易成型加工、使用管理方便、安全卫生等特点，被广泛用作啤酒、汽水、生鲜果蔬、牛乳、禽蛋、水产品等的运输包装。

塑料周转箱所用材料大多是 PP 和 HDPE。HDPE 周转箱的耐低温性能较好；PP 周转箱的抗压性能比较好，更适用于需长期贮存垛放的食品。由于周转箱经日晒雨淋及受外界环境的影响，易老化脆裂，制造时应对原料进行选择并选用适当的添加剂，一般选用分子质量分布较宽的树脂，或者将 HDPE 和 LDPE 混用，另外需加入抗氧剂、颜料、紫外线吸收剂等来改性，以提高塑料周转箱的使用年限。

目前，EPS 发泡塑料周转箱作为生鲜果蔬的低温保鲜包装，因其具有隔热、防震缓冲等优越性而被广泛应用。

钙塑瓦楞箱是利用钙塑材料优异的防潮性能，来取代部分特殊场合的纸箱包装而发展起来的一种包装。钙塑材料是在 PP、PE 树脂中加入大量填料如碳酸钙、硫酸钙、滑石粉等，及少量助剂而形成的一种复合材料（一般含树脂 50%、碳酸钙等填料 50%）。由于钙塑材料具有塑料包装材料的特性，且具有防潮防水、高强度等优点，故可在高湿环境下用于冷冻食品、水产品、畜肉制品的包装，体现出质轻、美观整洁、耐用及尺寸稳定的优点。但钙塑材料表面光洁易打滑，减震缓冲性较差，且堆叠稳定性不佳，成本也相对较高。用于食品包装的钙塑材料助剂应满足食品卫生要求，即无毒或有毒成分应在规定的剂量范围内。

第三节　金属包装材料及容器

金属包装材料用作食品包装历史悠久，有近两百年的历史，以金属薄板或箔材为主要原材料，经加工制成各种形式的容器来包装食品，是现代食品包装的四大包装材料之一，在我国占包装材料总量的 20%左右。

金属包装材料的优良性能表现在以下几个方面。

（1）高阻隔性能　可完全阻隔气、汽、水、油、光等的透过，用于食品包装表现出极好的保护功能，使包装食品有较长的保质期。

（2）优良的机械性能　金属材料具有良好的抗拉、抗压、抗弯强度，韧性及硬度，用作食品包装表现出耐压、耐温湿度变化和耐虫害，包装的食品便于运输和贮存，同时适宜包装的机械化、自动化操作，密封可靠，效率高。

（3）容器成型加工工艺性好　金属具有优良的塑性变形性能，易于制成食品包装所需要的各种形状容器。现代金属容器加工技术与设备成熟，生产效率高，如现代的马口铁三片罐生产线生产速度可达 1200 罐/min，铝质二片罐生产线生产速度达 3600 罐/min，可以满足食品大规模自动化生产的需要。

（4）良好的耐高低温性、良好的导热性、耐热冲击性　用作食品包装可适应食品冷加工、热加工、高温杀菌以及杀菌后的快速冷却等加工需要。

（5）表面装饰性好　金属具有光泽，可通过表面彩印装饰提供更理想美观的商品形象。

（6）包装废弃物较易回收处理　金属包装废弃物的易回收处理减少了对环境的污染。同时，它的回炉再生可节约资源、节省能源，这在提倡“绿色包装”的今天显得尤为重要。

金属作为食品包装材料的缺点：化学稳定性差、不耐酸碱腐蚀，特别是包装高酸性内容物时易被腐蚀，且金属离子易析出会影响食品风味，这在一定程度上限制了它的使用范围。为弥补这个缺点，一般需在容器内壁施涂涂料。另一个缺点是价格较贵，但会随着生产技术的进步和大规模化生产而得以改善。

食品包装常用的金属材料按材质分为两类：一类为钢基包装材料，包括镀锡薄钢板（马口铁）、镀铬薄钢板、涂料板、镀锌板、不锈钢板等；另一类为铝质包装材料，包括铝合金薄板、铝箔、铝丝等。

一、 金属包装材料

（一） 镀锡薄钢板

镀锡薄钢板是低碳薄钢板表面镀锡而制成的产品，简称镀锡板，俗称马口铁板，广泛用于制造包装食品的各种容器，其他材料容器的盖或底。

1. 镀锡板的制造和结构组成

镀锡板是将低碳钢（C<0.13%）轧制成约 2mm 厚钢带，经酸洗、冷轧、电解清洗、退火、平整、剪边加工，再经清洗、电镀、软熔、钝化处理、涂油后剪切成板材成品。镀锡板所用镀锡为高纯锡（Sn>99.8%），也可用热浸镀法涂敷，此法所得锡层较厚，用锡量大，镀锡后不再钝化处理。镀锡板结构由五部分组成（图 2-21），由内向外依次为钢基板、锡铁合金层、锡层、氧化膜和油膜。镀锡板各构成部分的厚度、成分和性能如表 2-11 所示。

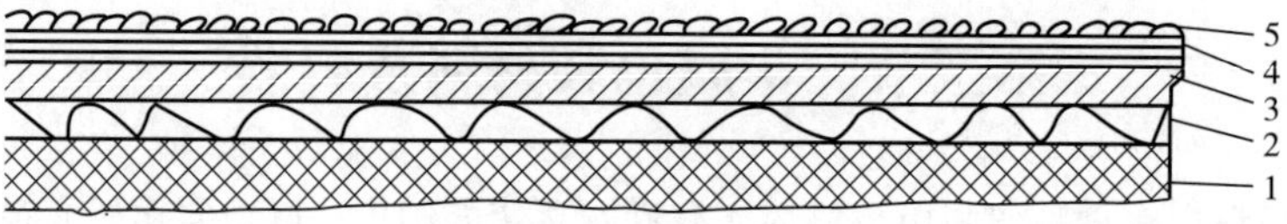

图 2-21 镀锡板断面图

1—钢基板 2—锡铁合金层 3—锡层 4—氧化膜 5—油膜

表 2-11 镀锡板各构成部分的厚度、成分和性能

结构名称	厚度		结构成分		包装性能特点
	热浸镀锡板	电镀锡板	热浸镀锡板	电镀锡板	
油膜	20mg/m²	2~5mg/m²	棕榈油	棉籽油或癸二酸二辛酯	润滑和防锈
氧化膜	3~5mg/m²（单面）	1~3mg/m²（单面）	氧化亚锡	氧化亚锡、氧化锡	电镀锡板表面钝化膜经化学处理生成，具有防锈、防变色和防硫化斑作用
锡层	22.4~44.8g/m²	5.6~22.4g/m²	纯锡	纯锡	美观、易焊、耐腐蚀，且无毒害
锡铁合金层	5g/m²	小于 1g/m²	锡铁合金结晶	锡铁合金结晶	耐腐蚀，如过厚，加工性和可焊性不良
钢基板	制罐用 0.2~0.3mm	制罐用 0.2~0.3mm	低碳钢	低碳钢	加工性能良好，制罐后具有必要的强度

2. 镀锡板的主要性能指标

（1）镀锡板的机械性能　通常用调质度作为指标来表示镀锡板的综合机械性能，包括强度、硬度、塑性和韧性等。镀锡板调质度是以其表面洛氏硬度值（HR30 T）来表示，按 HR30 T 值的大小分为几个等级，分别以 T50、T52 等符号表示。镀锡板调质度等级由低至高，其强度和硬度越高，而相应塑性和韧性越低。不同调质度的镀锡板使用场合、加工方法不同。影响镀锡板机械性能的因素很多，如钢基板成分、冶炼、轧制方法及质量、制板加工的退火处理及平整加工工艺和质量等。镀锡板的钢基板按成分不同分为 D、L、MR、MC 型等几种，其中 L、MR 型杂质含量少、强度不高、塑性好，所制成的镀锡板调质度低；MC 型钢基板含磷较高，强度高、塑性低，所制成的镀锡板调质度高。

（2）镀锡板的耐腐蚀性　不同食品对镀锡板包装容器的耐腐蚀性有不同要求，镀锡板的耐腐蚀性与构成镀锡板每一结构层的耐腐蚀性都有关。

①钢基板：钢基板的耐腐蚀性能主要取决于钢基板的成分、非金属夹杂物的数量和表面状态。钢基板中含磷、硫、铜等，一般都将对其耐腐蚀性带来有害的影响。但是包装有些食品时又表现出特殊的情况，如包装橘子类含柠檬酸的食品时，可用钢基板含铜稍多的镀锡板容器；灌装可乐类含 CO_2 饮料时，可用钢基板含硫稍多的镀锡板容器，表现出较好的耐腐蚀性。

②锡层：要求镀锡完全覆盖钢基板表面，但实际镀锡层存在许多针孔，其中暴露出钢基板的孔隙称“露铁点”。镀锡板上露铁点的多少用孔隙度表示：即每平方分米上孔隙数或孔隙面积。镀锡板上的露铁点在有腐蚀性溶液存在的条件下将发生电化学腐蚀，镀锡板孔隙度多会加速锡层溶解，结果加快钢基板腐蚀的速度。镀锡板孔隙度的大小与镀锡工艺和质量、镀锡层厚度有关，加工和使用中机械刮伤所产生的连续破坏锡层也将严重影响镀锡板的耐腐蚀性。

③锡铁合金层：处于钢基板和锡层之间的锡铁合金层的主要成分是锡铁金属化合物 $FeSn_2$，锡层不连续的孔隙暴露出的并不都是钢基表面，更多的是锡铁合金层。在酸性水果汁液等介质中锡铁合金层的电位比铁高，它和锡层耦合，构成受 $FeSn_2$ 合金层的极化程度控制的一种阴极控制型腐蚀体系，此时，若 $FeSn_2$ 层不连续，钢基体暴露增多，$FeSn_2$ 极化程度减小，结果加快锡的溶解速度。所以，提高 $FeSn_2$ 合金层的连续性和致密性可以有效地提高镀锡板的耐腐蚀性能。

④氧化膜：镀锡板表面的氧化膜有两种，一种是锡层本身氧化形成的 SnO_2 和 SnO，另一种是镀锡板钝化处理后形成的含铬化合物钝化膜。SnO_2 是稳定的氧化物，而 SnO 是不稳定化合物，所以两者数量的多少将影响镀锡板的耐腐蚀性。含铬纯化膜使镀锡板的耐腐蚀性大大提高。且钝化膜的含铬量越多，耐腐蚀性越好，可有效地抑制锡氧化变黄，硫化变黑。

⑤油膜：镀锡板表面的油膜将板与腐蚀性环境相隔开，防止锡层被氧化发黄，防止水汽使镀锡板生锈。此外，油膜在镀锡板使用和制罐中起润滑剂作用，可有效地防止加工、运输过程中的锡层擦伤破损，导致镀锡板的腐蚀。油膜也会对制罐加工、表面涂饰加工带来不利影响。

3. 涂料镀锡板

镀锡板具有的耐腐蚀性时常不能满足某些食品包装的需要，如富含蛋白质的鱼、肉食品，在高温加热中蛋白质分解产生硫化氢，对镀锡罐壁产生化学腐蚀作用，与露铁点发生作用形成硫化铁，对食品产生污染；高酸性食品对罐壁腐蚀产生氢胀和穿孔；有色果蔬因罐内壁溶出的二价锡离子作用将发生褪色现象；有的食品还出现金属味等。为此，采用在镀锡板上涂覆涂料，将食品与镀锡板隔离，以减少它们之间的接触反应。表面涂料优良的耐腐蚀效果已使其用到其他金属薄板表面，广泛应用于食品包装。

（1）涂料镀锡板的主要质量要求　涂料镀锡板是由镀锡板经钝化、表面净化处理、喷涂料、烘烤固化而制成；一般涂层厚在 12g/m^2 以下，涂料层表面应连续光滑、色泽均匀一致、无杂质油污和涂料堆积等现象。涂料板耐腐蚀性很重要的因素之一是涂层的连续性；涂层不连续的地方为眼孔，眼孔处出现露铁点时，在腐蚀环境下会发生快速深入的铁腐蚀。

（2）食品包装对涂料的要求

①无味、无臭、无毒，不影响食品品质和风味；

②有良好的机械性能，涂料随同镀锡板进行成型加工时能承受冲压、弯曲等作用，不破裂、脱落；

③有足够的耐热性，能承受制罐加工、罐装食品热杀菌加工等的高温作用而不变色、不起泡、不剥离；

④施涂加工方便，涂层干燥迅速，与镀锡板间有良好亲润性以保证涂层质量。

（3）常用涂料　目前可选用的涂料种类很多，按其制成的容器是否与食品接触，分内涂料和外涂料；按涂料涂覆的顺序不同分为底涂料和面涂料；用于容器接缝或涂层破损处施涂的为补涂料；适合制罐加工要求的一般涂料和冲拔罐涂料。根据食品特性及其包装保护要求将所用的内涂料分为抗酸涂料、抗硫涂料、抗酸抗硫两用涂料、抗黏涂料、啤酒饮料专用涂料及其他专用涂料等。

（二）无锡薄钢板

锡为贵金属，故镀锡板成本较高。为降低产品包装成本，在满足使用要求前提下由无锡薄钢板替代马口铁用于食品包装，主要品种有镀铬薄钢板、镀锌板和低碳钢薄板。

1. 镀铬薄钢板

镀铬板是由钢基板、铬层、水合氧化铬层和油膜构成（图 2-22），各结构层的厚度、成分及特性如表 2-12 所示。

图 2-22　镀铬板的结构

1—钢基板　2—金属铬层　3—水合氧化铬层　4—油膜

表 2-12　镀铬板各层厚度、成分及性能特点

各层名称	成分	厚度	性能特点
油膜	癸二酸二辛酯	22mg/m^2	防锈、润滑
水合氧化铬层	水合氧化铬	7.5~27mg/m^2	保护金属铬层，便于涂料和印铁，防止产生孔眼
金属铬层	金属铬	32.3~140mg/m^2	有一定耐蚀性，但比纯锡差
钢基板	低碳钢	制罐用 0.2~0.3mm	提供板材必需的强度，加工性良好

镀铬板的制造与镀锡板基本相同，只是将钢基板表面镀锡改为镀铬。主要制造工序为：钢板轧制→电解清洗→退火→平整清洗→电镀铬→钝化处理→清洗→干燥→涂油→成品。

镀铬板的性能和使用情况如下：

①铬板的机械性能：镀铬板的机械性能与镀锡板相差不大。

②镀铬板的耐腐蚀性：镀铬板也有较好的耐腐蚀性，但比镀锡板稍差。铬层和氧化铬层对柠檬酸、乳酸、醋酸等弱酸和其他弱碱有很好的抗蚀作用，但不能抗强酸、强碱的腐蚀。所以镀铬板通常施加涂料后使用。而涂料镀铬板具有比涂料镀锡板更好的耐腐蚀性。使用镀铬板时尤要注意剪切断口极易腐蚀，必须加涂料以完全覆盖。

③镀铬板的加工性能：因镀铬层韧性较差，所以冲拔、盖封加工时表面铬层易损伤破裂，不能适应冲拔、减薄、多级拉深加工。镀铬板不能锡焊，制罐时接缝需采用熔接或黏接。镀铬板表面涂料施涂加工性好，涂料在板面附着力强，比镀锡板表面涂料附着力高 3~6 倍，适宜用于制造箱底、盖和二片罐，而且可采用较高温度烘烤。

④价格便宜：镀铬板加涂料后具有的耐蚀性比镀锡板高，价格比镀锡板低 10%左右，具有较好的经济性，其使用量逐渐扩大。

2. 镀锌薄钢板

镀锌薄钢板是在低碳钢基板表面镀上一层厚 0.02mm 以上的锌构成的金属板材，其制造过程为：低碳钢板→轧制→清洗→退火处理→热浸镀锌→冷却→冲洗→拉伸矫直。镀锌板也可经电镀锌制成，锌层较热浸镀锌板薄，且防护层中不出现锌铁合金层，所以电镀锌板的成型加工性能较热浸镀锌板好，可焊性较好，但是耐腐蚀性不如热浸镀锌板。镀锌板主要用作大容量的包装桶。

3. 低碳薄钢板

低碳薄钢板是指含碳量<0.25%，厚度为 0.35~4mm 的普通碳素钢或优质碳素结构钢的钢板。低碳使低碳薄钢板塑性性能好，易于成型加工和接缝的焊接加工，制成容器有较好的强度和刚性，而且价格便宜。低碳薄钢板表面加特殊涂料后用于灌装饮料或其他食品，还可以将其制成窄带来捆扎旧箱、木箱或包装件。

（三） 铝质包装材料

铝质包装材料的包装性能优良，且资源丰富，广泛用于食品包装。

1. 铝质材料的一般包装特性

（1）优良的保护性能　能阻挡气、汽、水、油的透过性能，良好的光屏蔽性，反光率达 80%以上，包装食品将能起很好的保护作用。

（2）良好的热性能　耐热、导热性能好，导热系数约为钢的 3 倍，耐热冲击，可适应包装食品加热杀菌和低温冷藏处理要求，且减少能耗。

（3）重量轻　铝是轻金属，相对密度为 $2.7g/cm^3$，约为钢材的 1/3，用作食品包装材料可降低贮运费用，方便包装商品的流通和消费。

（4）具有银白色金属光泽，易美化装饰　用于食品包装有很好的商业效果。

（5）良好的耐腐蚀性。

（6）易氧化性　铝在空气中易氧化形成组织致密、坚韧的氧化铝（Al_2O_3）薄膜，从而保护内部铝材料，避免被继续氧化。采用钝化处理可获得更厚的氧化铝膜，能起更好的抗氧化腐蚀作用。但铝抗酸、碱、盐的腐蚀能力较差，尤其杂质含量高时耐蚀性更低。当 Al 中加入如

Mn、Mg 合金元素时可构成防锈铝合金，其耐腐蚀性能有很大提高。

（7）较好的机械性能　工业纯铝强度比钢低，为提高强度，可在纯铝中加入少量合金元素如 Cu、Mg 等形成铝合金，或通过变形硬化提高强度。铝的强度不受低温影响，特别适用于冷冻食品的包装。铝的塑性很好，易于通过压延制成铝薄板、铝箔等包装材料，铝薄板、铝箔容易加工并可进一步制成灌装各类食品的成型容器。

（8）工业纯铝易于制成铝箔并可与纸、塑料膜复合，制成具有良好综合包装性能的复合包装材料。

（9）铝的原料资源丰富，然而炼铝耗量巨大，铝材制造工艺复杂，故铝质包装材料价格较高，但铝质包装废弃物可回收利用，在减少包装废弃物对环境污染的同时可节约资源和能源。

2. 铝质包装材料的种类及其应用

用于食品包装的铝质材料主要包括工业纯铝和铝合金两大类。工业纯铝指含铝>99.0%的纯铝，按铝的纯度不同分为 L1、L2、L3、L4、L5、L6、L51（或 L5-1）几种，其含杂质依次增高。包装用铝合金主要为铝中加入少量锰、镁的合金（称防锈铝），使用较多的是防锈铝 LF2（铝镁合金）和 LF21（铝锰合金）。这些铝材可分别加工成铝薄板、铝箔和铝丝用于食品包装。

（1）铝薄板　将工业纯铝或防锈铝合金制成厚度为 0.2mm 以上的板材称铝薄板。铝薄板的机械性能和耐腐蚀性能与其成分关系密切。铝薄板与镀锡板一样，也是用调质度来表示它的综合机械性能，其调质度按 AA 标记法（美国铝协会标准）分为“O”和“H”型两类。“O”型调质度的铝薄板是强度低、塑性很好的极软铝材，主要用于制箔。“H”型调质度的铝薄板按调质度不同分为 H1X、H2X、H3X，其中 $X=1\sim9$，X 数字越大的板材强度超高；“H”型调质度铝薄板中调质度较低的用来制软管，调质度较高的用做罐盖、易拉盖。深拉变薄罐选用塑性好的材料。

（2）铝箔　铝箔是一种用工业纯铝薄板经多次冷轧、退火加工制成的金属箔材，食品包装用铝箔厚度一般为 0.05~0.07mm，与其他材料复合时所用铝箔厚度为 0.03~0.05mm，甚至更薄。铝材的杂质含量及轧制加工时产生的氧化物或轧辊上的硬压物等，会使铝箔出现针眼而影响铝箔的阻透性能。铝箔越薄针眼出现的可能性越大、数量越多。一般认为厚度<0.015mm 的铝箔不能完全阻挡气、水的透过，厚度>0.015mm 铝箔的气体透过系数为 0。

铝箔很容易受到机械损伤及腐蚀，所以铝箔较少单独使用，通常与纸、塑料膜等材料复合使用。采用不同加工方法可获得压花铝箔、彩箔、树脂涂覆箔，及与其他材料贴合铝箔等多种铝加工箔。压花铝箔、彩箔可直接用来裹包食品，尤其用于礼品包装。

铝箔复合膜材料具有优良的耐蚀、阻透、光屏蔽、密封性能，且强度好，所以大量用于食品的真空、充气包装，如制成药煮袋，制作多层复合袋，制软管，做泡罩包装的盖材，制作杯、盒、盘的盖材，制成浅盘盒及商标等。铝复合膜材料的组成及用途如表 2-13 所示。

为了减少铝箔材料的用量，在塑料膜或纸上采用真空镀铝膜的方法制成铝复合膜包装材料，这种复合膜的阻隔性比铝箔差，但耐折性、热封性比铝箔好，而与前述的铝复合膜材料比，真空镀铝复合膜的阻气性、反射紫外光性能稍差，但成本低。

表 2-13　　铝复合膜材料的组成及用途

用途	箔厚/μm	加工箔构成
口香糖（内装）	7	Al/蜡/薄叶纸
香烟	7	Al/黏合剂/模造纸
粉末食品	7	PP（印）/Al/PE
纸容器	7	Al/黏合剂/马尼拉板纸
贴纸	7	Al/黏合剂/高质纸
红茶	7	玻璃纸/黏合剂/Al/黏合剂/模造纸/PE
牛油	7~8	Al/黏合剂/羊皮纸
复合罐	7	薄纸/黏合剂/牛皮纸/黏合剂/Al/PE
蒸煮袋	9	PET/黏合剂/Al/黏合剂/聚烯烃
干酪	10	喷漆/Al/喷漆
巧克力板	8~15	①平箔　②Al/PVC　③Al/PE　④/Al/蜡/薄叶纸
封瓶箱	15~30	①平箔　②Al/PVC
“PTP”包装	20	Al/热封层
药品	20~40	①玻璃纸（印）/PE/Al/PE　②着色玻璃纸/黏合剂/Al/PE
Crown spot	50	热封涂层/Al/耐热喷漆
乳酸饮料瓶盖	50	Al（印）/PE/热融胶
箔容器	30~150	①平箔　②喷漆/Al/喷漆　③喷漆/Al/黏合剂/PP

二、金属包装容器

包装食品用金属容器按形状及容量大小分为桶、盒、罐、管等多种，其中金属罐使用范围最广，使用量最大。

（一）金属罐

1. 金属罐的分类

食品包装用金属罐按所用材料、罐的结构和外形及制罐工艺不同进行分类，如表 2-14 所示。此外，按罐是否有涂层分为素铁罐和涂料罐；按食用时开罐方法不同分为罐盖切开罐、易开盖罐、罐身卷开罐等。

2. 金属罐结构

罐按结构分为三片罐和二片罐，金属三片罐由罐身、罐底和罐盖 3 部分组成，罐身有接缝，罐身与罐盖、罐底毛封，大型罐的罐身有凹凸加强压圈，起增强罐身强度和刚性的作用。罐底与罐盖的基本结构相同，其结构有盖钩圆边、肩胛、外凸筋、斜坡、盖心和密封胶几部分。

表 2-14 金属罐的分类

结构	性状	工艺特点	材料	代表性用途
三片罐	圆罐或异形罐	压接罐	马口铁 无锡薄钢板	主要用于要求不高的食品罐（茶叶罐、月饼罐、糖果巧克力罐、饼干罐等）
		黏接罐	无锡薄钢板、铝	各种饮料罐
		电阻焊罐	马口铁、无锡薄钢板	各种饮料罐、食品罐、化工罐
二片罐	圆罐或异形罐	浅冲罐	马口铁、铝 无锡薄钢板	鱼肉、肉罐头 水果蔬菜罐头
		深冲罐（DRD）	马口铁、铝 无锡薄钢板	菜肴罐头 乳制品罐头
		深冲减薄拉深罐（DWD）	马口铁、铝	各种饮料罐头（主要是碳酸饮料）

罐盖结构，盖钩用于与罐身翻钓卷合，盖钩内注密封胶；盖上鱼眼状外凸筋和逐级低下的斜坡构成盖的膨胀圈，它可以增强罐盖强度，并适应罐头冷热加工时的热膨胀和冷收缩恢复正常形状的需要，适应罐封的机械加工要求，以及显示罐头食品是否败坏等作用。所以，膨胀圈的形式取决于罐头品种、内装食品性质、罐内顶隙、真空度等因素。一般的罐内食品结成块状、顶隙较小、真空度较低的午餐肉、带骨肉用罐的罐盖膨胀圈强度应大些；汤汁多、顶隙大、真空度高的食品用罐罐盖膨胀圈应有较好的塑性。三片罐的罐盖有普通盖和易拉盖两种；二片罐是罐身与罐底为一体的金属罐，没有罐身接缝，只有一道罐盖与罐身卷封线，密封保护性比三片罐好。

3. 罐型与规格

金属罐按外形不同分为 8 类：圆罐、冲底圆罐、方罐、冲底方罐、椭圆罐、冲底椭圆罐、梯形罐和马蹄形罐，各种罐的外形形状、罐型编号如表 2-15 所示。

表 2-15 罐型编号

罐型	编号	罐型	编号
圆罐	按内径、外高排列	椭圆罐	500
冲底圆罐	200	冲底椭圆罐	600
方罐	300	梯形罐	700
冲底方罐	400	马蹄形罐	800

（二） 金属桶

金属桶一般指容量较大的金属容器，容积一般为 30~200L，主要用于食品原料及中间产品的贮存、运输包装，具有密封好、强度好、耐热、耐压、耐冲击、可重复使用等优点。金属桶可用镀锡板、镀锌板、低碳钢板制成，其中低碳钢制桶，因价格低，所以使用量大。

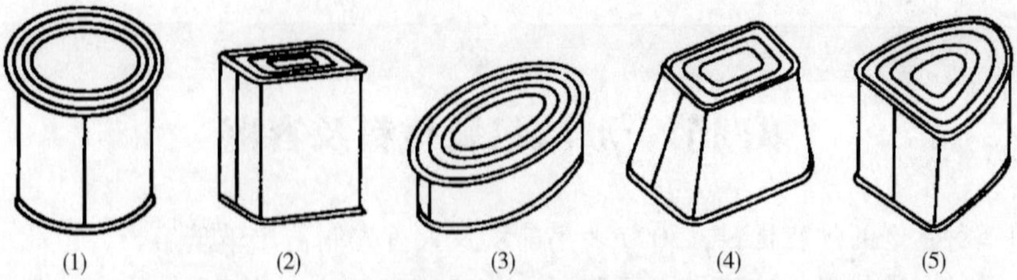

图 2-23　金属罐罐型
（1）圆罐　（2）方罐　（3）椭圆罐　（4）梯形罐　（5）马蹄形罐

桶内壁涂有环氧类、乙烯类等树脂涂料。金属捅的成型加工与三片罐加工相类似。根据装料口的大小不同，金属桶分为小口桶、中口桶、大口桶。小口桶是在与桶身卷封的桶盖上制一个小入料口（有的还设有透气口），桶口用配有橡胶密封圈的螺旋盖盖封。小口桶适宜装食油等液体类食品，密封可靠，不易泄漏，方便运输。大口桶的桶盖全开，靠桶箍将桶盖与桶身凸起紧固密封。大口桶主要适宜装块状、粉状或浆状食品，具有装、取料方便和便于桶内清理的特点。

（三）　铝箔容器

铝箔容器是指以铝箔为主体材料制成的刚性、半刚性或软性容器。铝箔材料的优越包装性能使得用铝箔制成的容器具有质轻美观、阻隔、传热性好等包装特性，既可高温杀菌，又可低温冷冻、冷藏，加工性能好，可制成各种形状容器且易进行彩印。此外，铝箔容器包装还具有开启使用方便、用后易处理等优点，所以它广泛用于食品包装，如用于包装焙烤类食品、餐后甜食、冷冻食品、方便食品、军需食品、应急食品及加热后食用的盒装食品、蒸煮袋装食品(软罐头)、旅行食品等。随着生活水平提高和旅游业的发展，这种随时随地可加热享用、便捷高效、卫生、安全、对环境污染小的食品包装形式，应用将越来越广泛。目前铝箔容器主要有以下几种：

（1）皱壁铝箔容器　皱壁铝箔容器指用稍硬铝合金箔冲压落料、起皱拉伸制成的有折叠侧壁的容器，可分为浅盒无盖容器和有盖容器两种。有盖铝箔容器的盖为纸或塑料膜，将其插入容器口的折叠槽内盖封。由于容器易变形而不能保证完全密封，所以这种容器主要用于冷冻食品或流通期限很短的方便食品包装。

（2）光壁铝箔容器　光壁铝箔容器指用含杂质量较少、塑性很好的工业纯铝拉伸制成的侧壁光滑的容器。容器口水平的凸缘平滑，容器内及凸缘表面涂有热塑性树脂。带涂料的容器盖与容器凸缘热压封合形成可靠密封包装。这种容器适用于100℃以下杀菌的食品，如果酱等的包装。

（3）铝箔复合膜蒸煮袋　铝箔复合膜蒸煮袋是用铝箔复合膜制成的软性包装袋，具有金属罐及塑料袋的包装优点，包装食品可进行120℃左右蒸煮加热杀菌，可替代刚性的玻璃罐、金属罐，俗称软罐头，是目前用于高温杀菌食品包装最具发展前景的包装容器。

第四节 玻璃包装材料及容器

玻璃是一种古老的包装材料，3000多年前埃及人首先制造出玻璃容器，由此玻璃成为食品及其他物品的包装材料。玻璃是由石英石（构成玻璃的主要组分）、纯碱（碳酸钠、助熔剂）、石灰石（碳酸钙、稳定剂）为主要原料，加入澄清剂、着色剂、脱色剂等，经1400~1600℃高温熔炼成黏稠玻璃液再经冷凝而成的非晶体材料。目前，玻璃使用量占包装材料总量的10%左右，是食品包装中的重要材料之一。

玻璃具有其他包装材料无可比拟的优点，作为包装材料最显著的特点是高阻隔、光亮透明、化学稳定性好、易成型，但玻璃容器质量大且容易破碎，这一性能缺点影响了它在食品包装上的使用发展，尤其是受到塑料和复合包装材料的冲击。随着玻璃工业生产技术的发展，现在已研制出高强度、轻量化的玻璃材料及其制品。

一、 瓶罐玻璃的化学组成

玻璃的种类很多，用于食品包装的主要是氧化物玻璃中的钠-钙-硅系玻璃，其主要成分为SiO_2（60%~75%）、Na_2O（8%~45%）、CaO（7%~16%），此外含有一定少量的Al_2O_3（2%~3%）、MgO（1%~4%）等。为适应被包装食品的特性及包装要求，各种食品包装用玻璃的化学组成略有不同，如表2-16所示。

表2-16 几种食品包装瓶罐的化学组成 单位:%

组分	SiO_2	Na_2O	K_2O	CaO	Al_2O_3	Fe_2O_3	MgO	BaO
棕色啤酒瓶（硫碳着色）	72.50	13.23	0.07	10.40	1.85	0.23	1.60	—
绿色啤酒瓶	69.98	13.65	13.65	9.02	3.00	0.15	2.27	—
香槟酒瓶	61.38	8.51	2.44	15.76	8.26	1.30	0.82	—
汽水瓶（淡青）	69.00	14.50	14.50	9.60	3.80	0.50	2.20	0.20
罐头瓶（淡青）	70.50	14.90	14.90	7.50	3.00	0.40	3.60	0.30

玻璃的内部是由硅、氧离子按多面体结构，并且按近程有序而远程无序构成，空间网络结构钠、钙离子分布在网络断裂处的间隙中，其结构如图2-24所示。

二、 玻璃的包装特性

（一） 化学稳定性

具有极好的化学稳定性是玻璃作为食品包装材料的一个突出优点。一般说来，玻璃内部离子结合紧密，高温熔炼后大部分形成不溶性盐类物质而具有极好的化学惰性，可抗气体、水、酸、碱等侵蚀，不与被包装的食品发生作用，具有良好的包装安全性，最适宜婴幼儿食品、药品的包装。但是玻璃成分中的Na_2O及其他金属离子能溶于水，从而导致玻璃的侵蚀及与其接触溶液的pH发生变化。如将玻璃在蒸馏水中放一年，可测出10^{-5}~1.5×10^{-5} g/cm^{3}的NaOH及

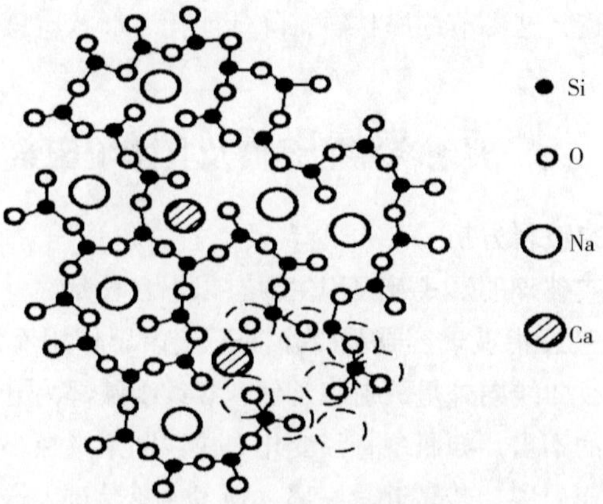

图 2-24　Na—Ca—Si 系玻璃的结构

其他微量成分。熔炼不好的玻璃制品可能发生来自玻璃原料的有毒物溶出问题，所以对玻璃制品应做水浸泡处理或加稀酸加热处理，对包装有严格包装要求的食品药品可改用钠钙玻璃为硼硅玻璃。同时应注意玻璃熔炼和成型加工质量，以确保被包装食品的安全性。

（二） 物理性能

（1）密度较大　包装常用的玻璃密度为 2.5g/cm^3 左右，密度远大于除金属以外的其他包装材料。玻璃制品的壁厚尺寸较大，其质量大于同容量的金属包装制品，这些性能影响玻璃制品及食品生产的运输费用，不利于包装食品仓储、搬运及消费者的携带。

（2）透光性好　玻璃具有良好的透光性，可充分显示内装食品的形色。对要求避光的食品，可采用有色玻璃。

（3）热性能　玻璃的导热性能较差，在高温时主要是辐射传热，低温时则以热传导为主。玻璃的热膨胀系数较低（约为 1×10^{-6}/K），因此玻璃可耐高温，用作食品包装能经受加工过程的杀菌、消毒、清洗等高温处理，能适应食品微波加工及其他热加工，但是，常用的玻璃材料对温度骤变而产生的热冲击适应能力差，尤其玻璃较厚、表面质量差时，它所能承受的急变温差更小。

（4）高阻隔性　玻璃具有对气、汽、水、油等各种物质的高阻隔性，其透过率为 0，这是它作为食品包装材料的又一突出优点。

（5）机械性能　玻璃硬度高，抗压强度较高（200～600MPa），但抗张强度低（50～200MPa），脆性高，抗冲击强度低。玻璃的理论强度高达 10000MPa，但实际强度只为理论强度的 1%以下，主要受玻璃内部及表面缺陷影响，如气泡、成分分布不均匀、表面质量差、微小缺口、厚薄不均等。此外，玻璃成型时冷却速度过快会使玻璃内部产生较大的内应力，也致使其机械强度降低，所以玻璃制品需要进行合理的退火处理，以消除内应力、提高其强度。

玻璃强度还受负荷作用的速度及时间的影响，长时间荷重的玻璃强度较低，这是玻璃的静态疲劳性能所决定的。玻璃的静态疲劳以及使用时承受的周期变化负荷作用都将导致其强度降低，所以玻璃包装制品重复多次使用的次数受限制，以保证包装安全可靠。

（6）良好的成型加工工艺性能　玻璃可加工制成各种形状结构的容器，而且易于上色，外观光亮，用于食品包装美化效果好，但印刷等二次加工性差。

（7）原料来源丰富　玻璃制品的价格较便宜，还具有可回收再利用的特点，废弃玻璃制品可回炉焙炼，再成型制造，这可节约原材料，降低能耗。形状质量合格的回收玻璃制品经清洗消毒可再使用。

三、玻璃容器的强度及其影响因素

（一）玻璃容器的破裂分析

玻璃容器极易破碎，其破碎的形式及原因主要有以下三种。

（1）内压破裂　内压破裂指玻璃容器局部承受不了内压作用而发生的破裂，其破裂形态是以裂纹起点为中心，裂纹曲线向外呈放射状延伸，裂纹线端部为分叉形。如果此种破裂起点靠近瓶颈部，则是设计上的不当。如瓶颈直径变化太快，圆角半径小，瓶受压时，使该处应力集中分布超过其强度极限而破裂。若靠近瓶底部，则多为瓶受过大振动，内压冲击致破。

（2）外部冲击破裂　外部冲击破裂指外部冲击力作用使瓶破裂，其裂纹稍粗，破裂块小。长颈或细长玻璃容器抗冲击能力很低，一般易发生这类破裂。

（3）热冲击破裂　热冷剧变产生的巨大热应力作用在玻璃容器上使容器破裂称为热冲击破裂。该种破裂多发生在瓶底部或瓶壁厚薄差异较大的地方，裂纹线粗、量少。

（二）玻璃容器的包装强度

玻璃容器的包装强度包括内压强度、热冲击强度、机械冲击强度、垂直荷重强度和水锤强度五方面。玻璃容器的强度除了与玻璃的质量有关外，容器的表面形状及质量、结构设计、灌装质量、运输等多方面因素对其都有影响。

内压强度：指容器不破裂所能承受的最大内部压应力，在一定程度上可体现玻璃容器的综合强度，主要决定于玻璃的强度和容器的壁厚、直径。最大内压强度 P_m 表示为

$$P_m = \frac{2t}{D}[\sigma] \tag{2-1}$$

式中　P_m——最大内压强度，MPa；

t——容器壁厚，mm；

D——容器直径，mm；

$[\sigma]$——玻璃强度，MPa。

由式（2-1）可见：壁厚小、直径大、内压强度小、材料强度高的玻璃容器有高的内压强度。玻璃容器内压强度还与容器的形状结构有关，表 2-17 所示为容器截面形状与内压强度的关系，可见圆形截面玻璃容器能承受的内压强度最高。

表 2-17　容器截面形状与内压强度比

截面形状	内压强度比/%
圆形	10
椭圆形（长短轴比 2∶1）	5
圆方形（圆角较大）	2.5
正方形（圆角较锐）	1

（1）机械冲击强度　机械冲击强度指玻璃容器承受外部冲击不破碎的能力。容器的冲击

强度与容器的形状密切相关，容器口至底部冲击强度大小不一，在瓶口、瓶底处强度最低，最易发生破碎。冲击强度还与容器壁厚有关，壁厚增加，冲击强度升高，也即易破裂。

（2）垂直荷重强度　垂直荷重强度指玻璃容器承受垂直负荷的能力。玻璃容器在灌装、压盖、开盖、堆垛时都受到垂直负荷的作用，其承受垂直负荷的能力与瓶形有关，尤其是瓶肩部的曲率，肩部曲率半径越大，其荷重强度越高。

（3）水锤强度　水锤强度指玻璃容器底部承受短时内部水冲击的能力，也称水冲击强度。玻璃容器包装食品在运输过程中受到振动、冲击时，容器内可能出现上端空隙部分空气受压，底部局部地区形成真空现象，由此导致瞬间产生巨大冲击力冲击容器底部，且时间越短，产生冲击力越大，有时在万分之一秒内可产生高达350~3500MPa的冲击应力。容器底部水锤强度不足将发生破损。

（4）热冲击强度　热冲击强度指玻璃容器耐受冷热温度剧变不破碎的能力，取决于冷热变化导致容器内产生的热应力（S）的大小。热应力的大小受温差值和容器壁厚的影响，可表示为：

$$S = 3.5\Delta T\sqrt{t} \tag{2-2}$$

式中　S——热应力，℃·$mm^{1/2}$；

t——容器壁厚；

ΔT——温差值，℃。

新瓶应<50℃，旧瓶应<30℃。

壁厚尺寸小的容器，在冷热剧变时其热冲击内应力相对较小，容器热冲击强度高。

（三）影响玻璃容器包装强度的因素

玻璃容器包装强度与容器形状密切相关，尤其受强度较低的颈部与底部的形状结构影响较大，提高容器形状结构设计合理性对提高玻璃容器的强度至关重要，如采用能提高玻璃瓶强度和抗冲击作用的表面形状——球面形、圆柱形，在容器强度薄弱处设计突起的点或条纹等，这种改进设计可使瓶强度增加约50%；改善瓶外形以提高自动灌装时对瓶抓取、固定的可靠性和稳定性，避免倒瓶、碰撞破瓶；避免玻璃瓶外形尖角形状受力时在尖角处因应力集中分布而降低此处的承载能力；在保证瓶的使用及强度条件下，尽量减轻瓶重，以减小自动灌装线上因振动产生的冲击力作用等。

四、常见玻璃容器

（一）小口瓶（细口瓶）

小口瓶是酒类、液体调味品常用的包装容器。小口瓶有溜肩和端肩之分，其外形及各部名称如图2-25所示。

小口酒瓶口的封盖形式有皇冠盖（压盖）、螺旋盖和滚压盖（防盗盖）等。皇冠盖由马口铁加工而成，内衬塑料密封垫。冠形瓶口以皇冠盖用压合密封，具有密封严、耐内压的优点，多用于啤酒和汽水包装。但它开启不便，要用启盖器，一经开启便不能完全回封。

（二）罐头瓶

罐头瓶是较矮胖的大口瓶，用于包装在空气中易腐败、密封后必须加热杀菌的食品，如水果罐头。罐盖为压盖，由马口铁制作，内衬橡胶垫，用封罐机压封。它封口严密，耐内压，但开启十分费力不便。

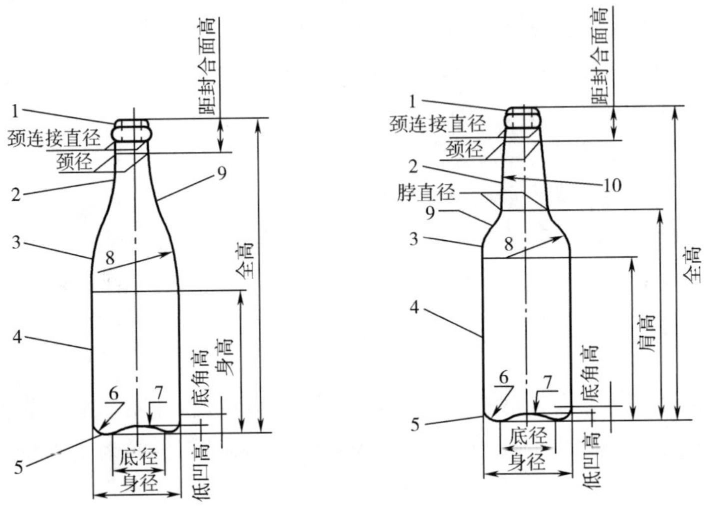

(1)溜肩瓶　　(2)端肩瓶

图 2-25　细口瓶瓶型

1—瓶口　2—瓶颈　3—瓶肩　4—瓶身　5—瓶底　6—底角弧　7—底凹弧　8—肩内肩　9—肩外弧　10—颈内弧

（三） 四旋瓶

四旋瓶是一种容易启闭且密封较好的大口罐头瓶，常用于各种酱菜、果酱包装。四旋瓶瓶口通过四头不连续的螺纹与罐盖密封，需开启时只要转 1/4 圈便可拧下盖子。盖子用马口铁制造，盖沟内注入了聚氯乙烯胶可加强密封性。

第五节　陶瓷包装材料及容器

我国是使用陶瓷制品历史最悠久的国家，陶瓷制品用作食品包装容器主要有瓶、罐、缸、坛等，主要用于酒类、咸菜以及传统风味食品的包装。

一、 陶瓷包装容器的原料组成

制造陶瓷的原料可分为黏性原料、减黏性原料、助熔原料、细料。制造陶瓷的主要原料有高岭土（瓷器制造用）或黏土、陶土（陶器制造用）、硅砂、助熔性原料（如长石、白云石、菱镁矿石）等。高岭土的主要成分是 $Al_2O_3 \cdot 2SiO_2 \cdot 2H_2O$，陶土的成分更复杂些。

以氧化铝（Al_2O_3）为主要成分的陶瓷称为氧化铝陶瓷，在食品包装中常用的也是这类陶瓷制品。如按配方或瓷体中氧化铝的含量进行分类，则可分为两大类：高纯氧化铝陶瓷和普通氧化铝陶瓷，高纯氧化铝陶瓷是指氧化铝质量分数在 99.9%以上的氧化铝陶瓷，熔点为 2050℃，密度为 3.98g/cm^3，烧结温度在 1650~1950℃，化学稳定性好。普通氧化铝陶瓷是以氧化铝为主要成分的陶瓷，按氧化铝的含量不同可分为 99 瓷、95 瓷、90 瓷、85 瓷，有时也将氧化铝质量分数为 80%和 75%的列入普通氧化铝陶瓷。

99 氧化铝陶瓷（99 瓷）指氧化铝质量分数为 99% 的陶瓷，按主晶相分类属刚玉瓷，烧结温度约 1700℃。随氧化铝含量的增加，烧结越来越困难，通常需加入烧结助剂，典型配方：氧化铝质量分数为 99.0%、高岭土质量分数为 0.75%、碳酸镁质量分数为 0.25%。

95 氧化铝陶瓷（95 瓷）指氧化铝质量分数为 95% 的陶瓷，主晶相为 $\alpha-Al_2O_3$，烧结温度约为 1650℃。

85 氧化铝陶瓷（85 瓷）指氧化铝质量分数为 85% 的陶瓷，组分中通常加入部分滑石，形成以刚玉为主晶相的高铝瓷。

陶瓷是无机非金属材料，内部由离子晶体及共价晶体构成，同时还有一部分玻璃相和气孔，是一种复杂的多相体系及多晶材料。

二、陶瓷包装容器的制造

陶瓷包装容器的制造工艺：原料配制→泥坯成型→干燥→上釉→焙烧。

（1）原料配制　根据对陶瓷容器的不同要求选择并按一定比例配制成泥坯原料。

（2）泥坯成型　将原料经手工、模铸或注浆等方法制成一定形状的型坯（泥坯）。

（3）干燥　通过自然干燥、热风干燥、微波干燥、辐射干燥等方法除去泥坯中的全部机械混合水。

（4）上釉　为了增加陶瓷容器对气、液的阻隔性，表面需要上一层釉，釉料的化学成分和玻璃相似，主要由某些金属氧化物和非金属氧化物的硅酸盐组成。这些氧化物熔融体硬化时与坯体发生化学反应，牢固地结合在坯体上，并形成一层薄釉膜，保护坯体，增加坯体的阻气性、阻水性、保香性，提高陶瓷容器的耐化学性和阻止液体渗透性。釉层使坯体表面处于承受一定预加压应力状态，可提高陶瓷制品的使用强度。

（5）焙烧　以一定的升温速度将陶瓷容器加热至一定温度，并在一定的气氛下（氧化、碳化、氮化等）将上釉泥坯烧结成不同要求的陶瓷容器。

三、陶瓷包装容器的特点及使用

（一）陶瓷包装容器的特点

①陶瓷制品的原料丰富，成型工艺简单，便宜。

②耐火、耐热、耐药性好，可反复使用，废弃物对环境污染小。

③有高的硬度和抗压强度。

④彩釉陶瓷制品造型色彩美观，装饰效果好，又增加容器的气密性和对内装食品的保护作用。同时，其本身可作为精美的工艺品，有很好的装饰观赏作用。

陶瓷容器的缺点主要是抗张强度低、脆性高、抗热振性能差、质量大。

（二）陶瓷包装容器的应用及卫生安全性

陶瓷容器主要用于包装酒、腌渍品及一些传统食品。陶瓷材料用于食品包装时应注意釉彩烧制的质量。釉彩是硅酸盐和金属盐类物质，着色颜料也多使用金属盐类物质。这些物质中多含有铅、砷、镉等有毒成分，当烧制质量不好时，釉彩未能形成不溶性硅酸盐，从而使用陶瓷容器时会发生有毒、有害物质的溶出而污染内装食品。所以应选用烧制质量合格的陶瓷容器包装食品，以确保包装食品的卫生安全。

第六节 复合包装材料

复合材料是指由两种或两种以上的具有不同性能的物质结合在一起组成的材料。包装材料种类繁多，但性能存在着较大差异，尽管其本身有许多优异的性能，可应用于一定范围，但单一材料不可能拥有包装材料应有的全部性能，不能满足食品包装的全部要求。因此，根据使用目的将不同的包装材料复合，使其拥有多种综合包装性能，复合包装材料便由此而产生，且已成为目前食品包装材料的最主要品种和国际性发展方向。

复合包装材料是在微观结构上遵循扬长避短的结合，发挥所组成物质的优点，扩大使用范围、提高经济效益，使之成为一种更实用、更完备的包装材料。因此，复合包装材料比任何单一传统包装材料的性能要优越得多。但是从环保回收利用角度来看，复合包装材料会加大回收利用的难度。

一、复合包装材料的结构

一般来说，复合包装材料的外层材料应当是熔点较高，耐热性能好，不易划伤、磨毛，印刷性能好，光学性能好的材料，常采用的有纸、铝箔、玻璃纸、聚碳酸酯、尼龙、聚酯、聚丙烯等。内层材料应当具有热封性、黏合性好、无味、无毒、耐油、耐水、耐化学品等性能，如聚丙烯、聚乙烯、聚偏二氯乙烯等耐热塑料材料。3 层以上复合材料的中层通常采用阻隔气体与水分及遮蔽光线等性能好且机械强度高的材料，如铝箔、聚偏二氯乙烯、玻璃纸、纸、聚乙烯等。层与层之间则涂有黏合剂用于黏合。一般外层与中层材料之间使用溶剂型热固性聚氨酯黏合剂，内层与中层之间使用改性聚丙烯乳液黏合剂或用特殊改性的含羰基丙烯共同树脂等。外层用黏合剂要求黏合强度高、工艺简单、成本低，内层用黏合剂要求耐高温、剥离强度高、无毒、无味，不影响食品的营养成分，能很好保持食品的色香味。国外近年来开发出在基材薄膜表面上均匀涂布一层涂布剂，以提高包装材料的气密性、耐油性和化学稳定性，使之适用于多种食品包装。常用的涂布剂有聚偏二氯乙烯树脂及聚丙烯-聚偏二氯乙树脂等。涂布的方式有单面涂布和双面涂布。

（一）常用的复合包装材料的结构

（1）双层复合　如玻璃纸/聚乙烯、纸/铝箔、纸/聚乙烯、聚酯/聚乙烯、聚氯乙烯/聚乙烯、尼龙/聚偏二氯乙烯、聚乙烯/聚偏二氯乙烯、聚丙烯/聚偏二氯乙烯等。

（2）三层复合　如拉伸聚丙烯/聚乙烯/未拉伸聚丙烯、聚酯/聚偏二氯乙烯/聚乙烯、聚酯/玻璃纸/聚乙烯、玻璃纸/铝箔/聚乙烯、蜡/纸/聚乙烯等。

（3）四层复合　如玻璃纸/聚乙烯/拉伸聚丙烯/聚乙烯、聚偏二氯乙烯/玻璃纸/聚偏二氯乙烯/聚乙烯、纸/铝箔/纸/聚乙烯等。

（4）五层复合　如聚偏二氯乙烯/玻璃纸/聚乙烯/铝箔/聚乙烯等。

（5）六层复合　如聚乙烯/纸/聚乙烯/铝箔/聚乙烯/聚乙烯等。

（二）用于食品包装的复合材料结构要求

（1）内层要求　内层材料要求无毒、无味、耐油、耐化学性能好，具有热封性或黏合性，常用的有 PE、CPP、EVA 及离子型聚合物等热塑性塑料。

（2）外层要求 外层材料要求光学性能好，印刷性好，耐磨耐热，具有强度和刚性，常用的有 PA、PET、BOPP、PC、铝箔及纸等。

（3）中间层要求 中间层材料要求具有高阻隔性（阻气、阻香、防潮和遮光），其中铝箔和 PVDC 是最常用的品种。

（三） 复合材料的表示方法

文字表示的复合包装材料，从左至右依次为外层、中间层和内层材料，如复合材料纸/PE/Al/PE，外层纸提供印刷性能，中间 PE 层起黏结作用，中间 Al 提供阻隔性和刚度，内层 PE 提供热封性能。

二、 复合包装材料的特性

（1）保护性 应有足够的力学强度，包括拉伸强度、破裂强度、耐折强度等。另外，还具有防水性、防寒性、密封性以及避光性、耐湿性、耐油性、绝缘性等。

（2）操作性 即方便包装作业、能适应机械化操作，不打滑、不带静电、抗卷翘，耐隔离性好，有折痕保持性。

（3）商品性 适宜印刷、利于流通、价格合理。

（4）卫生性 无臭、无毒、污染少。复合包装材料本身要清洁，不能含有危害人体健康的化学成分。

三、 复合包装材料的应用

目前，复合包装材料已应用于各个领域，如食品、药品、军用品、生活用品等的包装上，其中在食品工业上使用的复合包装材料最多。例如铝箔/蜡/薄纸（用于口香糖包装）、铝箔/薄纸/蜡（用于巧克力包装）、铝箔/防油胶黏剂/羊皮纸（用于牛油、奶酪包装）等。一般而言，复合包装材料都具有防水、抗油、耐热等特性，其用途很广，大体可用于以下几种食品：

（1）固体食品 如方便面、各种奶糖、麦片、巧克力、紫菜、茶叶、各类干果（如葡萄干）、膨化食品的包装。

（2）液体食品 如牛乳、甜酒、果汁、酱油、醋等的包装。

（3）生鲜食品 用于生鱼、鲜肉、禽蛋等的包装。

四、 复合材料的选择

复合包装材料品种很多，主要有：

（1）真空或低温消毒杀菌类 如聚乙烯层压赛璐珞或压聚酯、聚酰胺等。

（2）高温（105~120℃）杀菌类 如高密度聚乙烯层压聚酯或压聚酰胺以及三层材料（如聚酯-铝箔-高密度聚乙烯）等。

（3）充气类 如聚乙烯层压聚酯、压拉伸聚酰胺等。

五、 复合方法

复合工艺方法主要有涂布法、层合法和共挤法 3 种，可单独应用，也可复合应用。

（一） 涂布法

涂布法是在一种基材表面涂上涂布剂，并经干燥或冷却后形成复合材料的加工方法。涂布法所用基材为：纸、玻璃纸、铝箔及各种塑料薄膜；涂布剂有：LDPE、PVDC、EVA 和 Ionomer 等。涂布 PVDC 即 K 涂，主要用于提高薄膜阻隔性，涂布 PE、EVA、Ionomer 主要提供良好的热封层。典型的涂布复合材料有：PT/PE、OPP/PE（EVA）、Ny/PE（EVA）、PET/PE（EVA）。

（二） 共挤法

共挤法是用两台或两台以上的挤出机，分别将加热熔融的异色或异种塑料从一个模孔中挤出成膜的工艺方法，主要用于材料性能相近或相同的多层组合共挤。共挤膜常用 PE、PP 为基材，有二层、三层、五层共挤组合。典型的共挤复合膜有：LDPE/PP/LDPE、PP/LDPE、LDPE/LDPE 及 LDPE/LDPE/LDPE（异色组合）。

（三） 层合法

层合法是用黏合剂把两层或两层以上的基材黏合在一起而形成复合材料的一种工艺方法，适用于某些无法用挤出复合工艺加工的复合材料，如纸、铝箔等。层合法的特点是应用范围广，只要选择合适的黏合材料和黏结剂，就可使任何薄膜相互黏合；黏合强度高，同时可将印刷色层黏夹于薄膜之间，隔离和保护印刷层。典型的层合复合膜有：纸/Al 箔/PE、BOPP/PA/CPP、PET/Al 箔/PE 等。

六、 常见的复合包装容器

（一） 高温蒸煮袋

高温蒸煮袋是一类有特殊耐高温要求的复合包装材料，按其杀菌时使用的温度可分为：高温蒸煮袋（121℃杀菌 30min）和超高温蒸煮袋（135℃杀菌 30min）；按其结构来分有透明袋和不透明袋两种。制作高温蒸煮袋的复合薄膜有透明和不透明两种。透明复合薄膜可用 PET 或 PA 等薄膜为外层（高阻隔型透明袋使用 K 涂 PET 膜），CPP 为内层，中间层可用 PVDC 或 PVA；不透明复合薄膜中间层为铝箔。其结构和性能如表 2-18 所示。蒸煮袋食品被称为第二代罐头，给食品包装业带来一场划时代的革新。

表 2-18 高温蒸煮袋的结构和性能

项目	单位	种类		
结构		PET12/A19/PO70	PET12/PO70	Ny15/PO70
外观	—	不透明，高光泽	半透明	半透明
复合强度	N/20mm 宽	9.8	5.88	5.88
封口强度	N/20mm 宽	68.6	58.5	68.6
抗张强度	N/20mm 宽	78.4	68.6	98
伸长率	%	8	7	10
抗撕裂强度	10^{-3}N 纵/横缺口	784/882	（490~686）/637	58.8/686
热封温度	℃	180~230	150~220	150~230
透氧度	mL/（m^2·24h·0.1MPa），65%相对湿度	0	118	55
透湿度	g/（m^2·24h）	0	3	3

注：PO 为聚乙烯或聚丙烯，总称为聚烯烃薄膜。

高温蒸煮袋应可承受121℃以上的加热灭菌，对气体、水蒸气具有高的阻隔性且热封性好，封口强度高；如用PE为内层，仅能承受110℃以下的灭菌温度。故高温蒸煮袋一般采用CPP作热封层。由于透明袋杀菌时传热较慢，适用于内容物300g以下的小型蒸煮袋，而内容物超过500g的蒸煮袋应使用有铝箔的不透明蒸煮袋。

优点：①重量轻、体积小、易开启、携带方便；②耐高温杀菌，贮藏期长；③封口、成型等加工方法简便，而且杀菌时传热速度快，可缩短杀菌时间；④蒸煮袋不透气、水、光，内容物几乎不可能发生化学变化，能较好地保持食品的色香味，可在常温下贮藏，质量稳定。

缺点：包装容器的强度低，很容易被戳穿；保存期不如金属罐和玻璃罐长；生产能力较低等。

（二）　塑料杯

目前除了大家已熟悉的采用蒸煮袋作为容器的软罐头食品外，最近国际市场上又发展了一种半硬性容器的塑料杯装食品，它是采用三层薄膜、挤压制成的杯状容器，具有良好的防水蒸气及防空气的渗透性，对食品具有优良的密封性及防氧化能力，并可以采用高温杀菌，该容器适装水果罐头、调理食品、果酱类、调味料等加工食品，保存期可达3~6月，由于容器具有透明性，能见到杯内食品的色泽及形态，它既可以像金属罐那样适用于较高速度的充填、封口等加工工艺，又具有软罐头的体小量轻、取食携带方便等特点，故又有半硬性罐头食品之称，但是对于一些对光照敏感的水果罐头，易引起产品变色。

（1）塑料杯的材料结构　容器材料：聚丙烯（PP）/乙烯基乙烯醇（EVAL）/聚丙烯（PP），容器壁三层总厚度为300~400μm，中层约20μm。容器盖：聚酯（PE）/铝箔（Al）/聚丙烯（PP），容器盖三层总厚度约100μm，容器盖的外面再加一层聚氯乙烯树脂（PVC）的成型盖。

（2）塑料杯容器的特点

①具有优良的防水蒸气及防空气渗透的作用，并可以使用充氮置换空气及使用消氧剂的优点。比PVC及PP具有更好的防水蒸气及防空气渗透性。

②具有良好的透明性：透明度较好，杯内装的食品的色泽、形态的可见度高、商品性好。

③具有耐热水及耐水蒸气的性能。

④具有耐油、耐酸、耐碱及耐有机溶剂的性能。

⑤符合食品卫生法、食品添加剂等规格标准。

（三）　无菌包装盒（袋）

无菌包装盒（袋）是由纸、铝箔和聚乙烯塑料复合而成。其中，长纤维优质纸浆、塑料和铝的含量分别为75%、20%和5%。被包装的液体食品在包装前经过短时间的灭菌，然后在无菌条件下进行充填和封合的一种包装技术，其优点是在无菌条件下能最大限度地保留食品原有的营养成分和风味。通常无菌纸包装由六层组成（如图2-26所示），由外到内为：第一层为聚乙烯，阻隔湿气及细菌；第二层为硬纸板，保持包材之强度及韧度；第三层为聚乙烯，黏着各层面；第四层为铝箔，阻

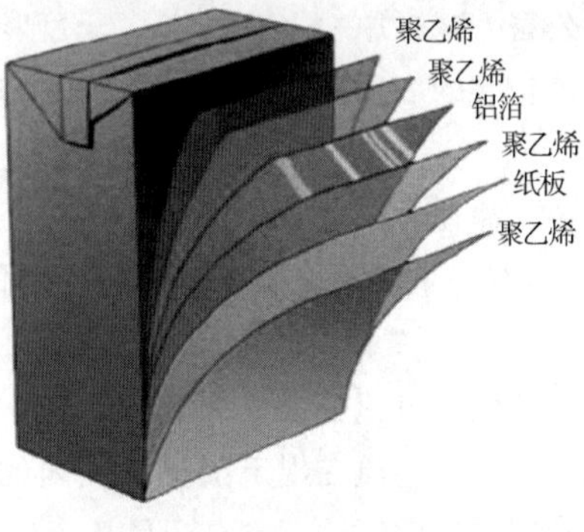

图2-26　无菌包装盒的结构

隔氧气、风味物质及光线；第五层为聚乙烯，黏着各层面；第六层为聚乙烯，密封饮料食品。正是这种6层复合结构，才使无菌包装能够达到保质、保鲜、保营养、保美味的效果。经过超高温瞬时灭菌后的液态食品，在无菌状态下灌装进入无菌包装中，包装的特殊结构又有效阻挡了光、氧气、微生物和水分等的侵入，使得产品可以在室温下长期保存。

无菌包装有两种应用类型：冷藏包装和常温包装。冷藏包装包括牛乳屋顶包、砖、枕及果汁屋顶包。常温包装包括无菌砖、无菌枕以及热灌装屋顶包。因这部分饮料盒大多由利乐公司提供，所以人们称之为“利乐包”（TBA），从性能上统称为无菌纸包装。

无菌纸包装材料广泛应用于液态乳制品、植物蛋白饮料、果汁饮料、酒类产品以及饮用水等的加工，无菌包装材料可以包装牛乳、果汁及饮料、酒类、水、番茄制品、汤品、甜食、营养食品及其他产品。

第七节　绿色包装材料

一、 绿色包装概述

绿色包装起源于1987年联合国环境与发展委员会发表的《我们共同的未来》一文，1992年6月联合国环境与发展大会通过了《里约环境与发展宣言》以及《21世纪议程》，随即在全世界范围内掀起了一个以保护生态环境为核心的绿色浪潮。

绿色包装（green package）又称为“环境友好包装”（environmental friendly package）或生态包装（ecological package），是指对生态环境和人体健康无害，能循环复用和再生利用，可促进国民经济持续发展的包装。也即包装产品从原材料选择、产品制造、使用、回收和废弃的整个过程均符合生态环境保护的要求，包括了节省资源、能源、减量、避免废弃物产生，易回收复用，再循环利用，可焚烧或降解等生态环境保护要求的内容。同时，随着科技的进步和包装业本身的发展，绿色包装的内容还被赋予了新的内涵。

绿色包装一般应具有五个方面的内涵：包装减量化；包装应易于重复利用（reuse）；包装废弃物可降解腐化（degradable）；包装材料对人体和生物无毒无害；包装制品从原材料采集、材料加工、制造产品、产品使用、废弃物回收再生，直至最终处理的全过程均不对人体及环境造成公害。减少原料（reduce）、重新利用（reuse）、物品回收（recycle）是当今世界公认的发展绿色包装的3R原则。发达国家在3R+1D的基础上增加了焚烧不污染空气且能量可再生（recover）这一新内涵，从而成为绿色包装的4R+1D原则。在这种内涵的具体要求下，采用绿色包装，往往可以减少许多生产或是售后中产生的问题，绿色包装的作用主要有消除包装污染（包括可视污染和非可视污染）、保护环境、节省有限资源、促进贸易流通以及减少包装成本等方面。

绿色包装可以分为A级和AA级。A级绿色包装是指废弃物可循环复用、再生利用或降解腐化，含有毒物质在规定限量范围内的适度包装。AA级绿色包装是指废弃物能够循环复用、再生利用或降解腐化，且在产品整个生命周期中对人体及环境不造成公害，含有毒物质在规定限量范围内的适度包装。这种分级主要是考虑包装使用后的废弃物问题，这既是当前世界各国保护环境的重点关注对象，也是一个过去、现在和将来都需解决的问题。绿色包装的分级技术最常见的是寿命周期分析法（life cycle assessment，LCA），是一种全面评价包装环境性能的方法，也是比较包装材料环境性能优劣的方法。ISO 14000 国际标准规定，凡是国际贸易产品或包装商品都要进行环境认证（EA）和生态寿命评估（LCA），并使用环境标志（EL），由此可见其重要性。

二、绿色包装材料性质

作为包装材料，无论是绿色包装材料还是非绿色包装材料，它们在应具备的性能方面，可以说大部分是共性的基本性能，如保护性、加工操作性、外观装饰性、节省费用性、易回收处理性等，但作为绿色包装材料独特的性能是对人体健康及生态环境均无害，既可以回收再利用，又可以自然风化回归自然。

（一） 保护性

即对内装物具有良好的保护性，既能防潮、防水、防腐蚀，又能耐热、耐寒、耐油、耐光、高阻隔性，以达到防止内装物的变质，保持原有的质地和气味。此外，材料需具备一定的机械强度，以保持内装物的形状及使用功能。

（二） 加工操作性

主要指材料易加工的性能，即材料自身的刚性、光滑性、热合性、韧性等，以及在包装时易包、易装、易封合的性能，并适应包装机械的操作。

（三） 外观装饰性

即材料是否易于进一步变化和整饰，在色彩、造型、装饰上是否能方便的操作和适应。如材料的印刷适应性，光泽度及透明度，抗吸尘性等。

（四） 节省费用性

即材料的性能价格比合理，能经济地用于包装，并节省人力、能源和机械设备费用。

（五） 材料的优质、轻量性

即材料在很好地履行保护、运输、销售功能的同时，能够轻量化，这样既节省资源又经济，同时减少废弃物的数量。

（六） 易回收处理性

即材料废弃物易回收处理，易再生利用，既节省资源，又节省能源，还有利于环境保护。作为经济材料最突出的性能，是在易回收处理和再生的基础上，能自然风化融于自然。更为突出的是它从原料到加工产品均不产生环境污染，对人体健康无害，在包装、贮存和使用的过程中无任何潜在的危害，对内装物无污染、不失味、不变质。

作为包装材料，不论是绿色的还是非绿色的，它们所具有的这些性能，最根本的是在于材料自身的属性，其次是来自于材料加工的技术及设备。尤其是绿色包装正在研究、开发过程中，可以坚信，随着科技的飞速发展，绿色包装的产品会日新月异，它们将带来更多更完美的特殊性能，会进一步完善和丰富包装材料，满足商品包装的多方面性能。

三、常用的绿色包装材料

（一） 天然材质包装材料

天然材质包装材料主要分为四个类型：纸包装材料、植物类天然绿色包装材料、矿物类绿色包装材料和动物类天然绿色包装材料。植物类天然绿色包装材料主要有草植，植物材料等。矿物类绿色包装材料是利用地下开采得到的矿物原料的包装材料或容器等。动物类天然绿色包装材料主要是利用动物的壳、皮毛、胶所制作的包装材料或容器等。

（1）植物类天然绿色包装材料　它包括草植、植物材料、树植、藤织等材料。

①草质购物方便袋：利用机械方法获取天然植物纤维素，编织或碾压成极薄的具有一定强度的片状物，再制成方便购物袋，可取代现有的塑料、纸质方便购物袋，如利用稻草、麦秆等。中国东北有一种称为“乌拉草”的野生植物，其天然纤维绵长、强劲，是一种更为理想的草质袋的制造原料。

②植物纤维快餐饭盒：利用植物的茎、叶，用机械方法制成纤维状，再模制成快餐饭盒。这种快餐饭盒在我国已研制成功。如武汉市富拓包装技术公司率先推出的“无污染发泡材料”即是用稻草、麦秆、棉秆等植物纤维制成的。

③编织包装容器：利用天然灌木，如柳条等编织成筐、篓等作为包装容器，可用于水果、蔬菜等的包装。

我国编织类的包装容器在古代就得到了广泛的应用，著名的锦州小菜就使用了柳条篓包装。

④玉米穗苞叶芯管：包装用芯管现均用纸质或塑料制成。利用玉米穗苞叶经压制等处理，再绕制成芯管是一种代替原有芯管的好方案。

⑤天然木质包装盒：天然竹筒、木质筒，用以包装散状物料，如茶叶等。植物类天然绿色包装材料利用了植物体中的纤维特性。它还可将其纤维进行变向的改性，但其纤维的特性不改变，这样可提高其包装性能与效果。如竹纤维与木质纤维的改性处理以及进行纤维交叉的布置（如人造板等），从而可实现包装的减量并提高包装效果（如更为美观和便于操作等）。

（2）矿物类绿色包装材料　它是利用地下开采而得到的矿物原料制取的包装材料与包装容器。珍珠岩缓冲包装件：珍珠岩是岩石颗粒经膨化形成的密度很小的散状物料，可加入少许胶黏剂，模制成不同形状的缓冲包装件。此缓冲包装件是一种较理想的代替现有泡沫塑料包装件的包装制品。

黏土、陶瓷制品：黏土、陶瓷制品原料易得，有许多优越性能，我国早已用于包装酒类等。有人做过这样的试验，用陶器、铁罐、玻璃瓶包装茶叶，经半年贮藏后观察，陶器仍保持茶叶的香味，而另两种容器内的茶叶均已发霉变质。

有的包装附件也多用这类材料制成，这类材料无公害无污染的机理在于“来源于自然再回归自然”。

（3）动物类天然绿色包装材料　主要是利用动物的壳、皮、毛、胶所作的包装（材料与容器）。动物的皮毛：动物的皮在古代就用作储料和食物的包装，动物的毛也被古代用作存放禽蛋、果实的保温或隔热包装。因此，动物的皮、毛也是一种天然绿色包装材料。贝壳：早就有贝壳用于包装护肤膏的实例，近些年反而不见了。贝壳是食品的副产品，应再度重视其包装功能，并积极开发利用。动物胶：动物胶制品逐渐被化学合成胶制品所代替。从绿色包装考虑，这种动物胶制品应引起重视，并应积极开发利用。

（二）重复再用和再生的包装材料

重复再用包装，如啤酒、饮料、酱油、醋等的包装采用玻璃瓶反复使用。瑞典等国家的聚酯 PET 饮料瓶和 PC 奶瓶的重复再用达 20 次以上。荷兰 Wetiman 公司与美国 Johnson 公司对

PET 容器进行 100%的回收。

再生利用包装，例如聚酯瓶在回收之后，可用两种方法再生。物理方法是指直接彻底净化粉碎，无任何污染物残留，经处理后的塑料再直接用于再生包装容器。化学方法是指将回收的 PET 粉碎洗涤之后，在碱性催化剂作用下，经解聚剂甲醇水、乙二醇或二甘醇等作用使 PET 全部解聚成低聚物，纯化后再将单体或低聚物重新聚合成再生 PET 树脂包装材料。

包装材料的重复利用和再生，仅仅延长了塑料等高分子材料作为包装材料的使用寿命，当达到其使用寿命后，仍要面临对废弃物的处理和环境污染问题。

（三） 环境可降解塑料

环境可降解塑料（biodegradable plastic）至今没有统一的国际标准化定义。美国材料试验协会（ASTM）通过的有关塑料术语的标准 ASTM D883—1992 对降解塑料的定义是：在特定环境条件下，其化学结构发生明显变化，并用标准的测试方法能测定其物质性能变化的塑料。这个定义基本上和国际标准 ISO 472（塑料术语及定义）对降解和劣化所下的定义一致。

国际上关于环境可降解塑料的含义可归纳为三个方面：化学上（分子水平），其废弃物的化学结构发生显著变化，最终完全降解成二氧化碳和水；物性上（材料水平），其废弃物在较短时间，机械力学性能下降，应用功能大部分或完全丧失；形态上，其废弃物在较短时间内破裂、崩碎、粉化成为对环境无害或已被环境消化。如今开发应用可降解塑料包装已成为解决包装废弃物所造成环境污染的一个重点。

1. 生物可降解塑料

生物可降解塑料指能够为微生物分解的塑料，分解的产物为二氧化碳、水或一些低分子化合物，现在已取得成果的有几种：

（1）生物合成聚酯塑料　一种名为 biopol 的降解塑料由聚 3-羟基丁酸（PHB）或其共聚物组成的塑料，由细菌碱杆菌属富营养细菌（*alcaligens entrophus*），在常规发酵罐中以小麦制葡萄糖为碳源经发酵作用合成，熔点 T_m 为 180℃，玻璃化温度 T_g 为 150℃，此聚酯塑料由生物合成，也能为微生物所分解，1mm 厚 biopol 薄膜埋于潮湿土壤中，在 22℃下两年即可完全降解。另外，用微生物发酵法生产聚 β-羟基脂肪酸（polyhydroxyalkooic acids，PHAs）也已成为研究生物降解塑料的热点。

（2）聚交酯　以乳酸为原料制得的生物降解塑料，能与活细胞相溶，可被微生物分解成水和二氧化碳，其降解速度可通过共聚的方法来调节和控制。乳酸主要是通过微生物发酵法生产而得，通过交酯聚合而得聚交酯。目前市场开发的主要方向是食品和饮料包装材料，一次性生活用品和垃圾袋。

（3）天然高分子材料　即淀粉、纤维素、蛋白质、多糖等能被生物降解，适当改性后能制成包装制品，以淀粉为主要原料的可完全生物降解的材料，淀粉含量高达 60%～80%，具有无毒，相溶性及分散性好，成本低，应用领域广泛等特点。使用聚酯型淀粉胶可以直接生产一次性餐具，废弃后可进一步用作畜牧饲料。

（4）合成生物可降解塑料　高分子材料易受微生物侵蚀且其降解的敏感性依赖于自身的结构，含 C—N、C—O 等杂键的高分子比含单纯 C—C 的敏感，带支链的比直链敏感；从相对分子质量看，PE 的相对分子质量低于 500 时，与低分子石蜡一样能为微生物所降解。在热塑性塑料中，已知能被微生物降解的只有脂肪族聚酯及其衍生物，这一所知有可能解决大品种热塑性塑料的可降解问题。

（5）共混型生物可破坏塑料　如将淀粉和PE或PVA等进行共混。这种塑料虽能被微生物破坏，即掺混的淀粉等被微生物分解而使塑料失去强度被粉碎，但其中不能被微生物分解的塑料仍未降解，只是变成碎片或粉化而分散于土壤环境中。这类可分解塑料开发应用的关键在于共混淀粉含量的多少，及其制品的性能和价格。

2. 光降解塑料

光降解塑料（photolysis plastic）指光照作用下能降解的塑料，制造途径有：合成光降树脂和使用添加剂。乙烯和CO共聚物的物理性能和热稳定性与PE相似，但能被光解，其降解速度与CO组成含量有关。另一类光降解树脂是由乙烯酮类单体和乙烯或苯乙烯、甲基丙烯甲酯、氯乙烯等单体共聚而制得，光降解性则决定于共聚物中羰基的含量。使用添加光敏剂促进光降解塑料已有不少专利，较多的是采用芳香酮，如二苯甲酮等作光敏剂；金属配合物也是高聚物光降解的光敏剂，如铁配合物按一定比例加到聚乙烯中，制得的薄膜便有相应的光降解性，改变比例则可调整降解速度。光降解塑料目前主要应用在农用薄膜和饮料包装袋上，其存在的问题是如何确定使用安全期及所分解的生成物是否造成环境危害。

（四） 可食性包装材料

食品的包装长期以来都是采用传统的包装材料。随着绿色包装的兴起，世界各国在可食性包装方面做了大量的研究开发工作。可食性包装材料是一种新型的包装材料，在过去的辞典或各种专用材料手册中也难查找到其相关名词解释。

可食性包装材料按其名称可解释为可以食用的包装材料，也就是当包装的功能实现后，即将变为“废弃物”时，它转变为一种食用原料，这种可实现包装材料功能转型的特殊包装材料，便称之为可食性包装材料。

用于不同物品包装的可食性包装材料所选用的基本材料是不尽相同的，但必须有一种主要材料是易于得到且来源丰富的，如淀粉、蛋白质等是很多可食性包装材料的主要原料。

1. 可食性包装材料的类别

可食性包装材料按照其特点和作用分为可食性涂层、可食性薄膜、可食性纸和可食性容器等材料。

（1）可食性涂层材料　如从大豆中提取70%以上的蛋白质，混合各种成分和添加剂，制造出类似塑料的物质，作为多种用途的可食性涂层，用于食品包装，具有良好的强度、弹性、防潮性和一定的抗菌消毒的能力。

（2）可食性薄膜材料

①蛋白质性可食性薄膜：蛋白质类可食性包装材料是以蛋白质为基料，利用蛋白质的胶体性质，同时加入其他添加剂改变其胶体的亲水性而制得的包装材料。以蛋白质为基质的可食用包装材料主要有大豆分离蛋白膜、玉米醇溶蛋白膜、小麦面筋蛋白膜和乳清蛋白膜等。蛋白质可食性膜的透水蒸气率较高，是普通的包装材料（如PE、PP、PVC）的2~4个数量级倍数，其阻氧性较好，它本身就是人体所需的营养成分，安全性好。常用的蛋白质可食性膜有大豆分离蛋白可食性包装膜、小麦面筋蛋白可食性包装膜、玉米醇溶蛋白可食性包装膜、乳清蛋白可食性包装膜、明胶可食性包装膜。

②多糖型可食性包装膜：以植物多糖或动物多糖为基质的可食性膜主要有淀粉膜、改性纤维素膜、动植物胶膜、壳聚糖膜和葡甘聚糖膜等。常用的多糖可食性膜有淀粉可食性包装膜、改性纤维素可食性包装膜、动植物胶可食性包装膜、壳聚糖可食性包装膜。

③复合型可食性包装膜：复合型可食性包装膜的研究和应用是当前的发展趋势。如不同配比的蛋白质、脂肪酸和多糖结合在一起，制造成一种可食用的包装薄膜。这种包装薄膜，脂肪酸分子越大，其缓阻水分逸散的性能越佳，同时由于复合膜中蛋白质、多糖的种类、含量不同，膜的透明度、机械强度、印刷性、热封性、阻气性、耐水耐湿性表现不同，因此可以满足不同食品包装的需要。还有的以玉米淀粉为基料，加入海藻酸钠或壳聚糖，再配以一定量的增塑剂、增黏剂、防腐剂，经特殊工艺加工而成，可用于果脯、糕点、方便面汤料和其他多种方便食品的内包装。其主要特点是具有较强的抗张强度、延伸性以及很好的耐水性。

④微生物共聚聚酯可食性包装膜：这类膜是以自然资源糖蜜、油脂等为原料，通过微生物生物发酵产生的3-羟基丁酯、3-羟基戊酯、4-羟基丁酯、己内酯等经过聚酯制成可食性包装膜。当前微生物共聚聚酯研究开发的产品有英国ICI公司的3-羟基丁酯和3-羟基戊酯（90%）的共聚聚酯膜、3-羟基丁酯和4-羟基丁酯共聚聚酯膜以及美国麻省理工大学开发的脂肪族共聚聚酯膜。这类膜既具有普通塑料薄膜光学性能好，透明有光泽，物理性能优良，质轻密度小，化学性能稳定，易成型加工和广泛的应用性等优点，又具有可食性和完全生物分解性，因此受到各国的重视。

（3）可食性包装纸　是一种用可以食用的原料加工制成的像纸一样的包装材料。目前市场上出现的可食性纸可以分为两大类：一类是将常用的食品原料，如淀粉、糖等进行糊化，加入一些调味的物质，再进行定形化处理，从而得到一种像纸那样薄的包装材料；另一类是把可以食用的无毒纤维进行改性，然后加入一些食品添加剂，制成一种可食用的“纸片”，用来做食品包装。

可食性纸型食品包装在我国食品包装中的应用有着悠久的历史。古时候我国民间的食品艺人就懂得用可以吃的食品来制成较薄的东西来包装另一种食品。既能保持被包食品的新鲜，又能改变原来食品的口味，还可以卖出较高的价钱。比如包装肉菜用的“豆腐皮”，包装肉饼用的“薯粉皮”等。随着历史的发展与科学的进步，可食性纸型包装也有了空前的发展，特别是在我国经济体制由计划经济向市场经济转型后，可食性纸型食品包装发展更快。如今，市场上已经出现标有牛肉味、鸡肉味、苹果味等各种味道的“食品纸”包装的食品，很受消费者的喜爱，特别是可食性纸型食品包装在冷饮包装中的应用，拓宽了冷饮包装的渠道，起到了保冷、卫生的作用。

常见的可食性包装纸主要有以下几种：以豆腐渣为原料的可食性包装纸、蔬菜可食性包装纸、生物涂胶层包装纸、最新可食性包装纸。

（4）可食性包装容器　制作这种容器的材料，不仅可以食用，而且还由于加入有熏味、酱味、鸡味以及酸、辣、咸等添加剂而具有不同风味。澳大利亚已生产盛装炸土豆的可食性容器、可食性汉堡包盒、肉盘及蛋盒等新产品，受到了许多国家的关注。

2. 可食性包装材料的发展趋势

随着可食用性薄膜的研究不断深入，针对可食用性薄膜原材料的选择、成膜工艺和薄膜性质改进等方面的研究取得了一定的成果，但由于包装工业的发展和人民生活需求的不断提高，人们对环保、卫生、安全的可食用性包装薄膜的需求日益增加，可食性薄膜的研究应该更实用。

首先，性能应进一步优化。可食性薄膜具有很强的亲水性和吸湿性，易导致被包食物发生霉变或变质腐化。因此，应深入研究不同薄膜的理化性质，并有针对性地对被包装产品进行相应的保鲜防护测试，以达到真正环保保鲜的防护需求。其次，提高制膜技术，降低成本。可食性薄膜的成膜工艺基本处于实验室研究阶段，加快对薄膜成型工艺的标准化建设，加大政府鼓励扶持力度，研发相应薄膜成型设备，为可食用性薄膜的工业化生产奠定坚实基础。第三，加强推广应用。可食用性薄膜主要应用在调料包或者块茎类蔬菜、水果的保鲜包装。由于可食用性薄膜自身具备的可食用性，在满足被包装产品保鲜功能的前提下，还应对其进行良好的防护包装，这与绿色包装提倡的减量化原则是相悖的。因此，可食用性薄膜的推广使用应在尽力增加薄膜相关防护性能的前提下，减少外包装材料的使用种类与使用数量，以此达到减量化的要求。研究人员应明确可食性薄膜既是一种包装材料，又是一种食品，在加大包装材料功能研究力度的同时，更应注重可食性薄膜食品属性的开发，研究不同口味的可食用性薄膜，以满足不同商品和消费者的需求。第四，拓宽可食性薄膜原料来源。目前，可食用性薄膜的原材料主要集中在淀粉和蛋白质两类，而应用最多的是淀粉，原材料来源相对较为狭窄。国外有很多研究者不断开发新型可食性薄膜原料，并进行了性质的研究。可食用性薄膜的开发不仅要解决包装废弃物污染的问题，同时更应该以满足提高原材料附加值，增加农民收入为关键。因此，大力推广新型原材料开发可食用性薄膜，是实现可食用性薄膜真正产业化的关键。

思考题

1. 比较常见的纸、塑料、金属、玻璃、陶瓷等包装材料的优点与缺点。
2. 我国瓦楞纸板的楞形有几类？各有什么特点？
3. 包装用纸和纸板的主要种类是什么？
4. 瓦楞纸箱具有哪些特性？
5. 纸包装容器有哪些？
6. 塑料中有哪些添加剂？各起什么作用？
7. 为什么在食品包装中只应用热塑性塑料而不用热固性塑料？
8. 简述保鲜膜的材料组成。
9. 塑料包装容器有哪些？
10. 列出常用塑料的中英文名称及特性。
11. 食品包装常用的金属材料有哪几种？
12. 什么是复合包装材料？它有哪些特点？市场上常见的复合包装材料有哪些？
13. 什么是绿色包装材料？
14. 什么是可食性包装材料？
15. 食品包装材料的发展趋势如何？

第三章 辅助包装材料

CHAPTER 3

食品包装除纸类、塑料、玻璃、金属等主体包装材料外，还需使用如黏合剂、涂料、加工助剂、印刷油墨等多种辅助包装材料，共同构成完整的包装容器或形成一个完整的包装体系。相比主体包装材料，食品辅助包装材料的用量很少，但对食品包装操作单元的顺利完成或完整包装效果的呈现，都起着举足轻重的作用。例如，通过使用黏合剂可使复合材料与各基层之间有机地黏合；通过使用涂料可防止金属包装材料的腐蚀，有效保持食品本身的营养；通过使用防潮、防锈包装材料可保证食品在保质期内品质不受影响等。食品辅助包装材料的种类繁多，涉及多个学科的交叉融合，本章只讨论食品包装中主要的几种辅助包装材料。

第一节 黏 合 剂

一、概 述

黏合剂是辅助包装材料中应用最为广泛的一类，瓦楞纸的制造，纸箱、纸盒、复合纸的黏合，各种软包装材料的复合，食品标签等的粘贴均需使用各种黏合剂。黏合剂的性能、质量与产品最终的包装效果密切相关，不同黏合剂的物理、化学性质差异对黏结效果有很大影响。因此，根据不同材料选择合适的黏合剂颇为重要，而对食品接触材料及制品中涉及的黏合剂的性能和安全性要求更为严格。随着新型包装材料的不断开发，先进技术手段的使用，黏合剂的性能进一步提升，正朝着经济、环保和安全趋势发展，今后在食品包装领域的应用将更为广泛。

二、黏合剂的组成

黏合剂主要依据主体包装材料的成分和性能进行合理选择，随着产品种类与日俱增，对包装黏合剂的要求也逐渐增加，因此其组成往往较为复杂，但一般由以下几类物质构成：

（一）黏合物质

黏合物质又称基料，是黏合剂的主体材料，在黏合剂配方中起黏附作用，也称为黏合剂的骨架，主要包括天然高分子和合成高分子两大类材料。天然基料包括葡萄糖衍生物、氨基酸衍生物以及天然树脂等。合成基料包括热塑性、热固性和混合树脂，以及合成橡胶类等。

黏合基料的选择，主要参照包装物质的主体材料进行确定，不同黏合基料的黏合机理也各不相同，很难用一种机理解释清楚，但是下述机理得到普遍认可：

①被粘物与黏合剂之间通过化学反应形成比较牢固的黏合；

②极性被粘物应选择极性黏合剂，非极性被黏合物应选用非极性黏合剂；

③被粘物和黏合剂的分子结构越接近，黏合效果越好。

（二） 黏合剂辅助材料

除黏合物质外，还需增加辅助材料才能构成完整的黏合剂，辅助材料的选择一般依据基料性质、被粘物状态、施涂工艺等因素而确定需加入一种还是多种辅助成分。具体的黏合剂所用辅助成分及其作用如表 3-1 所示。

表 3-1 黏合剂辅助成分及作用

序号	名称	作用	常见物质
1	溶剂	溶解基料，提高黏附性、流动性，改善施涂工艺等	水、乙醇、丙酮、环氧丙烷苯基醚等
2	增黏剂	提高黏合剂初黏力，改善黏附性能	松香、萜烯、合成树脂等
3	增塑剂	提高黏合剂的可塑性	邻苯二甲酸二丁酯、亚磷酸三苯酯等
4	增韧剂	提高黏合强度、改善低温脆性和柔软性	聚氨酯类、EPR、BR、邻苯二甲酸二丁酯等
5	增强剂	提高其力学强度、尺寸稳定性和热变形温度	炭黑、碳纤维、玻璃纤维、石棉纤维等
6	抗氧化剂	抑制或减缓黏合剂被氧化	亚硫酸酯类、羧酸酯类等
7	固化剂	催化或促进与主体聚合物反应	脂肪胺类、酸酐类、芳香胺类等
8	交联剂	与被粘物形成共价键，使黏结界面牢固	橡胶硫化剂、羧酸、酸酐类交联剂
9	填料	增加黏合剂的稠度、耐热性和速干性，提高胶层机械强度和抗收缩性能	二氧化钛、氧化锌、轻质碳酸钙等
10	防腐剂	防止黏合剂的腐败导致黏合性能降低	甲醛、苯酚等
11	消泡剂	消除气泡	高级醇、脂肪甘油酯等
12	发泡剂	使高分子材料产生微孔	氮气、二氧化碳、卤代烃等
13	稀释剂	降低黏合剂黏度，增加黏合剂的流动性和对被粘物的渗透作用，降低活性，延长使用时间	丙酮、甲苯、丁醇、环氧丙烷苯基醚
14	促凝剂	加快材料的固化反应或降低固化反应温度	叔胺、硫脲、辛酸亚锡、酚类等
15	硫化剂	改善黏合性能，拉伸强度和伸长率	十二硫醇、硫黄、亚硫酸盐等

续表

序号	名称	作用	常见物质
16	热稳定剂	防止聚合物加工时热分解，抑制或减缓黏合剂的热老化速率	环氧大豆油、亚磷酸酯、硬脂酸钡等
17	光稳定剂	抑制光老化	炭黑、水杨酸酯类、二苯甲酮类等
18	润湿剂	加速填料表面的润湿过程，提高分散效率	二甲基硅油、吐温-75
19	偶联剂	两性物质，一部分基团与有机聚合物有亲和力，另一部分与无机物有亲和力	硅烷类、钛酸酯类等
20	润滑剂	提高润滑性、减少摩擦、降低界面黏附性能	液体石蜡、硬脂酸、硬脂酸正丁酯等
21	脱氧剂	脱除包装内的氧气	葡萄糖氧化酶类、铁系脱氧剂等
22	脱模剂	防止聚合物材料加工时与模具粘着的一类物质	石墨粉、二硫化钼、硅油
23	着色剂	改善黏合剂的色调	颜料、染料等
24	乳化剂	两种或两种以上液体形成稳定的分散体系	一般具有亲水基团和亲油基团
25	分子质量调节剂	调节分子质量	十二硫醇、硫黄、亚硫酸盐等
26	终止剂	控制聚合深度、减慢或停止化学反应速率	对苯二酚类、硫黄等
27	防冻剂	在低温下防止水分结冰	乙二醇等
28	防沉降剂	形成均一、稳定体系	聚酰胺蜡等
29	防结皮剂	抑制黏合剂表面干结	甲乙酮肟等
30	催干剂	加快固化速率	硅铝类多孔微球等
31	软化剂	软化体系	甘油等
32	抗菌剂	抑菌或杀菌	银、铜、酰基苯胺类、亚硝酸钠等
33	阻燃剂	赋予易燃聚合物难燃性功能	磷酸三甲酯在环氧树脂中添加
34	抗静电剂	降低表面电阻和体积电阻，提高导电性、降低静电蓄积	硫酸衍生物、胺类衍生物等

三、 黏合剂的分类

黏合剂种类繁多、组分各异，有很多分类方法，本章主要从以下五种分类方式进行说明。常用的食品包装用黏合剂的特征及用途如表 3-2 所示。

表 3-2 常见的食品包装用黏合剂的特征及用途

类别		形态与特性	用途
淀粉类	浆糊	白色或微黄色，形态呈液态、稠糊状或冻胶状，固体含量较低，凝固缓慢，干燥后抗湿性较好	黏合纸袋底，黏合接缝部位，复合纸张，缝管，粘容器标签
	糊精	浅黄色或淡棕色，呈稠液体状，固形物含量高	再湿性黏合剂，冷黏合标签
	硼酸处理糊精	白色或棕色，多为可流动性，凝固速度中等，较好的抗湿性	封合箱盖，黏合缝管，黏合袋缝
蛋白胶类	动物胶	浅黄色或褐色，片状，颗粒或液状物，一般在 60℃使用	纸盒成型，密封包装带、缠管，再湿性胶带
	酪素	浅黄色，有较好的抗湿性和较强的黏合性	冷饮标签的防水黏合剂，复合橡胶用作铝箔黏合剂
合成树脂	乳液型	白色，聚醋酸乙烯系聚合物，使用时可用作流动体、黏稠体，抗水性强，不易老化，抗油性好	用于纸盒、纸箱、封合条带、杯盘，带接缝的黏合和封合
	橡胶乳液	白色或浅棕色，有自封能力，应用范围广	用于自封袋、包封，双层薄膜袋，涂蜡袋底和接缝的黏合以及铝箔纸的黏合
	溶剂型胶	一般由一种或多种改性的树脂溶于特定的有机溶剂中制成，呈溶液状态，一般使用流体状	用于薄膜或纸、蒸煮袋、铝箔复合膜的封合，用于标签黏合层或封合袋的压敏涂层
	热熔胶	白色或棕色，由不同聚合物树脂加其他辅助包装材料混合而成，也可呈化合物的固体物，在施工时加热融化，凝固快，应用范围很广	用于纸箱、纸盒、纸袋纸盘的黏合、压敏签带的施胶

（一） 按基料类型分类

- 黏合剂基料
  - 天然物质
    - 葡萄糖衍生物：淀粉、糊精等
    - 氨基酸衍生物：皮胶、骨胶、干酪素、植物蛋白等
    - 天然树脂：松香、萜烯、单宁、木质素、橡胶乳等
  - 合成物质
    - 树脂类
      - 热塑性：乙烯-醋酸乙烯共聚物、低分子聚乙烯等
      - 热固性：环氧树脂、酚醛树脂、不饱和聚酯等
    - 橡胶类
      - 树脂酸性：氯丁-酚醛等
      - 单一橡胶：氯丁胶浆
    - 复合类
      - 热固性/热塑性：酚醛-缩醛等
      - 橡胶/树脂：酚醛-丁腈、环氧-聚硫等
      - 橡胶/橡胶：氯丁-丁腈
  - 无机物
    - 硅酸盐类：水玻璃等
    - 磷酸盐类：磷酸-氧化铜等
    - 硫酸盐类：石膏
    - 硼酸盐类：氧化铅-三氧化二硼等
    - 陶瓷氧化物：氧化铝等

（二） 按黏合剂外观状态分类

- 黏合剂
  - 溶液型
    - 水溶液型：聚乙烯醇等
    - 有机溶剂型：热塑性树脂
  - 乳液型：聚醋酸乙烯
  - 固态型：环氧树脂、聚氨酯等
  - 其他：糊膏状、淤浆状

（三） 按黏合剂使用方式分类

- 黏合剂
  - 再湿型
    - 水活化型：使用时加入一定量的水使其活化，如聚乙烯醇等
    - 溶剂活化型：使用时加入一定量的溶剂才能活化黏合，如涂布酚醛等
  - 热熔型：使用时需要加热融化，涂布在被粘物表面，冷却后固化
  - 压敏型：黏合时需要施加一定的压力，如橡胶类、丙烯酸酯

（四） 按黏合剂固化方式分类

- 黏合剂
  - 挥发固化型：淀粉、骨胶、皮胶、热塑性树脂等
  - 热熔型：聚醋酸乙烯、蜡类、聚丙烯等
  - 固态型：环氧树脂、聚氨酯等

（五） 按黏合剂分散介质分类

- 黏合剂
  - 溶剂型黏合剂：天然橡胶、合成橡胶、合成树脂类等
  - 无溶剂型黏合剂：聚氨酯类等
  - 水性黏合剂：浆糊、糊精、皮胶、骨胶等

食品生产加工中，食品包装材料的选择多种多样，根据具体生产使用情况，可以自行配制，下文将介绍常用的乳液型、热熔型、溶剂型黏合剂，以及在实际生产过程中如何选择黏合剂。

四、 乳液型黏合剂

乳液型黏合剂是聚合物微粒在乳化剂等作用下，在水中形成具有均匀黏合力的水分散乳液，具有成本低、无毒、色浅、良好的稳定性等特点，且聚合物树脂相对分子质量很高，可形成高强度的胶膜。乳液型黏合剂的缺点是耐水性很差、蠕变性较大，但是可以适度交联改善其耐蠕变性。

乳液黏合剂可直接涂于被粘物表面，无需加热或加入固化剂即可固化。在食品包装上使用最多的乳液型黏合剂主要有：醋酸乙烯树脂、丙烯酸树脂和氯化橡胶等。

1. 聚醋酸乙烯及其共聚物乳液黏合剂

这类黏合剂是以醋酸乙烯为单体，水为分散介质，通过乳液聚合制得。聚醋酸乙烯及其共聚物黏合剂是热塑性黏合剂产品中用途最广的一类，可黏接多种不同材质的表面，具有高分子质量和低黏度的特点，因其本身具有较高的内聚强度，又有较好的韧性，可适用于滚涂、喷涂或挤涂等。一般其固形物含量高达 55%~66%，因而固化速率非常快，此外，该黏合剂胶层具有抗霉菌、耐氧化、耐紫外线、低毒等特点，因此在食品包装中得以广泛应用。

聚醋酸乙烯乳液既可以直接作为黏合剂，也可以通过在聚醋酸乙烯乳液中加入其他添加剂，如增塑剂、抗氧剂、消泡剂、防腐剂、防冻剂、填料等以改进其黏合能力，配制成满足不同包装需求的黏合剂。表 3-3 所示为制备聚醋酸乙烯乳液黏合剂的配方。

表 3-3　　制备聚醋酸乙烯乳液黏合剂参考配方

原料名称	作用	添加量/kg
醋酸乙烯	基料	100
聚乙烯醇	乳化剂	5.4
过硫酸钾	引发剂	0.2
去离子水	分散介质	100
碳酸氢钠	pH 调节剂	0.3
邻苯二甲酸二丁酯	增塑剂	10.9
辛基苯酚聚氧乙烯醚	表面张力调节剂	1.1

2. 橡胶乳液黏合剂

橡胶乳液黏合剂是指以橡胶为基料配制而成的黏合剂，根据基料的来源不同可以分为天然橡胶和合成橡胶两大类。天然橡胶是指橡胶树上采集的天然胶乳经一系列加工工序生成的热固性交联结构，进而转变为弹性橡胶；而合成橡胶是指通过化学方法合成的橡胶。常用的合成橡胶黏合剂的品种主要有氯丁橡胶、丁腈橡胶、丁苯橡胶以及硅橡胶等，其中氯丁橡胶是合成橡胶黏合剂中产量最大、用途最广的一类橡胶。橡胶乳液黏合剂具有优异的耐蠕动性、抗变形性，而且此种性质在很大温度范围内都保持着良好的胶黏性。

五、热熔黏合剂

热熔黏合剂又称热熔胶，是食品包装中应用最多的黏合剂之一，它是以黏合能力较强的高分子聚合物为基料，添加增黏剂、增塑剂、抗氧化剂、阻燃剂及填料成分经熔融混合而成的不含任何溶剂的固体黏合剂，具有黏合速度快和无溶剂毒性的优点，使用时只需适当加热熔化，冷却后即可黏结起来。主要用于复合材料的层合，塑料袋的搭接和封合，纸箱纸盒的黏合，还可用于充填包装材料间隙。热熔黏合剂及其应用如表 3-4 所示。

表 3-4　热熔黏合剂及其应用

分类	常见品种	可黏接的包装材料
乙烯共聚物热熔黏合剂	乙烯-醋酸乙烯共聚物、乙烯丙烯酸乙酯共聚物、乙烯-丙烯酸共聚物、乙烯-氯乙烯-丙烯酸酯	薄膜包装、黏接橡胶、塑料、木板、金属和玻璃黏合
合成橡胶热熔黏合剂	苯乙烯-丁二烯-苯乙烯、苯乙烯-异戊二烯-苯乙烯、苯乙烯-乙烯-丁烯-苯乙烯、苯乙烯-乙烯-丙烯-苯乙烯	橡胶、塑料、织物、木材等柔软材料的黏合
反应性热熔胶	烷氧基甲硅烷基	VEA 或合成橡胶用接枝聚合引入烷氧基硅基作为反应性热熔胶的主成分
	异氰酸酯基	氨基甲酸酯与聚物末端的异氰酸酯的基团反应性的热熔胶
聚酯热熔黏合剂	聚羟基丁酸/戊酸酯、聚丙交酯（聚乳酸）和聚己内酯	纸、铝箔、纺织、塑料、木材黏合
离子键聚合物热熔黏合剂	沙林树脂	塑料、金属黏合

六、 溶剂型黏合剂

溶剂型黏合剂是包装材料中常用的一大类黏合剂，将热塑性高聚物、天然橡胶或合成橡胶等黏合物用适当溶剂溶解，即可配制成溶剂型黏合剂。

溶剂型黏合剂的性能与所用溶剂及树脂的溶解性能密切相关。所用溶剂必须具备良好的溶解性和适当的挥发性。通常我们用溶解度参数（solubility parameters，SP）代表溶剂和塑料的溶解参数，如表 3-5 所示。在具体的食品包装实施过程中，溶剂与树脂的 SP 越接近，溶剂对塑料的溶解性能越好。另外，我们可以混合不同的溶剂来调节 SP，也可通过低沸点和高沸点的不同溶剂混合来调节其挥发速度。

表 3-5 溶剂的溶解参数

溶剂种类	SP	溶剂种类	SP
全氟正己烷	5.6	醋酸甲酯	9.6
正己烷	7.3	氯苯	9.6
环己烷	8.2	环己酮	9.9
醋酸戊酯	8.45	四氢呋喃	9.9
三氯乙烷	8.3	丙酮	10.0
醋酸异丁酯	8.3	二硫化碳	10.0
四氢化碳	8.6	正丙醇	11.9
二甲苯	8.8	正丁醇	11.4
乙苯	8.8	二甲基甲酰胺	12.1
甲基苯基酮	8.9	硝基甲烷	12.6
甲苯	8.9	乙醇	12.7
醋酸乙酯	9.1	二甲亚砜	13.4
三氯乙烯	9.2	乙二醇碳酸酯	14.5
苯	9.2	苯酚	14.5
甲乙酮	9.3	甲醇	14.5
苯乙烯	9.3	水	23.2
氯仿	9.3		

七、 食品包装用黏合剂的选择

食品包装材料层出不穷，而针对不同的产品如何选择合适的黏合剂以及在食品生产加工过程中影响黏合性能的关键因素有很多，都值得我们去探讨。

（一） 黏合理论简介

黏合剂和被粘物体的表面接触，首先浸湿表面，然后通过化学或物理等方式连接两个或多个被粘物体并使之具有一定的机械强度的过程，称之为黏合剂的黏合。目前关于黏合的理论很多，但黏合剂的黏合机理较为复杂。在实际生产过程中，对于提出的各种黏合理论，仅能从不同的侧面解释不同的黏接现象，而不能解释一切黏接现象。目前主要存在以下机理。

1. 机械锚合理论

机械锚合理论是解释黏合剂黏合理论最早提出的，这个理论认为黏合过程是一个机械过程，是通过黏合剂对被粘物体机械附着作用的结果。当被粘物体表面是粗糙的，甚至有些表面是多孔的，胶黏时在压力或其他条件作用下，由于黏合剂具有流动性，很容易扩散渗入被黏接材料表面的微小凹陷和孔隙中，固化之后，就像锚一样抛立在那里，故称为机械锚合理论。但机械理论不能解释非多孔性的、表面十分光滑的某些物体（如玻璃等）的黏接，也无法解释由于材料表面化学性能的变化而形成的黏接现象。

2. 吸附理论

吸附理论认为黏合产生的吸附力，主要来源于黏合剂与被粘物界面上两种分子之间相互作用的结果，所有的固体-液体分子之间都存在这种作用力，这些作用力包括化学键力、范德华力和氢键。这个过程是黏合剂分子由布朗运动向被粘物表面移动，当黏合剂分子与被粘物分子间的距离足够小时，分子间就产生了相互作用力。吸附作用把黏合主要归结为黏合剂与被粘物体分子间力的作用。值得注意的是，如果被粘物是极性的，那么黏合剂分子中极性基团的极性越大、数量越多，则胶结程度越强；但极性黏合剂与非极性被粘物或非极性黏合剂与极性被粘物之间黏合，因为分子间存在斥力，不利于分子间的靠近，胶结程度较差，因此选择黏合剂时，尽可能使之与被粘物的极性相同。

3. 扩散理论

扩散理论认为高分子材料之间的黏合，是由于黏合剂与被粘物表面分子间不停的热运动引起的相互扩散作用，使黏合剂与被粘物的界面逐步消失，形成相互牢固结合，同时黏合强度随时间的延长增至最大值。此理论特别适用于黏合剂是液体或半固体涂布于被粘物的表面，被粘物在浸湿的过程中溶胀或溶解，使彼此间的扩散作用更为明显。因此，黏合强度与两者的相容性密切相关。

4. 静电理论

静电理论将黏合剂和被粘物视作一个电容器，电容器的两块夹板就是双电层。静电理论认为在胶接接头中存在双电层，胶接力来源于双电层之间的静电引力，即当两种不同的材料接触时，黏合剂分子中官能团的电子向另一表面定向吸附，形成双电层。因此静电理论又被称为双电层理论。

综上所述，各种理论都有各自的实验依据和适用范围，并能在某些特定的场合下比较满意地解释黏合现象，但都有一定的局限性。总体来说，针对不同的黏合现象，由于其自身的复杂性以及实验条件的局限性等原因，目前还无法达成一个统一的理论体系，因此可以认为胶接是多种因素共同作用的结果，并且具有协同作用。

（二） 黏合剂的选择

黏合剂应具有以下条件：良好的流动性、可充分浸润被粘物表面、与被粘物之间具有一定的作用力。其中，黏合强度是衡量黏合剂优劣的重要指标之一，是黏合层对外力的承受能力，也就是指单位面积内的黏合力。影响黏合剂黏合强度的因素有：黏合剂高分子化合物的分子质量与结构、黏合面内应力、被粘物性质、黏合的厚度以及黏合工艺等。

从黏合剂的制造到完成包装的黏合，一般均经过黏合剂的配制、被粘物表面处理、涂抹、晾晒、搭接、固化、性能检测等步骤，每一步都对黏合效果起着至关重要的作用。黏合过程中的温度、压力、时间、涂抹方法、搭接宽度、胶层厚度、涂抹以后晾晒时间，均对黏合强度有影响。另外，黏合剂在食品包装使用时不仅要考虑到内在黏合的需求，也应该考虑外在的安全性（包括卫生安全、环保安全、使用安全等全方位安全性）、便利性、美观性，以及个性化等多角度综合分析黏合对食品的特征、性能、形象等的影响。因为材料黏合的目的不仅是在食品包装后保证食品的品质，还会对食品外在形象进行合理装饰。

根据食品包装用材料的不同需求，对黏合剂的选择也至关重要，通常纸类包装制品常用黏合剂主要包括淀粉浆糊、糊精、水玻璃、化学浆糊和酪蛋白等。

塑料包装制品常用黏合剂主要包括：丁苯胶、聚氨酯、硝酸纤维素、聚醋酸乙烯等溶剂型黏合剂；乙烯-醋酸乙烯共聚物、乙烯-丙烯酸共聚物等水溶型黏合剂；醋酸乙烯树脂、丙烯酸树脂等乳液型黏合剂；聚苯乙烯、聚氨酯、聚丙烯酸酯等热塑性树脂类热熔型黏合剂等。

木材包装制品常用黏合剂主要包括骨胶、皮胶、鲠胶、干酪素、血胶等动物胶；也包括酚醛树脂胶、聚醋酸乙烯树脂胶、脲醛树脂胶等合成树脂胶；还包括大豆胶等植物胶等。包装常用黏合剂的详细汇总见表 3-6。

表 3-6　　常用黏合剂汇总表

被粘材料	黏合剂的名称
塑料材质	聚氨酯胶、接枝氯丁胶、热熔胶
玻璃纸	压敏胶
聚丙烯薄膜	热熔胶、压敏胶
涤纶薄膜	氯丁-酚醛胶
聚氯乙烯薄膜	过滤乙烯胶、压敏胶
聚氨酯泡沫	氯丁-酚醛胶、聚氨酯胶、丙烯酸酯浮胶
聚氯乙烯泡沫	氯丁胶、聚氨酯胶
聚苯乙烯泡沫	丙烯酸酯浮胶
泡沫橡胶	氯丁-酚醛胶、聚氨酯类
纸张	聚乙烯醇胶、聚乙烯醇酚醛胶、白乳胶、热熔胶
涤纶织物	氯丁-酚醛胶、氯丁乳胶、热熔胶
尼龙织物	氯丁乳胶、接枝氯丁胶、热熔胶
棉织物	天然乳胶、氯丁胶、白乳胶
木材	白乳胶、脲醛胶、酚醛胶、环氧胶、丙烯酸树脂乳液
混凝土	环氧胶、酚醛-氯丁胶、不饱和聚酯胶
玻璃	环氧-聚酰胺胶、厌氧胶、不饱和聚酯胶
陶瓷	环氧胶
聚砜	α-氰基丙烯酸酯胶、聚氨酯胶、不饱和聚酯胶等
涤纶	氯丁-酚醛胶、聚酯胶
钢铁	环氧-聚酰胺胶、环氧-多胺胶、环氧-丁腈胶、无机胶、环氧-尼龙胶、环氧-缩醛胶、厌氧胶等
铜及铜合金	环氧-聚酰胺胶、环氧-丁腈胶、厌氧胶等
铝及铝合金等	环氧-聚酰胺胶、环氧-丁腈胶、环氧-缩醛胶、聚氨酯胶等
不锈钢	环氧-脂肪胺胶、酚醛-丁腈胶
玻璃钢（环氧、酚醛、不饱和聚酯）	环氧胶、酚醛-缩醛胶、α-氰基丙烯酸酯胶
有机玻璃	α-氰基丙烯酸酯胶、聚氨酯胶等
聚苯乙烯	α-氰基丙烯酸酯胶
层压塑料	环氧胶、酚醛-缩醛胶、α-氰基丙烯酸酯胶

续表

被粘材料	黏合剂的名称
聚碳酸酯	α-氰基丙烯酸酯胶、聚氨酯胶、不饱和聚酯胶等
聚甲醛	环氧-聚酰胺胶、α-氰基丙烯酸酯胶等
尼龙	环氧-聚酰胺胶、环氧尼龙胶、聚氨酯胶等
硅橡胶	硅橡胶胶
氟橡胶	FXY-3 胶
聚氨酯橡胶	聚氨酯胶、接枝氯丁胶
丁苯橡胶	氯丁胶、聚氨酯胶
丁腈橡胶	丁腈胶
氯丁橡胶	氯丁胶、丁腈胶等
天然橡胶	氯丁胶、聚氨酯胶、天然橡胶胶黏剂
聚四氟乙烯	F-2 胶、F-4D 胶、FS-203 胶
聚乙（丙）烯	EVA 热熔胶、丙烯酸压敏胶、聚异丁烯酸胶

第二节　涂　　料

涂料是经不同施工工艺涂覆在物件表面而形成黏附、具有一定强度、连续性的固态薄膜的总称，所形成的膜通称为涂膜或涂层。涂料属于有机高分子材料，因此，所形成的涂膜属于高分子类化合物，是一种应用广泛的材料。

在食品包装领域，涂料的基本功能是保护被涂基材，多用于金属容器内外壁涂覆，以防止食品中的酸性物质或盐类等对容器内层的腐蚀或环境中空气湿度对容器外层的腐蚀。通常为改善食品包装的性能，有时也对纸类、塑料、玻璃、陶瓷等容器进行涂层保护，与食品接触的涂料要求选择食品级涂料。此外，涂料还具有装饰作用，通过不同的颜色涂层，可使包装容器外形多姿多彩，符合商品特性装饰，吸引消费者。

一、涂料概述

（一）食品接触用涂料及涂层

食品接触用涂料及涂层是指涂覆在食品接触材料及制品与食品直接接触面上的涂料，及其形成的涂层。食品接触用涂料及涂层的基本要求除符合 GB 4806.1—2016《食品安全国家标准 食品接触材料及制品通用安全要求》的规定，还应具有以下特点：

（1）无毒　与食品介质直接接触的涂覆层，其毒性不得超过有关卫生标准。此外涂覆层不允许有异味，以免影响食品的味道。

（2）耐腐蚀性　耐腐蚀性是涂覆层的内在质量，除与厚度、孔隙率有关外，还与涂覆层材料本身化学性质相关。由于用于食品包装的材料经常接触腐蚀性介质，因此耐腐蚀性是表面涂层的重要指标。耐腐蚀性的检验方法有很多，常规方法是通过将其放置在腐蚀性介质中，一段时间后，检验材料被腐蚀程度而测定的。

（3）结合力　结合力是指将涂层从基体上除去所需的力。涂层与基体间的结合性能很大程度上决定了涂层的质量，结合力差的涂层容易发生脱落现象，有可能会对加工的食品造成污染。涂层结合力检测方法有很多，大概可归纳为定性检测和定量检测两类。定性检测方法有锉刀法、弯折法、打磨法等，试验结果一般凭经验判断，无具体参数值；定量检测方法比较复杂烦琐，且一般不能直接在喷件上进行，对于检验比较各涂层的结合力，比定性检验更准确，有压缩法、拉伸法、压入法、划痕法、超声波法等。有效地检测涂层结合力的方法应满足三个基本条件：①涂层从基体分离，失效发生在界面上；②力学模型简单，能得到与界面性能直接相关的力学参量，试验值对界面状态敏感，与其他非界面因素如涂层、基体特性等无关；③符合工况，即涂层在界面上分离是在一个较长时间过程中完成的，并非一次性破坏。

（4）脆性　脆性取决于涂层本身的性质和涂覆过程中产生的内应力。其中断裂韧性和残余应力是评估脆性涂层材料的重要力学性能指标，脆性大的涂层容易产生裂纹。

（5）厚度　厚度是决定涂层使用性能的关键因素之一，涂层的使用寿命在很大程度上取决于涂层厚度。涂层应达到规定的厚度，并应厚薄均匀，厚度值可用化学方法、金相法及专门仪器进行无损测定（如磁量法等）。

（6）孔隙率　孔隙率是单位面积上涂覆层直达基体材料的孔隙数目，是评价涂层致密性的指标，对于金属表面防护性具有很大的影响。涂层一般都具有致密性的要求，低孔隙率是提高涂层防腐蚀性能的重要途径。目前降低涂层孔隙率常用的办法有：热扩散重熔、自封闭涂层、改进及改善喷涂工艺、封孔剂封孔等。检查孔隙率的方法是用腐蚀剂透过孔隙将基本材料腐蚀而生成色点，然后根据色点的数量和分布推算确定。

（7）硬度　涂层需要有一定的硬度，才能抵抗机械性损伤。硬度代表着材料对弹塑性变形的耐力，也与材料的屈服应力或拉伸强度有关，同时硬度对金属材料的耐磨性也有很大的影响。金属涂覆层的硬度不但与金属本身的特性有关，还与其组织结晶有关，从制作的角度来看，一般研究认为：宏观上考察涂层的充填密度越高其硬度越高，微观上考察涂层的晶格内应力越高，涂层硬度也会越高。

（8）外观　随着结构产业的需求增大对包装涂层外观有了更高的要求，涂层要求从外观上来看光泽均匀、色调一致、无裂缝、无凹陷、无气孔、表面光滑平整、组织均匀。若涂层外观缺陷比较直观，会使业主对涂装质量的印象变差，影响产品交付和承接新的订单。一般外观检验由质检人员凭目力观察进行，并以样板实物为判定依据。

（二）涂料组成

涂料主要由成膜物质、颜填料、助剂和溶剂等组成。成膜物质包括（半）干性油、天然树脂、合成树脂等，其中以合成树脂居多。涂料除主要成膜物质和各类树脂外，还有次要成膜物质和辅助成膜物质。次要成膜物质自身不能形成完整的涂膜，但可以与主要成膜物质一起参与成膜，赋予其涂膜色彩或某些功能。次要成膜物质包括颜填料和功能性添加剂，颜填料除能够赋予涂料色彩、遮盖力、耐久性、防腐性能等，还具有增强涂膜的物理机械性能等。功能性助剂的使用更使得涂料产品的性能得以不断提高，并赋予很多特殊的性能。辅助成膜物质包括溶剂、稀释剂和助剂，溶剂和稀释剂使涂料便于生产加工、施工和形成完好的涂膜。助剂主要用于改进涂料生产加工或成膜过程中的工艺性能，其用量少但作用显著。

以下对常用的几种涂料做简要介绍，具体的涂料组成的成分及其作用如表 3-7 所示。助剂的功能和作用可分为四类，如表 3-8 所示。

表 3-7 涂料的组成成分及其作用

组分		典型染料	作用
主要成膜物质	油料	植物油、桐油、豆油等	以油料为主要成膜物质的涂料称为油性涂料（油漆），以树脂为主要成膜的物质称为涂膜树脂
	树脂	环氧树脂、丙烯酸树脂、乙烯基树脂、聚酯树脂、氨基树脂、酚醛树脂、氟树脂、有机硅树脂、合成树脂等	
次要成膜物质	着色染料	无机染料：铁红、铬黄、群青、铬绿、太白石墨等 有机染料：甲苯胺红、耐晒黄、钛青蓝、钛青绿、苯胺黑等	改善涂膜性能，但油和颜料悬浮体制得的涂料称为油漆；树脂中加入颜料制成的涂料称为磁漆；不加颜料的涂料称为清漆
	防锈染料	红丹防锈漆、铁红酚醛防锈漆、铁红醇酸防锈漆、锌黄防锈漆、灰色防锈漆、三防漆、偏硼酸钡防锈漆、锌灰防锈漆、环氧防锈漆、云母氧化铁防锈漆、过氯乙烯防锈漆等	
	体质染料	硫酸钠、碳酸钙、滑石粉、云母粉等	
辅助成膜物质	助剂	增塑剂、固化剂、催干剂、防腐剂、乳化剂、紫外线吸收剂、稳定剂、悬浮剂等	助剂能够改善和增加涂料的性能；溶剂用来稀释涂料，使其便于施工，然后挥发而形成涂膜，与涂膜质量密切相关
	溶剂	松香水、苯、二甲苯、醋酸乙酯、乙醇以及酮类和醚类溶剂	

表 3-8 主要涂料助剂的分类

类别	添加剂
流动和扩散控制剂	触变剂：增稠剂、防流挂剂、防尘剂和悬浮剂、流平剂和聚结助剂、边缘润湿增强剂、防缩孔剂和增塑剂、防凝胶剂 表面活性剂：溶剂型涂料用的润湿剂和颜料分散剂、水性涂料用的表面活性剂、抑泡剂和消泡剂 防浮色剂和防发花剂
特效添加剂	表面调理剂：增光剂、消光剂、凸纹添加剂 光学助剂：发光剂、光学增亮剂、特种颜料、液晶 其他：气味剂、脱臭剂等

续表

类别	添加剂
反应性添加剂	催干剂 固化催化剂和促进剂 附着力促进剂
抗环境侵蚀性化学品	性能增强剂：防结皮剂和抗氧化剂、光稳定剂、憎水剂、缓蚀剂、增滑剂、抗静电剂 热控制剂：冻融控制剂、热稳定剂、阻燃剂、发泡剂 生物控制剂：罐内防腐剂、涂膜防腐剂、防污剂等

（三） 涂料生产及涂装工艺

1. 涂料生产

涂料的生产流程大致如图 3-1 所示。

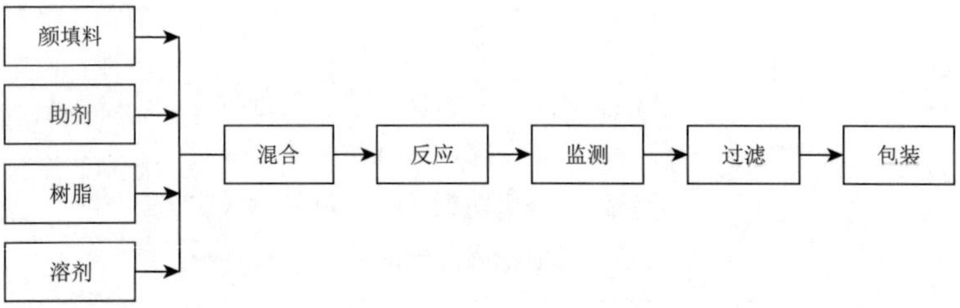

图 3-1 涂料生产流程

2. 涂装工艺

涂装一般要经历三个过程，即涂装前表面预处理、涂装和干燥固化，具体如下：

- 涂装工艺
  - 涂装前的表面预处理：除锈、除油、磷化、氧化、弱腐蚀、表面调整等
  - 涂装
    - 静电喷涂：离心力静电雾化、空气静电雾化、液压静电雾化
    - 电泳涂装：阴极电泳、阳极电泳
    - 粉末涂装：流化床、静电流化床、静电喷涂、粉末电泳等
    - 热喷涂：大气等离子喷涂、真空等离子喷涂、超音速火焰喷涂、电弧喷涂
  - 干燥固化

3. 涂装前表面预处理

在涂装前需要对各类材料和制品进行清理污物、整平以及覆盖某类化学转化膜等准备工作，属于涂装前表面预处理。在整个预处理过程中通过涂装前的预处理，可以提高涂层对表面的附着力和提高基体表面的平整度，对金属表面还可以提高涂层的防腐蚀能力。

4. 涂装　根据涂装技术不同，可分为静电喷涂、电泳涂装、粉末涂装、热喷涂。

（1）静电喷涂　静电喷涂是通过专用设备产生高压静电，在喷头与工件间形成一个电场，使带电的涂料液滴受电场作用附着在工件表面的喷涂工艺。该方法可以使涂膜更加均匀，喷涂

雾化效果好，外观质量明显提高，涂膜利用率高，适于自动化大规模生产，并大大提高了经济效益。影响静电喷涂的因素有静电压、喷枪与工件的距离、涂料喷出流量、涂料的导电性能等，其中静电压是影响静电喷涂的重要因素。

（2）电泳涂装　电泳涂装是将具有导电性的被涂工件，浸渍在装水稀释的、浓度比较低的电泳涂料槽中作为阴极（或阳极），在槽中另投置与其相对应的阳极（或阴极），在两极间通一定时间的直流电，通过物理化学作用将漆沉积在被涂工件上，形成水不溶性膜的一种涂装方法。该方法具有生产效率高，施工可实现连续自动化的生产、涂膜均匀、附着力好等优点，也更加符合卫生、安全、环保的要求。电泳涂装工艺需控制的重要参数有：电泳漆的固体浓度、pH 和电导率等。

（3）粉末涂装　粉末涂装是指在静电场的作用下，将带电的粉末粒子由高压喷枪直接喷涂到经预热的中密度纤维板上，在静电场的作用下，将粉末粒子均匀吸附在工作表面，经过加温熔融和流平固化形成均匀、理化性能优良的涂层。粉末涂装有流化床、静电流化床、静电喷涂、粉末电泳等方法。粉末涂装不采用任何溶剂、喷涂过程中无气味、也无有毒有害的气体，是办公室家具涂装的绿色环保工艺。此外，该技术可以对原料进行回收，可减少原料的损失，但是该技术需要专用设备，还存在调色难、涂层厚等缺点。影响粉末静电喷涂工艺的因素主要有：粉末特性、喷涂电压和距离与供粉气压等。

（4）热喷涂　热喷涂是将一种粉末材料在不同的热源中加热至熔化，然后在高速气流的带动下形成很细小的熔滴而喷到基体材料中，最后形成具有耐腐蚀、耐热、耐磨、抗氧化等综合性能良好，且具有防护基体材料的涂层技术。热喷涂形成的涂层具有很多优点，如基体材料与涂层结合的内聚强度高，能够抵抗在喷涂过程中产生的一系列应力，同时能够保证基体材料与涂层高强度的结合，操作工艺较灵活，喷涂工件不受大小限制，其厚度也较为均匀，可通过控制工艺参数制备精细涂层，是目前制备金属陶瓷涂层最主要的方法之一。热喷涂分为：大气等离子喷涂、真空等离子喷涂、超音速火焰喷涂、电弧喷涂等。目前，热喷涂也是作为表面强化和防护的重要技术手段。

（5）干燥固化　干燥固化是指涂布在纸张印制品表面的涂料通过缩聚反应，并经过一定程度的交联固结，形成与纸张印制品牢固黏结的固体薄膜的过程。经干燥固化后，其成膜物质具有一定的光泽度、强度、牢度、柔韧度以及耐磨度等，可以对产品表面起装饰和保护作用。由于涂料的成膜机理取决于涂料组成，如挥发性涂料和热塑性粉末涂料通过溶剂挥发或融合作用便能形成致密涂膜，而热固性涂料必须通过化学作用才能形成固态膜。各种涂料适合的干燥温度如表 3-9 所示。

表 3-9　各类涂料的干燥温度

涂料类型	涂料品种	常温	低温（<100℃）	中温（<150℃）	高温（<180℃）
挥发性涂料	硝基纤维素涂料	√			
	丙烯酸涂料	√			
	过滤乙烯涂料	√			
	磷化底漆	√			

续表

涂料类型		涂料品种	常温	低温（<100℃）	中温（<150℃）	高温（<180℃）
气干型涂料	潮气固化型	聚氨酯	√			
		环氧涂料	√			
	氧化聚合型	油性涂料	√			
		酚醛涂料	√			
		醇酸涂料	√	√		
		环氧酯涂料	√	√		
		油性涂料	√			
烘烤固化型		氨基烘漆			√	
		丙烯酸烘漆			√	
		环氧酚醛涂料				√
		环氧氨基涂料				√
		有机硅涂料				√
固化剂固化型		环氧涂料	√	√		
双组分涂料		聚氨酯	√	√		

（四） 食品包装材料表面涂料层分类

1. 按涂料层材料分类

涂料层按其材料可以分为金属涂料层和非金属涂料层。

（1）金属涂料层　金属涂料层是指具有金属质感的涂料层，一般又称为镀层，食品及包装机械中用于镀层的材料分为单金属和合金两种。

镀层材料
- 单金属：铬、镍、锌、铜、铝等
- 合金：铜锡、铜镍、锌镍、锌铝、镍铁等

（2）非金属涂料层　一般称为涂层。食品包装的非金属涂料层材料，主要有搪瓷、有机涂料和塑料，基本成分和特性如表 3-10 所示。

表 3-10　　非金属涂料层的基本成分和特性

非金属涂料层种类	基本成分	特性
搪瓷	二氧化硅（30%～70%）、氧化钠或氧化钾（30%）、硼砂（20%）、作为颜料的其他金属氧化物	搪瓷具有良好的耐酸性和耐碱性，可耐受一定的高温

续表

非金属涂料层种类	基本成分	特性
有机涂料	固体组分（树脂、油料、颜料、助剂等）和溶剂	具有良好的装饰性和耐腐蚀性，但因溶剂有毒有味，一般不用于接触食品介质
塑料	合成树脂、填料、增塑剂、固化剂、稳定剂等添加剂	耐腐蚀性好、结合力强、涂料过程污染少、材料利用率高（可达95%以上）、加工周期短

2. 按涂料层的用途分类

可分为防护性、防护-装饰性和功能性三类，具体如下：

- 用途分类
  - 防护性
  - 防护-装饰性
  - 功能性
    - 防黏附
    - 防磨损及减摩擦
    - 热处理
    - 修复
    - 绝缘
    - 抗高温氧化

其中功能性涂料层又分为：防护性涂料层、防磨损及减摩擦、热处理、修复、绝缘、抗高温氧化等，种类繁多，简要介绍以下几种。

（1）防护性涂料层　其功能作用是防止零件被腐蚀，主要作用于机器内部的表面，因此对其外观没有较高的要求，但要求其要有一定厚度。一般镀层为镀锌层、镀锡层、金属内部的表面防锈和耐腐蚀涂层，另外，管道和容器内表面的搪瓷、塑料涂层等也属于防护性涂料层。

（2）防护-装饰性涂料层　这类涂层不仅要求耐腐蚀，还要求外观具有经久不变的光泽，一般用于容器的外表面。为了具有防护和装饰功能，常采用多层结构。比如铬层容易产生裂纹，单独使用耐腐蚀等效果不佳，因此在铬层下面先镀上铜锡合金层，所形成的多层镀层防腐蚀效果好，又具有铬层装饰性好、硬度高的优点。

（3）功能性涂料层　按食品及包装机械常用的功能可以分为防黏附涂料层、防磨损及减摩擦涂料层、热处理用涂料层以及修复用涂料层等。

①防黏附涂料层：防止食品黏结在零件表面，减少食品物料在传输过程中的黏附损失以及便于清洗仪器，经常在食品烘盘和传送带等表面上涂防黏附涂料层，常用的防护层为氟塑料涂层。

②防磨损及减摩擦涂料层：通过提高零件表面的硬度或者改善自润滑性能，减小摩擦因数来增进零件的抗磨耗性能，比如在螺旋表面镀铬层、轴承表面镀铅锡铜等合金镀层。

③热处理用涂料层：将零件不需处理的表面在局部热处理之前保护起来，比如，在某些零件的制造过程中，为防止非渗氮在渗氮过程中物理性能的改变，一般在局部渗透之前需对零件局部渗氮处理以提高该区域的硬度和耐磨性，一般采用镀锡和镀铜作为防渗氮保护层。

④修复用涂料层：一般是指零件磨损后采用涂料进行修复。比如轴颈、齿面磨损后可以涂铬层恢复。

二、 金属包装容器用涂料

金属包装的材料容易腐蚀，会造成食品变质或包装破损，因此包装食品的容器一般都需内外涂层处理，下面就对金属罐内外壁涂料作简要介绍。

（一） 金属罐内外壁涂料特点及要求

金属罐内容物不尽相同，对于内壁涂料的具体要求也不同，但应符合以下基本要求：

（1）涂料及所用溶剂安全卫生、无污染、无毒害、价格低廉，同时在保质期内不影响内容物本身的特性。

（2）涂膜工序操作简单、方便快捷，干燥迅速不回粘。

（3）涂料成膜后性能稳定，附着力良好，能够满足罐装产品工艺要求，避免内容物对罐壁腐蚀。

食品罐外壁涂料一般采用的是印铁方式，色泽鲜艳，光亮美观，集装饰、广告说明于一体。但罐装食品由于一般需要高温灭菌处理，因此需要对食品包装有以下特殊要求：

（1）印铁涂料能耐沸水和压力蒸汽的热处理而使涂膜保持原有的光泽和色彩。

（2）涂料和油墨价格低，施工方便，贮藏稳定性好。

（3）油料和油墨成膜烘干后在金属表面附着力好，适应工艺要求，且白涂料不泛黄、彩色油墨不变色、光泽好。

（二） 金属罐内外壁涂料的种类和选用

金属罐内壁涂料依据其内容物属性的不同差异较大，如内容物为肉类制品，因蛋白质含量丰富，应选择抗硫涂料，避免蛋白质受热分解后产生硫化氢腐蚀罐壁；对于花青素丰富的水果罐头，为防止罐壁金属离子溶出引起水果褐变，常采用一般涂料，同时也避免了金属锡的溶出；对于有一定酸性的食品如果汁、果酱、碳酸饮料等应选用抗酸性涂料；而固形物含量较高，对食用状态有要求的食品如午餐肉、丸子、鱼类等应采用防黏涂料。

金属罐外壁涂料一般根据食品加工方式而采用不同的品种，如不需加热杀菌的外涂料可采用普通的油墨，加上一般罩光即可，如糖果罐等。需要加热杀菌的外涂料要求能承受加热处理，处理工艺一般比较复杂。常见的金属罐外壁的涂料主要以下列四种为主：

（1）3402 椰子油醇酸树脂　由 3402 椰子油醇酸树脂、634 环氧树脂和 582 三聚氰胺甲醛树脂构成，主要成分为 3402 椰子油醇酸树脂。它具有不易泛黄、干燥性好等特点，其与环氧树脂并用，可提高其附着力和耐冲性。

（2）C05-3 氨基醇酸树脂白涂料　由花生油醇酸树脂和 582 三聚氰胺甲醛树脂加钛白粉组成，柔韧性好，可用作回旋盖涂料头道白涂。

（3）环氧脲醛树脂涂料　由 609 环氧树脂和 520 脲醛树脂构成，其涂膜无色透明、附着力和耐冲击性好，可用作彩印涂料和回旋盖涂料的底涂料。

（4）环氧树脂涂料　由 604 环氧树脂和脱水蓖麻油酸经酯化制成，涂膜无色透明、附着力和柔韧性好、耐蒸汽加热。其加入钛白粉可作为回旋盖涂料白涂料。

（三） 塑料包装用涂料

我国塑料包装行业持续快速发展，超过包装产业的总产值的 30%，在食品、饮料、日用品及各个领域发挥着不可替代的作用，塑料包装具备了许多金属涂层不具备的特性，具有耐腐性好、结合力强、涂料过程污染少、材料利用率高、加工周期短等优点。塑料包装用涂料的分类如下：

- 塑料包装用涂料
  - 防静电用涂料
    - 防静电涂料物质：有机表面活性剂、高极性聚合物
    - 食品包装的抗静电剂：烷基胺环氧乙烷加聚物、烷基苯酚环氧乙烷加聚物、硬脂酸聚乙二醇酯、山梨糖醇酐月桂酯的环氧乙烷加聚物
  - 防雾滴涂料：甘油单脂肪酸酯、三乙醇胺脂肪酸盐、聚氯化乙烯表面活性剂

三、涂蜡及其包装材料

用石蜡涂覆纸类、塑料薄膜及复合材料，目前已经广泛地应用于食品包装上，如糖纸、面包纸、挂面纸盒、饼干纸盒、肉类制品包装等。由于石蜡自身是良好的封缄涂料，因此也可作为食品的被膜剂及复合包装材料的黏合剂等。

（1）石蜡的种类及性能

- 石蜡
  - 石蜡
    - 食品用：精白蜡
    - 食品包装用：白石蜡
  - 液体石蜡

①石蜡：石蜡是从石油和页岩油中提取的烃类混合物，状态为白色半透明的块状物，无臭、无味、不溶于水和乙醇、微溶于无水乙醇、易溶于乙醚、氯仿、苯等挥发油或多数脂肪油中，经紫外线照射会变黄。少量摄入几乎不含毒性，大量长期摄入则食量减退，导致脂溶性维生素吸收减少，发生消化器官及肝脏的障碍。

②液体石蜡：液体石蜡又名白油或白色油，毒性很低，是石油润滑馏分经脱蜡精制而得，无色透明液体，无臭、无味，不溶于水和乙醇，溶于乙醚、石油醚和油。食品工业上主要是用作消泡剂和脱模剂，也可用于糯米纸的生产。

（2）涂蜡包装材料

- 涂蜡包装材料
  - 涂蜡包装纸
    - 薄涂蜡纸：发挥良好的耐油、阻氧、阻湿作用
    - 折叠式涂蜡纸板：提高防潮、防水、耐油及纸盒外观漂亮
    - 涂蜡瓦楞纸板：提高耐破强度、边压强度
  - 浸渍蜡纸：用于瓦楞纸板的涂蜡，提高防潮、防水、耐油性及机械强度
  - 涂蜡层和复合包装材料：用蜡进行热黏合或层合的复合材料，有纸/纸、纸/塑料膜、纸/铝箔等

蜡类燃烧温度低，不会产生有毒气体，同时可被泥土中的微生物分解，因此涂蜡纸是具有较好阻隔作用和热封性能的绿色包装材料，可作为良好的食品包装材料用于包装蔬菜、水果、糖果、饼干、点心、冷冻肉类等。

四、树脂涂料

树脂涂料成膜物质只有树脂，其广泛应用于纸和纸板、塑料薄膜、金属包装材料等，以提

高防潮阻隔性、耐腐蚀、热封性和机械强度等性能。如酒类、酱油、发酵食品、腌制食品以及食用油的食品容器内壁，均使用具有防腐作用的聚酰胺环氧树脂涂料。树脂涂料分为许多种，其中溶剂型涂料都采用辊式涂布机涂布、固体挤压型则采用挤出涂覆法进行层合。常用树脂涂料的类别、涂料、基料、性能如下。

- 树脂涂料
  - 溶剂涂层
    - 硝酸纤维：牛皮纸（耐油性良、气味阻隔性尚好）
    - 环化橡胶：牛皮纸（耐油性、气味阻隔性尚好）
    - 丁二烯、苯乙烯：玻璃纸（耐油性良、气味阻隔性尚好）
    - 氯乙烯、橡胶蜡：玻璃纸（耐油性及气味阻隔性良）
    - 氯乙烯共聚物：牛皮纸（耐油性良、气味阻隔性尚好）
    - 氯化物共聚物：玻璃纸（耐油性及气味阻隔性良）
  - 乳液涂层
    - 偏氯乙烯：牛皮纸（耐油性及气味阻隔性良）
    - 偏氯乙烯：玻璃纸（耐油性及气味阻隔性良）
  - 挤压涂层
    - 低密度聚乙烯：牛皮纸（耐油性良、气味阻隔性不良）
    - 中密度聚乙烯：牛皮纸（耐油性良、气味阻隔性不良~尚好）
    - 高密度聚乙烯：牛皮纸（耐油性良、气味阻隔性尚好）
    - 丙烯酸共聚物：牛皮纸（耐油性良、气味阻隔性不良）

包装涂料品种繁多，发展迅速，由于天然原料的减少，高分子合成树脂的应用比例逐渐增高，且多组分合成树脂逐步取代了单一组分树脂。由于溶剂涂料存在污染环境、卫生安全等问题，因此少用或者最终挥发完全的有机溶剂涂料将会在食品包装上得到发展。双组分或者多组分合成树脂制备出的涂料在防腐性能、稳定性、溶解性、抗氧化、附着性、润湿性、价格以及环保等方面具有显著优势，而得到了广泛的使用和认可。

五、 食品包装用涂料的选择

除了配方和工艺参数之外，在施工过程中还应该遵守食品加工、食品防水涂料助剂的功能特点及应用、食品接触材料制造良好操作规范等要求，注意涂装设备和设施的清洁卫生，防止不同原辅料的交叉污染和外来污染。

- 食品包装安全和质量控制
  - 涂料原料的选用：原辅料（树脂、颜填料、助剂等）都必须符合相关法规的要求，保证食品的品质，防止危害人体健康
  - 涂层中组分的迁移：涂料固化后的涂层应符合相应的国内外相关食品接触材料卫生法规的要求，确保涂层的蒸发残渣或总迁移量测试合格，涂料中成分的迁移量也应该符合国内外法规和标准规定的限量
  - 涂装工艺的控制：通过涂装工艺，包括配方、工艺参数等的控制，可以避免或减少涂层组分的迁移，涂层的干燥固化是最重要的环节

第三节 塑料包装材料的主要助剂

一、概 述

食品接触材料及制品用的添加剂是聚合物材料和制品在合成或加工过程中需加入的各种辅助性化学物质，又称助剂，是实现高分子材料成型加工工艺过程，并最大限度地发挥高分子材料制品的性能或赋予其某些特殊功能必不可少的辅助成分。

GB 9685—2016《食品接触材料及制品用添加剂使用标准》对食品包装用添加剂的定义：在食品接触材料及制品生产过程中，为满足预期用途，所添加的有助于改善其品质、特性或辅助改善品质、特性的物质；也包括在食品接触材料及制品生产过程中，所添加的为促进生产过程的顺利进行，而不是为了改善终产品品质、特性的加工助剂。

其中，塑料助剂是为改善塑料的使用性能或加工性能而添加的物质，也称塑料添加剂，它在塑料制品中起着十分重要的作用，有时甚至是决定塑料使用价值的关键因素。助剂不仅能赋予塑料制品外观形态、色泽，而且能改善加工性能，延长使用寿命，降低制品成本。开发新的塑料制品，在某种意义上讲，重要一环是选择树脂和助剂，即所谓配方。

塑料助剂主要包括：增塑剂、热稳定剂、光稳定剂、抗氧化剂、交联剂、助交联剂、发泡剂、阻燃剂、润滑剂、抗静电剂、防雾剂和固化剂等，可根据实际包装需求选择相应助剂。

二、塑料助剂的特性

(1) 相容性　助剂只有与树脂间有良好的相容性才能使助剂长期、稳定、均匀地存在于制品中，有效地发挥其功能。如果相容性不好，则易发生“迁移”现象，表现在液体助剂中就是“出汗”，表现在固体助剂中是“喷霜”现象。但有一些改善制品表面性能的助剂则要求其要稍微有一些迁移性，以使其在制品的表面发挥作用。

(2) 耐久性　要求助剂长期存在于制品中而基本不（或很少）损失，而助剂的损失主要通过三条途径：挥发、抽出和迁移。这主要与助剂的分子质量、在介质中的溶解度及在树脂中的溶解度有关。

(3) 加工适应性　某些树脂的加工条件较苛刻，如加工温度高，此时应考虑所选助剂会否分解，对模具、设备有无腐蚀作用。

(4) 制品用途对助剂的制约　不同用途的制品对助剂的气味、毒性、耐候性、热性能等均有一定的要求。例如食品用塑料包装因要与食品接触，故要求无毒。

(5) 助剂间的协同对抗作用　在同一树脂体系中，两种或两种以上助剂并用，如果它的共同作用大大超过它们单独应用的效果的总和，就会产生“协同作用”。但如果配合不当，有些助剂间可能产生“对抗作用”，也称反协同作用。这样会削弱每种助剂的功能，甚至使某种助剂失去作用。

三、塑料助剂的分类

塑料助剂常见类型及功能如表 3-11 所示。

表 3-11　　塑料助剂的类型及改性功能

助剂的类型	改性功能
抗氧化剂、稳定剂、热稳定剂、光稳定剂、防霉剂、趋避剂等	稳定化
润滑剂、增塑剂、热稳定剂、脱模剂等	改善加工性能
增强剂、填充剂、偶联剂、抗冲击改性剂、交联剂等	改善机械性能
增塑剂、发泡剂等	柔软化、轻量化
增塑剂、防雾化剂、着色剂等	改善表面性能和外观
阻燃剂	难燃化

（一） 增塑剂

凡添加到聚合物体系中，一方面增大树脂成型时流动性，改善加工性能；另一方面可增加制品的柔韧性和弹性的物质均可称为增塑剂。

（1）增塑剂的作用机理

①增塑剂与聚合物有良好的相溶性，分布在高分子链之间，降低大分子之间的作用力，在一定温度和压力下使分子链更容易运输。

②增塑剂分子的渗入，降低了聚合物分子间的范德华力，使高聚物分子间的距离增大，借以增加制品的柔顺性。

（2）增塑剂的分类

①按增塑剂分子质量大小分类，可分为单体型增塑剂和聚合性增塑剂。单体型增塑剂是分子质量较低的简单化合物，一般有明确的结构和分子质量，分子质量多在 200~500u。聚合型增塑剂分子质量的线型聚合物，平均分子质量在 1000u 以上，其挥发性小，耐迁移，耐抽出，还可以改善塑料的力学强度。

②按增塑剂与聚合物相容性大小分类，可分为主增塑剂、辅助增塑剂、增量剂。主增塑剂与树脂有良好的相容性，质量比最高可达 1∶1（增塑剂∶树脂），能够单独使用。辅助增塑剂与树脂的相容性差，质量相容比例低于 1∶3，一般不能单独使用，需与适当的主增塑剂配合，以增加其相容性。

③按增塑剂应用性能分类，可分为通用增塑剂、耐候增塑剂、耐寒增塑剂、耐热增塑剂、耐光增塑剂、阻燃增塑剂、防霉增塑剂、防潮增塑剂、抗静电增塑剂。

④按增塑剂对聚合物的溶解性能分类，可分为溶剂型增塑剂和非溶剂型增塑剂。溶剂型增塑剂对树脂有较强的溶剂化作用，可溶解一部分树脂；非溶剂型增塑剂可溶解一部分树脂，其溶剂化作用很小，只能起溶胀作用。

⑤按增塑剂加入方式分类，可分为外增塑剂和内增塑剂。外增塑剂是在塑料的配料过程中加入，增塑剂与树脂之间无化学键联结；内增塑剂是在树脂的合成过程中作为共聚单体加入，以化学键结合到树脂上，能提高树脂本身的塑性。

（3）常用增塑剂的特点

常用增塑剂的特点如表 3-12 所示。

表 3-12　常用增塑剂的特点

类别	优点	缺点
邻苯二甲酸酯类	常用主增塑剂，相容性好，性能全面，价格便宜	对人体健康有潜在危害
脂肪族二元酸酯类	耐寒性辅助增塑剂	相容性较差、耐抽出、耐迁移性能差，价格昂贵
磷酸酯类	主增塑剂，阻燃性、相容性良好	耐寒性差
环氧酯类	光、热稳定性良好，常用作耐气候性和耐寒性辅助稳定剂	相容性差
含氯增塑剂	辅助增塑剂，阻燃性良好，价格低	相容性及热稳定性较差
聚酯类	耐久性好，不被抽出，不挥发，耐迁移，无毒	相容性较差
脂肪酸酯类	辅助增塑剂，耐寒性良好，无毒	相容性差

（4）增塑剂的作用　增塑剂的加入可使塑料包装材料的软化温度、熔融温度和玻璃化温度均降低；减小溶体黏度，增加流动性，易于成型加工；耐寒性、柔韧性、抗冲击强度和伸长率得到一定程度的提高；阻隔性、耐热性、脆性、硬度、抗张强度和弹性模量等均下降。

（5）增塑剂的毒性　各类增塑剂的毒性也不相同，毒性较强的有磷酸酯类和含卤化合物，其毒性作用是致使内脏和神经系统损坏。在磷酸酯类中，磷酸三甲酚毒性最强。氯化芳烃的毒性比氯化脂肪烃强。其余增塑剂毒性较小，酯类中柠檬酸酯类增塑剂是无毒增塑剂，但分子质量较小、水溶性较大的邻苯二甲酸酯的毒性稍大些。

（6）增塑剂的选择　在选择增塑剂时，需综合考虑多种因素，如经济合理性、与树脂相容性、包装成品性、加工工艺匹配性、安全性以及对塑料中加入的其他助剂有无对抗效应等。

（二）增韧剂

（1）概念　增韧剂又称抗冲改良剂，可降低复合材料脆性和提高复合材料抗冲击性能。在进行增韧的同时，必须不影响其他性质，尤其是刚性，或者至少使这些性质能维持在原有水平上，否则增韧就失去了意义，增韧与增塑的区别也就在此。

（2）种类　按增韧剂在材料中的存在方式可分为活性增韧剂和非活性增韧剂。活性增韧剂带有活性基团，能参与反应；非活性增韧剂无活性基团，不参与反应，前者为高分子化合物，后者一般为常用的增塑剂，通常所说的增韧剂均指后者。

（三）增强剂

（1）概念　增强剂是复合材料生产中必须加入的一种化学助剂。聚合物材料中加入增强剂能大幅度提高其力学强度、尺寸稳定性和热变形温度等，能较好地保持其韧性和耐疲劳性。

（2）分类　增强剂多为纤维状物质，按结构与性质可分为：玻璃纤维、碳纤维、石棉纤维、硼纤维、钛酸钙纤维、碳硅纤维、聚芳酰胺纤维、陶瓷纤维以及晶须等。玻璃纤维是由熔融的玻璃经快速拉伸并冷却所形成的纤维状物质，是当今最基本和应用最广泛的塑料增强材料。填充玻璃纤维能提高塑料的机械强度（如拉伸、弯曲、压缩、弹性模量等），热变形温度，导热性和硬度；可降低塑料的线膨胀系数、吸水性和可燃性，同时还能抑制应力开裂和改善电性能。

（四） 稳定剂

稳定剂及其不同的组合种类繁多，包括抗氧化剂、光稳定剂、热稳定剂、润滑剂、着色剂、填充剂、抗静电剂、阻燃剂、脱模剂、发泡剂、抗菌剂、偶联剂、交联剂、防霉剂等。

第四节 其他包装辅助材料

在包装任何食品的时候，不管我们采用什么样的容器或材料进行包装，最后均涉及一个被包装物密封和捆扎的问题。在众多的辅助包装材料中，本节只介绍与食品包装密切相关的封缄、捆扎以及液体密封包装材料。

一、封缄材料

将一个包装或一个包装件的封闭过程称为封缄，封缄包装物所用的材料被称为封缄材料。封缄是包装的最后一道工序，不同的包装对封缄的保护性都不同，有的只是一般性要求密封食品，有的要求阻气性密封，有的要求防潮防锈性密封等。作为包装的最后一道工序，封缄影响着产品的最终质量，但其往往容易被忽视，在本节中着重介绍包装封缄材料，具体的封缄技术将在相关章节中详细介绍。

（一） 胶带

胶带在食品包装材料中应用很广泛。如瓦楞纸箱的封合、饮料瓶或白酒瓶封盖后再加封透明胶带，面包袋、糕点盒的封口处也常用透明胶带加封。

（二） 其他封缄材料

（1）盖类封缄材料　瓶、罐、桶等包装容器一般使用盖类封口。盖类封口要求严格，易开启，并在必要时可重新密封。在食品包装中饮料、陈醋、啤酒等均采用此种包装形式。

（2）钉类　钉类用于木箱和瓦楞纸箱封缄。

（3）黏合剂　封缄黏合剂主要用于纸箱、纸盒以及某些纸袋类封缄。

二、捆扎材料

在包装食品中的捆扎材料主要包括塑料捆扎带（又名打包带）和塑料绳，主要用于瓦楞纸箱及其他散装食品、蔬菜的捆扎，其作用是将所包装的食品集中在一起，压缩体积，增加包装的强度，便于装卸，也具有封缄、防止散装食品散失或散踏的作用。

（一） 捆扎带

捆扎带的材质主要有铁皮、尼龙、聚酯、聚丙烯等，以及在销售环节中使用的丝绸捆扎带。包装用的捆扎带主要有金属和非金属两类，其中在日常生活中塑料捆扎带最常见，主要有聚酯捆扎带、尼龙捆扎带、聚丙烯捆扎带和其他类捆扎带等。

（二） 拉伸薄膜和收缩薄膜

拉伸薄膜和收缩薄膜可避免在捆扎货物时因产生局部压缩应力，使被包装物变形甚至勒坏，常用于纸类包装的外层。

三、 流体密封材料

为提高瓶盖及罐头包装类食品的密封性能，一般在罐盖沟槽内施涂流体密封材料，干燥后形成对金属或玻璃具有一定附着力的弹性膜，以达到良好密封缝隙以及起到防腐蚀作用。

（一） 食品用流体密封胶的组成

流体密封胶是在黏合剂和涂料的基础上发展起来的，主要有水基、溶剂基和热塑型三种类型。密封胶主要由主成分基料和辅助成分构成。

（二） 食品用流体密封胶的要求

食品用的密封胶不仅需要具有良好的密封性能，还需考虑其安全性等其他要求，例如不得含有对人体有害的成分，化学性质稳定，具有一定流动性，便于施涂，以及对于金属具有良好的附着力，并能在加工、贮运过程中耐受冲击和振动等特点。具体选择流体密封胶的种类还需根据包扎对象进行选择。

思考题

1. 辅助包装材料包括哪些类型？
2. 乳液型黏合剂的突出优点是什么？在食品中有哪些应用？
3. 在食品包装中如何选择适宜的黏合剂？
4. 简述食品包装用涂料的组成。
5. 简述食品接触用涂料及涂层的基本要求。
6. 简述金属包装用涂料的要求。
7. 简述塑料包装用涂料的分类。
8. 增塑剂是如何起增塑作用的？

第四章

CHAPTER 4

食品包装原理及品质控制

食品的品质特征主要表现为食品的质地、风味、颜色、外观和营养价值，而这些特征在加工及贮藏的过程中都会发生变化。食品从食物原料到最终消费的整个流通环节是复杂多变的，它会受到生物性和化学性的浸染；会受到流通过程中出现的光、氧气、水分、温度等各种环境因素的影响；同时还会受到微生物等生物因素的影响。这些环境因素和生物因素的变化势必会对食品品质的变化产生很大的影响。研究这些因素对食品品质的影响规律是非常必要的，同时也是控制食品品质劣变的重要依据。

第一节　环境因素对包装食品品质的影响及其控制

食品是由多种性质不同的化学成分所构成的。当食品暴露于自然环境中，各种因素，包括光、氧气、水分和温度，均将以不同形式使食品产生不同程度的化学、物理变化，从而对食品的品质造成不同程度的影响。环境因素对食品产生的作用是多种多样的，或诱导食品的品质变化，或直接参与到食品品质变化中。包装食品在流通过程中因环境因素影响可能发生的品质变化如图 4-1 所示。

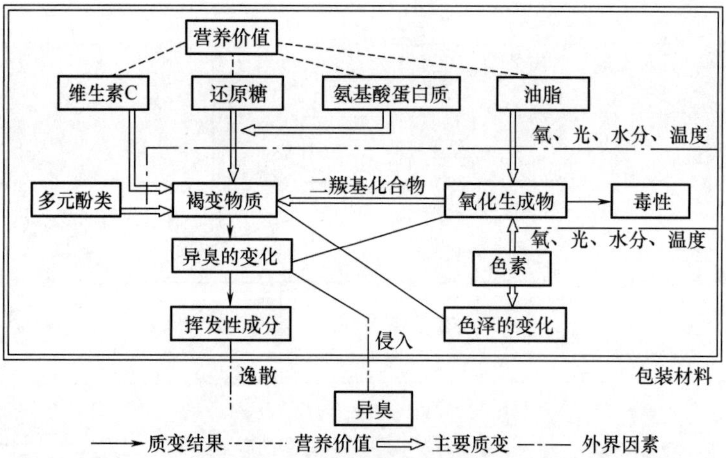

图 4-1　包装食品在流通过程中可能发生的品质变化

一、光对包装食品品质的影响

食品在加工、贮藏、包装、运输过程中会受到太阳光等各种光线的照射，这些光线对食品的品质会产生不良影响，造成食品品质的下降，这不仅影响消费者的身体健康，而且对整个食品工业也会造成一定的经济损失。致使食品质变的光，大多数为紫外光谱和可见光谱中波长较短的光。光的密度和波长是引起包装食品变色和变味的重要因素。

光会对一些反应起催化作用，引发并加速营养成分的分解，造成食品的腐败。我们常将此催化作用称为光化作用。光是一种电磁波，只有远紫外光、紫外光和可见光中高能部分才能使价电子激发到高能态，即波长小于700nm才有可能引发光化学反应。不同波长的光对食品的影响程度不同，光对食品品质的影响主要表现在：

①促进食品中油脂的氧化；

②因油脂的氧化而导致油溶性维生素的分解破坏；

③引起光敏性维生素（如核黄素、胡萝卜素、硫胺素等）的破坏和食品的褪色。

（一）光照对食品的渗透规律

光照具有较高的能量，能促使食品内部发生一系列的变化。在光照条件下，食品中对光敏感的成分能迅速吸收并转换光能，从而激发食品内部发生变质的化学反应。食品对光能吸收量越多、转移传递越深，食品变质就越快、越严重。食品吸收光能量的多少用光密度表示，光密度越高，光能量越大，对食品变质作用就越强。根据Beer-Lamber定律，光照射在食品表面向内层渗透的规律见式（4-1）。

$$I_x = I_i e^{-\mu x} \tag{4-1}$$

式中　I_x——光线透入食品内部 x 深处的密度；

I_i——光线照射在食品表面处的密度；

μ——特定成分的食品对特定波长光波的吸收系数；

x——照射深度。

从式（4-1）中可以看出入射光密度越高，透入食品的光密度也越高，深度也越深，对食品的影响也越大。

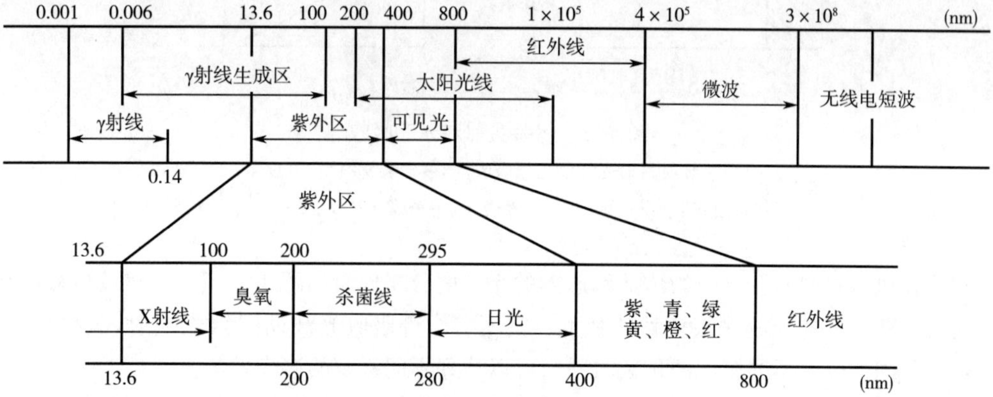

图4-2　光谱图

如图 4-2 所示，光波的长度各不相同。食品对光波的吸收量与光波波长有关，短波长光（如紫外光）透入食品的深度较浅，食品所接收的光密度也较少。反之，长波长光（如红外光）透入食品的深度较深。此外，食品组成成分不相同，每一种成分对光波的吸收有一定的波长范围，未被吸收的光波对食品变质没有影响。

（二） 包装避光机理和方法

现代食品包装除了保护性能外，已经越来越重视包装的促销性能。目前食品包装的趋势是向透明化方向发展，因为它可以让消费者直接看到产品的外观品质，给消费者更多选择的机会，同时透明的包装增加了产品的展示性，有利于产品的销售。但是当食品存放在货架上，光线可能透过包装引起食品的光氧化，使食品中的油脂、蛋白质、维生素和一些色素氧化降解，导致异味的产生、风味和营养物质的损失及色泽的改变，从而引起食品品质的下降。随着食品包装向透明化方向发展，光对食品的影响将显得越来越突出，因此，研究如何避免光对食品的影响就显得越来越重要。

要减少或避免光线对食品品质的影响，主要的防护方法有：通过包装将光线遮挡、吸收或反射，减少或者避免光线直接照射食品；同时防止某些有利于光催化反应因素，如水分和氧气透过包装材料，从而起到间接的防护效果。

根据 Beer-Lamber 定律，透过包装材料照射到食品表面的光密度的计算见式（4-2）。

$$I_x = I_o e^{-u_p x_p} \tag{4-2}$$

式中 I_o——食品包装表面的入射光密度；

x_p——包装材料的厚度；

u_p——包装材料的吸光系数。

将此式代入式（4-1）得光线透过包装材料透入食品的光密度：

$$I_x = I_o e^{-(u_p x_p + ux)} \tag{4-3}$$

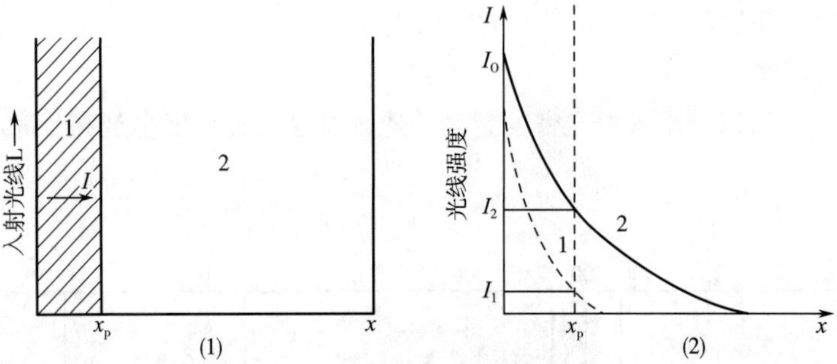

图 4-3 包装食品对光的吸收

（1）包装材料对光线的阻挡吸收（1—包装材料 2—食品）

（2）光线透过包装材料后对食品的渗透（1—短波长光波 2—长波长光波）

光线在包装材料和食品中的传播和透入的光密度分布规律如图 4-3 所示。包装材料可吸收部分光线，从而减弱光波射入食品的强度，甚至可全部吸收光波而阻挡光线射入食品内。因此，选用不同成分、不同厚度的包装材料，可以达到不同程度的遮光效果。

图 4-4 所示为几种食品软包装材料透光率比较曲线。由图可知，不同包装材料其透光率不同，且在不同的波长范围内也有不同的透光率。大部分紫外光可被包装材料有效阻挡，而可见

光能大部分透过包装材料。同一种材料内部结构不同时透光率也不同，如高密度 PE 和低密度 PE。此外，材料的厚度对其遮光性能也有影响，材料越厚，透光率越小，遮光性能越好。图 4-5 所示为 3 种不同玻璃透光率比较曲线，说明同种材料不同着色处理会产生不同的遮光效果。食品包装时，可根据食品和包装材料的吸光特性，选择一种对食品敏感的光波具有良好的遮光效果。

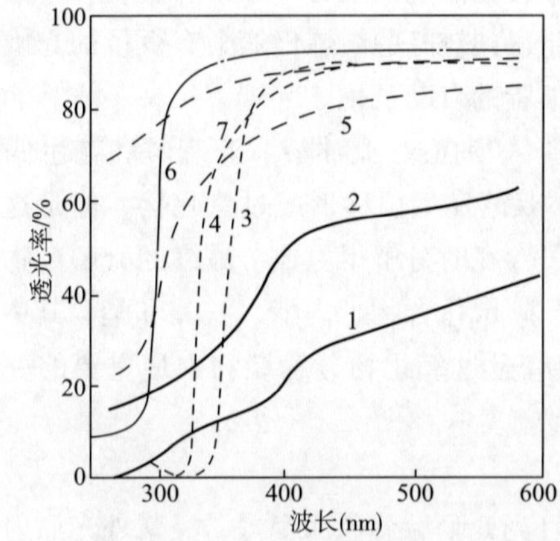

图 4-4　光线对柔性包装材料的穿透作用

1—高密度 PE，厚 89μm　2—蜡纸，厚 89μm

3—PVDC，厚 28μm　4—PET，厚 36μm

5—氯化橡胶，厚 36μm　6—醋酸纤维素，厚 25μm

7—低密度 PE，厚 38μm

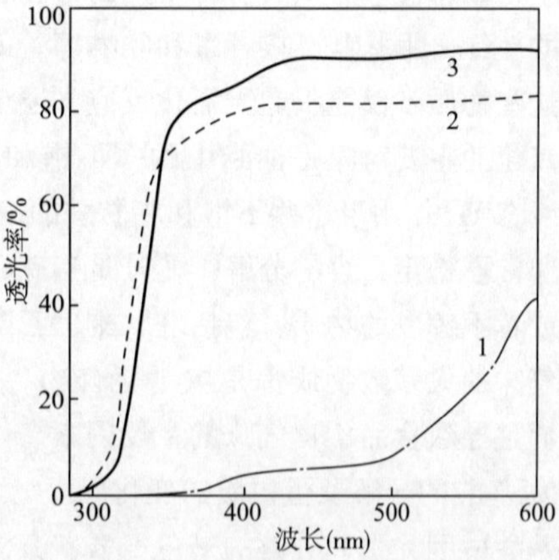

图 4-5　光线对玻璃的穿透性能

1—琥珀色玻璃，厚 3.0mm

2—透明乳白色玻璃，厚 3.0mm

3—窗户透明玻璃，厚 3.02mm

包装食品时，可根据食品和包装材料的吸光特性，选择一种对食品敏感的光波具有良好遮光效果的材料作为该食品的包装材料，可有效避免光对食品质变的影响。为了满足不同食品的避光强度要求，可对包装材料进行必要的处理来改善其遮光性能，如玻璃一般采用加色处理，从图 4-5 中可知，有色玻璃抵抗紫外光的能力较强，对可见光也有较好的遮光效果。有些包装材料采用表面涂覆遮光层的方法改变其遮光性能。在透明的塑料包装材料中，也可以加入着色剂或在表面涂覆不同颜色的涂料，达到遮光效果。

（三）　光氧化机制

光对食品中的一些重要的营养成分具有破坏作用，并产生不良的风味，其主要作用机制是光氧化作用。氧分子可以分为基态氧$^3O_2$、游离态$^2O_2$ 和单线态$^1O_2$ 三种。基态氧$^3O_2$ 可生成为游离态$^2O_2$，后者可参加游离基反应。单线态$^1O_2$ 不能生成游离态$^2O_2$，不能进行游离基反应，但它可以直接氧化含烯物生成氢过氧化物。光敏剂是一类能够吸收紫外光能量使基态氧$^3O_2$ 最终生成单线态$^1O_2$ 的物质，反应机制如图 4-6 所示。

$$\text{光敏剂（基态）} \xrightleftharpoons{\text{紫外光}} \text{光敏剂（激发态）}$$

$$\text{光敏剂（激发态）} + {}^3O_2\text{（基态）} \xrightleftharpoons{\text{紫外光}} \text{光敏剂（基态）} + {}^1O_2\text{（激发态）}$$

图 4-6　光氧化机制图

（四） 光对食品中各种成分的破坏

1. 油脂的氧化

油脂是许多食品的重要组成成分，也是形成食物的口感和风味的重要物质。由于油脂中常含有许多不饱和脂肪酸，这些脂肪酸易与空气中的氧发生氧化作用产生过氧化物，引起油脂的酸败和食品的变质。

发生光氧化反应必须要有光敏剂的存在，油脂中常见的光敏剂有叶绿素和脱镁叶绿素。此外还有酸性红、甲基蓝、核黄素和卟啉等。即使油脂得到较好的精炼仍然会有少量的光敏物质存在。这些物质不仅能引起光氧化反应，还会引起油脂的自动氧化。

光氧化的主要对象是油脂中的多不饱和脂肪酸，如油酸、亚油酸、亚麻酸和花生四烯酸等。单线态$^1O_2$作用于这些不饱和脂肪酸的双键上，双键发生位移形成过氧化物。但是这些过氧化物非常不稳定，容易分解，尤其是当有金属离子存在时分解得更快。最终的分解产物是许多挥发或者不挥发的物质，包括醛、酮、乙醇、酸、碳水化合物、内酯、呋喃和酯。其中，产生不良气味的大多数物质都是羰基化合物。脂肪族醛是过氧化物分解产物中最重要的一种产物，它们是导致食品不良气味的主要因素。

2. 氨基酸的分解及蛋白质的变化

氨基酸中因光引起分解的是色氨酸，其溶液经日光暴晒后着色而变褐，经紫外光照射可生成氨基丙酸、天冬氨酸、羟基邻氨基苯甲酸。另外，色氨酸、胱氨酸、甲硫氨酸、酪氨酸等，如果与荧光物质、维生素B_2、荧光黄素等共存时，经日光暴晒将引起光分解，但此光分解反应可在二氧化碳、氮环境中得到抑制，硫脲、维生素C也可阻止此反应。

光线对蛋白质的作用主要分为两种情况：一是光线直接对蛋白质造成破坏；二是由于食品中光敏剂的存在，由光氧化造成蛋白质的破坏。酪蛋白溶液在荧光物质存在下经日光照射，其中的色氨酸分解而使其营养价值下降。卵蛋白经紫外光照射，其黏度虽无变化，但表面张力减小，这是与热变性不同的一种蛋白质变化。

蛋白质中的芳香族氨基酸、色氨酸、酪氨酸和苯基丙氨酸等在波长小于310nm的紫外线照射下，可能会吸收紫外光的能量，引起一些肽链的断裂，使蛋白质发生变性。肽链断裂还可能产生一些有异味的物质或者色素。波长大于310nm的光一般在有光敏剂的存在时，会发生光氧化作用，从而破坏食品中的蛋白质。文献报道，牛乳在光的照射下，其中的光敏剂核黄素在400~550nm的波长条件下，产生单线态的$^1O_2$，$^1O_2$会将甲硫氨酸氧化成硫醇、硫化物和二甲基二硫化物等。其中，二甲基二硫化物是牛乳中产生异味的重要物质。

3. 维生素的破坏

光敏性维生素对光照（尤其是紫外线）非常敏感，食品中含有的各种维生素在光敏剂存在时，在光的照射下也会发生光敏氧化。光敏剂吸收光能产生单线态氧$^1O_2$，$^1O_2$作用于维生素分子上的—C═C—引起氧化破坏，使食品的营养价值降低。

食品中的维生素B_2在烹饪或者贮藏在黑暗的地方时是相当稳定的，但是维生素B_2（核黄素）是很好的光敏剂，在光的照射下很容易将基态氧$^3O_2$激发产生单线态氧$^1O_2$，核黄素有一个三键和许多双键，这些键很容易与O_2反应。实验发现，牛乳中的维生素B_2在光照下30min会损失掉30%，而烹饪相同时间的牛乳只损失了12%，所以在光照条件下维生素B_2损失得相当快，尤其是当光的波长在450nm时维生素B_2损失得最快，因为它在这个波长下对光的吸收率最大。此外，包装材料不同，维生素B_2损失程度也不同，包装材料的透光率越小，维生素

B_2 损失越少。

表 4-1 所示为维生素 B_2 在水溶液中的光分解程度与 pH 的关系。由表中可知，维生素 B_2 的光分解程度随 pH 的升高而增加。当维生素 B_2 与维生素 C 共存时，维生素 C 可抑制维生素 B_2 的光分解，而维生素 C 则因与维生素 B_2 共存而容易分解，如牛乳经日光暴晒后维生素 C 显著减少就是因牛乳中维生素 B_2 促使维生素 C 的光分解。

表 4-1　　维生素 B_2 在不同 pH 溶液中经人工光照 30min 后的存留率

pH	维生素 B_2 存留率/%	pH	维生素 B_2 存留率/%
4.0	42	6.0	46
4.6	40	6.6	35
5.0	40	7.0	27
5.6	46	7.6	20

维生素 D 对骨骼生长具有十分重要的作用。当维生素 D 水解成 1，25-二羟维生素 D_3 时，能促进肠道对钙的吸收。当牛乳暴露在阳光下时，牛乳中的维生素 D 会很快被破坏，可能是核黄素吸收光能激发产生单线态氧 $^1O_2$，$^1O_2$ 将维生素 D 氧化破坏，其主要产物是 5，6-环氧化物。

4. 色素的破坏

食品的色泽是通过它们对可见光的选择吸收及反射而产生的。食品中能够吸收和反射可见光进而使食品呈现各种颜色的物质统称为食品色素。食品中的色素包括天然含有的色素、加工过程中由原料成分转化的有色物质和外加的食品着色剂。

食品中的色素都是有机物，具有发色团和助色团结构，常见的发色团是由多个—C ═C—构成的共轭体系，其中还可能有几个—C ═O—、—N ═O—和—C ═S—等杂原子双键。很多色素本身就是很好的光敏剂（如叶绿素），它们吸收一定的光能产生单线态氧 $^1O_2$，$^1O_2$ 与发色团上的双键作用，使色素颜色改变。例如，叶绿素与光和氧气作用就会导致不可逆的褪色。$^1O_2$ 和羟基自由基是反应活性中间体，它们在有氧及光照下生成，一旦生成就与叶绿素和吡咯链作用，进一步生成过氧基—O ═O—和其他自由基，最终造成吡咯环与吡咯链分解和褪色。

可见光还能使火腿、香肠等肉类腌制品发生褐变。这些腌制品中添加了硝酸盐或亚硝酸盐作为发色剂，使原来肉中的色素肌红蛋白、高铁肌红蛋白和肌色原转变成氧化氮肌红蛋白、氧化氮高铁肌红蛋白和氧化氮肌色原，使得腌制品的颜色更鲜艳诱人。可见光可以促使腌制品中的色素重新转变成肌红蛋白和肌色原，而肌红蛋白和肌色原被氧化后转变成高铁肌红蛋白和高铁肌色原，于是这些腌制品发生了褐变。

食品中的叶绿素、叶黄素、血红素、花色素、原花色素、甜菜红素、红曲色素及一些类黄酮色素在光照条件下都易被氧化褪色，因此食品的避光保存十分重要。

（五） 影响光氧化的因素

影响光氧化的因素有很多，如光照时间和强度、光的波长范围、包装中的残氧量及包装材料等。增加光对食品的照射时间会增加光对食品的破坏作用，因此在食品的生产、流通和销售过程中应尽量减少食品与光的接触时间。不同的食品成分（主要是光敏剂）对不同波长的光的敏感程度不同，如核黄素对波长为 450nm 的光有最大吸收峰，叶绿素对波长为 408nm 和

655nm 的光都有吸收峰，因此这些波长的光对含有核黄素和叶绿素的食品具有最大的破坏作用。而包装食品中的残氧量主要来源有以下三个：①包装时抽真空不够；②包装袋透气；③食品中溶解的氧气释放出来。

残氧量达到一定值，在光的照射下就会发生光氧化反应。实验发现对切片火腿做真空包装并存放在光照条件下 27d，残氧量小于 0.1%时，火腿的颜色和风味都不会发生变化，残氧量为 0.1%~0.5%时，火腿的颜色会发生改变而风味不会发生变化，残氧量大于 0.5%时，其颜色和风味都发生了变化。包装材料对光具有遮挡、反射和散射等作用，对食品具有一定的保护作用。根据 Lambert-Beer 定律可知，包装材料的厚度会影响透光性，其越厚越不易透光。不同颜色的包装材料对光的防护能力不同，其防护能力为：黑色>棕色>绿色>蓝色>红色>黄色>无色。

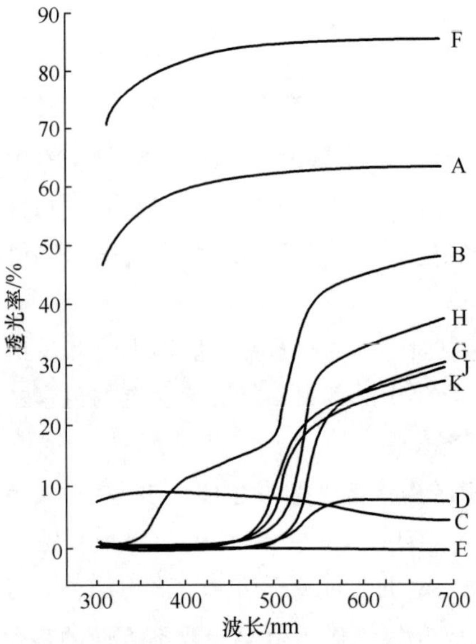

图 4-7 不同包装材料的透光性比

A、B、C、D—纸基 E—铝箔

F、G、H、J、K—聚乙烯类包装材料

不同包装材料的透光性差异显著，且在不同的波长范围内，也有不同的透光率，同一材料内部结构不同时透光率也不同，如图 4-7 所示。羊皮纸（A）的透光率为 46%~64%；而黄色羊皮纸（B）在 300~500nm 波长范围内，其透光率下降至 1%~17%，且在高波长范围内，透光率低于 50%；镀铝纸（D）的透光率低于 10%；铝箔材料（E）几乎不透光。因此，选用不同成分和不同厚度的包装材料，可以达到不同程度的遮光效果。

如图 4-8 所示，大部分紫外光可被包装材料有效阻挡，而可见光能大部分透过包装材料。聚乳酸（PLA）薄膜几乎可阻挡 190~200nm 波长范围内的全部紫外光，然而 300nm 以上波长的光 95%能够透过。PS 膜对紫外线的阻挡能力比 PLA 强，在 270nm 波长以下范围内紫外线全部被阻隔。LDPE 对紫外线的阻挡能力较弱，玻璃纸的紫外线阻隔能力比 LDPE 略强一些。其中 PET 在可见光范围内是透明的，在小于 310nm 波长范围内可完全阻挡紫外线的透过，作为饮料包装时可以很好地保护内部功能性因子。

从包装的角度讲，食品包装应该尽量减轻或避免光化作用对食品的影响，从而达到保护食品的目的。采取的主要方法有：

（1）间接防护法 防止某些有利于光化作用的成分（如 O_2、H_2O）透过包装材料，避免其与食品营养成分发生光催化的化学反应，从而防止光化作用。如图 4-8 所示的 PLA、PS 和 PET 薄膜，感官上是透明包装材料，但对紫外线部分具有不同程度的阻隔作用。

（2）直接防护法 选用适当的包装材料直接遮挡光线（吸收或反射），使光不至于直接照射食品的方法。直接防护必须选用适当的包装材料，因为不同厚度、不同成分的包装材料对光的透过性不同，致使避光效果也不同。

不透明的包装材料（如金属、陶瓷、木质材料等）固然可以很好地遮蔽光线，但在具体

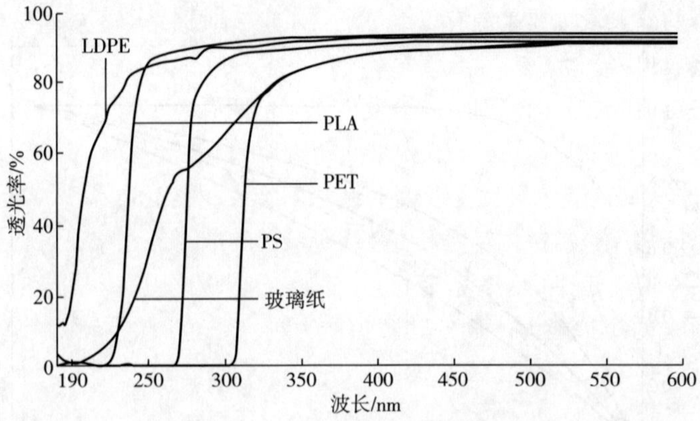

图 4-8 PS、PLA、LDPE、PET 和玻璃纸薄膜的透光性比较

的包装操作中，还可根据食品的吸光特性和包装材料的吸光特性，选择一种对食品敏感的光波具有良好遮光效果的透明或半透明材料（如有色玻璃，半透明塑料，加入不同的着色剂，在表面涂敷不同颜色涂料的塑料，或在表面黏贴包装纸等），作为该食品的包装材料，可有效地避免光对食品品质的影响。

二、气体对包装食品品质的影响

食品包装内的气体对食品品质有很大的影响，其中主要的影响气体有氧气、一氧化碳、二氧化碳和氮气等。

（一）氧气对食品品质的影响

氧气（O_2）是人类生存的必备条件，同时对食品品质也有着相当大的影响。大气中的 O_2 可使食品中的油脂发生氧化，这种氧化即使在低温条件下也能进行。氧气对食品品质的影响主要体现在：

①油脂氧化产生的过氧化物不但会使食品失去食用价值，而且会产生异臭或有毒物质；

②O_2 能使食品中的维生素和多种氨基酸失去营养价值；

③O_2 还能使食品的氧化褐变反应加剧，使色素氧化退色或变成褐色。

④O_2 可促进大部分细菌的繁殖生长，造成食品的腐败变质。

O_2 的性质非常活泼，会引起食品的氧化变质和加速好氧腐败细菌的生长，因此一般情况下加工食品包装容器内都不允许存在过多氧气。但是生鲜的肉类和鱼贝类，如果处于无氧状态下，则维持组织新鲜的氧合肌红蛋白就会还原变成暗褐色，而使产品失去生鲜状态乃至商品价值。因此，维持新鲜肉类稳定的生鲜状态必须采用有氧包装。

但是，O_2 对于新鲜果蔬的作用则属于另一种情况，由于生鲜果蔬在贮运流通过程中仍在呼吸，需要吸收一定 O_2 而放出能量、二氧化碳和水，同时消耗一部分营养，保持其正常的代谢作用。在鲜切蔬菜气调包装中，高浓度的 O_2 能抑制许多厌氧菌的繁殖，抑制蔬菜内源酶引起的褐变，从而获得比普通包装更长的保质期。

食品受 O_2 作用发生酸败、褐变等变质的程度，与食品所接触环境中的氧分压和接触程度有关。亚油酸的相对氧化速率随氧分压变化的规律和食品与氧接触面积的关系，如图4-9所示。

从图中可以看出，环境氧分压越高，O_2 与食品的接触面积越大，油脂氧化速率越快。

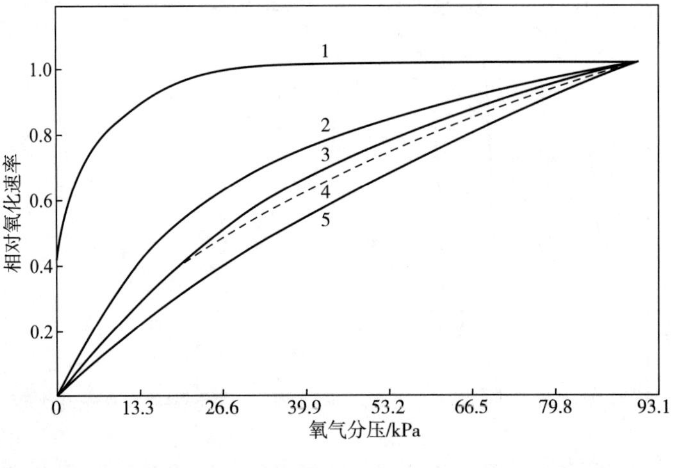

图 4-9 亚油酸相对氧化速率与氧分压和接触面积的关系

1—温度为 45℃，摇动样品 2—温度为 37℃，表面积为 12.6cm² 3—温度为 57℃，表面积为 12.6cm²

4—温度为 37℃，表面积为 3.2cm² 5—温度为 37℃，表面积为 0.515cm²

（二） 二氧化碳对食品品质的影响

CO_2 是一种气体抑菌剂，低浓度的 CO_2 能促进微生物的繁殖，高浓度的 CO_2（>30%）能阻止引起食品腐败的大多数需氧微生物的生长繁殖。它能延长微生物生长繁殖的停滞期，延缓其对数生长期。CO_2 溶于水中会产生弱酸性的碳酸，因 pH 的降低而对微生物产生抑制作用。同时，CO_2 对油脂及碳水化合物等有较强的吸附作用而保护食品减少氧化，有利于食品贮藏。一般认为真空包装是防止食品腐变的有效方法，但往往难以达到预期效果，究其原因，是包装内残存的微量氧也会使微生物生存，当温度较高时则会繁殖，如果采用 CO_2 充气包装，其保藏效果会得到明显改善。

图 4-10 所示为翡翠贻贝在 4℃ 的冷藏条件下，不同的 CO_2 气调比例对总挥发性盐基氮（TVB-N）的影响。从图中可以看出，5 种不同比例的气调包装的保鲜效果，以空气包装的效果最差，保质期为 5d，高浓度 CO_2（50%）组的包装效果最好，保质期可以达到 8d。同时测

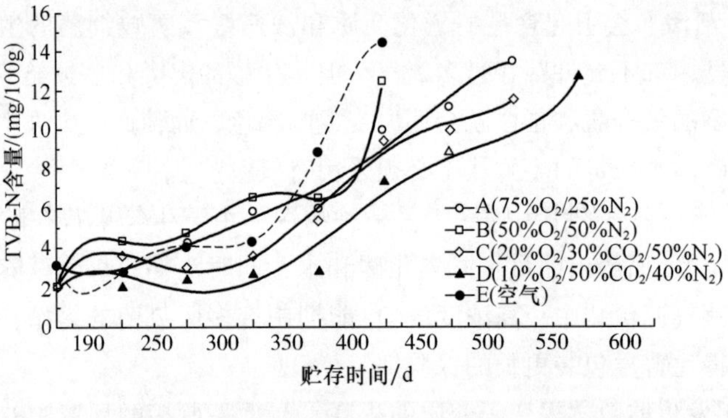

图 4-10 气调比例对翡翠贻贝 TVB-N 值的影响

定结果还可以看出，气调包装对抑制蛋白质的分解和某些腐败菌的繁殖有明显效果。贮藏过程中的 TVB-N 的增加主要是由于细菌的作用和氨基酸等含碳化合物的分解产生氨和各种胺类化合物引起的。由于 CO_2 能抑制需氧菌丝网生长，还能降低细菌的非蛋白物质氧化脱氨能力，因此，在贮藏过程中，较高 CO_2 浓度包装的 TVB-N 含量明显低于其他包装。

（三） 一氧化碳对食品品质的影响

在鲜肉的保鲜包装中，一氧化碳（CO）能与鲜肉的肌红蛋白形成鲜红色的碳氧肌红蛋白而保持肉的色泽。据报道，1%的 CO 即可有效地抑制许多细菌、酵母和霉菌，尤其是嗜冷性细菌。但是，由于 CO 有较高的毒性，我国原食品药品监督管理总局等食品相关部门已禁止将 CO 用于食品的气调包装，但美国允许采用低浓度的 CO 来控制叶菜的褐变及变色。

（四） 氮气对食品品质的影响

氮气（N_2）是一种惰性气体，与食品不发生化学反应，可用作充填气体防止 CO_2 逸出后包装的塌落。N_2 在气调包装中，可降低食品中脂肪、芳香物和色泽的氧化速度。N_2 不直接与食品中的微生物作用，它在充气包装中的作用有两个：一是抑制食品本身和微生物的呼吸；二是作为一种充填气体，保证产品在降低包装内的 O_2 后仍有完好外形。由于 N_2 在包材中的透过速率慢，同一种薄膜对不同种类气体的透过速率不同，比例一般为 $N_2:O_2:CO_2=1:3:(15\sim30)$，可见 N_2 是食品充气包装的一种理想气体。N_2 的稳定性好，常单独应用于低水分活度的干燥食品充气包装，如茶叶、脆片、炒货、固体饮料、乳粉等，主要目的是防止食物的氧化变质，保持其色、香、味等品质。

三、 水分或湿度对包装食品品质的影响

（一） 食物中的水分

水不仅是人体生理活动所需要，而且与食品的质量有密切的关系，它也是构成食品食用品质的重要指标。对于活鲜食品而言，特别是蔬菜和水果，含水量大，细胞饱满且膨压大，使产品具有脆硬的“齿感”，而且大量的汁液由于溶解了许多呈味的可溶性物质，使产品的风味品质也格外鲜美。不仅活鲜食品如此，其他食品也是这样。食品含水量的高低影响着一系列的物理性质，如相对密度、比热、热容、热传递系数、导温系数、黏度和软硬度等，从而影响食用时的口感、冷热感和咀嚼感等，食品的水分含量还会影响食品的形状、色泽、光泽和香气，引起食用前的心理作用和条件反射。食品中的呈味物质，只有溶解在水中或唾液里，才能产生味感，因此食品含有一定的水分有利于味觉器官对滋味的感受。总之，食品的含水量适宜，食用时就令人觉得滋味可口，舒适柔嫩。另一方面，食品中的水分有利于化学反应的进行。如果减少食品中水分的含量，其内部的化学反应速度将会减慢。例如，有些食品中含有糖和蛋白质，如果没有水分，这些成分之间几乎不会发生化学反应，或者反应速度很慢。然而，水能促使微生物的繁殖，助长油脂的氧化分解，促使褐变反应和色素氧化，从而导致食品的变质和腐败。

食品暴露于大气环境中时，只要其平衡相对湿度与环境的相对湿度存在差异，就会因吸收或散失水分而导致食品含水量的增减，从而使品质发生改变。

（二） 水分对食品品质的影响

一般食品都含有不同程度的水分，这些水分是食品维持其固有性质所必需的，但同时水分对食品品质也有着很大影响：

①水能促使微生物的繁殖，使酶的活力增强，加速油脂的氧化分解，促使褐变反应和色素氧化；

②水的存在会使食品发生某些物理（质构）变化，如有些食品受潮继而产生结晶，使食品干结硬化或结块，从而失去脆性和香味等。

食品中所含的水根据其理化性质可分为结晶水和自由水。结晶水具有不易结冰（冰点约-40℃）和不能作为溶剂的特点，并可使植物种子和微生物孢子在很低的温度下保持其生命力。但食物组织结构所含水分大部分都是自由水，这部分水在某种程度上决定了微生物对某种食品的侵袭而引起食品变质的程度，用水分活度（A_w）表示。水分活度是指食品在密闭容器内测得的水蒸气压力（P）与同温度下测得的纯水蒸气压力（P_o）之比。其物理意义在于表征生物组织和食品中能参与各种生理作用的水分含量与总含水量的定量关系。根据食品中所含水分的比例，一般可将食品分为三大类：$A_w>0.85$ 的食品称为湿食品，$0.6\leqslant A_w\leqslant 0.85$ 的食品称为中等含水食品，$A_w<0.6$ 的食品称为干食品。食品具有的 A_w 值越低，食品越稳定，越不易出现变质现象。但同时吸水性越强，食品对环境湿度的增大越敏感，因此控制环境湿度是保证食品品质的关键。

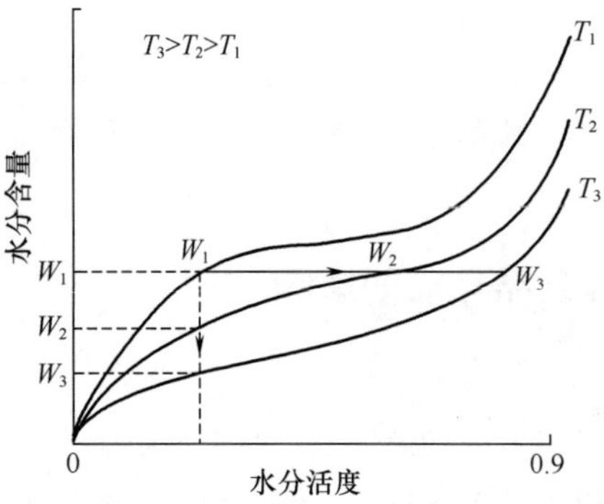

图 4-11　物料在不同温度下的等温吸湿曲线

当食品处于一个温度和相对湿度稳定的环境中时，其水分含量最终会与环境达到平衡，其平衡状态所对应的水分含量是指平衡水分含量。在一定的温度下，水分含量对湿度或水分活度变化的曲线，称为等温吸湿曲线，如图 4-11 所示。这类曲线有助于评价食品的稳定性和选择有效的包装。从图中可以看出，食品的水分活度随温度的变化而变化，在水分含量一定的条件下，A_w 随着温度的升高而增大。

另外，食品的水分活度对于控制各种化学反应和酶的反应速度也是十分重要的，如图4-12所示，A_w 的细微变化可导致反应速度的巨大变化。

（三） 包装内部水分或湿度的控制

保持包装内部食品的含水量时需要高阻隔性材料密封包装食品，其作用是通过高阻湿性的包装材料减缓或阻隔外界湿气渗入包装内的速度或同时用干燥剂吸收渗透入包装内的水分，保持商品的含水量并获得一定的保存期。

阻湿性最好的材料是具有一定厚度的各种金属、玻璃、陶瓷等包装材料，这些材料的透湿度可视为零。现代阻湿性包装中使用了许多的塑料薄膜，如高密度聚乙烯（HDPE）、低密度聚乙烯（LDPE）、聚丙烯（PP）、双向拉伸聚丙烯（BOPP）、聚氯乙烯（PVC）、聚氨酯（PU）、聚酯（PET）、聚偏二氯乙烯（PVDC）、聚酰胺（PA）等。目前大量使用的塑料包装材料中适宜用于食品包装的单一材料品种有：PP、PE、防潮玻璃纸等，这些薄膜材料的阻湿性较好，热封性能也好，可单独用于包装要求不高的阻湿性包装。此外，包装材料的透湿度与其厚度成反比，增加包装材料的厚度，则可提高防潮性能。为了提高防潮包装材料的阻湿性能，降低其透湿度，一般采用不同材料进行复合。在食品包装上大量使用的是复合薄膜材料，

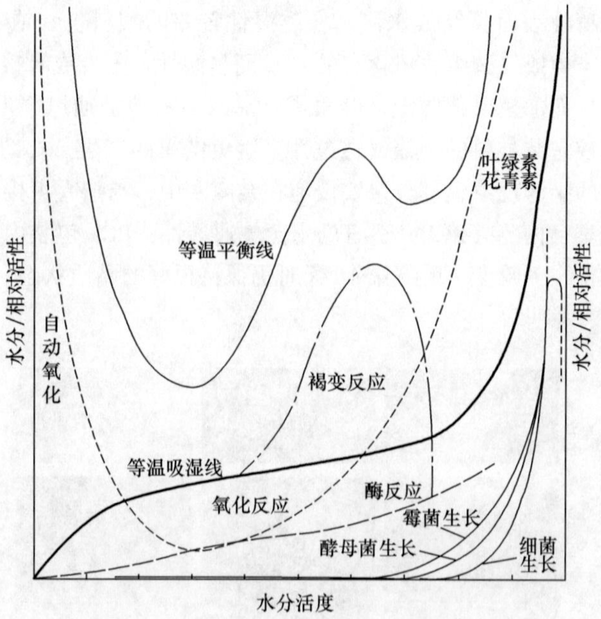

图 4-12　水分活度对各类反应速率的影响

复合薄膜比单一材料具有更优越的防潮及综合包装性能，能满足各种食品的防潮和高阻隔要求。表 4-2 所示为几种常用复合薄膜的透湿度。

表 4-2　　几种常用高阻湿性复合薄膜的透湿度
（40℃，90%相对湿度）

复合薄膜组成	透湿度/［g/（m^2·24h）］
玻璃纸（30g/m^2）/聚乙烯（20~60μm）	12~35.3
防湿玻璃纸/聚乙烯	10.5~18.6
拉伸聚丙烯（18~20μm）/聚乙烯（10~70μm）	4.3~9.0
聚酯（12μm）/聚乙烯（50μm）	5.0~9.0
聚碳酸酯（20μm）/聚乙烯（27μm）	16.5
玻璃纸（30g/m^2）/纸（70g/m^2）/聚偏二氯乙烯（20g/m^2）	2.0
玻璃纸（30g/m^2）/铝箔（7μm）/聚乙烯（20μm）	<1.0

水分含量较高的肉制品、乳制品、饮料等食品需要材料的阻湿性较高，避免制品的水分散失或从环境中吸湿，致使质量发生变化。

粮谷类食品加工形式多样，应该针对不同的产品特点，采用不同的包装。干面条包装的目的首先是防潮、防霉，其次是防灰尘污染；饼干包装主要是防潮、防霉、防碎裂；面包的包装要求是保持面包的水分，并防止老化，防止细菌、霉菌等微生物的浸染以及防尘。水分含量较低的食品包装的要求首先是防潮，其次是阻气、耐压、耐油和耐撕裂。

含水量较高的叶菜类食品，一般采用低温保鲜时，当环境温度降到露点以下，大量水分会从空气中析出，在果蔬外表面凝结成水滴。在透湿性较差的塑料包装或容器内，结露会更严重。结露的水因呼吸产生或气调组分里含有的 CO_2 而呈酸性，附着或者接触到果蔬表面就会促进细菌的传播浸染，从而加速果蔬腐败。叶菜类食品采后一般会通风降温，减少温差或打孔、加入添加剂等方法调控包装材料的水蒸气透过性来避免结露的产生。如图4-13所示，在 PE 袋包装内可以看到明显的结露现象，部分果实浸泡在结露水中，与结露水接触部位出现腐败。云雪艳等人发现，由于聚己内酯（PCL）适宜的水蒸气通透性，PCL 包装内草莓失水较少，外观有光泽，切面颜色鲜艳，无霉变，贮藏第 10 天时仍保持很好的品质状态。

图 4-13　第 10 天时的各包装组内草莓及切面图

四、 温度对包装食品品质的影响

温度是决定腐败反应速度的关键因素，在某些条件下，包装材料能够影响食品的温度，尤其是具有绝热性质的包装材料，这类典型的包装材料主要用于冷藏及冷冻食品。贮藏于冷柜中的包装大多靠传导和对流来制冷，同时，照明用的荧光灯通过辐射产生热输入，在此条件下，铝箔因具有较高的反射率和传导率而具有很大优势，然而，这类包装材料极少用于冷藏冷冻食品。

温度对包装食品品质的影响主要有生物性和非生物性两方面，在适当的湿度和氧气等条件下，温度对食品中微生物繁殖和食品腐败反应速度的影响都是相当明显的。一般来说，在一定温度范围内，食品在恒定水分含量条件下，温度每升高 10℃，其腐变反应速度加快 4~6 倍。为了有效减缓温度对食品品质的不良影响，现代食品工业中采用的食品冷藏技术和食品流通中的低温防护技术，可有效延长食品保质期。

温度对食品的影响还表现在某些食品由于温度的升高而发生软化或低温冻结，结果都将使食品失去应有的物态和外形，或破坏食品的内部组织结构，严重破坏其品质。例如，含巧克力的糖果食品在贮运时应避免温度的波动，否则会使巧克力产生霜斑等品质变化。

光、氧气、水分、温度等环境因素对食品品质的影响是相辅相成、共同存在的，采用科学有效的包装技术和方法避免或减缓这种有害影响，保证食品在流通过程中的质量稳定，可有效延长食品保质期，这是食品包装科学所要研究解决的主要课题。

第二节　生物败坏对包装食品品质的影响及其控制

微生物、寄生虫及虫卵、昆虫、藻类毒素等都可造成食品的生物污染。微生物污染主要有细菌与细菌毒素、霉菌与霉菌毒素、病毒等。当摄入含有被生物污染的食品便会引起食物中毒、病毒感染、食源性肠道传染病、食源性寄生虫病、人畜共患病等。食品的生物性污染往往导致食源性疾病的大规模爆发，对人类危害巨大。消费者普遍认为农药残留、滥用兽药是最大的食品安全隐患，但实际上微生物引起的食源性疾病才是影响食品安全的主要因素，而且发病率还呈上升趋势。

一、食品的生物败坏

食品的生物败坏是指食品因受到外来生物的浸染而发生的变质。人类的食品是富有营养价值的物质，是人类赖以生存的营养摄取物，自然也成为了其他很多生物维持生命的营养来源。未经包装的食品，犹如不曾设防的城市，很快会被来自四面八方的敌人攻取，而对人类而言，其价值也随之失去。食品的生物败坏可分为以下两类：

（1）来自大生物的败坏　引起食品品质败坏的大生物主要包括昆虫、啮齿类动物。它们不但造成食品的损失，破坏感官，还传播疾病和微生物，造成大批食品的报废。对于这类质变，食品包装必须做到密封和材料坚韧，同时应保证包装的外部清洁。

（2）来自微生物的败坏　微生物对食品的影响可有正反两方面的情况。微生物中有一部分对食品起着有益的作用，在食品加工中如对其应用得当可改善食品感官品质甚至提高食品营养价值，是人类在进行某些食品的加工时必不可少的重要助手，例如酵母对干酪、酸牛乳、饮料和醋的发酵作用，使食品饮料产生醇香的风味，但另一部分微生物则对食品起破坏作用。

（一）微生物引起食品败坏

1. 食物中毒

部分微生物属病原侵入食品并被人类摄入后会在人的体内继续繁殖，分泌毒素从而造成食物中毒。微生物引起的食物中毒有细菌性食物中毒和真菌性食物中毒两种。细菌性食物中毒指因摄入细菌性有毒食品引起的急性或亚急性疾病。它是食物中毒中最常见的一类，通常有明显的季节性，多发生于气候炎热的季节，一般以 5~10 月份最多，发病率较高，但病死率一般较低。如金黄色葡萄球菌产生肠毒素，进入人体消化道后被吸收进血液，刺激中枢神经而产生急性肠胃炎；沙门菌被大量摄入后，侵袭肠黏膜而导致肠胃炎型、类伤寒型、类霍乱型、类感冒型、败血症型中毒；主要来源于土壤、尘埃、粪便的肉毒梭菌引起头晕、无力，继而眼肌麻痹，直至最后呼吸肌麻痹等症状。

真菌性食物中毒是指食入被真菌及其毒素污染的食品而引起的食物中毒。它有一定的地区性，如霉变甘蔗中毒发生在北方。季节性因真菌繁殖、产毒的最适温度不同而异。其发病率较高，病死率因真菌的种类不同而异。例如常见于麦类或麦制品中的麦角菌引起恶心、呕吐、腹痛、腹泻、头晕、乏力、呼吸困难、血压上升、心力衰竭、昏迷；黄曲霉毒素是常见的污染于粮食及粮食制品的黄曲霉和寄生曲霉的代谢产物，属于剧毒毒物，其毒性比氰化钾高 10 倍，为砒霜的68倍，持续食入后会导致生长出现障碍，肝脏出现亚急性或慢性损伤，促使肝功能发生变化，食物利用率下降，发育缓慢，不孕等症状。

2. 食品腐败

部分微生物附于食品后，将通过自身分泌的酶分解食品中的营养物质，导致食品腐败变质，丧失其营养价值。能引起食品发生腐败变质的微生物种类很多，主要有细菌、酵母和霉菌。一般情况下细菌常比酵母菌占优势。在这些微生物中，有病原菌和非病原菌，有芽孢和非芽孢菌，有嗜热性、嗜温性和嗜冷性菌，有好氧或厌氧菌。不同的微生物分泌出相应的酶，造成食品中蛋白质、脂肪、碳水化合物等的分解，导致食品的腐败。

蛋白质在微生物分泌的蛋白酶和肽链内切酶等的作用下，首先水解成多肽，进而裂解形成氨基酸。氨基酸通过脱羧基、脱氨基、脱硫等作用，进一步分解成相应的氨、胺类、有机酸类和各种碳氢化合物，食品表现出腐败特征。

$$\text{食物中蛋白质}\xrightarrow{\text{微生物蛋白质酶}}\text{多肽}\xrightarrow{\text{肽链内切酶}}\text{氨基酸}\xrightarrow[\text{脱硫等作用}]{\text{脱羧基}}\text{氨+胺+硫化氢等}$$

一些微生物可分泌出解酯酶，使食品中的中性脂肪分解成脂肪酸、甘油及其不完全分解产物（如甘油一酯、甘油二酯）。

$$\text{作物中脂肪}\xrightarrow{\text{微生物的解酯酶等}}\text{脂肪酸+甘油+其他产物}$$

在微生物产生的各种酶及其他因素作用下，食品中的碳水化合物将被分解成单糖、醇、醛、酮、羧酸、二氧化碳和水等低级产物。由微生物引起糖类物质发生的变质，习惯上称为发酵或酵解。

$$\text{碳水化合物}\xrightarrow{\text{酶}}\text{有机酸+酒精+气体等}$$

碳水化合物含量高的食品变质的主要特征为酸度升高和稍带有甜味、醇类气味等。食品种类不同也表现为糖、醇、醛、酮含量升高或产气（CO_2）带有这些产物特有的气味。

水果中果胶可被一种曲霉和多酶梭菌（*Clostridium. multifermentans*）所产生的果胶酶分解，导致新鲜果蔬软化。

（二） 污染食品的常见微生物

食品中细菌来自内源和外源的污染，而食品中存活的细菌只是自然界细菌中的一部分。这部分在食品中常见的细菌，在食品卫生学上被称为食品细菌。食品细菌包括致病菌和非致病菌，相对非致病菌，有些致病菌还是引起食物中毒的原因。

与食品有关的微生物种类很多，这里仅举出常见的、具有代表性的食品微生物菌属。

（1）细菌　细菌在食品中的繁殖可以引起食品的腐败、变色、变质而不能食用，其中有些细菌还能引起食物中毒。在细菌性食物中毒中，最多的是肠类弧菌所引起的中毒，约占食物中毒的50%；其次是葡萄球菌和沙门菌引起的中毒，约占40%。其他常见的能引起食物中毒的细菌有：肉毒杆菌、致病大肠杆菌、魏氏梭状芽孢杆菌、蜡样芽孢杆菌、弯曲杆菌属、耶尔森氏菌属。

（2）真菌　表4-3所示为食品中常见的真菌菌属。主要为霉菌和酵母。

表4-3　　引起食品污染的真菌分类

亚门	种属类型		
鞭毛菌亚门	水霉属	霜霉属	绵霉属
接合菌亚门	根霉属	毛霉属	
担子菌亚门	冬孢菌纲	层菌纲	腹菌纲
子囊菌亚门	酵母菌	赤霉菌属	麦角菌属
	青霉属	曲霉属	
半知菌亚门	稻瘟病菌	茄褐纹病菌	幼苗立枯病菌

霉菌在自然界中分布极广，种类繁多，常以寄生或腐生的方式生长在阴暗、潮湿和温暖的环境中。霉菌有发达的菌丝体，其营养来源主要是糖、少量的氮和无机盐，因此极易在粮食和各种淀粉类食品中生长繁殖。

大多数霉菌对人体无害，许多霉菌在酿造或制药工业中被广泛利用，如用于酿酒的曲霉，用于发酵制造腐乳的毛霉及红曲霉，用于制造发酵饲料的黑曲霉等。然而，有些霉菌大量繁殖可引起食品变质，少数菌球在适当条件下还可产生毒素。到目前为止，经人工培养查明的霉菌毒素已达100多种，其中主要的产毒霉菌及毒素种类如表4-4所示。

表4-4　　主要产毒霉菌及毒素种类

主要产毒霉菌	毒素种类	致癌霉菌毒素
黄曲霉、寄生曲霉	肝脏毒素	黄曲霉毒素，毒性最强
岛青霉、杂色曲霉	肝脏毒素	杂色曲霉毒素
黄绿青霉	神经毒素	毒性强
橘青霉	肾脏毒素	展青霉素

二、微生物对包装食品的影响及其控制

（一）环境因素对食品微生物的影响

影响微生物生长繁殖的环境因素主要有水分、温度、氧气和pH。

（1）水分　水分是微生物生存繁殖的必要条件，水分的增加会使微生物活性增高。食品中微生物与水分的关系可以用水分活度 A_w 说明。大部分细菌在水分活度 $A_w=0.9$ 以上的环境中生长，大部分霉菌在 $A_w=0.8$ 以上的环境中繁殖。

不同种类的微生物其繁殖所需要的水分活度最低限不一样，有的微生物只能在 A_w 较高的食品中才能繁殖，而有的却在水分活度极低的干燥食品中也能生存繁殖。大部分革兰阴性细菌在较高的 A_w 环境中繁殖受阻，而部分霉菌和酵母等却在 A_w 较低的环境中也能繁殖。但食品的水分活度低于某一限度（$A_w=0.5$ 以下）时，其中的微生物不能繁殖。

食品微生物在水分活度较低的干燥环境中不能繁殖，但值得注意的是干燥食品从环境中吸

收水分的能力较强，一旦吸湿，A_w 又将提高而适宜微生物繁殖。要想降低食品的水分活度，须使食品干燥或在食品中添加盐、糖等易溶于水的小分子物质。

（2）温度　微生物生存的温度范围较广。根据适宜繁殖的温度范围，微生物可分为嗜冷性细菌（0℃以下）、嗜温性细菌（0~55℃）和嗜热性细菌（55℃以上）。

食品在贮存、运输和销售过程中所处的环境温度一般在55℃以下，这一温度范围正处在嗜温性和嗜冷性细菌繁殖生长威胁之中，而且侵入食品的细菌随温度的升高而繁殖速度加快，一般在20~30℃时细菌数增殖最快。

（3）氧气　氧的存在有利于需氧细菌的繁殖，且繁殖速度与氧分压有关。细菌繁殖速度随氧分压的增大而急速增高。即使仅有0.1%的氧化，也就是空气中氧分压的1/200的残留量，细菌的繁殖仍不会停止，只不过缓慢而已。这个问题在食品进行真空或充气包装时应特别注意。

（4）pH　适合微生物生长的pH范围为1~11。一般食品微生物得以繁殖的pH范围：细菌3.5~9.5，霉菌和酵母2~11；对食品微生物最适宜的pH：细菌为pH7附近，霉菌和酵母pH6左右。大多数食品均呈酸性，酸性条件下微生物繁殖的pH下限：细菌4.0~5.0，乳酸菌3.3~4.0，霉菌和酵母1.6~3.2。适当控制食品的pH也能适当地控制微生物的生长和繁殖。

（二）包装食品的微生物变化

1. 包装引起的内部环境变化对微生物的影响

食品经过包装后能防止来自外部微生物的污染，同时包装内部环境也会发生变化，其中的微生物也会因此而变化。以肉为例，生鲜肉经包装后其内部环境的 O_2 和 CO_2 的构成比例不断发生变化，这是因为食品中微生物及肉组织细胞的呼吸而使 O_2 减少、CO_2 增加，包装内环境的气相变化反过来又会影响食品中的微生物相，即需氧性细菌比例下降，厌氧性细菌比例上升，霉菌的繁殖受抑制而酵母菌等却在增殖。在包装缺氧状态下，食品腐败产物为大量的有机酸，如果在氧气充足的条件下，食品腐败时多产生氨和 CO_2。如图4-14所示，在4℃贮藏期间，包装中的 O_2 和 CO_2 浓度长期稳定在8%~13%和6%~11%。相比于聚乳酸（PLLA）包装，PLLA/SiO_x 包装中肉的TVC明显降低，TVB-N和TBARS的增加更缓慢，肉的色泽更加鲜红自然，冷鲜肉的保质期被延长到50d以上。

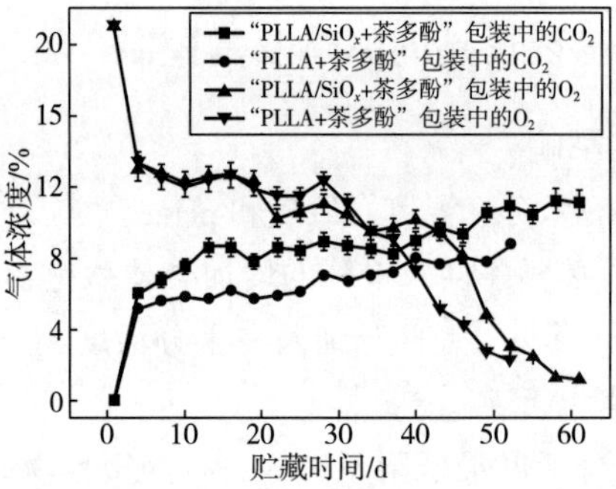

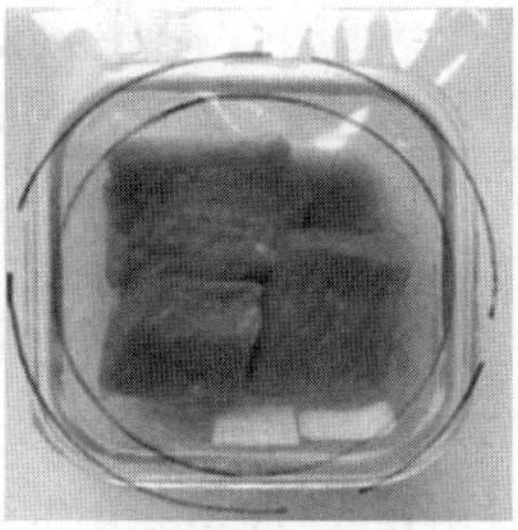

图4-14　冷鲜肉包装内部气氛变化图

2. 包装食品可能引起微生物二次污染

微生物对包装食品的污染，可分为被包装食品本身的污染和包装材料污染两方面。在食品生产加工过程中的各个工艺环节，如果消毒不严或杀菌不彻底，在产品流通过程中的各个处理阶段，特别是在分装操作中，如果微生物控制条件欠佳，均有二次污染的可能。包装材料也较易发生真菌污染，特别是纸制包装品和塑料包装材料，在包装容器制品的制造和贮运期间，会受到环境空气中微生物的直接污染和器具的污染。就外包装而言，由于被内装物污染，包装操作时的人工接触，黏附有机物，或吸湿或吸附空气中的灰尘等都能导致真菌污染。因此，如果包装原材料存放时间较长且环境质量又差，在包装操作前若不注意包装材料或容器的灭菌处理，包装材料的二次污染则成为包装食品的二次污染。

（三） 包装食品的微生物控制

1. 包装食品的加热杀菌

绝大多数微生物在 20~40℃的温度范围内生长迅速，若使食品的温度偏离这个温度范围，就能杀灭细菌或制造一个不利于微生物生长的环境。

高温可以达到杀菌效果，因而大部分的包装食品都要进行加热杀菌。加热杀菌方法可分为湿热杀菌法和干热杀菌法。所谓湿热杀菌是利用热水和蒸汽直接加热包装食品以达到杀菌目的，这是一种最常用的杀菌方法。所谓干热杀菌就是利用热风、红外线、微波等加热食品以达到杀菌目的。例如，把经过杀菌的食品用热收缩包装薄膜包装后，再用 150~160℃的热风加热 5~10min，一方面使包装膜收缩，另一方面可有效地杀死附着在包装材料表面的微生物。

（1）微生物的耐热性　食品中最耐热的病原菌是肉毒杆菌，但有些非病原性、能形成孢子的败坏菌，如厌氧腐败菌和嗜热脂肪芽孢杆菌等比肉毒杆菌更耐热。因此，通常的加热杀菌是以杀死各种病原菌和真菌孢子为目的，也可通过变性作用使酶失去活性。表 4-5 所示为湿热下微生物的耐热性。食品成分可以不同程度地增强微生物抗热性。高浓度糖液对细菌孢子有保护作用，因此糖水水果罐头的杀菌温度或时间一般比不加糖的同类产品高或长；食品中的淀粉和蛋白质也有保护微生物的作用；油脂对微生物及其孢子的保护作用较大，除了直接保护外，还能阻止湿热渗透；水分是一种有效的传热体，它能渗入微生物细胞或孢子中，因而一定温度条件下湿热比干热更具有致死性，如果微生物被截留在脂肪球内，那么水分就不易渗入细胞，湿热致死效果就与干热相近。因此，同一食品物料中，液相内的微生物可以迅速地被致死，而油相内菌群却不易杀死，这就使得油脂类食品的杀菌温度更高、时间更长而造成风味损失。

表 4-5　　微生物在湿热下的耐热性

微生物	加热温度/℃	死亡所需时间/min
肉毒杆菌孢子 A 型、B 型	100	360
	110	36
	120	4
肉毒杆菌孢子 E 型	80	20~40
	90	5
枯草芽孢杆菌孢子	100	175~185
	120	7.5
沙门菌	60	4.3~30
大肠杆菌	57	20~30

续表

微生物	加热温度/℃	死亡所需时间/min
四联球菌	61~65	<30
葡萄球菌	60	18.8
乳酸菌	71	30
肠炎弧菌	60	30
霉菌丝	60	5~10
霉菌孢子	65~70	5~10
酵母菌营养细胞	55~65	2~3
酵母菌子囊孢子	60	10~15

（2）pH 对加热杀菌的影响　当食品含酸量高时，如番茄汁或橙汁，就不需高度加热，因为酸可提高热的杀菌力。如果有足够的酸度，用 93℃、15min 加热杀菌便可达到要求。表 4-6 所示是不同 pH 下破坏厌氧性产毒性肉毒杆菌孢子所需的杀菌温度和时间。由表可知，pH 越低，杀菌所需的加热温度也越低，时间也越短。

表 4-6　不同 pH 下破坏食品中肉毒杆菌孢子的杀菌温度和时间

食品种类	食品的 pH	杀菌时间/min				
		90℃	95℃	100℃	105℃	108℃
去皮玉米粒	6.95	600	495	345	34	10
玉米	6.45	555	465	255	30	10
菠菜	5.10	510	345	255	20	10
青刀豆	5.10	510	345	255	20	10
南瓜	4.21	195	120	45	15	10
梨	3.75	135	75	30	10	10
李干	3.60	60	20	—	—	—

（3）加热杀菌温度和时间组合　加热杀菌温度和时间密切相关，即温度越高，破坏微生物所需时间越短。虽然温度和时间是破坏微生物所需要的，但在破坏微生物作用上，同样有效的不同温度-时间组合对食品的损害作用远远不同。在现代加热杀菌中，这是最重要的实践，也是几种比较先进的包装技术的基础。

在杀菌温度-时间组合中，高温对微生物的致死至关重要，但对损害食品色泽、风味、质地和营养价值等更重要的因素是长时间，而不是高温。如果我们用肉毒杆菌接种牛乳，然后把试样分别按 100℃、330min，116℃、10min，127℃、1min 条件加热，虽然其灭菌作用相同，但对牛乳的热损害却大大不同：加热 330min 的试样具有蒸煮味并呈棕色；加热 10min 的试样几乎有同样的质量问题；加热 1min 的试样虽稍过热，但其品质与未经加热的牛乳差异不大。

在微生物与各种食品之间，敏感性在时间和温度方面的差异是一种普遍现象。表 4-7 所示为高温杀菌牛乳温度对芽孢破坏速度、加热时间及褐变反应的比较。微生物对高温的相对敏感性比食品成分大，温度每上升10℃，大致能使导致食品变质的化学反应速度加快1倍，而当温度高于微生物的最高生长温度时，每上升同样的10℃，会使微生物破坏的速度加快10倍。

表4-7 杀菌牛乳温度对加热杀菌时间、褐变、食品营养成分的影响

加热温度/℃	芽孢破坏相对速度	褐变反应相对速度	杀菌时间（完全杀灭）	相对褐变程度	杀菌孢子致死时间	食品营养成分保存率/%
100	1	1	600min	10000	400min	0.7
110	10	2.5	60min	25000	36min	33
120	100	6.5	6min	6250	4min	73
130	1000	15.6	36s	1560	30s	92
140	10000	39.0	3.6s	390	4.8s	98
150	100000	97.5	0.36s	97	0.6s	99

由于使用较高的温度允许使用较短的灭菌时间，而较短的时间又有利于保证食品质量，因此，只要技术条件可能，对热敏性食品应尽可能采用高温瞬时灭菌处理。例如，对酸性果蔬汁进行巴氏杀菌时，目前一般采用瞬时巴氏杀菌，88℃，1min或100℃，12s或121℃，2s。尽管三种温度-时间组合的灭菌效果相同，但121℃，2s杀菌处理可在果汁风味和维生素的保留上获得最好效果。然而，如此短时间高温杀菌使杀菌设备更加复杂和昂贵。

2. 包装食品的低温贮存

各种生鲜食品和经过处理调制的加工品一般都含有较高水分，这些食品在常温下短时间内放置，就会因微生物大量繁殖而腐败变质，采用冷藏或冻藏，其腐变反应速度会明显降低。

（1）包装食品的冷藏 冷藏能降低嗜温性细菌的增殖速度，嗜热性细菌一般也不会繁殖。目前常用三种方法。

①低温与真空并用：食品低温贮藏时所产生的代表性腐败菌一般是需氧性假单胞杆菌，而大部分厌氧性细菌的繁殖温度下限为2~3℃，若在无氧的低温环境（0±2）℃下保藏食品，可大幅度地延长食品保质期，这种方法称冰温贮藏。

②低温和CO_2并用：CO_2能抑制需氧细菌的繁殖，如果降低包装内的含氧量，再充入CO_2进行低温贮藏，能产生更显著的贮藏效果。

③低温与放射杀菌并用：如果采用能杀灭食品中所有微生物的照射剂量进行放射杀菌，食品会产生严重褐变和异臭，根本不能食用，对于鱼类和畜肉类食品，如果用不影响食品质量的低剂量（10~40Gy）照射杀灭其中的假单胞菌属等特殊的腐败菌，然后进行低温贮藏，其贮存期可延长2~6倍，这种方法称辐射杀菌法。

（2）包装食品的冻藏 普通食品在-5℃左右，其水分的80%会冻结，降温至-10℃时低温性微生物还能增殖，温度再下降，微生物就基本上停止繁殖，但化学反应仍未停止。一般认为，食品在-18℃以下保质期可达1年以上。

冷冻调理食品多采用塑料及其复合材料包装，并在冻结状态下流通和销售，这类材料必须具备优良的低温性能，常用的有 PA/PE，PET/PE，BOPP/PE，Al 箔/PE。托盘包装采用 PP，抗冲击性聚苯乙烯（high impact polystyrene，HIPS），单向拉伸 PS 薄膜（OPS）等。表 4-8 所示为冷冻调理食品的包装形式和包装材料。现代食品包装常采用真空、充气和脱氧包装技术与低温贮藏相结合的方法来有效地控制微生物对食品腐败的影响。

表 4-8 冷冻调理食品的包装形式和包装材料

食品		包装形式	包装材料
蔬菜		袋含气包装	PE、OPP/PE、PET/PE
鱼	一般鱼	衬垫、含气包装	盘子：泡沫 PS、HIPS 外部包装：PET/PE、OPP/PE
	金枪鱼	袋、真空包装	ONy/PE、尼龙、聚合树脂
贝类	虾干贝	带覆皮、紧贴包装	盘子：EVA 覆层的泡沫 PS 密封材料：聚合树脂/EVA
水产加工品		袋、真空包装	ONy/PE
烹调食品	烹调食品、乳制品	纸盒、含气包装	盘子：铝箔容器； 外包装：PE、ONy、PE； 外箱：厚纸盒
	米饭	纸盒、真空包装	外包装：PET/PE、ONy/PE 外箱：厚纸盒
	馅饼	纸盒、收缩包装	外包装：收缩 PVC、收缩 PP 外箱：厚纸盒
果品		袋、含气包装	PE、OPP/PE、ONy/PE
冷冻点心		纸盒、含气包装	盘子：铝箔容器 外包装：PP/PE；外箱：厚纸盒
汤		纸盒、脱气包装	筒：PE/PVDC；盘子：PP/PE 外包装：PET/PE；外箱：厚纸盒

3. 包装食品的辐照防腐

辐照作为一种食品保藏方法已有几十年的历史，这种方法是利用放射源散射的放射能作用于食品，使食品中的微生物和酶钝化而达到抑制或杀灭的目的。不同放射源所散射的放射能有几种形式，它们属于辐射的电磁波谱，其波长、频率、穿透力和种种作用各异，视生物系统而定。放射能的形式及其杀菌作用如表 4-9 所示。

表 4-9 不同波长放射能的杀菌作用

分类	波长	杀菌作用
不可见长波：红外线	800nm 和更长	加热温度可能上升
可见波：红、橙、黄、绿、青、蓝、紫	400~800nm	极微或无

续表

分类	波长	杀菌作用
不可见短波：紫外线总范围	200～280nm	杀菌能力最强
	150～200nm	对人有伤害的波长范围
	100nm	形成臭氧，适当浓度时有杀菌作用
X 射线	100～150nm	无
α、β 和 γ 射线	低于 100nm	有杀菌作用
宇宙射线	极短	或许有杀菌作用

表中所列放射性能量中，有几种已有限地用于食品保藏的紫外线，尤其是波长在 200～280nm 范围内者，可用于使食品表面的微生物钝化。由于紫外线透入食品的深度很浅，故仅限于对食品或包装的表面处理或成薄层露置的液体食品杀菌。紫外线另一种广泛的应用是对食品厂设备表面、水和空气的杀菌处理。X 射线的穿透力比紫外线大，但作为食品保藏的手段目前仅处于实验性阶段。

目前，食品辐射处理一般是指用有限种类的辐射能进行处理，统称为电离辐射，常用 γ 射线和 β 粒子线。由于其穿透力能使其在受处理食品中产生显著的放射性时，也不会在食品中产生显著的热量，故被称为食品的“冷杀菌”。

辐射食品总体来说，与加热杀菌食品一样有营养，辐射处理会破坏一定量的各种营养素，但损失程度一般与热杀菌相同；当食品按美国食品与药物管理局批准的辐射源剂量辐射时，并不产生显著的毒性物质或致癌物质。安全临界值是根据所批准剂量的上限确定的；在批准剂量下，杀菌或巴氏杀菌过的食品，从微生物学观点上看是安全的；按美国食品与药物管理局批准的辐射源和剂量来辐射处理，并不会赋予食品有害的放射性含量。临界安全性已列入获准的生产过程中。所有的食品、水和空气均含有低含量放射性，人体同样也含有。这些由太阳辐射所赋予的含量是自然环境中的一部分，有时放射性含量的增加是由于控制不完善或使用不当的人为原子能所导致。用获准的辐射处理，自然低含量的食品放射性不会上升到接近有害的程度。

由于安全与卫生性方面的复杂性，各国对辐射处理总是加以严格控制，法规要求在对任何新的食品资源做辐射加工和广泛分配之前，必须经食品与药物管理机构立案和批准。这同样适用于以前尚未搞清楚的辐射源。

4. 包装食品的微波灭菌

微波用作食品灭菌处理的研究只有 60 多年的历史，其工业化应用则时间更短。微波是辐射能的电磁波，与其他电磁辐射的区别主要在于波长和频率，其波长为 10^{-3}～10^{-1}m 数量级，频率为 300MHz～300GHz。与电离辐射不同的是微波能在食品中主要用于加热。我国对工业微波加热设备常用的固定专用频率有两种：915MHz 和 2450MHz。

（1）微波灭菌机理　微波与生物体的相互作用是一个极其复杂的过程，生物体受微波辐射后会吸收微波能而产生热效应，而且生物体在微波场中其生理活动会发生反应和变化，这种非热的生物效应也会影响微生物的生存。微波辐照细菌致死可认为是微波热效应和非热力生物效应共同作用的结果，两种效应相互依存、互相加强。

细菌的基本单元是细胞，细胞的存活除依靠细胞膜保护外，还与维持细胞正常生理活动功能的细胞膜上电位差（0.03~0.1V）有关，如果维持细胞正常生理活动的膜电位状态被破坏，必然会影响到细胞的生命状态。细菌微生物处在相当高强度的微波场中，影响细胞膜电位改变的可能性是存在的，也就是说，细胞的正常生理活动功能将改变，以致危及细胞的存活。这种对细菌致死的机理与传统加热杀菌致死是完全不同的，这一致死的差异已被国内学者采用细胞结构显微分析得到初步证实。

组成微生物的蛋白质、核酸物质和水介质作为极性分子在高频微波场中极化的理论也是一种常见的微波灭菌机理的解释：极性分子在高频强电场强度的微波场中将被极化，并随着微波场极性的迅速改变而引起蛋白质分子团等急剧旋转及往复振动，一方面相互间形成摩擦转换成热量而自身升温，另一方面将引起蛋白质分子变性。对微生物细胞来说，如果细胞壁受到某种机械性损伤而破裂，细胞内的核酸、蛋白质等将渗漏体外而导致微生物死亡。根据德国 Barbach G. 等的试验，瞬时微波电场强度达 2~20kV/cm 时，可将细菌的细胞膜击碎，物料的温度不会明显升高。

微波辐射可杀菌，也可杀死虫和虫卵，这对于杀灭混杂在食品原料和食品中的虫卵，延长保藏期并减少营养损失是非常有利的，其杀灭机理也可由极性分子极化理论来解释。此外，微波辐射还能使酶失活或者功能紊乱。

（2）微波灭菌的热力温度特性　微波灭菌的特点是食品整体迅速升温，所需灭菌时间短，这为保持灭菌食品的色香味和营养成分创造了条件。传统加热灭菌由于热力由食品表面向里层传递，且其传递速度决定于食品的传热特性，这就决定了食品表层和中心的温度差，以及里层温度状态的滞后性，从而延长了食品整体灭菌所需的总时间，而且单纯的热力作用较难杀灭耐热性较强的芽孢杆菌。另外，食品的初温、原料形状大小、数量、黏度以及包装均对加热灭菌时间有影响，尤以传导热型食品的初温影响最为明显。微波透入食品加热传热的特性使食品升温时间大大短于传统加热升温时间，而且微波灭菌使细菌致死的因素还有非热力的生物效应，这使得微波灭菌时间更短，且温度较低。必须指出，对污染食品的灭菌是对食品整体而言的，微波灭菌时食品表面温度可能会因散热或水分散失而低于其他部位的温度，致使食品表面的细菌残留存活，这一微波灭菌工艺上的问题应加以注意和解决。

第三节　包装食品的品质变化及其控制

一、包装食品的颜色变化及其控制

食品所具有的色泽好坏，已成为食品品质的一个重要方面。事实上，食品色泽的变化往往伴随着食品内部维生素、氨基酸、油脂等营养成分及香味的变化。因此，食品包装必须有效地控制其色泽的变化。

（一）食品的主要褐变及变色

食品褐变包括食品加工或贮存时，食品或原料失去原有色泽而变褐或发暗。食品的变色主要是食品中原有颜色在光、氧、水分、温度、pH、金属离子等因素影响下的褪色和色泽变化。

褐变反应有三类，即食品成分由酶促氧化而引起的酶促性褐变；非酶促性氧化或脱水反应引起的非酶促性褐变；油脂因酶和非酶促性氧化引起酸败而褐变。在导致褐变的食品成分中，以具有还原性的糖类、油脂、酚及抗坏血酸等较为严重，尤其是还原糖引起的褐变，如果与游离的氨基酸共存，则反应非常显著，即所谓的美拉德反应。

典型的非酶褐变有氨基、羰基反应和焦糖反应等。从影响食品质量的角度来分析，氨基、羰基反应又可分为基本上无氧也能进行的加热褐变和在有氧条件下发生的氧化褐变，前者在食品加工过程中赋予食品以令人满意的色香味，后者是由于褐变而呈暗色和产生异臭。

典型的酶促褐变如苹果、香蕉及茄子、山药等果蔬受伤去皮之后，其组织与氧接触时所引起的褐变，其反应是在多酚氧化酶、过氧化酶等作用下酚类物质氧化成醌类，并使其聚合而着色，酶促性褐变需有酚类、氧化酶和氧等基质。

（二） 影响褐变变色的因素

1. 光

光线对包装食品的变色和褪色有明显的促进作用，特别是紫外线的作用更显著。天然色素中叶绿素和类胡萝卜素是一种在光线照射下较易分解的色素。玻璃和塑料包装材料虽能阻挡大部分的紫外线，但所透过的光线也会使食品变色和褪色，缩短食品保质期。为减少光线对食品色泽的影响，选择的包装材料必须能阻挡使色素分解的光波。

2. 氧

氧气是氧化褐变和色素氧化的必需条件。色素如类胡萝卜素、肌红蛋白，还有血红色素、醌类、花色素等都是易氧化的天然色素。在苯酚化合物中，如苹果、梨、香蕉中含有绿原酸、白花色素等单宁成分，还原酮类中的维生素 C、氨基还原酮类，羰基化合物中的油脂、还原糖等，这些物质的氧化会引起食品的褐变、变色或褪色，随之而来的是风味降低、维生素等微量营养成分的破坏。因此，包装食品对氧气的控制是至关重要的保质措施。

3. 水分

褐变是在一定水分条件下发生的，一般认为，参与多酚氧化酶的酶促褐变发生在水分活度 $A_w>0.4$，非酶褐变发生在 $A_w>0.25$，反应速度随 A_w 值上升而加快，在 $0.55 \leqslant A_w \leqslant 0.90$ 的中等水分中反应最快。

4. 温度

温度也会引起食品的变色，温度越高，变色反应越快。干燥食品吸湿就会褐变或褪色，这种反应与环境温度关系密切。由氨基-羰基反应引发的非酶促褐变，温度提高 10℃其褐变程度增高 2~5 倍。高温会使食品失去原有的色泽，如干菜、绿茶、海带等含有叶绿素、类胡萝卜素的食品。

5. pH

褐变反应一般在 pH3 左右最慢，pH 越高，褐变反应越快。从中等水分到高水分的食品中，pH 对色素的稳定性影响很大，叶绿素和氨苯随 pH 下降，分子中 Mg^{2+} 和 H^+ 离子换位，变为黄褐色脱镁叶绿素，色泽变化显著。pH 对花色素系和蒽醌系色素稳定性的影响各异，红色素在 $5.5 \leqslant pH \leqslant 6.0$ 以上时易变成青紫色；檀色素、青色素等，当 pH4.0 左右时变成不溶性而不能食用。故包装食品的色泽保护应考虑 pH 的影响。

6. 金属离子

一般 Cu、Fe、Ni、Mn 等金属离子对色素分解起促进作用，如番茄中的胭脂红、橘子汁中的叶黄素等类胡萝卜素，只要有1~2mL/L的铜、铁离子就能促进色素氧化。

7. 其他因素

包装食品中的添加剂、微生物、酶等因素也会影响食品的色泽。

（三） 控制包装食品褐变变色的方法

食品变色是食品变质中最明显的一项，尽管褐变变色的因素很多，但通过适当的包装技术手段可有效地加以控制。

1. 隔氧包装

在常温下，氧化褐变反应速度比加热褐变反应速度快得多，对易褐变食品必须进行隔氧包装。真空包装和充气包装是常用的隔氧包装，要求完全的除去包装内部的氧、特别是吸附在食品上的微量氧，需要在包装中封入脱氧剂，用以吸除包装内的残留氧，并可吸除包装食品在贮运过程中透过包装材料的微量氧。目前，大部分食品采用软塑包装材料，隔氧包装应选用高阻氧材料，如PET、PA、PVDC、铝箔等复合包装材料。

2. 避光包装

利用包装材料对一定波长范围内光波的阻隔性，防止光线对包装食品的影响，选用的包装材料既不失内装食品的可视性，又能阻挡紫外线等对食品的影响。然而，对于一般色素，由于可见光也会加速光变质，对长时间暴露在光照下的食品，可对包装材料着色或印刷红、橙、黄褐色等色彩，这样虽部分丧失了包装的可视性，但能有效地阻挡光线对食品品质的影响。现代食品包装采用阻光阻氧阻气兼容的高阻隔包装材料，如铝箔、金属罐等防止光和氧对食品的联合影响，大大延长了保质期。

3. 防潮包装

水分对食品色泽的影响包括两方面含意：其一是对一定水分（20%~30%）的食品，如半带馅的点心等糕点食品，由于脱水而发生变色；其二是干燥食品会因吸湿增大食品中的水分而变色。前者防止变色的方法是采用适当的包装材料保持其原有水分，而后者主要是保持食品干燥而使色素处于稳定状态。采用阻湿防潮性能较好的包装材料或采用防潮包装方法，能较好地控制因水分发生的褐变。

二、 包装食品的香味变化及其控制

在食品的感官指标中，香味或滋味是评判一种食品优劣的重要指标，控制食品的香味变化也是食品包装所要研究和解决的大课题。

（一） 包装食品产生异味的主要因素及控制

包装食品的香味变化主要是由于包装及内部食品的变质因素产生的异味所造成，图4-15所示为食品在加工流通过程中产生异味的主要途径，这些因素可通过严格的质量管理及流通贮运过程中严格的防范措施来避免和减缓。

1. 食品所固有的芳香物

食品主要成分或在加工过程中产生的挥发性成分，一般是人们较为欢迎的香味，这种香味成分应用保香性较好的包装材料来包装，尽可能减少透过包装的逸散。

2. 食品化学性变化产生的异臭

包装食品贮运过程中因油脂、色素、碳水化合物等食品成分的氧化或褐变反应而产生的异味会导致食品风味的下降。这种食品氧化、褐变是由残留在包装内部或透过包装材料的氧所引

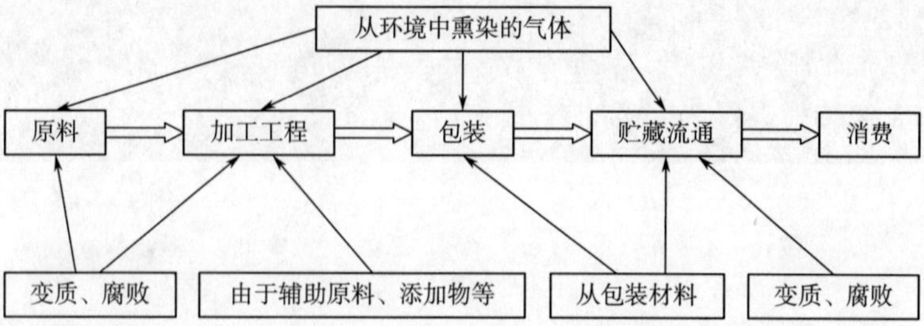

图 4-15　食品在加工流通过程中产生异臭的主要途径

起，故对易氧化褐变食品应采用高阻隔性，特别是阻氧性较好的包装材料进行包装，还可采用控制气氛包装、遮光包装来控制氧化和褐变的产生。

3. 由食品微生物或酵素作用产生的异臭味

这种因素可以根据食品的性质状态，选择加热杀菌、低温贮藏、调节气体介质、加入添加剂等各种适当的食品质量保全技术和包装方法来加以抑制和避免。

4. 包装材料本身的异臭成分

这是引起食品风味变化的一个严重问题，特别是塑料及其复合包装材料的异味。这并非是由于食品本身的变质所产生，应严格控制直接接触食品的包装材料质量，并控制包装操作过程中可能产生的塑料包装材料的过热分解所产生的异味异臭污染食品。

（二）　塑料包装材料的渗透性引起的异味变化

1. 塑料包装材料的透氧性和透气性引发的食品异味变化

塑料包装材料都具有不同程度的渗透各种气体的性能，用塑料包装食品，即使香味不逸散，但由于氧气的渗入，也会引起食品氧化、褐变等化学变化而产生异味。同时，对没有经过杀菌处理或杀菌不彻底的包装食品，也会因微生物和酶的作用而产生异臭或风味变化。与玻璃和金属包装材料相比，这是包装材料的一大缺陷。为了防止因包装材料的透氧性所引起的食品风味变化，应选用各种新型的高阻气性复合包装材料，并采用各种食品质量保全新技术。

2. 塑料包装材料的气味渗透性

不同塑料薄膜对挥发性芳香物的渗透性有很大的差异，从保护食品质量和风味角度考虑，包装材料对挥发性物质的渗透性也是至关重要的。

有关各种塑料薄膜对挥发性物质渗透性试验数据很多，但由于所用薄膜、挥发性物质的种类和状态不同，且测定方法及测定结果的表示方法也有差异，故此很难进行统一比较。表 4-10 所示为塑料薄膜对各种香精的渗透性比较，它是用塑料薄膜把香精包装后，用感官判断气味残留情况而得到的。由表可知：PE 及 Ny 薄膜对香气的渗透性很大，而 PET、PC 薄膜则小些。表 4-11 所示为用各种塑料小袋封入乙醇，用重量测定法测定的乙醇渗透速度。由表中可知，PC、PET、EVA、PVDC 等薄膜对挥发性物质有较高的阻隔性，保香性较好。

根据渗透性物质的性质与塑料薄膜间的亲和性不同，其渗透的难易程度也有变化，例如 PE 和 PP 等疏水性薄膜就容易渗透酯类疏水性分子；尼龙 PA 等亲水性薄膜就易渗透乙醇等亲水性物质而不易透过酯类等疏水性物质。

表 4-10　　各种薄膜的香气透过性

香精种类	低密度聚乙烯（LDPE）	高密度聚乙烯（HDPE）	聚丙烯（PP）	氯化聚乙烯（CPE）	聚酰胺（Ny）	聚酯（PET）	聚碳酸酯（PC）	聚氯乙烯（PVC）	防潮玻璃纸
华尼拉（香草）香精	○	○	★	⊙	○	●	★		○
熏制香精	○	○	★	★	○	●	●	★	○
杨梅（草莓香精）	○	○	★	★	○	⊙	★	★	○
橘香精	○	○	★	★	○	○	★	○	○
柠檬香精	○	○	★	★	○	★	●	○	○
咖喱香精	○	○	⊙	⊙	○	⊙	●	⊙	⊙
姜香精	○	★	⊙	⊙	○	★	●	★	○
大蒜香精	○	○	○	⊙	○	●	●	★	★
咖啡香精	○	○	★	★	○	●	●	⊙	●
可可茶香精	★	★	⊙	⊙	○	●	●	★	●
辣酱油香精	○	○	★	⊙	○	⊙	★	★	○
酱油香精	○	○	★	★	○	⊙	★	★	○
咸辣椒	○	○	○	★	○	●	⊙	★	★

注：○1h 内，★1d 内，⊙1 周内，●2 周以上。

表 4-11　　各种薄膜的乙醇渗透速度

包装材料的组成与厚度/μm	渗透速度/［g/（m²·d）］		
	20℃	30℃	40℃
PE（100）	1.29	5.5	1.35
CPP	—	1.0	—
ONY（15）/PE（60）	1.26	5.3	12.60
K 玻璃（#350）/PE（60）	0.17	1.20	4.20
OPP（20）/PE（60）	0.12	0.90	3.00
KOPP（22）/PE（60）	0.083	0.66	2.10
OPP（26）/EVAL（15）/PE（60）	—	0.87	2.93
OPP（30）/EVAL（17）/PE（85）	—	0.42	—
EVA（17）/OPP（35）	—	0.111	0.40

由此可知，风味食品选择包装材料时应考虑挥发成分的性质，来决定可否选用亲水性薄膜如 Ny 等。由于环境温湿度对挥发性物质的渗透性有较大的影响，对亲水性物质的渗透性影响尤为显著，因此，为防止温湿度带来的不利影响，可采用阻湿性很好的 PVDC、PE 等多层复合薄膜来包装含一定水分的风味食品。

3. 异臭的侵入和香味的逸散

包装食品受环境异臭的影响，这也是由薄膜对挥发性物质的渗透性这一因素所造成。若食品贮存环境有异臭源，或者把包装食品存放在有异臭的仓库、货车或冷库等场所，常常由于异臭成分的侵入及香味的逸散而导致食品风味下降。这种事件经常发生却不被人们所重视，因而目前关于这方面的实验研究报告也很少。

（三） 包装食品的油脂氧化及其控制

现代加工食品构成中大多含有油脂成分，油脂不仅能改善食品的风味，且在营养上其单位质量能提供更多的热量，对人体发育和生理机能也起着重要作用。油脂一旦氧化变质会发生异臭，不仅失去食用价值，而且其氧化生成物即过氧化物（用 POV 表示）对人体有一定的毒害。

1. 油脂的氧化方式

（1）自动氧化　油脂在常温下放置在空气中会出现氧化现象，其中的不饱和脂质在环境条件（光、水分、金属离子）作用下会发生一系列连锁复杂的反应，从而使油脂分解生成有害的氧化物。自动氧化在低温环境中也会缓慢地进行。

（2）热氧化　油脂在与空气中氧接触状态下加热所产生的氧化现象称为热氧化，此过程会明显产生有较强毒性的羰基化合物和聚合物，且不饱和脂肪酸和饱和脂肪酸会一起被氧化。

（3）酶促氧化　主要是脂肪氧化酶，棒曲霉、镰刀霉和酒曲霉的各属也起作用，对食品中的饱和脂肪酸和不饱和脂肪酸均起促进氧化的作用。

油脂的氧化与油脂种类、光、氧、水分、温度、金属离子及放射线等因素密切相关。

2. 油脂类食品变质的影响因素及控制方法

（1）光线　光能明显地促进油脂的氧化，其中紫外线的影响最大。对于包装食品，直接暴露在阳光下的机会是很少的，主要受到橱窗和商店内部荧光灯产生的紫外线照射的影响。表 4-12 所示为光波波长和油脂氧化的关系，500nm 以下的光线对氧化的影响极大，为防止包装食品因透明薄膜引发的光氧化，最好采用红褐色薄膜或者采用铝箔等作为富含油脂食品的包装材料。

表 4-12　　使用各种波长光照玉米油和棉籽油后的过氧化值

滤纸的透过性范围/nm	过氧化值/（mmol/kg）			
	玉米油		棉籽油	
	试料 1	试料 2	试料 1	试料 2
360～420	20.9	20.2	17.6	17.3
420～520	8.7	8.5	12.4	12.5
520～590	4.5	4.9	8.1	7.9
590～680	1.1	1.4	3.1	3.4
680～790	1.0	1.2	2.1	1.8

表4-13所示为荧光灯照射对低温保存的奶油乳酪氧化的影响。奶油乳酪对空气中的氧是相对稳定的，当受到荧光照射时就会迅速氧化，当用5000lx荧光灯照射时仅几个小时，奶油乳酪就会产生异味，但加入蛋白的奶油乳酪可抑制光氧化，这是因蛋白质阻挡了部分光线的作用。

表4-13　　奶油、奶酪在低温保存时受荧光灯照射的影响

条件	过氧化值/（mmol/kg）								
照度/lx	1000			3000			5000		
照射时间/d	1	3	5	1	3	5	1	3	5
奶油乳酪	2.52	3.77	6.18	4.80	9.58	12.36	7.89	13.67	25.33
加入蛋白的奶油乳酪	1.33	1.69	2.43	1.93	3.41	4.72	2.08	4.60	6.57
猪油混合奶油乳酪	1.89	3.37	4.65	4.12	7.81	11.00	4.94	12.10	17.70

注：保存温度：10℃，每天荧光灯照射时间10h，使用油脂的AOM稳定度：奶油27h，猪油85h。

因荧光灯照射引起的包装食品氧化，即使其过氧化程度较低，也会促使食品产生特有异味，并使香味降低。因此，对光氧化敏感的食品，必须采用避光包装材料和包装方法。

（2）氧气　食品中油脂氧化与氧分压密切相关，食品油脂氧化还与接触面积和油脂稳定性有关，若食品中油脂稳定性差则极易氧化变质，这时可用封入脱氧剂的包装方法，使包装内的氧浓度降低到0.1%以下。

（3）水分　食品中的水分以游离水和化合水两种形式存在。干燥食品中化合水的存在对保护食品质量稳定是非常重要的，过度干燥并失去了化合水的食品，其氧化速度很快。水分的增加又会助长水分解而使游离脂肪酸增加，并且会使霉菌和脂肪氧化酶增殖，故应尽可能保持食品的较低水分活度。水分对油脂氧化的影响是复杂的，对油脂食品的包装，一般应严格控制其透湿度为保质措施，即不论包装外部的湿度如何变化，采用的包装材料必须使包装内部的相对湿度保持稳定。

（4）温度　油脂的氧化速度随温度的升高而加快，低温贮藏能明显减缓食品中油脂的氧化。

（四）包装食品的物性变化

包装食品的物性变化主要是因水分变化所引发。无论是生鲜食品还是加工食品，都存在着食品本身失水趋于干燥的脱湿过程或吸收空气中水分的吸湿过程。食品的脱湿或吸湿，导致其物性发生变化，干燥时发生裂变和破碎现象，吸湿时发生潮解和固化现象，两者都会引起食品的品质风味下降，直至失去商品价值。

1. 食品的脱湿

一般食品含有一定水分，只有在保持食品一定水分含量的条件下，食品才有较好的风味和口感。蔬菜、鱼肉等生鲜食品，其含水量一般在70%～90%，贮存过程中因水分的蒸发，蔬菜会枯萎，肉质变硬，其组织结构劣变。加工食品中，中等含水食品也会因水分散失而使其品质劣变。一般情况下，含35%以上水分的食品，会因脱湿产生物性变化而使产品劣变。如采用包装材料进行包装，可在一定时间内保持食品原有水分含量和新鲜状态。

2. 食品的吸湿

（1）平衡相对湿度 每一种食品各有其平衡相对湿度，即在一定温度下，食品在周围大气中既不失去水分，又不吸收水分的平衡相对湿度。若环境湿度低于这个平衡相对湿度，食品就会进一步散失水分而干燥；若高于这个湿度，则食品会从环境中吸收水分。

（2）吸湿等温曲线 测定不同温度下食品的平衡相对湿度，可获得一组食品的吸湿等温曲线。其方法是把干燥食品露置在一定温度、不同湿度环境的钟形罩内，经几小时露置后称重，即可获得一组不同湿度条件下的平衡含水量数据，绘制成曲线，即为该食品在设定温度的吸湿等温曲线。

不同性质食品其等温吸湿特性完全不同。水溶性物质在相对湿度达到一定值之前，其试样完全不吸湿或吸湿很少，如果相对湿度超过某一定值，则开始急剧吸湿。从理论上讲，其吸湿进行到试样完全溶解，且水溶液的浓度和外界的相对湿度相平衡为止。

粉末食品或固体食品一般由蛋白质、碳水化合物、脂肪及其他诸如砂糖、食盐、谷氨酸钠等组成，这些食品因其组织成分不同，各有不同的吸湿平衡特征。如乳粉、粉末肉汁等吸湿性强的食品，其低湿处的吸湿性较低，而高湿处的吸湿性则急剧增加。再如脱脂奶粉一度使其吸湿后再干燥制成的速溶乳粉，其吸湿性比原料乳粉的吸湿性小得多。

（3）食品的临界水分值 干燥食品吸收多少水分才会使之质量低劣？表 4-14 所示为几种食品在 20℃、90%相对湿度条件下的饱和吸湿量及质量低劣的极限吸湿量——临界水分值。

表 4-14 各种食品的饱和吸湿量（20℃、90%相对湿度）和临界水分值

食品	吸湿量/%	临界水分/%
椒盐饼干	43	5.00
脱脂乳粉	30	3.50
乳粉	30	2.25
肉汁粉末	60	4.00
洋葱干粉末	35	4.00
果汁粉末	60	—
可可粉末	45	3.00
干燥肉	72	2.25
蔗糖	85	—
干菜（番茄）	20	—
果脯（苹果）	70	—

干燥食品的临界水分值与饱和吸湿量差别很大，这意味着这类食品极易吸湿使其含水量超过临界水分值而失去原有物性并变质。因此，必须采用阻气、阻湿性高的包装材料进行包装，并可采用封入吸湿剂的防潮包装方法。

第四节　包装食品的保质期

无论是植物性食品、动物性食品或人造食品，它们都会在原料、配料、加工、包装、贮存、销售、消费的过程中以一定的速度和方式丧失其原有品质，造成食品失效和酸败。随着人们对食品的质量和安全性越来越重视，在希望食用到营养丰富、口感鲜嫩的同时，还要求所购得的食品能在较长的时间内维持一定的品质，包括较高的安全性和良好的感官特性，于是针对食品提出了保质期的概念。

一、食品保质期的定义

根据英国 IFST（英国国家食品科学与技术学会）的定义，食品的货架期（shelf life）指食品自出厂之日起，经过各流通环节直到到达消费者手中，所能保持质量相对稳定的时间段。在此期间，食品须保持安全性，确保理化指标、感官特性和微生物含量在可接受范围内，保留任何标签上声明的营养价值，且完全适于销售。早期，美国食品科技协会对食品货架期定义为“食品从生产出来至被购买时的时期，在此期间内产品在营养价值、滋味、质地和外观方面具有满意合格的质量”。这一定义忽略了消费者在购买产品后到食用前在家里贮藏的时间，这段时间同样也影响食品质量。因此，美国食品科学与工业研究所将货架期定义修正为“在适宜贮藏条件下食品能够保持其安全性的时间，在此期间食品具有良好的感官、理化、微生物指标和功能特性，营养成分符合产品标签标注”。GB 7718—94 规定货架期：在标签上规定的条件下，保持食品质量（品质）的期限。在此期限内，产品完全适于销售，并保持标签中不必说明或已经说明的特有品质。在此期限，食品完全适于销售，并符合标签上或产品标准中所规定的质量；超过此期限，在一定时间内食品仍然是可以食用的。而现行有效的 GB 7718—2011《预包装食品标签通则》则将“货架期”修订为“保质期”，其定义为：预包装食品在标签指明的贮存条件下，保持品质的期限。简而言之，食品货架期（保质期）是指食品被贮藏在推荐的条件下，能够保持安全；确保理想的感官、理化和微生物特性；保留标签声明的任何营养值的一段时间。

二、影响食品保质期的因素

食品在生产加工、流通及贮藏过程中影响其保质期的因素是多种多样的，大体可以分为内在因素和外界因素，其中货架期主要取决于三个因素：产品的自身特性、包装和贮运条件。

（一）产品的自身特性

食品自身特性包括 pH、水分活度、酶、微生物、化学成分等，其中部分因素可以通过原料成分的选择和加工工艺参数的控制而受到控制。不同特性食品易腐败程度不同，例如脂肪和蛋白质含量较高的牛乳、鲜肉类等极易受到微生物、温度等影响而快速变质，因此长时间贮藏一般要做防腐处理（杀菌）并结合冷藏或低温冷链流通。此外，新鲜果蔬在采后仍进行着生命活动，含水量高，极易受到机械损伤，且呼吸作用往往伴随着大量营养物质的消耗，不易贮藏。一般采用化学或物理采后处理，再结合气调低温等进行长时间贮藏。不易腐败型的食品在包装完整的条件下，室温下也可存放相对较长时间，例如含水量低的葡萄干、硬饼干等。当然，这类食品的保质期也是有限的，它们会在室温条件下发生化学反应而腐败变质，而这主要取决于包装及包装材料的阻透性。

（二） 包装条件

1. 包装材料阻隔性

包装材料，尤其是纸基类和塑料包装材料对水蒸气、氧气、二氧化碳等各种气体和光线均有渗透性能。对于特定食品，包装材料的渗透性会引发食品氧化、褐变和微生物腐败变质等品质变化反应。如图 4-16 所示，在高阻隔性 PPC/PVA20/PPC 包装袋内的菌落总数保持到第 19d 时才超标，比起低阻隔性 PPC 包装或空白组大幅度延长冷鲜肉的保质期。如图4-17所示，高阻隔性 PA/PE 包装组的莴笋 0～18d 处于绿色状态，其红绿值 a^* 值变化也处于水平波动范围内，很好地减缓了褐变的发生。因此，包装材料的性能极大地影响许多外在因素对食品保质期的影响，也可以通过改变包装材料的组成成分、功能、加工参数、包装体系或贮藏环境来改变产品保质期。

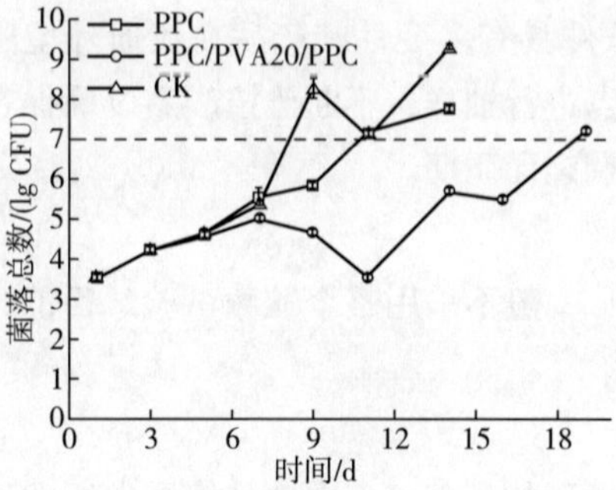

图 4-16 冷鲜肉包装时的菌落总数变化

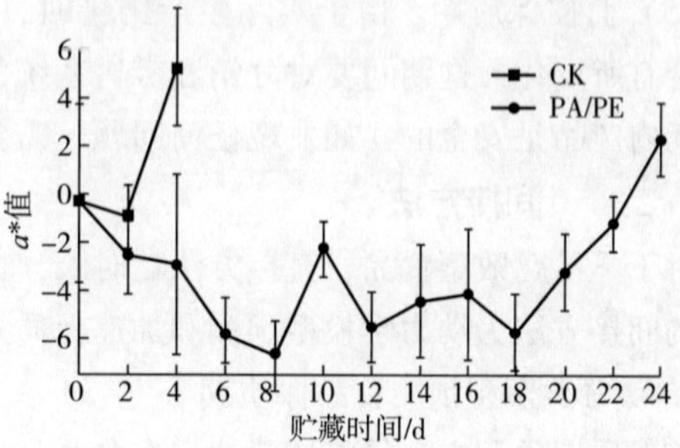

图 4-17 包装鲜切莴笋的 a^* 值变化

2. 包装和产品的相互作用

包装材料对产品而言并非完全惰性，之间的相互作用也会影响最终保质期。例如，马口铁罐包装番茄、柑橘果汁类产品一般采用内涂料层材料，但在室温下贮藏一定时间内涂层也会发生降解反应，会使马口铁中的锡和铁发生溶解，其结果会使产品褐变变色、口味下降。因此，马口铁内涂层材料也会影响产品保质期。再如，将橙汁包装于 LDPE 和纸复合的盒中，25℃下贮藏 75d 后，与玻璃容器包装的橙汁品质上有很大的差异。这是因为与橙汁直接接触的 LDPE 会吸收橙汁中的柠檬烯和抗坏血酸，使橙汁发生褐变。因此，复合纸盒包装的柑橘类果汁保质期限制在 9 个月左右。

（三） 产品贮运环境

贮运环境主要包括温度、湿度、光照、总气压和不同气体分压等，这些因素对食品的具体影响在之前的内容里已经具体给出。

三、 确定食品保质期的方法

保质期研究是客观地、系统地解决决定食品能够达到预期时间而采用的方法。目前确定食品保质期所采用的方法主要有两大类：直接方法和间接方法。

（一） 直接方法

直接方法是指将产品贮藏在预先确定的条件下，其贮藏时间比预期的保质期要长，且在规定时间内检查食品，考察其开始变质的时间。这种方法一般适用于易腐败型食品，步骤如下：

（1）确定引起该食品变质的主要因素　每个食品都有限制其保质期的主要因素，原料成分、水分活度、pH、氧气、温度、包装材料等都会影响到食品的保质期，从这些众多因素中确定出影响该类食品品质的主要因素。

（2）选择实验方法　食品品质变化的程度主要通过实验的方法进行考察和衡量，常用的方法有：感官评定、微生物评估、理化分析等。

（3）制定测定计划　计划包括测试内容、测试间隔时间、测试样品数量等详细计划。要注意的是，在研究过程中样品所处的贮藏条件应该与正常产品一样，定期检查和记录贮藏环境的温湿度。

（4）确定保质期　当产品不再满足质量标准时，保质期结束。通过所记录和观察的所有信息，综合决定产品保质期。

（5）监控保质期　由于实际生产销售时，贮藏条件具有多变性。产品在流通环境中的保质期会有所变化，这期间要对分销和零售系统的不同点进行抽样，不断监控产品以确保在整个保质期内产品是安全的。如发现任何问题，需要重新调整保质期。

（二） 间接方法

对于不易腐败型食品，直接方法耗时长，成本高，一般不采用整个贮藏试验。目前，最常采用的间接方法为动力学模型预测和加速保质期实验。

1. 动力学模型预测食品保质期

该保质期预测方法是将试验建立在食品品质变化模型的基础上，由食品体系中所发生的不同变质反应的动力学模型公式来预测食品保质期。动力学模型预测食品保质期最重要的一步是选择一个合适、可靠的模型来模拟食品的品质变化，为保质期试验提供有效的设计。

2. 加速保质期实验（ASLT）

该方法是指采用加速某抑制环境因素，使得产品的腐败比正常速度更快，从而在短时间内预测出产品的保质期。该方法要求，环境条件对产品保质期的影响可以量化。在食品上使用的加速手段主要有：提高温度、增加湿度、光照等，其中温度加速实验使用较为广泛。

ASLT 方法的基本假设就是温度、湿度、光照等外部因素对食品腐败反应速率的影响可以用化学动力学方法进行量化。通过控制一个或者多个外部因素使其处于一个比正常条件更高的水平，那么腐败反应速率则会加强，短时间内就能实现食品的腐败，因为这些外部因素对食品腐败反应速率的影响是可以量化的，通过本节所述的动力学模型由加速度反应的结果就可以计算出正常条件下的真实保质期。

所用公式如下：

（1）Arrhenius 模型

$$Q_s = Q_0 \exp \frac{E_A}{R}\left[\frac{1}{t_s} - \frac{1}{t_0}\right] \tag{4-4}$$

（2）线性模型

$$Q_s = Q_0 e^{-b(t_s - t_0)} \tag{4-5}$$

式中　Q_s——在 t_s 温度下的保质期；

Q_0——在 t_0 温度下的保质期；

E_A——活化能，J/mol；

R——理想气体常数，8.314J/（K·mol）；

b——吸湿等温线的斜率。

通过加速实验，可以测算出公式中相关动力学参数，并且得到在加速试验温度条件下（t_0）下的保质期（Q_0），那么代入上述公式模型则可以计算出在实际贮藏温度（t_s）条件下的保质期（Q_s）。保质期与温度的关系如图 4-18 所示。

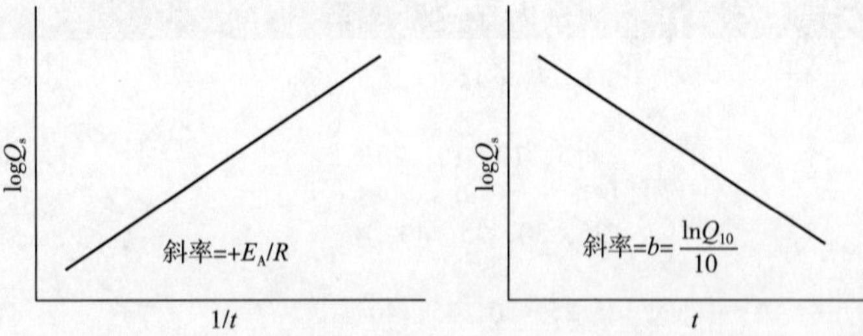

图 4-18　保质期与温度的关系

在反应级别确定的情况下，反应速率常数与保质期成反比。因而通过计算任何两个相差10℃温度下的保质期比值，就可以求出 Q_{10}的值。

$$Q_{10} = \frac{k_{st+10}}{k_t} = \frac{Q_{st}}{Q_{st+10}} \tag{4-6}$$

式中　Q_{st}——温度为 t 时的保质期；

k_t——温度为 t 时反应的速率常数；

Q_{st+10}——温度为 t+10℃的保质期；

k_{st+10}——温度为 t+10℃时反应的速率常数。

表 4-15 所示为 Q_{10}对保质期预测的重要性。某产品在 50℃下的保质期为 2 周，当 Q_{10}为 2 时，那么它在 20℃下的保质期为 16 周，但如果 Q_{10}为 2.5 时，那么在 20℃下的保质期就会成倍增加至 31.3 周。因此 Q_{10}发生一点变化，就会引起产品保质期的巨大变化。罐头食品的 Q_{10}一般为 1.5~10，冷冻产品的 Q_{10}一般为 3~40。

表 4-15　Q_{10}对保质期的影响

温度/℃	保质期（周数）			
	$Q_{10}=2$	$Q_{10}=2.5$	$Q_{10}=3$	$Q_{10}=5$
50	2	2	2	2
40	4	5	6	10
30	8	12.5	18	50
20	16	31.3	54	4.8 年

ASLT 方法的步骤如下：

①确定产品的微生物学安全性和质量参数；

②选择关键变质反应，哪些会引致产品品质衰退，且是消费者所不能接受的；

③决定作为判定产品保质期结束的因素指标，并确定试验测试因素指标；

④选择包装材料并进行系列测试，选择或确定最为有效的包装；

⑤选择加速实验的外部因素。ASLT 实验中最常用的是温度加速实验，其温度的选择如表 4-16 所示（至少选择两个温度）；

表 4-16　　ASLT 温度加速实验中最常用的测试温度

产品	测试温度/℃	对照温度/℃
冷冻食品	-7，-11，-15	<-40
冷藏食品	5，10，15，20	0
干制品	25，30，35，40，45	-18
罐装食品	25，30，35，40	4

⑥确定在每个测试温度下的保质期。使用坐标曲线，记录表在测试温度下产品的保质期，如果未知 Q_{10} 的值，必须进行全面的 ASLT 测试；

⑦确认测试次数，见式（4-7）。

$$f_2 = f_1 Q_{10}^{\frac{\Delta t}{10}} \tag{4-7}$$

式中　f_1——在较高测试温度 t_1 下的测试时间，d 或周；

f_2——在较低测试温度 t_2 下的测试间隔时间，d 或周；

Δt——t_1 与 t_2 的温度差，℃。

⑧计算所需测试样品的数量，包括每个测试条件下的样品数和对照组的样品数；

⑨在 ASLT 方法时，为了方便处理数据，可以适当的增加或减少取样量；

⑩测试每个贮藏条件下的参数，算出反应速率常数 k 或 Q_s，通过上述数学模型估算出在实际贮藏条件下产品的保质期。如果结果表明该产品的保质期至少与公司预期的一样长，那么该产品有可能满足市场要求。

应用 ASLT 方法预测包装食品的实际保质期都会受到一些限制，加速实验只是一种快速评价保质期的方法，不能代替正常的贮藏实验。因此，对于某一些特定食品，需要在实际环境条件下测试产品保质期，才能证实 ASLT 预测的保质期。如果在预测模型下推断的货架期与实际的保质期一致，ASLT 就可以应用于该产品加工与包装中参数的确立。另外，ASLT 方法只适用于温带气候，对于那些在热带气候中生产的或销往热带地区的食品，其所处的环境温度一般为 30~40℃，在仓库和运输车中会更高，ASLT 方法将不能代表在热带环境中食品发生的腐败反应，不能用于预测保质期。

思考题

1. 包装食品在流通过程中可能发生哪些质变？有哪些环境因素对食品品质产生影响？
2. 光照怎样对食品产生变质作用？包装时怎样减少光线对食品品质的影响？
3. 氧气对食品品质有哪些显著影响？包装时怎样减少或避免这些影响？
4. 分析因包装发生的环境变化对食品微生物的影响。
5. 致使食品变质的主要因素是什么？
6. 食品保质期的影响因素有哪些？其中包装怎样影响保质期？
7. 简述加速保质期实验（ASLT）的基本原理和方法。

第五章

食品包装技术和工艺

CHAPTER 5

第一节　食品包装技术要求

食品包装技术的要求因包装食品的种类、特性及使用场合等不同而不同，运输途径、运输方式、存储环境、销售渠道、期望保质期等因素也会影响食品包装技术要求。食品包装对技术的总体要求主要包括内在和外在两个方面的要求。

一、食品包装技术的内在要求

食品包装技术的内在要求，指通过包装使食品质量在其包装内得以保证的技术性要求，主要包括强度、阻隔性、呼吸、耐温及避光性等要求，是内在食品为维护其自身质量而对其包装提出的要求。

（1）强度要求　食品包装的强度要求是指包装对食品在贮藏、堆放、运输、搬运过程中所受到的外界各种破坏力如压力、冲击力（垂直跌落、水平冲击）、振动力、热应力等的抵抗能力。强度要求是对包装内的食品避免受破坏的力学保护性。与其相关的因素，主要包括运输方式（如陆运、水运、空运）、堆码形式（如多层堆码、交叉堆码等）和环境（如气候、卫生环境）等。强度要求突出的典型食品主要有：禽蛋类、酒类、果蔬类、饼干糕点类、豆腐及豆制品类、膨化食品类等。

（2）阻隔性要求　阻隔性是食品包装的重要性能之一。许多食品在贮藏过程中由于包装阻隔性差而使食品的品质发生变化，最终影响了食品质量。食品包装阻隔的主要物质是空气、水、油脂、光、热、异味、尘埃和微生物等。阻隔性要求是由食品本身的特性决定的，不同食品对包装阻隔性要求不同，包括对外阻隔、对内阻隔、互为阻隔等。对外阻隔，指食品被包装后，包装能够阻止包装外部的各种气体、气味、水分等不能侵入包装进入食品中。对内阻隔，指食品的包装阻止食品气味、湿度、油脂及挥发性物质向包装外渗透。互为阻隔包括两种含义，一是在大包装内有不同特性的小包装食品，为防止不同特性的食品在包装内部串味，则必须要求内包装具有阻隔性；二是通过包装使包装内食品和包装各种物质不相互渗透，即包装内的物质不向外逸出，而包装外的各种物质也不渗入。

（3）呼吸要求　鲜活食品（动物类与植物类食品）在包装贮藏中仍进行着呼吸作用。这是一种复杂的生理生化过程，鲜活食品的细胞组织中复杂的有机物在酶的作用下被缓慢分解为简单的有机物质，同时释放出能量。这种呼吸作用是靠吸收氧气、排出二氧化碳来进行的。食品包装的呼吸要求就是对包装材料或容器的透气性、包装与贮藏环境的温度、气体成分提出要求。不同食品对包装有不同的要求，也主要是利用包装来控制呼吸作用，从而达到保鲜的目的。

(4) 营养性要求　食品在包装贮藏过程中，会随着时间的推移逐渐变质、腐败，最后失去价值。食品失去价值的关键是失去了营养，也就是失去了营养成分。因此，食品对包装有营养性要求，也就是说，食品的包装应有利于营养的保存，更理想的是能通过包装锁住甚至补充营养。不同食品在包装贮藏中营养损失的速度有所不同，但一般随贮藏时间的增加其损失也逐渐增加。较低的温度、较弱的光照有利于减少营养损失。理想的包装技术与良好的包装材料可以减少或补充营养损失。

(5) 耐温性要求　耐温性是现代食品包装的重要特征之一。很多食品承受不了高温，为避免因温度升高而使包装内食品变质，常需选择耐温、耐热的包装或容器进行隔温隔热。

(6) 避光性要求　光线对食品有较大的破坏性，尤其是强光、紫外线，它们会破坏食品的营养以及色、香、味，如会使食品中的油脂氧化而导致食品酸败。因此，食品包装中必须考虑避光的问题。

(7) 其他要求　其他内在要求还包括保湿要求、防碎要求、防潮要求、防霉要求、防变色要求、防串味要求等。

二、 食品包装技术的外在要求

食品包装技术的外在要求是利用包装反映出食品的特征、性能、形象，是食品外在形象化的表现形式与手段。食品包装外在要求就是食品的视觉表现，通过相应的技术而予以实现，主要包括安全性、促销性、便利性、识别性等。

(1) 安全性要求　食品包装的安全性包括卫生安全、搬运安全、陈列安全和使用安全等方面。卫生安全，是指食品包装材料中不应含有对人体有害的物质；在包装技术方面，使处理后的食品在营养成分、色、味等方面尽可能保持不变。搬运安全，是指在运输装卸过程中的安全问题，还包括消费者在购物时的提取和购物后的携带等安全。陈列安全，指食品包装必须达到陈列的要求（如适应多种形式的陈列、陈列期间食品品质能够保证等），既不影响自身也不影响周边陈列的其他商品。使用安全是保证消费者在开启、食用过程中不至于受到伤害，自动操作方便安全。

(2) 促销性要求　食品包装是食品促销的最佳手段之一，促进销售也是包装的基本功能。食品的性能、特点、食用方法、营养成分、文化内涵可以在包装上加以宣传。食品包装的促销性要求包括：必要的信息促销、形象促销、色彩促销、结构促销、品牌促销等。

(3) 便利性要求　食品包装的便利性要求已经成为现代消费者对食品包装要求的重要因素之一，不考虑便利性的包装食品很难为消费者喜爱。食品包装的便利性要求主要包括使用、形态、场所、携带、操作、选择等方面的便利性。

(4) 识别性要求　食品包装的结构造型、文字图案、色彩描绘等易于人们辨识。

(5) 其他要求　除以上之外，食品包装的外在要求还有提示性、趣味性、情感性、包装回收利用技术提示、包装食品价格明示等要求。

第二节 防潮包装技术

一、防潮包装及其包装原理

（一）防潮包装

食品在贮藏及流通过程中易受到环境湿度的影响，以至于使食品品质降低，甚至完全失去食用价值。含有一定水分的食品在环境湿度超过它所允许的临界湿度时，食品将会迅速吸湿，从而使其含水量增加，达到甚至超过维持质量的临界水分值，导致食品含水量过多而迅速腐败变质。尤其对于环境湿度敏感的干制食品，环境湿度的变化比较容易超过食品的临界湿度。水分含量较高的潮湿食品也会因内部水分的散失而发生物性变化，降低或失去原有的风味。从食品的组织结构看，具有疏松多孔或粉末结构的食品，它们的比表面积较大，与空气中的水蒸气接触面积大，吸湿速度也快，很容易引起食品的品质发生变化。

食品防潮包装就是采用对水蒸气有一定阻隔性的防潮材料、防潮技术对食品进行包封，隔绝外界湿度变化对食品的影响，同时使包装内的相对湿度满足食品的要求，在保质期内控制在设定范围内，保护包装内食品的质量。食品防潮包装包括两方面意义：一是阻止外部水分进入食品内部；二是阻止食品内部水分排出。例如，对饼干和面包采取防潮包装时，饼干的防潮包装应阻止包装外部水分进入，而面包则更多的是阻止包装体内部的水分排出。

（二）防潮包装的原理

包装内湿度的变化主要有两方面原因：一是因为包装材料的透湿性而使包装内湿度发生变化；二是由于环境温湿度的变化而引起包装内湿度的变化。例如，当相对湿度确定时，在高温时大气中绝对含水量高，温度降低则相对湿度会升高，当温度降到露点温度或以下时，大气中的水蒸气会达到饱和状态而产生水分凝结。这种温湿度变化关系与防潮包装有很大的相关性，如果在较高温度时将食品封入包装内，其相对湿度是被包装产品所允许的，但当环境湿度降低到一定程度时，包装内的相对湿度升高到可能超过被包装产品所允许的条件，加速食品的变质。可见，食品包装时环境大气中的相对温湿度条件对防潮包装具有重要影响。

防潮包装就是要在食品保质期内保证包装食品的水分含量在保证食品质量的临界水分范围内。每种食品具有不同的吸湿平衡性，因而对水蒸气敏感程度和防潮包装的要求也有所不同。大多数食品都具有吸湿性，在水分含量未达到饱和之前，其吸湿量随环境相对湿度的增大而增加。每种食品都有一个允许的保证食品质量的临界水分和吸湿量的相对湿度范围，在这个范围内吸湿或蒸发达到平衡之前，食品的含水量能保持其性能和质量，超过这个湿度范围，则会由于水分的影响而引起品质变化。例如，茶叶在炒制烘干后水分含量约3%，在相对湿度（RH）为20%时达到平衡，在50%相对湿度时茶叶的平衡水分为5.5%；在80%相对湿度时，其平衡水分为13%；当茶叶的水分含量超过5.5%时，茶叶质量急剧下降，因此把水分5.5%作为茶叶保持质量的临界水分含量，在进行防潮包装时，在规定的保质期内必须保证茶叶的水分含量不超过5.5%。表5-1所示为部分食品的饱和吸湿量和临界水分。

表 5-1　部分食品的饱和吸湿量（20℃，90%相对湿度）和临界水分

食品	饱和吸湿量/%	临界水分/%
椒盐饼干	43	5.00
脱脂乳粉	30	3.50
乳粉	30	2.25
肉质果粉末	60	4.00
洋葱干粉末	35	4.00
果汁粉末	60	—
可可粉末	45	3.00
干燥肉	72	2.25
蔗糖	85	—
干菜（番茄）	20	—
果脯（苹果）	70	—

二、防潮包装材料

（一）防潮包装材料的透湿性

一般气体都有从高浓度向低浓度区域扩散的性质，空气中的湿度也有从高湿度区向低湿度区进行扩散流动的特性。要隔断包装内外的这种流动，保持包装内产品所要求的相对湿度，就必须采用具有一定透湿要求的防潮包装材料。

从热力学观点来看，水蒸气或气体从包装材料的渗透过程是单分子的扩散过程，即气体分子在高压侧的压力作用下，首先渗入包装材料内表面，然后气体分子在包装材料中从高浓度向低浓度进行扩散，最后在低压侧一面向外散发。

水蒸气透过包装材料的速度符合菲克气体扩散定律，即单位时间、单位面积的水蒸气渗透量与浓度梯度成正比。即若设包装材料厚度为 x，水蒸气在高压侧的压强为 p_1，在低压侧的压强为 p_2，c 为水蒸气的浓度，c_1 为高浓度，c_2 为低浓度，那么：

$$m = -D\frac{\mathrm{d}c}{\mathrm{d}x} \tag{5-1}$$

即：$m\mathrm{d}x=-D\mathrm{d}c$

积分得：$m\int_0^d \mathrm{d}x = -D\int_{c_1}^{c_2}\mathrm{d}c$

$$mx = -D(c_2 - c_1) = D(c_1 - c_2)\text{；}\ m = \frac{D(c_1 - c_2)}{x}$$

根据气体溶解定律 $c = Sp$

所以 $m = \frac{D(Sp_1 - Sp_2)}{x} = DS\frac{p_1 - p_2}{x}$

取渗透系数 $P_\theta = DS$，则

$$m = P_\theta \frac{p_1 - p_2}{x} \tag{5-2}$$

式中 m——单位时间、单位面积透过包装材料的水蒸气质量，g/（s·cm^2）；

P_θ——单位时间内，单位压差（相对湿度差）下，透过单位面积和单位厚度材料的水蒸气质量，即材料的透湿系数，g·cm/（s·cm^2·kPa）；

p_1、p_2——包装材料两侧的压强，p_1 为高压侧压强，p_2 为低压侧压强，kPa；

D——水蒸气在包装材料中的扩散系数，cm^2/s；

S——水蒸气在包装材料中的溶解度系数，g/（cm^3·kPa）；

$\frac{dc}{dx}$——浓度梯度

由式（5-1）和式（5-2）可知，对一定的包装材料，水蒸气透过包装材料的质量主要取决于材料两面的水蒸气压差。因此，测定材料的透湿性能时必须控制材料两面的水蒸气压差接近恒定，才能保证测定的准确性。

包装材料的透湿性能决定于材料的种类、加工方法和材料厚度，为判断包装材料的透湿性能，一般测定其透湿度。透湿度（Q）指在一定的相对湿度差、一定厚度、1m^2 面积薄膜在24h内透过的水蒸气质量值。透湿度是防潮包装材料的一个重要参数，也是选用包装材料、确定防潮期限、设计防潮工艺的主要依据。但包装材料透湿度的大小受测定方法和实验条件的影响很大，当改变测定条件时，其透湿度值也随之改变，故各国都制定了透湿度测定标准。

我国目前参照日本TLS-Z-0208标准操作，即有效面积1m^2 的包装材料，一面保持40℃、相对湿度90%，另一面用无水氯化钙干燥空气，保证相对湿度为0，然后用仪器测定24h内透过包装材料的水蒸气量，测定值就是在40℃、90%相对湿度条件下包装材料的透湿度，单位为g/（m^2·24h）。

按上述方法测定的包装材料的透湿度可作为防潮包装设计的依据。但实际产品包装时不可能只在该特定条件（40℃、90%相对湿度）下进行，通常环境的温、湿度变化较大，在不同温、湿度条件下其透湿度有很大差别。当温度高、湿度大时，其水蒸气扩散速度就会增大，反之则扩散速度会降低。

此外，包装材料的透湿度与其厚度成反比，增加包装材料的厚度，则可提高其防潮性能。对用同一种塑料薄膜叠合的多层薄膜，其透湿度与叠合的层数成反比例，即随叠合层数的增加而减少，而防潮性能随层数的增加而成比例的提高。通常为了提高防潮包装材料的防潮性能可将不同材料进行复合形成复合材料。复合材料的防潮性能是各层薄膜防潮性能的总和。当复合膜各层材料的透湿度分别为 Q_1，Q_2，…，Q_n 时，复合膜的透湿度可根据式（5-3）计算：

$$\frac{1}{Q} = \frac{1}{Q_1} + \frac{1}{Q_2} + \cdots + \frac{1}{Q_n} \tag{5-3}$$

（二） 常用防潮包装材料

防潮性能最好的材料是具有一定厚度的各种金属、玻璃、陶瓷包装材料，这些材料的透湿度可视为零，但现代防潮包装中更多使用的是塑料薄膜，如HDPE、LDPE、PP、BOPP、PVC、PU、PET、PVDC、PA等，其中PE的应用最广。目前大量使用的塑料包装材料中适宜用于防潮包装的单一材料品种有：PP、PE、防潮玻璃纸（在普通玻璃纸双面或单面涂布蜡克而成）等，这些薄膜材料的阻湿性和热封性能均较好，可单独用于包装要求不高的防潮包装。相对而言，现在在食品包装上更广泛使用的是复合薄膜材料。复合薄膜材料比单一材料具有更优越的防潮及综合包装性能，能满足各种食品的防潮和高阻隔要求。表 5-2 所示为几种常用的复合薄膜及其透湿度。

表 5-2　几种常用的复合薄膜及其透湿度（40℃、90%相对湿度）

复合薄膜组成	透湿度/［g/（m^2 · 24h）］
玻璃纸（30g/m^2）/聚乙烯（20~60μm）	12~35.3
防潮玻璃纸/聚乙烯	10.5~18.6
拉伸聚乙烯（18~20μm）/聚乙烯（10~70μm）	4.3~9.0
聚酯（12μm）/聚乙烯（50μm）	5.0~9.0
聚碳酸酯（20μm）/聚乙烯（27μm）	16.5
玻璃纸（30g/m^2）/纸（70g/m^2）/聚偏二氯乙烯（20g/m^2）	2.0
玻璃纸（30g/m^2）/铝箔（7μm）/聚乙烯（20μm）	<1.0

（三）吸湿材料（干燥剂）

当防潮包装的防潮要求较高时，为了防止被包装食品吸收水分，除了采用透湿度小的防潮包装材料外，还应在包装内封入吸湿材料（干燥剂）。常用的干燥剂有吸附型和解潮型两类。吸附型干燥剂有硅胶、分子筛、铝凝胶（活性氧化铝）和蒙脱石活性干燥剂等。解潮型干燥剂主要是生石灰等。

1. 硅胶

硅胶是用硫酸处理水玻璃后凝胶而成的。硅胶表面层覆盖有许多羟基，具有很好的亲水吸附功能，故吸湿速度快，特别是在湿度较高时更为显著，且可以再生复用。硅胶产品按其吸湿性能可分为 A 型和 B 型。A 型为透明或半透明颗粒，似细孔凝胶，在低湿度时吸湿力强。B 型为白色毛玻璃状颗粒，似粗孔凝胶，在高湿时吸湿力强。而变色硅胶是以具有高活性吸附材料细孔硅胶为基础原料，经过深加工制成的具有高附加值和较高技术含量的指示型吸附剂，属于高档次的吸附干燥剂。它能清楚地以颜色变化（由蓝变红或变白）反映周围空气湿度的变化（增大），但其生产价格较高，再生温度偏高时易失效，特别是生产过程中要用硫酸，因此成品可能残存硫酸根离子等有害物质，不利于环境保护。

2. 铝凝胶

铝凝胶是具有很多毛细孔道的白色球状颗粒，对水分有亲和力，吸湿性强，是一种无毒、无腐蚀性的微量水深度干燥的高效干燥剂。

3. 分子筛

分子筛是一种人工合成且对水分有极强吸附性的干燥剂。

4. 蒙脱石活性干燥剂

蒙脱石活性干燥剂是采用一系列物理手段将天然蒙脱石进行加工得到的一种天然、无毒、pH 中性的硅酸钙矿物质，是一种无毒无害的“绿色物品”。这种干燥剂的价格不到变色硅胶的一半，但吸湿能力和再生寿命都与变色硅胶基本相似；对金属无腐蚀性，其废弃物对环境也没有污染；由于密度较大，在相同空间中可以存放更多，因此被认为是硅胶的换代产品，目前已得到广泛的使用。

干燥剂使用时应注意：①必须在包装材料透湿度小且密封性好的包装容器中使用；②包装预留空间要尽量小，以便节约干燥剂并保证吸潮效果；③干燥剂一般不宜直接放在容器内，应包封在透气性良好的纱布袋或气体透气性薄膜小袋中，再放入包装容器内，并标明不能食用；④干燥剂放入包装之前应是未吸潮或被干燥过的；⑤用于食品包装的干燥剂必须无毒、无不良气味。

三、 防潮包装技术

根据被包装食品的要求不同，一般防潮包装方法可分为两大类，即常规防潮包装设计方法和封入吸湿材料的防潮包装设计方法。前者指为了防止被包装食品失去或吸收水分，保证食品品质稳定，而采用阻隔性能良好的材料对食品进行包装的防潮包装方法。后者指当防潮要求较高时，为了防止被包装食品吸收水分，保证食品品质稳定，除采用阻隔性良好的材料对食品进行包装外，还在包装内封入一定量的吸湿材料（干燥剂），吸收包装内的水分和从包装外渗入的水分，以减缓包装内湿度上升的速度，延长食品保质期。

（一） 常规防潮包装设计方法

根据包装食品的性质、防潮要求、形状及使用特点等，合理的选用防潮包装材料，设计包装容器和包装方法，并对防潮保质期进行测算。

1. 防潮包装设计的基本参数

防潮包装设计的基本参数及单位如表 5-3 所示。

表 5-3　　防潮包装设计的基本参数

序号	参数	参数描述	单位
1	W	被包装食品的净重	g
2	C_1	被包装食品的含水量	%
3	C_2	被包装食品允许的最大含水量	%
4	S	包装材料的有效面积	m^2
5	T	防潮包装的有效期	d
6	h_1	包装品贮存流通环境的平均湿度	%
7	h_2	包装内的湿度	%
8	θ	包装品贮存环境的平均气温	℃
9	Δp	包装材料两面的水蒸气压力差	Pa

2. 防潮包装设计步骤

（1） 确定被包装食品的防潮要求、包装尺寸及贮藏环境条件（主要为温湿度）。

（2） 选择防潮包装材料　计算允许透过包装的水蒸气量 q 为：

$$q = W \cdot (C_2 - C_1) \tag{5-4}$$

计算包装材料的透湿度 Q_v。在食品保质期内，允许的最大吸湿量即为包装材料所准许的最大水蒸气透过量，由此即可求出包装材料的允许透湿度 [g/（m^2 · d）]

$$Q_v = \frac{q}{S \cdot T} = \frac{W \cdot (C_2 - C_1)}{S \cdot T} \tag{5-5}$$

计算包装材料在食品贮藏温湿度条件下的实际透湿度 Q_θ：

$$Q_\theta = R \cdot K_\theta \cdot \Delta h \tag{5-6}$$

式中　Δh——包装内外的湿度差,%；

K_θ——包装放置在环境温度 θ℃时的温度影响系数（如表 5-4 所示）；

R——在 40℃、90%相对湿度条件下材料的透湿度（如表 5-2 所示）。

表 5-4　各种包装材料在不同温度下的 K_θ 值

薄膜	K_θ								
	40℃	35℃	30℃	25℃	20℃	15℃	10℃	5℃	0℃
PS	1.11×10^{-2}	0.85×10^{-2}	0.64×10^{-2}	0.48×10^{-2}	0.35×10^{-2}	2.57×10^{-3}	1.84×10^{-3}	1.31×10^{-3}	0.92×10^{-3}
PVC（软）	1.11×10^{-2}	0.73	0.49	0.31	0.20	1.26	0.78	0.46	0.28
PVC（硬）	1.11×10^{-2}	0.80	0.58	0.31	0.29	1.99	1.36	0.90	0.61
PET	1.11×10^{-2}	0.73	0.48	0.31	0.20	1.29	0.81	0.48	0.29
LDPE	1.11×10^{-2}	0.70	0.45	0.28	0.18	1.05	0.63	0.36	0.21
HDPE	1.11×10^{-2}	0.69	0.44	0.27	0.17	1.00	0.59	0.33	0.19
PP	1.11×10^{-2}	0.69	0.43	0.25	0.16	0.92	0.53	0.29	0.17
PVDC	1.11×10^{-2}	0.65	0.39	0.22	0.13	0.74	0.40	0.21	0.11

当包装材料的允许透湿度 Q_v 和实际透湿度 Q_θ 相等时，就可计算求出所要选定的包装材料的 R 值，即包装材料使包装内部食品含水量恰为极限值时的透湿度。此透湿度是以标准试验表征的，但是一般情况下其值与有关图标中的数值并不相等，因此在设计中还应考虑影响透湿度的各种因素，从而恰当地确定出包装材料的厚度、种类等，并使实际防潮包装材料的透湿度稍小于计算得到的 R 值。

$$R = \frac{W \cdot (C_2 - C_1)}{S \cdot T \cdot K_\theta \cdot \Delta h} \tag{5-7}$$

（3）计算实际的防潮包装有效期　同样的，当包装材料的允许透湿度 Q_v 和实际透湿度 Q_θ 相等时，即可计算出实际的防潮包装有效期 T 值。需要注意的是前面计算得到的 R 值与实际选用的包装材料的［R］值有差异，因此计算时必须根据实际选用材料的［R］值确定有效期。

$$T = \frac{W \cdot (C_2 - C_1)}{S \cdot [R] \cdot K_\theta \cdot \Delta h} \tag{5-8}$$

此外，防潮有效期也可以通过实际试验测得。但无论计算得到还是实验得到的值，都须稍大于实际要求的防潮有效期。

（二） 封入吸湿材料的防潮包装设计方法

在设计封入吸湿材料的防潮包装时，假定透入包装内的水分完全由吸湿材料吸收，然后同样的，当包装材料的允许透湿度 Q_v 和实际透湿度 Q_θ 相等时，即可计算得到需要封入的吸湿材料量。

$$W = \frac{S \cdot [R] \cdot K_\theta \cdot \Delta h \cdot T}{(C_2 - C_1)} \tag{5-9}$$

式中，[R] 由选定防潮包装材料决定，可通过测定或查表得到；根据被包装食品与湿度的关系，由该食品的临界水分值决定包装内的相对湿度 h_2；根据所使用吸湿材料的吸湿等温曲线，求出包装内相对湿度 h_2 所对应的吸湿材料最大含水量 C_2，并选定其原始含水量 C_1；根据设计的包装容器的表面积 S、包装有效期 T、预计的包装流通环境温度 θ、相对湿度 h_1 可确定温度系数 K_θ 值。

（三） 防潮包装应考虑的技术问题

1. 包装容器各处的物料吸湿不同

如粉粒状易吸湿食品，若包装后置于高温高湿环境中，越靠近包装容器边壁处的物料吸湿越剧烈，而远离容器壁的物料相对吸湿少。因此，设计防潮包装时应注意避免包装边壁处的物料过度吸湿。

2. 确定包装容器内以及包装操作环境的湿度

包装容器内的湿度，除与包装材料透湿性有关外，还取决于包装操作环境的空气湿度。在环境相对湿度一定的条件下，当温度升高时，空气中水蒸气含量增加；当温度下降时，空气中的水蒸气含量易达到饱和状态，使相对湿度增高，直到产生凝露。因此，若在较高温度下将食品封入包装容器时，虽然此时包装内的相对湿度满足保护食品的要求，但是当贮运环境温度低于前者时，包装内的相对湿度有可能超过了食品允许值，加速食品变质。

3. 对包装进行除湿处理

可采用除湿设备将空气进行干燥处理后再送入包装容器内，或者用惰性气体置换包装内的空气或用抽真空设备对包装内部抽真空。

4. 合理选定包装材料

关键是根据食品的性质、价值、形状、体积、重量以及贮运条件、流通周期等恰当地确定防潮包装的类别及包装材料的品种。

5. 优化设计包装容器的结构与外形

一般包装容器以球形为最佳，当包装容器为非球形时，应以包装内吸湿最剧烈处出发进行整体设计。

第三节 改善和控制气氛包装技术

改善和控制气氛包装技术（modified or controlled atmosphere packaging，M&CAP）在食品包装中的应用最早可追溯到20世纪初，人们在实践中发现降低食品包装内氧含量可以有效抑制细菌生长繁殖，从而延长食品的保藏期，如罐头食品的包装。目前，改善和控制气氛包装已得到了广泛的应用，现代食品流通销售模式为生鲜农副产品的分切保鲜包装提供了基本条件和无限商机，而改善和控制气氛包装技术为其生鲜品质提供了技术保证。

一、改善和控制气氛包装的类型

国际食品包装界对改善和控制气氛包装的定义为“通过改变包装内气氛，使食品处于不同空气组分（78.8% N_2，20.96% O_2，0.03% CO_2）”的气氛环境中而延长食品保藏期的食品包装。改善和控制气氛包装可以分为以下几种类型。

（一）真空包装

真空包装（vacuum packaging）是把食品装入气密性包装容器，在密闭之前抽真空，使密封后的容器内达到预定真空度的一种包装方法。常用的有金属罐、玻璃罐、塑料及其复合薄膜等软包装容器。

真空包装能够减少包装容器内氧气的含量，防止油脂氧化酸败、抑制食品的褐变反应及色素氧化褪色，防止微生物、昆虫的生长繁殖等，从而保持食品原有的色、香、味、营养价值，延长食品的保质期。真空包装还有利于食品的加热灭菌，抽真空后包装容器排除了气体，热传导能力增强，提高了杀菌效率，同时可避免包装容器内的气体因受热膨胀而造成封口开裂，使得罐藏食品的封口质量得到保证。真空包装还是一种安全有效且无污染的灭虫方法。昆虫必须在适量的氧气中才能存活，真空包装可使食品中的昆虫窒息死亡。

但真空包装在应用上有一定不足，应用范围也存在一定的局限性。如经真空包装的产品，因内外压力不平衡使包装产生皱缩现象，黏结在一起或缩成一团而影响外观。酥脆易碎食品如马铃薯脆片、油炸膨化风味食品等，真空包装后易被挤碎。质构柔软的食品如蛋糕等点心则会发生变形，食品表面有花纹的也容易遭受破损。有尖角或坚硬突起的食品易刺破包装材料而导致食品变质。真空包装也不适合新鲜果蔬保鲜包装。真空包装的保质效果不仅取决于较高真空度的包装机械，也取决于正确合理的包装技术及包装材料。对某些食品包装后还需适当的杀菌或冷藏措施来配合，以达到保质的效果。

（二）充气包装

充气包装（gas packaging）是指在包装内充入单一气体或混合气体来改变包装内气氛，使得食品在经过改性的理想气体环境中得以保质保鲜的一种包装方法。包装内可充入单一气体如氮气（N_2）、二氧化碳（CO_2），也可充入两种气体如 CO_2/N_2 或三种气体 $O_2/CO_2/N_2$，具体的气体种类和组分根据各类食品防腐保鲜要求确定。其核心技术是选择适合食品的最佳气体种类和混合比例（即理想气体），并配合适当的包装材料，使食品在贮藏销售过程中尽量维持理想气体组分和比例，从而最大限度地延长食品的保质期。

充气包装技术的原理与真空包装相似，即通过改变包装内的气氛破坏微生物赖以生存繁殖的条件，减缓食品的生物生化变质，保持食品新鲜色泽以及减缓新鲜果蔬的新陈代谢活动，从而延长食品的保质期或保鲜期。区别主要在于真空包装仅是抽取包装内的空气来降低包装内的含氧量，而充气包装是在抽真空后立即充入一定量的理想气体，或者采用气体置换的方法，用理想气体置换出包装内的空气，而非单纯的降低包装内氧含量。

相对于真空包装，充气包装能够克服真空包装因内外压力不等使包装产生皱缩的缺点，有效地保全食品质量和保持包装外形饱满美观，对于酥脆易碎、柔软而又需要保持外形不变，或水分活度高又不适宜加热杀菌的食品，以及生鲜果蔬等尤为适合，适用范围大于真空包装。表

5-5 所示为部分生鲜食品和加工食品的充气包装情况。

表 5-5　　生鲜食品和加工食品的充气包装

类别	食品名称	气体种类	充气目的
生肉	零售肉	O_2+CO_2	肉色素发色、抑制微生物繁殖
鲜鱼	鱼肉	N_2+CO_2	保持肉色素、抑制微生物繁殖
肉制品	火腿肉	N_2+CO_2	防止脂肪和肉色素氧化、抑制微生物繁殖
乳制品	乳粉	N_2	防止氧化
茶、咖啡	红茶、咖啡	N_2	防止香气散逸
糕点	蛋糕	N_2+CO_2	防止霉菌繁殖
干果	花生、杏仁	N_2+CO_2	防止脂肪氧化
粉末饮料	粉末橘子汁	N_2	防止维生素损失、防止香气散逸
果蔬	水果、蔬菜	$N_2+O_2+CO_2$	防止枯萎、保持鲜度

（三）气调包装

MAP 和 CAP 统称气调包装（modified atmosphere packaging，MAP；controlled atmosphere packaging，CAP），以小包装形式将产品封闭在塑料包装容器内，其内部环境气体可以是封闭时提供的，或者是封闭后靠内部产品呼吸作用自发调整形成，封闭后包装内的理想气氛一般不再用人为方式进行维持管理。对于较大的包装件，在贮藏期间也可实施适当的换气管理。MAP 和 CAP 不同之处在于对包装内部环境气体是否具有自动调节作用，从这个意义上看，传统的真空和充气包装都属于 MAP 范畴。

MAP 即改善气氛包装，指用一定理想气体组分充入包装，在一定温度条件下改善包装内环境的气氛，并在一定时间内保持相对稳定，从而抑制产品的变质过程，延长产品的保质期。MAP 适用于呼吸代谢强度较小的产品包装。

CAP 即控制气氛包装，主要特征是包装材料对包装内的环境气氛状态有自动调节作用，这要求包装材料具有适合的气体选择透过性，以适应内装产品的呼吸作用。生鲜果蔬产品自身的呼吸特性要求包装材料具有气调功能，能保持稳定的理想气氛状态，以避免因呼吸而可能造成的包装缺氧和 CO_2 含量过高。包装内的理想气氛状态可由包装后产品的呼吸作用自发形成，也可在包装时人为提供（配气），一般来说，对本来就有较长贮藏寿命，且气调是为了延长产品贮藏期的产品，可用自发形成的形式，而对那些只有很短贮存寿命的产品，则可考虑人工提供理想环境气氛，使包装系统很快进入气调稳定状态。

在应用气调包装技术时，根据被包装食品的性能特点，可选用单一气体或多种气体组成的理想气体充入包装内，以达到理想的保质效果。一般情况下，N_2 的稳定性好，常可单独应用于低水分活度干制食品的充气包装，如茶叶、脆片、炒货、固体饮料、乳粉等，主要目的是防止食品的氧化变质，保持其色、香、味、形。对于那些有一定水分活度、易发生霉变等生物性变质的食品，一般用 CO_2 和 N_2 的混合气体充填包装。对于有一定保鲜要求的生鲜食品，则必须用一定氧气含量的理想混合气体充填包装。表 5-6 和表 5-7 分别列举了一些国内外食品气调包装的混合气体体积配比。

表 5-6　　国外几种食品气调包装的混合气体组成与气体混合配比

食品种类	O_2/%	CO_2/%	N_2/%
红肉	60~85	15~40	—
熟肉/腌肉	—	20~35	65~80
家禽	—	25	75
少脂鱼	30	40	30
多脂鱼	—	60	40
大马哈鱼	20	60	20
硬干酪	—	100	—
软干酪	—	30	70
面包	—	60~70	30~40
无乳制品蛋糕	—	60	40
乳蛋糕	—	—	100
新鲜意大利面制品	—	—	100
水果蔬菜	3~5	3~5	85~95

表 5-7　　国内几种食品气调包装的混合气体组成和保藏期

食品种类	保藏效果	温度/℃	混合气体组成	保藏期/d
广式月饼	防腐、防霉	25~30	CO_2、N_2	<60
蛋糕	防腐、防霉	20~25	CO_2、N_2	30
鲜猪肉	防腐、保持色泽	0~4	O_2、CO_2、N_2	10~12
青鱼段或鱼片	防腐	0~4	O_2、CO_2、N_2	12~14
鲳鱼	防腐	0~4	O_2、CO_2、N_2	10
带鱼段	防腐	0~4	O_2、CO_2、N_2	12
即食海蜇皮	防腐	20~25	CO_2、N_2	180
生豆腐干、烤麸	防霉、防腐	0~4	CO_2、N_2	10~14
叶菜类	保鲜	0~6	O_2、CO_2、N_2	10
荔枝	保鲜	0~6	O_2、CO_2、N_2	30
草莓	保鲜	0~6	O_2、CO_2、N_2	10

二、真空和充气包装的工艺要点

为了保证食用安全和取得保鲜效果，食品气调包装对包装前食品的污染程度、包装材料和保藏温度有较严格的要求。

（一）包装前食品污染程度

气调包装的食品，尤其是新鲜鱼和肉类等易腐食品对污染程度有较高的要求。包装前细菌污染指标越低，保藏期越长。例如新鲜鱼和肉类在包装前污染的细菌总数大于 10^5 个/g 时，气调包装的保鲜效果很差或没有；细菌总数小于 10^4 个/g 时，保鲜效果明显。新鲜食品如果仅仅是表面污染程度高，包装前通过适当的消毒处理以减少表面污染，气调包装仍可取得一定的效果。此外，食品气调包装对包装生产车间与个人的卫生有较严格的要求，尽量避免经预处理的食品再次污染，才能取得预期的保藏效果。

（二） 包装材料

为了保持包装内混合气体给定的浓度，食品气调包装（不包括新鲜果蔬）的包装材料有以下几点要求。

（1）包装材料的机械强度　包装材料有一定的抗撕裂和抗戳破的强度，尤其是包装新鲜的鱼和带骨肉的材料。

（2）包装材料的气体阻隔性　由于大多数塑料包装材料对 CO_2 的透气率比对 O_2 大 3~5 倍，所以食品气调包装要求采用对气体高阻隔性的多层塑料复合包装材料，高阻隔性的 PVDC 和 EVOH 是塑料复合包装材料的最佳阻隔层。

（3）包装材料的水汽阻隔性　为了避免包装产品因失水而损失重量，食品气调包装的包装材料要求有一定的水汽阻隔性，推荐采用透湿量为 0.1g/（m^2·24h）（38℃）的包装材料。

（4）包装材料的抗雾性　大多数的气调包装食品都要求冷藏下贮藏或销售，包装内外温差使水分在包装膜内产生雾滴影响产品外观。因此必须采用抗雾性塑料包装材料，使包装内水分不形成雾滴。

（5）包装材料的热封性　为了保持包装内的混合气体，包装袋或盒的封口要求有一定强度，而且完全密封，无微小的泄露。聚乙烯的热封性最可靠。

（6）包装材料的透气性　新鲜果蔬的塑料包装膜用作包装内外的气体交换膜时，便于从大气中补充包装内被果蔬需氧呼吸所消耗的 O_2 和从包装内排出果蔬呼吸所产生的过多的 CO_2，因此要求采用透气性的塑料包装材料，而不是阻气性的包装材料。包装内气体组分含量越接近产品气调包装的理想气体要求，产品的保鲜期越长。在具体包装过程中若透气度不足，也可在薄膜表面进行打孔处理。若采用具有一定的水蒸气阻隔性和防雾性、同时具有吸收乙烯等特殊功能的薄膜，对延长保质期则更为有利。表 5-8 所示为常用塑料薄膜对 O_2、CO_2、N_2 的透气度及透湿度。

表 5-8　　塑料包装材料的透气度和透湿度

序号	材料		透湿度（40℃、90%相对湿度）/[g/（m^2·24h）]	透气度（20℃、65%相对湿度）/[mL/（m^2·24h·0.1MPa）]		
	代号	厚度/μm		N_2	O_2	CO_2
1	LDPE	25	20	1400	4000	18500
2	HDPE	25	10	220	600	3000
3	CPP	25	11	200	860	3800
4	OPP	25	9	100	550	1680
5	PVC（硬）	25	40	56	150	442
6	PVC	25	5~6	30~80	80~320	320~790

续表

序号	材料 代号	材料 厚度/μm	透湿度（40℃、90%相对湿度）/[g/（m^2·24h）]	透气度（20℃、65%相对湿度）/[mL/（m^2·24h·0.1MPa）] N_2	O_2	CO_2
7	PS	25	110~160	880	5500	1400
8	PC	25	80	35	200	1225
9	PET	25	27	25	60	420
10	PA（N）	25	300	16	60	253
11	OPA	25	145	6	20	79
12	PVDC	25	3~6	2~23	13~110	60~700
13	PT	25	>120	8~25	3~80	6~90
14	KPT	25	10	—	2	—
15	PVA	25	很大	—	7	10
16	EVAL	25	50	—	2	—
17	KOPP	25	4~5	1.5	5~10	15
18	PA/PE	77	10	—	50	—
19	PP/PVDV/PE	76	5	—	15	—
20	PET/PVDC/PE	60	4	—	15	—
21	PA/EVAL/PE	80	8	—	12	—
22	PA/PVDC/PE	73	8	—	6	—
23	PET/EVAL/PE	71	7	—	4	—
24	PA/PP	90	4	—	50	—
25	PA/EVOH/LLDPE	55	13	—	47	—

（三）气调包装产品的贮运和销售温度

各种包装材料对气体的渗透速度与环境温度有着密切关系，一般随温度提高其透气度也随着增大。表5-9所示为三种常用气体在不同温度下对PE薄膜的渗透系数值。由此可知，气调包装的食品宜在低温下贮存，若在较高温度下贮存，会因透气率的增大而使食品在短期内变质；对生鲜食品或包装后不再加热杀菌的加工食品，应在低温（10℃以下）贮藏和流通。

表5-9　　不同温度三种气体对PE薄膜的渗透系数 P_g

单位：$\times10^{-10}cm^3\cdot cm/(cm^2\cdot s\cdot 0.1MPa)$

温度/℃	气体 CO_2	N_2	O_2
0	54.7	2.50	11.0
15	130	7.84	27.5
30	280	21.5	69.4
45	540	54.7	143

（四） 气调包装过程的操作质量

热封时要注意包装材料内面在封口部位不要粘有油脂、蛋白等残留物，确保封口质量。严格控制真空包装产品杀菌温度和时间，避免加热过度造成内压升高致使包装材料破裂和封口部分剥离，或由于加热不足而达不到杀菌效果。另外，真空包装时必须充分抽气，特别注意对生鲜肉类和不定形食品的真空包装，不能残留气穴，防止残存空气导致残存微生物在保质期内生长繁殖而使食品腐败变质。

（五） 气调包装的适用产品特性

真空包装由于包装内外压差使包装皱缩，所以一般不宜用于易被压碎或带棱角的食品，防止食品被压碎或刺穿包装袋漏气导致真空包装失效。对这类食品，如果常规包装方法不能保持其风味和质量而又有一定包装要求时，一般考虑采用充气包装。

（六） 气调包装混合气体的组分和包装方式的选择

气体种类及混合比例对气调包装的效果影响至关重要，但食品的性质千差万别，要求的理想气体差异很大，不同资料中显示的各种气体合适比例又不尽相同，因此实际应用时要根据食品的性质，通过试验和实践确定最佳理想气体。

气调包装在进行气体置换时，可采用先抽真空，再充入理想气体的方式，或用调配好的理想气体直接充入包装容器内的方式，前者工艺相对复杂，但包装内的氧气残留量较低，适合对氧气敏感的食品，后者生产效率高，但包装内氧气残留量高，应用受到一定限制。另外为避免有害杂质的混入，食品气调包装使用的气体应符合食品级标准才能选用。

三、 真空和充气包装的机械设备

（一） 真空包装机

真空包装机是在包装容器内盛装产品后，抽去容器内空气，达到预定真空度并完成封口工序的机器。

真空包装机品种较多，按材料的不同可分为塑料薄膜容器真空包装机、复合材料膜容器真空包装机、金属罐容器真空包装机（真空封罐机）。对于塑料薄膜容器和复合材料膜容器的真空包装机，又分为机械挤压式、插管式、腔室式、输送带式、旋转台式。此处主要介绍塑料薄膜容器与复合材料膜容器真空包装机。

腔室式真空包装机应用较广泛，它是按包装物料的情况设置一定大小和形状的腔室，在腔室内抽真空和封口。腔室式真空包装机原理为：充填好物料的容器先不封口，放入包装机的真空室中，合上盖使腔室密封。然后由真空泵抽气，当真空表所示真空度已到要求时，对容器进行封口（多采用脉冲式热封，也可用板块热封）。封口后打开阀门，导入大气，打开腔室，取出制品，完成一个包装循环。腔室式真空包装机按结构形式不同，有合式真空包装机、输送带式真空包装机和旋转式真空包装机。

1. 合式真空包装机

这种包装机是手工操作，即人工把装好物料的塑料袋放入腔室，并进行抽气封口操作，然后取出封口后的制品。合式真空包装机有台式、单室式和双室式等，图 5-1 所示为各种类型合式真空包装机的形状。

图 5-2 所示为真空包装机结构示意图，加热器 4 和真空室盖 6 上的耐热橡胶垫板 7 构成热封装置，真空室后端装有管道连接真空泵，操作时，放下真空室盖即通过限位开关接通真空泵

图 5-1 各类型合式真空包装机的外形

的真空电磁阀进行抽真空，其室内负压使室盖紧压箱体而构成密封的真空室。控制系统按工作程序自动完成抽真空、压紧袋口、加热器加热封口、冷却、真空室解除真空、抬起真空室盖等动作。

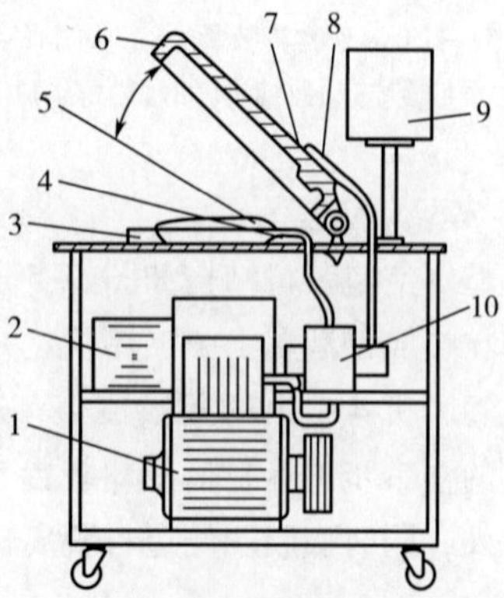

图 5-2 真空包装机结构示意图

1—真空泵 2—变压器 3—盛物盘 4—加热器 5—包装制品 6—真空室盖 7—橡胶垫板 8—小气室 9—控制箱 10—电磁阀组

2. 带式真空包装机

是用输送带将包装袋逐步送入真空室，进行自动抽气并热封，然后随输送带送出机外，是一种自动化程度和生产效率较高的腔室式真空包装机。

图 5-3 所示为输送带式真空包装机的结构简图，包装袋置于输送带的托架 1 上，随输送带进入真空室盖 4 位置停止，室盖 4 自动放下，活动平台 7 在凸轮 6 作用下抬起，与真空室盖构成密封真空室，随后进行抽真空和热封操作；操作完毕，活动平台降下而真空室盖升起，输送带步进将包装袋送出机外。

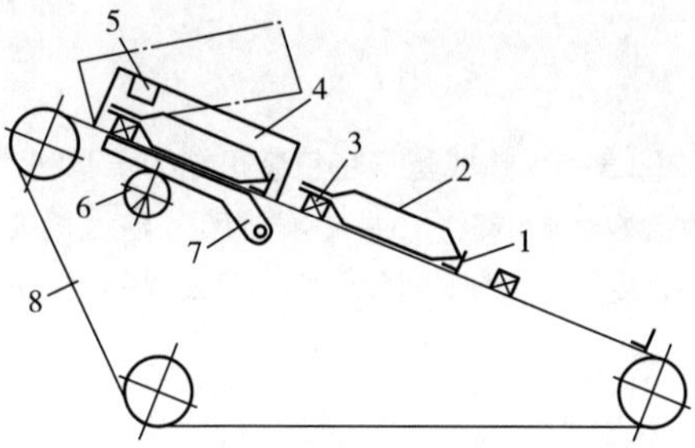

图 5-3 输送带式真空包装机的结构图

1—托架 2—包装袋 3—耐热橡胶垫 4—真空室盖 5—热封器 6—凸轮 7—活动平台 8—输送带

3. 旋转式真空包装机

图 5-4 所示为旋转式真空包装机工作示意图，该机由取袋器、袋子传送机构、充填转台和抽真空转台等构成。

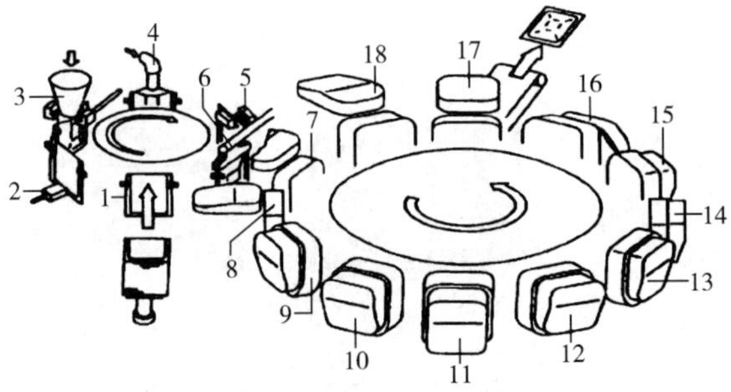

图 5-4　旋转式真空包装机工作示意图

1—吸袋夹持器　2—打印器　3—撑开袋口与定量充填　4—自动灌汤汁　5—预封器　6—机械手传送包装袋　7—打开真空盒盖装袋　8—关闭真空盒盖　9—预备抽真空　10—第一次抽真空　11—保持真空　12—第二次抽真空　13—脉冲加热热封袋口　14、15—袋口冷却　16—进气释放真空　17—卸袋　18—准备工位

4. 热成型真空包装机

热成型真空包装机结构如图 5-5 所示，工作过程为：底膜从底膜卷 9 被输送链夹持步进送入机内，在热成型装置 1 中加热软化并拉伸成盒（杯）型；成型盒在充填部位 2 充填包装物，然后被从卷膜机 4 引出的盖膜覆盖，进入真空热封室 3 实施抽真空或抽真空-充气，再热封；完成热封的盒带步进经封口冷却装置 5，横向切割刀 6 和纵向切割刀 7 将数排塑料盒分割成单件送出机外，同时底膜两侧边料脱离输送链送出机外卷收。

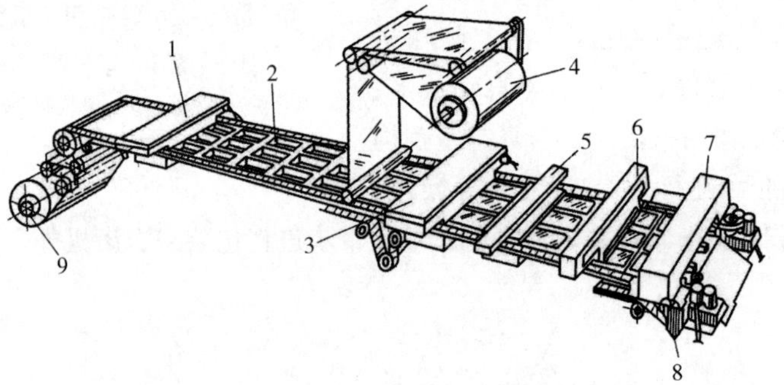

图 5-5　热成型真空包装机结构示意图

1—热成型装置　2—包装盒充填部位　3—真空热封室　4—卷膜机　5—封口冷却装置　6—横向切割刀　7—纵向切割刀　8—底膜边料引出　9—底膜卷

（二）充气包装机

充气包装机分为两类。一类称气体冲洗式，包装原理是不预先抽真空，而是连续充入混合气体，气流直接将包装容器内空气驱除，构成袋口端的正压状态并封口，生产效率高，但氧气残留量也高，不适用于对氧气敏感的食品的包装。另一类称真空补偿式，在抽真空后，封口前增加一个充气工序，将包装容器内的含氧量降低至 1%，应用范围广。真空和充气包装的工艺程序基本相同，因此这类包装机大多设计成通用的结构形式，使之既可用于真空包装，又可用于充气包装，但也有设计成专用形式。

第四节　活性及脱氧包装技术

一、活性包装

活性包装（Active Packaging）是指在包装材料中或包装空隙内添加或附着一些辅助成分来改变包装食品的环境条件，以增强包装系统性能来保持食品感官品质特性、有效延长保质期的包装技术。活性包装技术作为现代食品常用包装技术，典型的是脱氧剂、干燥剂等功能性包装辅助成分被装于独立包装小袋，广泛应用于食品包装中。此外，乙烯吸收剂、乙醇释放或发生剂、除味剂、CO_2 释放或吸收剂等功能性包装辅助成分，通过与包装材料的结合等技术方法应用于食品包装。

按照包装功能，活性包装可分为脱氧包装、CO_2 释放/吸收剂包装、乙烯吸收剂包装、吸湿剂包装、抗菌剂包装、清除气味/释放香味剂包装、吸收紫外光包装等。按照活性物质对食品防腐保鲜的方式，活性包装系统可分为吸收型和释放型活性包装。吸收型活性包装，活性物质吸收各种不利于食品防腐保鲜的成分，如 O_2、CO_2、乙烯、多余的水分以及其他有害成分；释放型活性包装，向包装顶隙加入或释放 CO_2、抗氧化和防腐等活性物质。

吸收剂和释放剂包装形式有小袋、标签和薄膜。小袋直接放入包装袋。标签黏附在包装的盖上，不与食品直接接触，因为与食品直接接触会削弱其功能，且可能会迁移到食品中。

目前常见的活性包装功能类型、辅助成分及食品应用如表 5-10 所示。

表 5-10　　常见的活性包装功能类型、辅助成分及食品应用

活性包装功能类型	辅助成分	食品应用
脱氧剂	铁粉、连二亚硫酸钠（$Na_2S_2O_4$）、铂催化剂、抗坏血酸、葡萄糖氧化酶、过氧化氢酶	富含油脂食品的抗氧化包装，如含油糕点、干酪、鱼肉干腌制品、油炸食品等
二氧化碳清除剂/释放剂	氧化铁/氢氧化钙、氧化钙/活性炭、抗坏血酸盐/碳酸氢钠	咖啡、生鲜肉和鲜鱼、干果和其他零食、海绵蛋糕等
乙烯清除剂	高锰酸钾、活性炭、活性黏土/沸石	水果、蔬菜保鲜包装
杀菌防腐剂	有机酸、银沸石、中草药提取物、BHA/BHT、维生素 E	谷类食品、畜禽肉、鱼、面包、干酪、零食、水果、蔬菜
除湿剂	生石灰、活性黏土、硅胶	谷类食品、鱼肉禽干制品、水果蔬菜干制品
气味吸收剂	三乙酰纤维素、乙酰化纸、柠檬酸、亚铁盐/抗坏血酸、活性炭/黏土/沸石	果汁、油炸食品、谷类食品、乳制品、畜禽肉

二、 脱氧包装技术

（一） 脱氧包装定义及特点

脱氧包装（deoxygen packaging）技术是商业应用最广泛的活性包装，是指在密封包装容器内封入能与氧起化学作用的脱氧剂（deoxygen freshkeeping agents），从而除去包装内的氧气，使被包装物在氧浓度很低，甚至几乎无氧的条件下保存的一种包装技术。

脱氧包装与真空包装相比最显著的特点是：在密封的包装内可使氧降低到很低水平，甚至产生一个几乎无氧的环境。真空脱氧剂能把包装容器内的氧全部除去，还能将外界环境中渗入包装内的氧以及溶解在液体中或充填在固体海绵状结构微孔中的氧除去，从而有效控制包装内产品因氧而造成的各种腐败变质，使其降低到最低限度。脱氧包装、真空包装和充气包装的比较如表 5-11 所示。

表 5-11 脱氧包装、 真空包装和充气包装的比较

项目	脱氧包装	真空包装	充气包装
原理	化学除氧	抽真空除氧	将包装内空气置换为有利于产品保存的气体
除氧率	几乎达到 100%	除氧不完全	除氧率低，通常剩余2%~4%的氧
包装内氧气含量随时间的变化	尚能吸收渗入包装袋内的氧气，能较长时间维持包装袋内的无氧状态	氧气渗入包装袋中，并随时间的延长而增加	氧气缓慢渗入包装袋中，并随时间延长而增加
操作及所用设备	不需要特殊设备，操作简单	设备昂贵	设备复杂，工作量大，效率低
缺点	吸氧产生负压，不能抑制厌氧菌和酵母菌的生长	不适宜于真空状态下易破碎、易变形产品的包装	多孔性物质内部的气体不易被置换

（二） 脱氧剂及其作用机理

1. 常用脱氧剂及其作用机理

脱氧剂根据其原材料组成的不同，可分为两大类，一是以无机物为主要组成的脱氧剂，如铁系脱氧剂、亚硫酸盐脱氧剂等；另一类是以有机物为主要组成的脱氧剂，如酶类、抗坏血酸及油酸、亚油酸等。不论哪一种，都具有直接氧化或间接催化氧化的能力。

（1）无机系脱氧剂

①铁系脱氧剂：以还原态的铁（铁或亚铁盐）为主剂。脱氧能力强、安全、制备简单，是最早研制并且也是目前应用最广泛的脱氧剂。在包装容器中，铁系脱氧剂以还原状态的铁，经下列化学反应消耗氧：

$$Fe+2H_2O \rightarrow \cdots \rightarrow Fe(OH)_2+H_2\uparrow$$

$$3Fe+4H_2O \rightarrow \cdots \rightarrow Fe_3O_4+4H_2\uparrow$$

$$Fe(OH)_2+\frac{1}{2}O_2+H_2O\rightarrow\cdots\rightarrow Fe(OH)_3\rightarrow\cdots\rightarrow Fe_2O_3\cdot 3H_2O$$

$$2Fe+\frac{3}{2}O_2+3H_2O\rightarrow\cdots\rightarrow 2Fe(OH)_3\rightarrow\cdots\rightarrow Fe_2O_3\cdot 3H_2O$$

以上反应过程较复杂，受到温度、湿度（水分）、压力、加入到脱氧剂中的辅助成分（助剂）等因素影响。铁发生氧化反应形成的终产物有差异，因而消耗氧的量也有不同。理论上1g铁可消耗300cm^3的氧气，即约1500cm^3空气中的氧。因此铁系脱氧剂的除氧能力是相当强的，这是铁系脱氧剂得到较广泛应用的主要原因之一。此外，铁系脱氧剂主剂原料容易获得，制作简单，成本较低。但铁系脱氧剂脱氧速度较慢，对水分依赖，会产生氢气，因此在配制或生产这类脱氧剂时，常需加入一些具有抑制氢气产生或处理已产生氢作用的助剂。

②亚硫酸盐系脱氧剂：这类脱氧剂多以连二亚硫酸盐为主剂，以氢氧化钙、活性炭等为助剂。如在助剂中加入适量的碳酸氢钠，则除了能除去包装空间的氧外，还能生成二氧化碳，形成包装内的高二氧化碳环境，可进一步提高对产品的保护效果。亚硫酸盐系脱氧剂发生的化学反应包括：

$$Na_2S_2O_4+O_2\xrightarrow{\text{水+活性炭}}Na_2SO_4+SO_2\uparrow$$

$$Ca(OH)_2+SO_2\rightarrow\cdots\rightarrow CaSO_3+H_2O$$

如果还需同时产生二氧化碳，则须再加入碳酸氢钠，发生以下反应：

$$2NaHCO_3+SO_2\rightarrow\cdots\rightarrow Na_2SO_3+H_2O+2CO_2\uparrow$$

总反应式：

$$2Na_2S_2O_4+2NaHCO_3+2Ca(OH)_2+2O_2\xrightarrow{\text{水+活性炭}}2Na_2SO_4+Na_2SO_3+CaSO_3+CaCO_3+3H_2O+CO_2\uparrow$$

1g连二亚硫酸钠大约可以消耗0.184g氧，即在标准状态下1g连二亚硫酸钠可脱除约130cm^3的氧，它的脱氧能力不如铁系脱氧剂，但它脱氧速度快，且可生成二氧化碳，这对食品贮藏保鲜非常有利。因此，亚硫酸盐系脱氧剂使用效果较好且应用也较广泛。

③铂（Pt）、钯（Pd）、铑（Rh）等加氢催化剂：通过Pt、Pd、Rh对氢氧化过程的催化作用，使包装内存在的氢和氧化合成水，而达到脱除氧气的目的。这些催化剂中以钯的催化效果较好，因为活化状态下的钯可以吸附比其自身体积大许多倍的活泼氢。催化的氧化反应式如下：

$$2H_2+O_2\xrightarrow{\text{Pt或Pd等}}2H_2O$$

Pt、Pd、Rh等加氢催化剂是较早研制成功并应用的一类脱氧剂，由于这类脱氧剂脱除氧气依赖于氢的存在，使用时需先采取一定方法（如抽真空）减少包装内的氧，然后再充入含氢的混合气体，如92%N_2+8%H_2，这相对较麻烦。另外，催化剂Pt或Pd等都是稀有金属，成本较高，故这类脱氧剂现已很少单独使用，大多数被其他高效脱氧剂代替，或与其他脱氧剂配合使用。

（2）有机系脱氧剂

①抗坏血酸（ascorbic acid，AA）：美国专利US 5284871中指出，抗坏血酸与硫酸铜的水溶液可在3min内达到去氧的效果，其反应机理为：

$$AA+2Cu^{2+} \longrightarrow DHAA+2Cu^{+}+2H^{+}$$

$$2Cu^{+}+2O_2 \longrightarrow 2Cu^{2+}+2O_2^{-}$$

$$2O_2^{-}+2H^{+}+Cu^{2+} \longrightarrow O_2+H_2O_2+Cu^{2+}$$

$$H_2O_2+Cu^{2+}-AA \longrightarrow Cu^{2+}-DHAA+2H_2O$$

总反应式：$AA+\frac{1}{2}O_2 \longrightarrow DHAA+H_2O$

DHAA 为脱氢抗坏血酸。铜离子在抗坏血酸溶液中充当催化剂，可以连续促进抗坏血酸的氧化反应。该脱氧剂可用于各类食品和药品包装，但成本较高。

②偶合酶脱氧剂：将氧化酶以固定化技术结合在包装系统上，利用其催化受质氧化的原理，也可作为脱氧剂。例如葡萄糖氧化酶脱氧剂，在葡萄糖氧化酶的催化作用下，葡萄糖和包装中的氧气发生反应生成葡萄糖酸，达到脱氧的目的。该反应的适宜温度条件为30~50℃，pH为4.8~6.2。由于偶合酶受限于食品中的温度、pH、水分活度、盐类浓度、溶剂种类等因素，故制备较为不易，仅适用于液态食品等某些特定产品的包装。

$$C_6H_{12}O_6+O_2+H_2O \xrightarrow{\text{氧化酶}} C_6H_{12}O_7+H_2O_2$$

$$H_2O_2 \rightarrow \cdots \rightarrow H_2O+O$$

③不饱和脂肪酸：美国专利 US 4908151 提出以油酸或亚油酸，配合催化剂（油酸金属盐类）及碱性凝固剂（氢氧化钙、氢氧化镁）等，可在低水分活度下进行脱氧反应，能改善还原态铁粉及其他有机系脱氧剂须有高水分参与反应的不足。

④活性干酵母脱氧剂：利用酵母菌在有氧环境下进行有氧呼吸，产生 CO_2，从而达到除去包装内部氧气的目的。其主要是针对含水食品而设计，如饮料、啤酒等。干燥酵母以固定化方式附着于瓶盖内侧，利用高透氧率、高透水汽率的低熔点高分子材料，将活性的酵母与啤酒隔离，不致直接接触。在贮存过程中，啤酒中的水分会使酵母活化而达到除氧的效果，反应式为：

$$C_6H_{12}O_6+6O_2+38ADP+38Pi \longrightarrow 6CO_2+6H_2O+38ATP+2882kJ$$

该脱氧剂具有以下独特性能：酵母菌是一种生物物质，对食品和环境无毒无害；在整个脱氧过程中，酵母菌进行有氧呼吸，在消耗氧气的同时也产生了 CO_2，所产生的 CO_2 不仅可以弥补氧气消除后包装容器中可能产生的负压，还可以起到灭菌、抑菌作用。

2. 脱氧剂的其他分类方式

脱氧剂除根据其原材料组成的不同进行分类外，市售脱氧剂还有根据作用速度、对外部水分依赖程度、脱氧能力等进行区分。

（1）根据作用速度　分为速效型、一般型和缓效型。使包装内的氧气浓度降至0.1%以下所需时间在1~24h内的脱氧剂为速效型脱氧剂，如亚硫酸氢盐脱氧剂；所需时间为2~3d的脱氧剂为一般型，如有机系脱氧剂；所需时间为4~5d的脱氧剂为缓效型脱氧剂，如铁系脱氧剂。图5-6所示为几种脱氧剂的脱氧速度。在实际使用时可将多种脱氧剂配合使用，使脱氧效果既迅速又长效。

（2）根据对外部水分的依赖程度　分为水分依赖型和自力反应型。水分依赖型（又称水分依存型或外来水反应型），该类型脱氧剂必须从食品中吸收水分后才能开始吸收氧气，在湿度小的空气中几乎不发生脱氧反应。适用于 A_w>0.75 的食品，如年糕、豆酱、比萨饼外皮等水分活度高的食品。自力反应型（又称自水反应型），该类型脱氧剂本身含有除氧反应所需的水

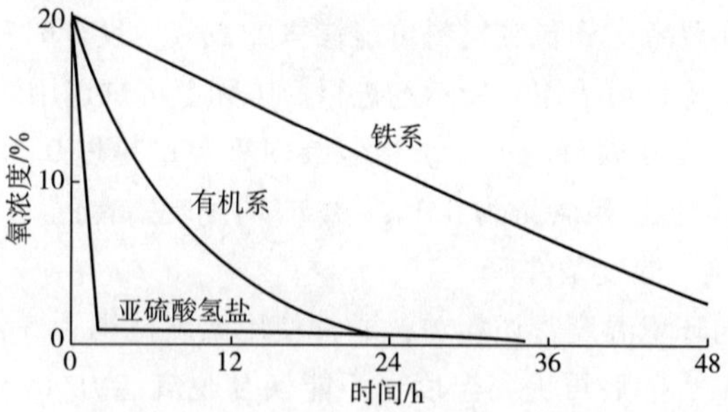

图 5-6 几种脱氧剂的脱氧速度

分，一旦接触到氧就立即开始吸收氧的反应。主要适用于 A_w<0.75 的食品，如茶叶、海苔、紫菜、坚果类和干性物料等水分活度低的食品。

（3）根据脱氧能力 分为 100 型、200 型、300 型、500 型、1000 型，表示每包脱氧剂能除去氧气的体积量（mL）。

（三） 脱氧包装的技术要点

1. 脱氧剂的使用方法

脱氧剂一般有粉末状、颗粒状或片状等形态，使用时可以直接应用某种形态，也可采取一定的方式使其附着在某种载体，如高发泡的泡沫塑料片上再使用。使用方法通常是先按一定量分装在小袋中（小袋由透气性好的材料包装，有利于里面的脱氧剂透过该材料吸收包装容器中的氧气），然后与被包装物一起封入包装内。一种更先进的方法是将脱氧剂与包装材料结合起来，融合到包装材料的成分中去，如图 5-7 所示，可通过调节包装层的厚度或组成成分来适应 O_2 的不同含量。

脱氧剂不能直接与大气接触，同时要求在包装过程中操作迅速，以免吸氧而影响使用效果。脱氧剂小袋在使用前应密封在气密性良好的包装容器中，使用时随启随用。如自力反应型开封后 5h 内务必使用，防止其失效或脱氧效果达不到预定要求。水分依存型铁系脱氧剂放置时间可较长。

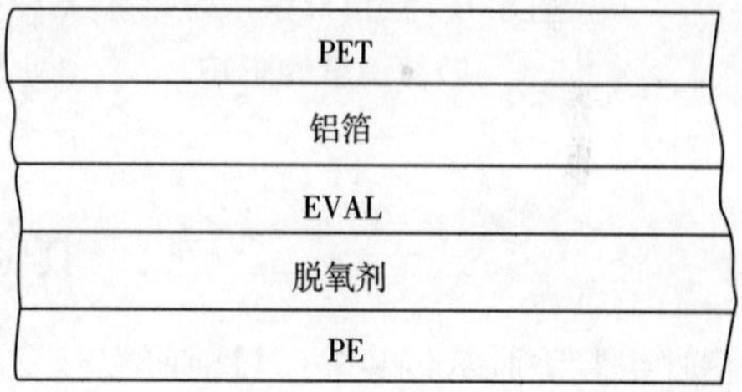

图 5-7 脱氧剂与包装材料的复合结构

2. 脱氧剂封存包装的材料及容器

用于实施脱氧包装的包装材料要求具有很高的气密性，尤其对氧气具有高阻隔性，具体要求为对氧气（25℃条件下）的透过率小于 20mL/（m^2·24h·0.1MPa），一般都采用如 PET/PVDC/PE、PET/Al/PE 或 BOPP/Al/PE 等高阻隔性复合薄膜，还可使用金属罐和玻璃管等容器。包装材料或容器最好有一定的强度，因为脱氧后，容器会产生一定的负压，引起收缩，外形不美观，如果结合适当的充气包装或使用抗坏血酸型等可产生二氧化碳的脱氧剂，可克服该缺点。

3. 注意选择合适的脱氧剂的类型及用量

根据食物的水分活度选择适合的脱氧剂，水分活度低的宜选择自水反应型，反之可选择水分依存型。根据食物对氧的敏感程度选择脱氧速度适宜的脱氧剂，通常速效型与缓慢型配合使用，可实现快速脱氧，又能长期维持无氧状态。脱氧剂的使用量要足够，不仅要能保证除去包装容器内原有的氧气，还要考虑到包装材料可能渗入的氧气，设计时一般增加 15%~20%的使用量。包装内脱氧程度的检查可采用氧指示剂进行。国际上可供选用的氧指示剂片，能通过自身的颜色变化来指示包装容器内氧的含量。当包装内氧含量超过 0.5%时，氧指示剂显蓝色；氧含量低于 0.1%时显粉红色；氧含量为 0.1%~0.5%时呈现雪青色。

4. 脱氧剂使用的温度、湿度条件

脱氧剂的脱氧效果与环境温度密切相关，通常使用温度范围为 5~40℃，脱氧活性随温度升高而加大，若低于-5℃，随后再提高温度也不能恢复脱氧能力（但目前也有报道日本生产的脱氧剂 KEEPIT 能适应低温工作），因此食品在封入脱氧剂后，贮藏温度不宜过低。贮藏温度太低，会降低脱氧效果，并可能导致脱氧剂失效。图 5-8 所示为温度对铁系脱氧剂吸氧速度的影响。

包装容器内的湿度和产品水分含量对脱氧效果也有明显影响，某些脱氧剂，如铁系脱氧剂（如图 5-9 所示）在相对湿度低于 50%时，基本不能吸氧。脱氧能力随相对湿度升高大幅度增强，但内装食品水分含量过高、相对湿度过大，不仅不能保持其物理特性和质量，也不利于保藏，该情况之下，一般包装食品的水分活度以 0.8 为宜。

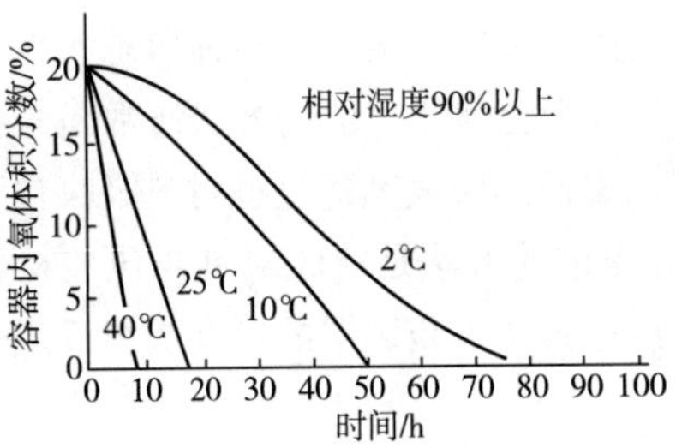

图 5-8　温度对铁系脱氧剂吸氧速度的影响

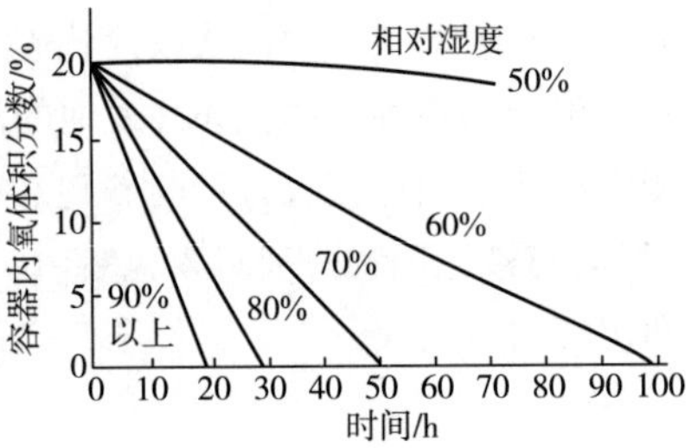

图 5-9　湿度对铁系脱氧剂吸氧速度的影响

三、 其他活性包装技术

活性包装除脱氧包装外，目前研究开发应用较多的有抗菌包装、乙烯吸附剂包装、CO_2 吸收剂/释放剂包装等。

（一） 食品抗菌包装

1. 抗菌包装的概念

抗菌包装是指能杀死或抑制食品腐败菌和致病菌生长的包装。通过在包装材料中增加抗菌剂或采用具有活性功能的抗菌聚合物，使包装材料具有抗菌功能，从而能够延长食品保质期或提高食品的微生物安全性。包装材料获得抗菌活性后，通过延长食品表面微生物停滞期、降低生长速度或减少微生物成活数量来限制或阻止微生物生长。随着消费者对低加工食品和无防腐剂食品的需要，抗菌性食品包装开始发展起来，与直接在食品中添加防腐剂相比，抗菌性包装确保了只有低水平的抗菌剂与食品接触。

2. 包装材料抗菌功能模式

通过在包装材料中添加抗菌剂或应用抗菌聚合材料达到抗菌功能，一般有三种模式：释放、吸收、固定化。释放型是让抗菌剂迁移到食品中或包装内空隙来抑制微生物的生长；吸收型抗菌剂是从食品系统内去除微生物生长所必需的要素来抑制微生物生长；固定化系统并不释放抗菌剂，而是在接触面处抑制微生物生长。对固体食品来讲，抗菌性包装和整个食品之间接触的机会较少，所以固定化系统对固体食品的效果可能不如对液体食品好。

3. 抗菌剂

目前被广泛使用的抗菌剂有化学抗菌剂、生物抗菌剂、抗菌聚合物、天然抗菌剂等，一般可分为有机抗菌剂和无机抗菌剂两大类，均可添加到包装系统中发挥其抗菌作用。有机抗菌剂包括有机酸及其盐类（如苯甲酸盐、丙酸盐、山梨酸酯）、有机酯、酶（如葡萄糖氧化酶）、细菌素、天然聚合物（如壳聚糖）、植物天然提取物（葡萄籽提取物）、杀真菌剂（如苯菌灵）、乙醇等。无机抗菌剂包括：抗菌性金属离子如银、锌和铜；以二氧化钛为代表的光催化型抗菌剂等。各种抗菌剂可通过混入塑料薄膜、涂层、载体、小袋和气体等方式构成无菌包装系统。

4. 抗菌包装结构和包装形式

（1）抗菌性包装系统设计问题　需要注意抗菌剂释放速度需与目标微生物的生长动力学相匹配。若抗菌剂的迁移速度大于目标微生物的生长速度，抗菌剂会在预计贮藏期结束前就耗尽，这时包装系统将失去抗菌活性，微生物便会开始生长。另一方面，如果包装中的抗菌剂释放速度太慢，以致不能控制微生物生长，微生物就会在抗菌剂释放发挥作用前急剧生长，当食品表面抗菌剂浓度维持在最低抑菌浓度以上时，系统才会主动呈现有效的抗菌活性。另外，薄膜/容器的成型方法对材料中抗菌剂的效果也很重要，同时，包装材料的物理和机械完整性也会受到合成进来的抗菌剂的影响。

（2）抗菌包装结构　有抗菌剂与包装材料混合的“混合型”和抗菌剂与包装材料结合的“结合型”。混合型中抗菌剂可以从包装材料迁移到食品，而结合型中抗菌剂不能迁移到食品。图 5-10 所示为不同抗菌包装结构抗菌剂的释放方式，图 5-10（1）和图 5-10（2）所示为抗菌剂通过扩散方式释放，图 5-10（3）和图 5-10（4）所示为抗菌剂通过蒸发方式释放。图 5-10（1）所示为单层包装薄膜结构，抗菌剂混入或与包装材料化学结合。图5-10（2）所示为双层复合薄膜结构，抗菌剂涂布在薄膜外层或抗菌薄膜外层与内层薄膜层合，内层作为控制抗菌剂释放速度的控制层。图 5-10（3）所示为有顶隙空间的包装，外层混入的挥发性抗菌剂通过蒸发释放到顶隙空间，顶隙空间抗菌剂被食品吸附后达到浓度平衡。图5-10（4）所示为有一层控制层控制挥发性抗菌剂渗透到包装顶隙的速度，保持包装顶隙一定的抗菌剂浓度。

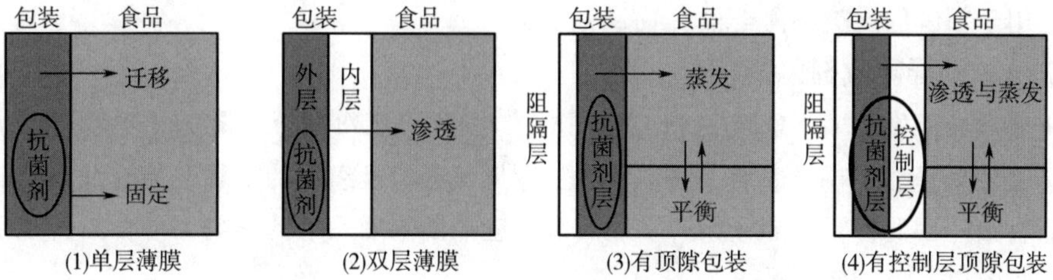

图 5-10　不同抗菌包装结构抗菌剂释放方式

抗菌剂与包装材料混合有几种类型：抗菌剂在塑料薄膜挤出之前加入到塑料中；抗菌剂溶解于涂层溶剂；混合到纸或纸板充填材料中。当法规不允许食品与抗菌剂接触时，可采用抗菌剂共价键与包装材料化学结构相结合的方式。这种结合方式要求抗菌剂具有同包装材料结合的基团，如抗菌剂具有肽、酶、聚酰胺等功能基团。此外，抗菌剂和包装材料之间可通过“连接臂”连接。结合类型的抗菌剂通过与食品接触来抑制微生物繁殖。

（3）抗菌包装形式　有小袋、衬垫、薄膜、纸板、涂层、可食薄膜等。

①抗菌剂小袋和衬垫：包装中加入含抗菌剂的小袋或衬垫是最成功商业应用的抗菌包装，如包裹在二氧化硅微胶囊或小袋中的乙醇释放剂和含抗菌剂的吸收衬垫。吸收衬垫主要应用在托盘包装的零售鲜肉中，将吸收衬垫放在鲜肉下可吸收肉产品流出的汁液，防止微生物繁殖，一般吸收垫中添加有机酸和表面活性剂。

②抗菌塑料薄膜：在塑料薄膜加工过程中混入抗菌剂，可加工成有抗菌功能的包装薄膜。抗菌剂添加量为0.1~5g/100g，以融化或溶解方式加入到塑料包装材料中。由于塑料薄膜加工过程中温度很高，要求抗菌剂能耐高温，银离子抗菌剂可以耐受800℃高温，很适合加工抗菌薄膜。图5-11所示为银离子抗菌薄膜的制造工艺流程。一些不耐热的抗菌剂，如酶类可通过溶解方式加入到包装材料中，如将溶菌酶溶解到纤维素薄膜中可防止溶解酶变性。薄膜加工时先将酪蛋白、胶原蛋白、大豆蛋白和谷蛋白、多糖、纤维素、明胶、卡拉胶等掺入塑化剂、乳化剂与抑菌剂（乳酸链球菌肽、溶菌酶、海藻酸钠、防腐剂）中，然后加工成薄膜。

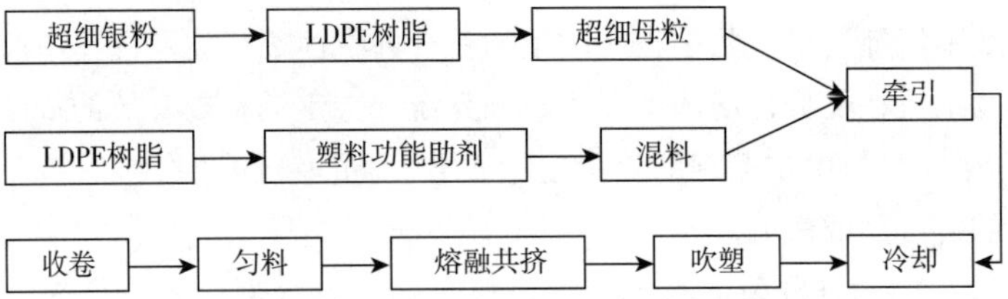

图5-11　银离子抗菌薄膜的制造工艺流程

③覆盖或吸附抗菌素薄膜：不耐热的抗菌剂可覆盖或吸附在薄膜上构成抗菌薄膜。如将涂布乳链球菌肽（素）（Nisin）的甲基纤维素膜包覆在乙烯薄膜上，或直接将乳链球菌肽（素）玉米蛋白膜包裹在家禽肉上，或将尼生素吸附在PE、EVA、PP、PA、PVC上构成抗菌薄膜。

④可食抗菌涂层：食品上涂布含可食的抗菌剂的涂层，抗菌剂可以从涂层有效渗透到食品表面，其优点是可食、可生物降解。可食涂层有干和湿两种，干涂层可与化学或天然的抗菌剂结合作为食品的物理阻隔层，同时也是微生物阻隔层；而湿涂层需要另外裹包，防止湿度损失。但湿涂层抗菌功能比干涂层更好，如乳酸菌混合到湿涂层中与细菌竞争进行控制，这种新型湿涂层用于新鲜的肉类和禽类很有效。

（二）　乙烯吸收剂包装

果蔬成熟会产生乙烯（C_2H_4），作为植物生长激素，它对新鲜果蔬的积极效果是促进成熟过程，消极效果是加快呼吸速率，这会导致加速果蔬衰老及组织的变软，使叶绿素降解，加快发生采后腐败。因此，对大部分新鲜果蔬而言，应控制采后乙烯的影响，可在新鲜果蔬包装中采用乙烯吸收剂。

乙烯吸收剂有许多专利文献报道，其中被商业应用的是以高锰酸钾（$KMnO_4$）为基本组分的乙烯吸收剂。乙烯与 $KMnO_4$ 的反应过程如下：

$$3C_2H_4+2KMnO_4+H_2O \longrightarrow 2MnO_2+3CH_3CHO+2KOH$$

$$3CH_3CHO+2KMnO_4+H_2O \longrightarrow 3CH_3COOH+2MnO_2+2KOH$$

$$3CH_3COOH+8KMnO_4 \longrightarrow 6CO_2+8MnO_2+2H_2O+8KOH$$

总反应式：$3C_2H_4+12KMnO_4 \longrightarrow 12MnO_2+12KOH+6CO_2$

经过一系列反应将 C_2H_4 氧化成乙醛，然后是乙酸，乙酸继续被氧化产生 CO_2 和 H_2O。因为 $KMnO_4$ 具有毒性，它不能直接添加到食品包装中；取而代之的是将 4%～6%的 $KMnO_4$ 添加到具有巨大表面积的惰性物质中，如珍珠岩、矾土、硅胶、氧化铝锭片、蛭石、活性炭或硅藻土，然后将其装入小袋，再装进包装袋里。

另一种乙烯吸附剂是活性炭，吸附乙烯后再用金属催化降解。如日本开发的乙烯脱除剂，在活性炭中填充有助于乙烯降解的物质（钯催化剂或无机溴），吸收 C_2H_4 并将其催化裂解，可有效降低脐橙和香蕉的软化速度。利用内部微孔结构的矿物质来吸收乙烯也是一种有效方法，把浮石、沸石、方石英（SiO_2）等与微量金属氧化物烧结在一起后分散到塑料薄膜中，制成半透明膜以增加气体的渗透性，可提高新鲜水果蔬菜的保质期。

（三） CO_2 吸收剂/释放剂包装

一些食品变质或呼吸时产生的 CO_2 会影响食品质量或将包装胀破，因而必须将 CO_2 清除。如新焙烤的咖啡由于还原糖与氨基酸间发生降解反应产生 CO_2 而内压增加导致包装破裂；另一种是朝鲜泡菜，一些蔬菜如东方甘蓝、萝卜、绿洋葱和芥菜叶与盐和香料混合时易发酵产生 CO_2。由于朝鲜泡菜的感官质量要求不能用巴氏杀菌，因而在其连续发酵过程中持续产生 CO_2，积聚在包装内的 CO_2 如不清除将导致包装破裂。通常采用氢氧化钙［$Ca(OH)_2$］作为 CO_2 吸收剂，它在高 A_w 条件下与 CO_2 反应成为碳酸钙（$CaCO_3$），其反应式如下：

$$Ca(OH)_2+CO_2 \longrightarrow CaCO_3+H_2O$$

这种 CO_2 吸收剂用于泡菜的缺点是反应过程是不可逆的，因而 CO_2 被消耗尽，泡菜汁液中 CO_2 损失将影响产品新鲜的碳酸风味。因此泡菜加工可采用可逆反应的 CO_2 吸收剂或物理吸附剂来取代氢氧化钙，如沸石、活性炭等。

另有 CO_2 吸收小袋为含有 CaO 和吸湿剂（如硅胶）的多孔性包装袋，CaO 和硅胶中的水分结合形成 $Ca(OH)_2$ 可吸收 CO_2。

可供释放 CO_2 的吸收剂小袋，以（抗坏血酸和碳酸亚铁）或（抗坏血酸和重碳酸钠）组合为基础，吸收 O_2 并产生等体积的 CO_2，以避免清除 O_2 后而造成柔性包装袋的塌陷或局部真空。

（四） 异味吸收剂包装

高分子包装材料对风味物质的吸附作用是众所周知的，异味吸收剂主要是去除那些由氧化的或者非氧化的生物腐败而形成的不良气味。如新鲜的禽肉和谷物产品，在生产过程中会释放出一些微量、但是仍然可以检测到腐败气味，如由蛋白质和氨基酸降解产生的含硫成分和胺类，由脂质或无氧糖酵解产生的乙醛和酮类。这些气味被阻气性包装捕获，在打开包装时，气味就会释放出来而被消费者所察觉。

在脂肪和油脂自动氧化初级阶段，过氧化物降解形成醛类物质，如已醛和庚醛，这些醛类物质产生的气味可以被活性包装清除。美国杜邦公司推出了一种去除顶隙内醛类的薄膜产品，这种材料是由以聚乙烯亚胺为主的各种聚烃烯亚胺和聚烯烃组成，已被应用于快餐食品、谷类食品、乳制品、禽类产品和水产品包装。一些商业开发的异味吸收小袋可以吸收某些包装食品在分销过程中产生的硫醇和硫化氢。

第五节　食品无菌包装技术

一、 无菌包装及其意义

无菌包装（aseptic packaging）是指把被包装食品、包装材料容器分别杀菌，并在无菌环境条件下完成充填、密封的一种包装技术。无菌包装的最大特点是被包装食品和包装材料容器分别杀菌。

罐藏食品的灭菌方法有三种工艺可达到商业杀菌的目的，即包装前杀菌、包装时杀菌和包装后杀菌。传统杀菌方法为后杀菌，即将物料经过预处理后预热、装瓶（罐）、排气、封罐，再杀菌、冷却，杀菌时热传递方向由外至内，当食品内部中心温度达到杀菌公式所需的温度和时间时，必然导致靠近容器壁的食品过热，对于大容积罐头，因食品传热缓慢这种情况更为突出。无菌包装技术的最显著特点是：被包装食品与包装容器材料分别杀菌，两者相互独立，很好的解决了传统罐头后杀菌方式的缺点。食品的色、香、味和营养价值损失小，能耗少，还可实现连续杀菌灌装密封，生产效率高，且无论包装尺寸大小，质量都能保持一致。无菌包装尤其适合液态或半液态流动性食品，其特点为流动性好、可进行超高温瞬时杀菌（UHT）或高温短时杀菌（HTST），上述灭菌方法对热敏性食品，如牛乳、果蔬汁等的风味品质保持具有重大意义。

二、 无菌包装体系的杀菌方法

食品无菌包装过程是由被包装食品的杀菌、包装容器材料的杀菌、包装系统设备的杀菌、无菌操作环境下进行包装作业所构成的一个无菌包装系统。确保各环节的无菌是保证无菌包装质量的关键。

（一） 被包装食品的杀菌

食品杀菌方法有热杀菌和冷杀菌两大类，目前能实现工业化的常用方法主要是热力杀菌，在无菌包装过程中应用最广泛的是超高温瞬时杀菌（UHT）和高温短时杀菌（HTST），具有杀菌效果高、费时短、能充分保持食品的感官及营养品质的特点，但应用范围局限于液态或半液态流动性好的均质液体食品。而对于含固体颗粒的汤汁类液态食品，可应用欧姆杀菌法，或是将液相或固相物质分别处理，对液相物质进行 UHT，对固相物质则在无菌容器中用蒸汽直接进行杀菌，然后在无菌条件下将液相与固相重新混合并灌注。

1. 超高温瞬时杀菌（UHT）和高温短时杀菌（HTST）

UHT 主要用于 $pH>4.5$ 的低酸性食品，如鲜乳、豆奶等的杀菌，杀菌温度为 135～150℃，杀菌时间为 2～8s；HTST 主要用于 $pH<4.5$ 的酸性食品，如果汁饮料，或者低温流通无菌乳的杀菌，杀菌温度为 85～90℃，杀菌时间为 3～5min 或 95℃，12min。超高温瞬时杀菌所需的杀菌时间短、效果好，采用这种技术不仅能保证食品质量，生产效率也可大大提高，目前广泛应

用于无菌包装。

(1) 超高温瞬时杀菌的机理　食品营养成分遭受热力破坏的温度及细菌孢子受热死亡的温度之间有很大的差异。首先由英国的巴顿等提出，他在对牛乳加热杀菌过程进行研究时发现，牛乳在加热杀菌过程中，随着温度的上升，杀菌效率随之提升，并且提升的速度大大快于牛乳中的化学变化（褐变、维生素破坏、蛋白质变性等）。尤其当温度提高至 135℃以上，杀菌效果和褐变效应比值与杀菌温度间的关系如图 5-12 所示。杀菌条件为 140℃、3.6s 时，杀菌效果与褐变效应速度之比为 2000∶1；杀菌条件为 150℃、0.36s 时，两者之比增大到 5000∶1。说明提高温度能大幅度提高杀菌效果，但对食品品质影响不大。当杀菌温度超过 150℃时，相应的加热杀菌时间进一步缩短，但在工艺操作上准确控制很困难，因为物料流速稍微有波动就会产生相当大的影响。因此目前超高温瞬时杀菌工艺，以 150℃、0.36s 作为高限，一般都采用 135~150℃，1~4s。表 5-12 所示为肉毒杆菌孢子在中性磷酸缓冲溶液中的死亡时间与温度的关系，也表明当加热温度在 130℃以上时，肉毒杆菌孢子的死亡时间显著缩短。

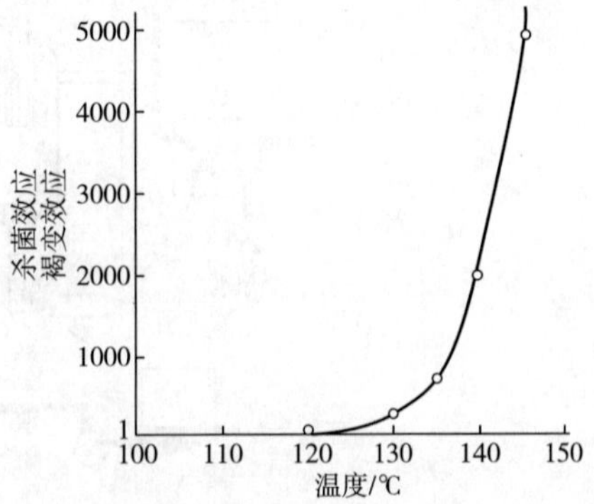

图 5-12　杀菌温度对杀菌和褐变效应比值的影响

表 5-12　肉毒杆菌孢子的死亡时间与温度的关系

温度/℃	100	105	110	115	120	125	130	135
死亡时间/min	330	100	32	10	4	4/3	1/2	1/6

(2) 超高温瞬时杀菌的加热方式　蒸汽加热式主要有两种类型，即直接加热方式和间接加热方式。

①直接加热杀菌法：直接加热杀菌法是用过热蒸汽与食品直接接触，达到快速加热杀菌的目的，然后在真空室内通过闪蒸方式除去多余水分，同时快速降温。直接加热方式又分为蒸汽喷射式杀菌和注入式杀菌两种类型。前者是蒸汽通过喷嘴直接喷入产品中去；后者是加压容器内充满达到杀菌温度的蒸汽，产品从顶部喷入。直接加热方式最大的优点是快速加热和快速冷却，最大限度地减少了超高温处理过程中可能发生的物理变化和化学变化。但是，这种方法对蒸汽的要求较高，即要求蒸汽用水必须适宜饮用，并且对制品加热后的含水量要进行严格的控制。该工艺特别适宜于热敏性的流质食品。图 5-13 所示为直接加热杀菌法的原理图。

②间接加热杀菌法：间接加热杀菌法是采用热交换器进行介质间热交换，间接完成加热杀菌的过程。热交换器分为片式热交换器、管式热交换器和刮板式热交换器。片式热交换器适用于果肉含量不超过 1%~3%的液体食品，刮板式热交换器适用于高黏度半流质食品，管式热交换器适用范围较广，凡是用片式热交换器会产生结焦或阻塞，而黏度又不足以用刮板式的产品均可采用。刮板式换热器装有带叶片的旋转器，在加热面上刮动而使高黏度食品向前推送，达到加热杀菌的目的。图 5-14 所示为间接加热杀菌法工艺原理图。

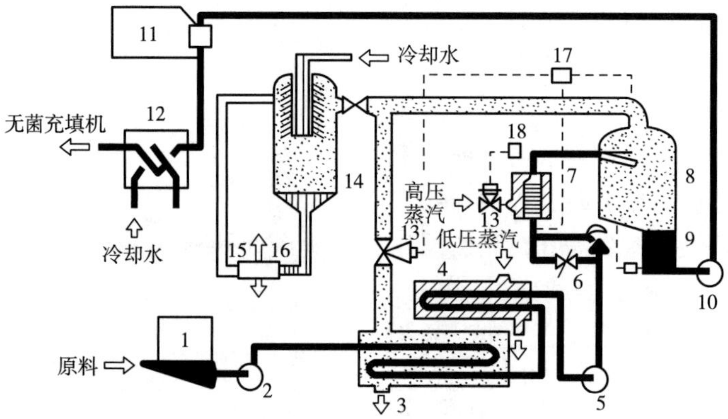

图 5-13　直接加热杀菌法工作原理图

1—原料箱　2—泵　3—第一预热器　4—第二预热器　5—泵（加压用）　6—流量调节器　7—蒸汽喷射装置　8—减压容器　9—液面保持槽　10—无菌泵（取出制品用）　11—无菌均质机　12—制品冷却机　13—蒸汽流量调节阀　14—冷凝器　15—冷凝水泵　16—真空泵　17—温度差调节阀　18—蒸汽喷射式-温度控制器

5℃→ 78℃→150℃（保持 2~4s）→80℃→20℃。其中 78℃升温至 150℃需要约 29s，80℃降温至 20℃需要约 14s

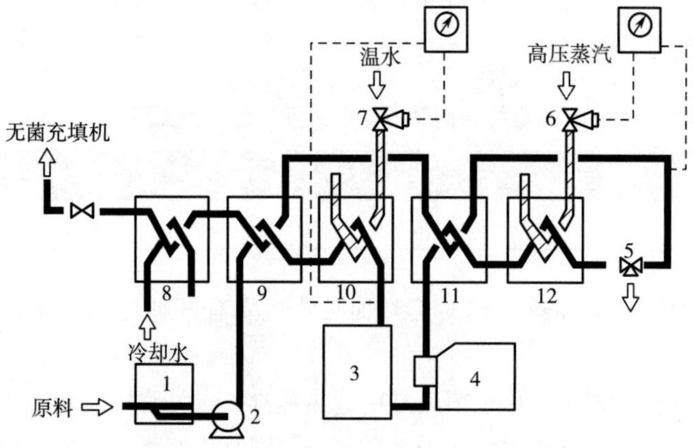

图 5-14　间接加热杀菌法工艺原理图

1—原料箱　2—泵　3—保持箱　4—均喷箱　5—流路转化阀　6—灭菌温度调节蒸汽阀　7—预热温度调节水阀　8—最后冷却器　9—第一热交换器　10—第一加热器　11—第二热交换器　12—第二加热器

片式超高温杀菌设备由一组片式热交换器组成，对流体物料连续预热、杀菌和冷却。图5-15 所示为英国 APV 公司巴拉弗洛（Paraflow）片式热交换器组成的间接加热超高温杀菌设备流程图。原乳从平衡槽 1 用泵抽送至预热片式交换器 2 与杀菌牛乳热交换而升温至 85℃，送入贮槽 3 并保持 6min，以便稳定浆液蛋白质，防止在高温加热区段内产生过多的沉淀物。经稳定处理的牛乳经泵送入均质机 4 均质，再送至高温蒸汽热交换器 5、6 与高温蒸汽热交换，加热杀菌到 138~150℃，并视需要保温 2~4s。接着灭菌乳流经转向阀 7，如果温度等于或高于杀菌温度，杀菌乳流入快速片式冷却热交换器 9 与冰水热交换至 100℃，再进入预热片式交换器 2 与原乳热交换进一步冷却，经片式冷却热交换器 10 再次与冰水热交换而使灭菌乳冷却到 20℃左右，送入无菌包装机包装。如果由于某种原因（转向阀）使牛乳温度下降到杀菌温度以下，牛乳将经分离冷却器 8 返回平衡槽，再行加工处理。图 5-16所示为牛乳灭菌时间-温度曲线。

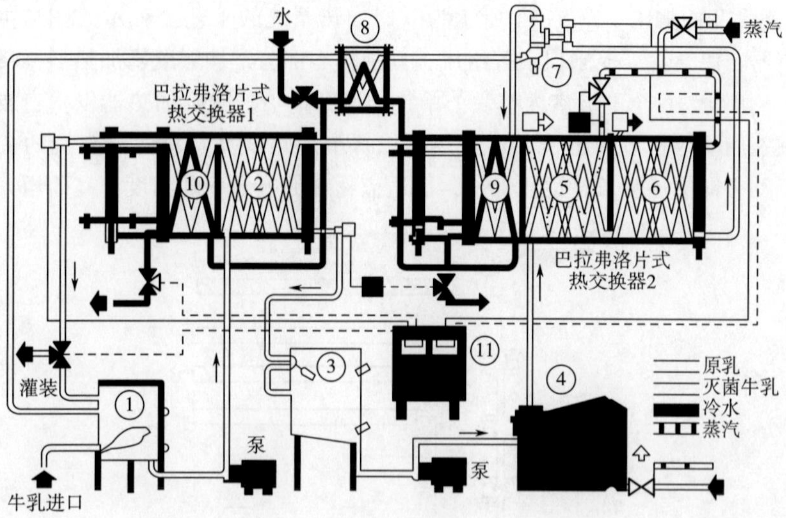

图 5-15　APV 片式超高温杀菌设备流程图

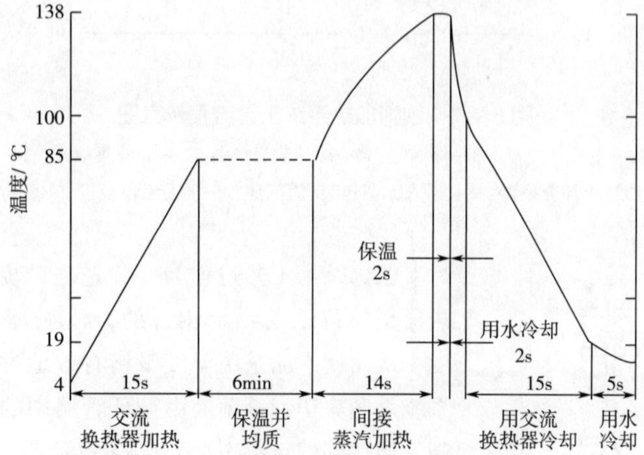

图 5-16　片式超高温杀菌牛乳的时间-温度曲线图

2. 欧姆杀菌

欧姆杀菌（Ohm sterilising）是一种借助通入电流使液态食品内部产生热量达到杀菌目的的新型加热杀菌技术。对于带颗粒（粒径小于 15mm）的液态食品，常规的换热器间接加热杀菌方式，其热量首先由加热介质通过间壁传递给食品物料中的液体，然后靠液体与固体颗粒之间的对流和传导传给固体颗粒，最后是固体颗粒内部的传热。显然，要使颗粒内部达到杀菌温度，其周围食品介质必须过热，这必然导致含颗粒食品杀菌后质地软烂、外形变坏，影响产品风味和质量。采用欧姆杀菌技术，可使颗粒加热速度与液体加热速度相接近，并可获得比常规传热杀菌方法更快的加热速率（颗粒升温 1~2℃/s），从而得到高品质的产品。欧姆加热杀菌因为是在连续流动的液体中加热，不需高温热交换，各种营养成分损失很少，且能量转化率达

90%以上，适合于对物料进行整体加热，所以是含颗粒的汤汁类液态食品（如牛肉丁和胡萝卜丁）实现超高温瞬时杀菌较好的方法。

英国 APV 公司已推出工业化规模的欧姆加热系统，可使 UHT 技术应用到含颗粒（粒径可达 25mm）液态食品的加工。图 5-17 所示为欧姆加热系统的工艺流程示意图，主要由泵、管路、欧姆加热器、保温管、控制仪表等组成，其中核心部分是柱形欧姆加热器（图 5-18），由 4 个以上电极室组成，每个电极室内有一个单独的悬臂电极。欧姆加热器以垂直或近乎垂直的方式安装，被杀菌物料自下而上流动，加热柱以每个加热区具有相同电阻抗的方式配置，因此，沿物料流动方向连接管长度逐段加长，以适应物料的电导率随温度升高而增大。

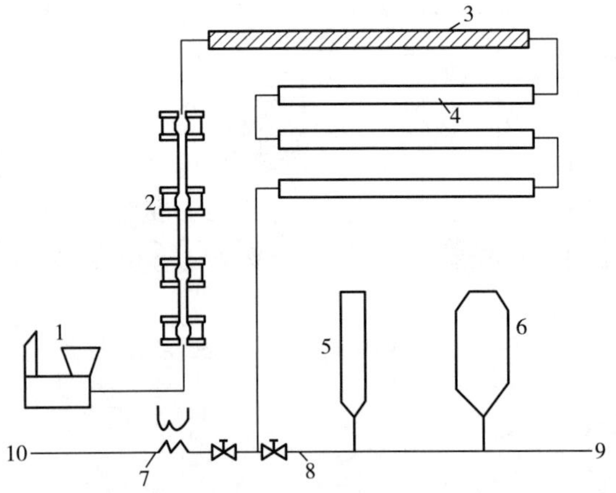

图 5-17　欧姆加热系统工艺流程示意图

1—进料泵　2—电极加热器　3—保温管　4—冷却热交换器　5—无菌集液罐　6—无菌产品罐　7—无菌消毒液冷却交换器　8—通入无菌包装机管道　9—接无菌包装机　10—杀菌液回流

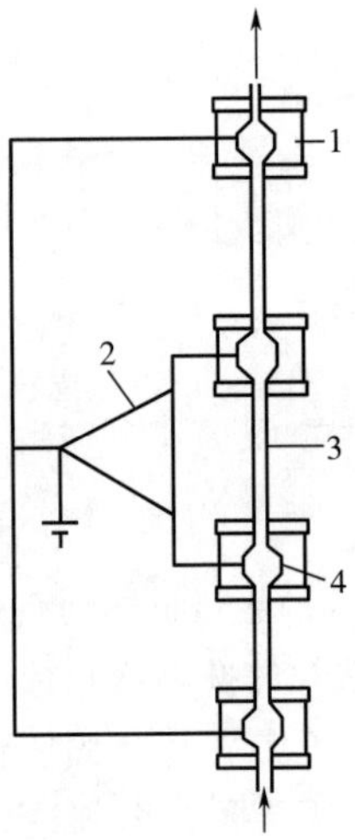

图 5-18　欧姆加热器原理图

1—电极管　2—50Hz 三相电源　3—中间管　4—电极

欧姆杀菌工艺过程为：首先是对装置进行预杀菌，用热导率与待杀菌物料相近的介质循环加热，达到杀菌温度，从而使产品杀菌温度平衡有效地过渡到正常值。一旦系统杀菌完毕，杀菌液由循环管路中的片式换热器进行冷却，当达到稳定状态后，排掉杀菌液，同时将产品引入系统进行杀菌。系统中反压泵给系统提供反压，以防止产品在欧姆加热器中沸腾。高酸性产品杀菌时，反压维持在 0.2MPa，杀菌温度 90~95℃；低酸性产品杀菌时，反压维持在 0.4MPa，杀菌温度可达 120~140℃。物料通过欧姆加热组件时被逐渐加热至所需杀菌温度，然后依次进入保温管、冷却换热器和贮罐或直接输送到无菌包装机。

（二）包装材料和容器的杀菌

无菌包装材料的杀菌方法视材质而不同。目前无菌包装普遍使用纸塑类多层复合包装材料或片材热成型容器。这类材料在复合加工时的温度高达 200℃左右，这相当于对包装材料进行了一次杀菌处理，但贮运、印刷等加工过程会重新被微生物污染，如果直接用来包装食品则会造成微生物的二次污染。因此，在无菌包装时必须对包装材料单独进行杀菌处理。包装材料和容器的杀菌可采取物理杀菌、化学杀菌及二者配合使用的方法。

1. 物理杀菌

（1）紫外线杀菌　其机理是经紫外线照射后微生物细胞内的核酸产生化学变化，引起新陈代谢障碍，因而失去增殖能力。紫外线杀菌效果与紫外线的波长、照射强度（mW/cm^2）以及照射时间（s）、湿度和照射距离以及材料表面状态有关。对于多数的微生物和细菌，波长在240~280nm的紫外线的杀菌效果最为有效。由于紫外线穿透能力很差，所以只限于材料的表面杀菌，包装容器或材料表面的灰尘、异物及阴影处的细菌无法杀灭。如果材料表面粗糙及形状不规则，需要延长紫外线照射时间。同时，采用紫外杀菌时还需考虑材料的特性，特别是复合材料的内层，如PVC、PVDC、LDPE等材料受紫外线照射后会降低其热封强度约50%。紫外线与过氧化氢、乙醇等其他杀菌方法结合具有协同增效作用。目前，最具备应用前景的是近期开发的激发态紫外光脉冲杀菌技术。它不同于常规的物理杀菌手段，采用特制的光源和电源器件，在高频高压下产生单一波长253.7nm的紫外光，其强度可达到200mW/cm^2以上，是常规紫外线装置发光强度的200~300倍，可以在几百毫秒时间内使物体表面和空气中10^9对数级细菌和10^5对数级芽孢致死。

（2）饱和蒸汽杀菌　主要应用于金属罐、玻璃瓶的杀菌。饱和蒸汽杀菌是一种比较可靠、安全的杀菌方法。这种杀菌是在压力室进行的，容器通过适当的阀门进入和离开压力室，同时为防止空气沉积于压力室内影响传热，必须及时去除压力室内由容器带入的空气，但是蒸汽杀菌后形成的冷凝水会残留于容器中并稀释产品。早期的灌装和瓶装无菌包装采用饱和蒸汽杀菌，自20世纪80年代后期开始，聚丙乙烯（PPE）成型瓶开始采用加压饱和蒸汽杀菌。

2. 化学杀菌

过氧化氢俗称双氧水，是一种杀菌能力很强的杀菌剂，其毒性小，在高温下可分解成氧和水：

$$H_2O_2 \longrightarrow H_2O + [O]$$

“新生态氧”［O］极为活泼，有极强的杀菌力。主要是依靠强氧化剂的氧化能力将细胞酶蛋白中的巯基—SH—转化为-SS-基，破坏蛋白质的分子结构，干扰细菌酶系统的代谢，使其失去活性。按照分子生物学的观点，就是使细胞的DNA发生氧化性损伤，从而抑制细胞的增殖。

过氧化氢对微生物具有广谱杀菌作用，但其杀菌力与其浓度和温度有关，如图5-19所示，过氧化氢浓度越高、温度越高，其杀菌效果就越好。浓度小于20%时，单独使用杀菌效果不好；当浓度为22%时，在85℃杀菌时可得到97%的杀菌率；而浓度为15%时，在125℃时杀菌可得到99.7%的杀菌率。由此可见，使用过氧化氢杀菌时，浓度和温度对包装材料杀菌率的影响很大，其中温度的影响更大，但杀菌温度受包装材料的限制。

过氧化氢杀菌常采用溶槽浸渍或喷雾方法，使包装材料表面有一层均匀的过氧化氢液，然后对其进行热辐射，减少过氧化氢在包装材料表面的残留量，使过氧化氢完全蒸发分解成无害的水蒸气和氧，同时增强杀菌效果。

3. 综合杀菌法

（1）过氧化氢和紫外线并用的杀菌方法　此方法比过氧化氢杀菌结合加热处理的杀菌效

果更显著。图 5-20 所示为各种杀菌方法的杀菌效果比较，由图可知即使采用低浓度过氧化氢（<1%）溶液，加上高强度的紫外线辐射杀菌处理，也可取得满意的杀菌效果。这种杀菌方法只需在常温下施行就可产生显著的杀菌效果，比单一使用过氧化氢（即使在高温下用高浓度的过氧化氢）或单一使用紫外线照射杀菌，其杀菌效果大上百倍。

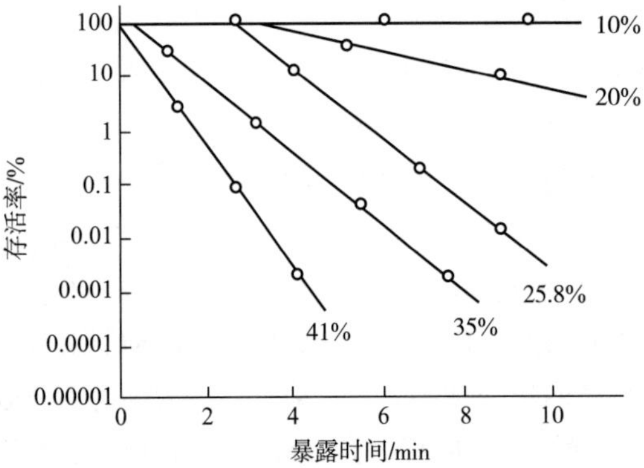

图 5-19　过氧化氢浓度对杀菌效果的影响

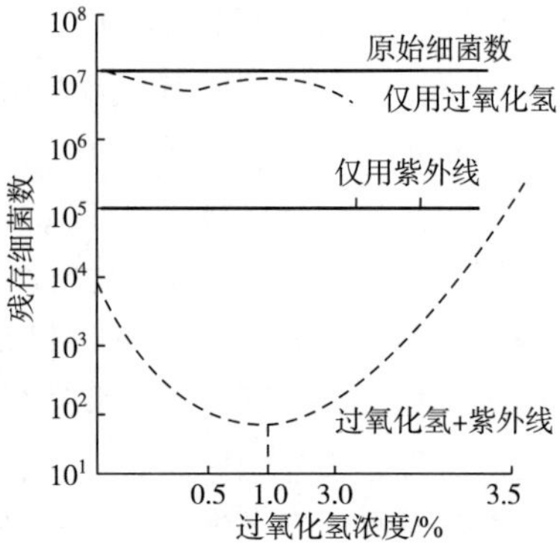

图 5-20　紫外线和过氧化氢结合杀菌的效果

（2）紫外线与乙醇或柠檬酸并用的杀菌方法　图 5-21 和图 5-22 所示为紫外线与乙醇和紫外线与柠檬酸并用的杀菌效果图。70%的乙醇、柠檬酸液单独使用时无杀菌效果，但与紫外线并用后均可在 3~5s 达到杀菌要求，其中最引人注意的是紫外线与柠檬酸并用的杀菌效果，当枯草芽孢杆菌孢子污染程度达 10^6 个/cm^2 时，可在 3s 内达到无菌状态。日本 FFS 塑料杯无菌包装系统采用这种杀菌方法对成型的杯材和盖材进行杀菌处理。

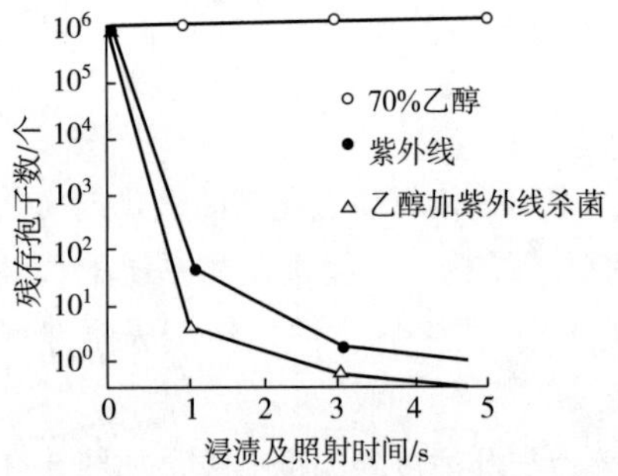

图 5-21　紫外线与乙醇并用的杀菌效果图

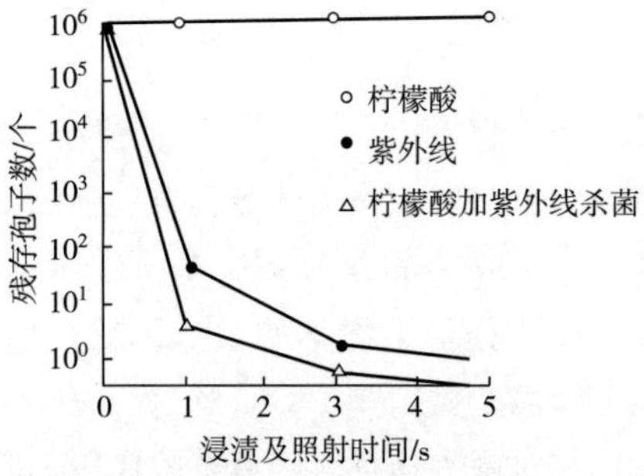

图 5-22　紫外线与柠檬酸并用的杀菌效果图

（三）包装系统设备和包装操作环境的杀菌

1. 包装系统设备的杀菌

无菌包装食品因无后杀菌处理，因此从食品杀菌到无菌充填的密封连续作业生产线上，任何一个环节未能充分杀菌就会对产品的质量造成无法弥补的影响。为了防止食品受到来自系统外部的微生物污染，在输送过程中，要保持接管处、阀门、热交换器、均质机、泵等的密封性，同时要求输送线路尽可能简单，以利于清洗。CIP 定位清洗系统是无菌生产线不可缺少的一个重要组成部分，无论是在生产的停顿过程，还是在生产完成后，都要对设备的某个部位或整体进行定点或全面的清洗，杜绝即时污染或再生产污染。常用的清洗程序为：清水冲洗→热碱水洗涤→清水冲洗至中性→稀盐酸中和→清水冲洗至中性→热水循环（或高温蒸汽）杀菌，利用离心泵输送液体，在被清洗装置中强制循环流动达到清洗目的，全过程大约需要 90min，均由 CIP 系统自动控制。另外，在每个生产班次之间，还需要进行约 30min 的“无菌中间清洗”。

2. 包装操作环境的杀菌

操作环境的杀菌包括除菌和杀菌两项工作。杀菌可采用化学和物理方法并用进行，并定期进行紫外线照射，杀灭游离于空气中的微生物。除菌是防止细菌和其他污物进入操作环境，除菌主要采用过滤和除尘方法实现，目前大都采用直径为 0.3μm 的高效纤维层过滤器，通过多级过滤方式将尘埃和细菌滤除，再对过滤空气进行加热杀菌，并定期进行紫外线照射杀灭游离于空气中的微生物，确保操作空间的无菌状态。无菌空气要求处于正压状态，一般应保持室内与室外的静压差大于 10Pa，避免外部不洁空气渗入无菌工作区。无菌室的洁净度划分为四个级别（如表 5-13 所示），食品及医药品的无菌充填室一般用 100 级别，温度控制为 18~26℃，相对湿度为 45%~65%。

表 5-13　　无菌室的空气洁净度级别表

洁净度级别	尘埃最大允许数/m^3		微生物防治最大允许数		换气次数
	≥0.5μm	≥5μm	浮游菌/m^3	沉淀菌/皿	
100	3500	0	5	1	垂直层流≥0.3m/s 水平层流≥0.4m/s
1000	350000	2000	100	3	≥20 次/h
100000	3500000	20000	500	10	≥15 次/h
300000	10500000	60000	—	15	≥12 次/h

三、无菌包装技术的特点

（一）无菌包装的优点

（1）食品经过超高温瞬时杀菌，食品的营养成分破坏少，可使食品的色、香、味、营养成分得以较好的保存。

（2）被包装的食品灭菌后经冷却再实施灌装，减少了包装材料内的有害物质在加热灭菌过程中向食品内迁移的可能性。

（3）无菌包装的食品可以在常温下进行保存和运输，无须利用特殊装置，可降低流通费用、节省能源，方便运输。

（4）对包装材料的耐热性要求降低，可以使用塑料、纸等成本较低的包装材料，包装容器的形状及大小可多样化，特别适宜加工大型的食品包装容器，这是以往一般罐头食品无法做到的。

（二）无菌包装的缺点

（1）无菌包装技术很难用于包装流动性差的高黏度的食品。

（2）它所采用的设备复杂、造价高、投资大，因此其初始成本较高。

（3）对操作管理要求十分严格，一旦发生污染，整批产品就要全部报废，损失大。

（4）设备和产品的专一性强，不适合生产小批量多品种的产品，设备应用缺乏广泛性。

四、食品无菌包装系统

（一）纸盒无菌包装系统

这种类型的无菌包装系统发展迅速。我国引进的是 Tetra Pak 公司的利乐砖型和国际纸业公司的 SA-50 无菌包装系统。

（1）Tetra Pak 利乐砖型无菌包装机　该机采用卷筒材料输入立式机器进行杀菌、成型、充填和封合，砖形容器由 5~7 层材料组成，典型材料结构为 PE/印刷层/纸板/PE/铝箔/PE/PE。这种机器采用 H_2O_2 和高温热空气进行包装材料的无菌处理。我国早期引进的机型为L-TBA/8型，近几年引进的机型为 TBA/9。图 5-23 所示为 TBA/9 无菌灌装机工作示意图。

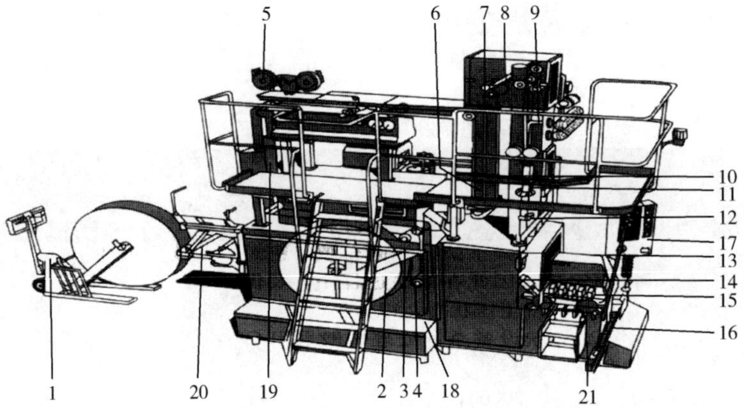

图 5-23　TBA/9 型无菌灌装机工作示意图

1—纸卷车　2—包装纸卷　3—马达驱动的滚筒（保证包装纸进料均匀顺畅）　4—惰轮（以启动或停止滚筒 3）　5—封条附贴器（在包装纸的一侧边缘加上封条，进行纵封时，此封条会与包装纸的另一侧边缘黏合，从而达至紧密结实的封口）　6—H_2O_2　7—挤压滚筒（以压挤掉包装纸上的过氧化氢）　8—气帘（喷出高温无菌空气以吹干包装纸）　9—产品灌装管　10—纵封装置　11—“暂停装置”（生产中如有短暂停机，再开机时，设备会先完成仍未封好的纵封）　12—感光器（以监控自动图案校正系统）　13—横封（由两对连续运转的夹爪形成）　14—灌装好的小包装（按切断后，滑落到最后的折叠器内）　15—折叠器（小包装顶部及底部的角被折好及热封成型）　16—利乐砖成品从运输带卸方出来　17—可转动的控制屏　18—润滑油及液压油添加处（机器自动清洗系统的洗涤液也在此处添加进去）　19—日期打印装置　20—包装材料接驳工作台　21—水和洗涤剂混合槽（用于机器外部的自动清洗）

（2）SA-50 无菌包装系统　图 5-24 所示为国际纸业公司的 SA-50 无菌包装系统工作原理图，该机采用双氧水和热空气对包装材料进行无菌处理：先由 35%的双氧水在槽中经 80℃处理 9~12 s，然后在通过滚轮的过程中双氧水逐渐减少；当通过 120℃热空气喷射后，材料上的双氧水完全被除去。此后，在无菌的成型填充工作区内完成成型、填充和密封操作，用过压无菌空气保持成型填充工作区域操作环境的无菌状态。

（二） 采用预成型容器的无菌包装系统

这种无菌包装系统不用卷筒材料，而是用预先压痕并接缝的筒形材料，在机器无菌区之外预先成型，然后用双氧水和热空气加热杀菌，用于牛乳和果汁饮料之类的无菌包装。由于纸盒在系统之外预制好，大大简化了无菌包装系统的纸盒成型部分。典型设备是德国 PKL 公司的 Combiloc 无菌包装系统：包装材料用纸板/铝箔/PE/Surlyn 树脂等组成。成平整状的半成型容器进入装置后，由真空作用使容器自动弹起打开，接着覆盖在容器底部的 PE 由热空气加热软化、成型和密封，然后传送到无菌填充部分。无菌填充部分由导入的无菌空气形成微正压，以防止来自装置外的空气进入无菌区而产生污染。容器内部用双氧水喷雾、200℃的热风加热消毒、蒸发干燥，使容器内表面残存的双氧水低于 1mg/kg。填充食品后用超声波密封上口，并在容器侧面曲折向上，形成开口用的“舌头”，即为成品。

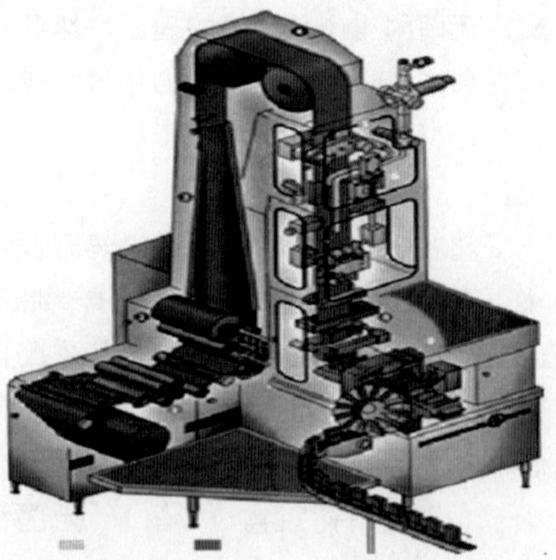

图 5-24　国际纸业公司 SA-50 无菌包装系统

另一种是热柠檬酸杀菌的 Rampart Packaging-Mead 公司的 Crosscheck 无菌包装系统，应用于低酸性食品和含有颗粒物产品的包装。

（三） 塑料瓶（杯） 无菌灌装系统

图 5-25 所示为采用卷筒材料的塑料容器成型/充填/封合无菌灌装系统。该系统采用双氧水杀菌处理，底部材料带和上部盖材经双氧水槽浸渍，而后经 4、10 两个干燥器使材料带上的双氧水完全分解蒸发而达到无残留，然后在正压无菌空气环境下完成容器成型、充填和封口。

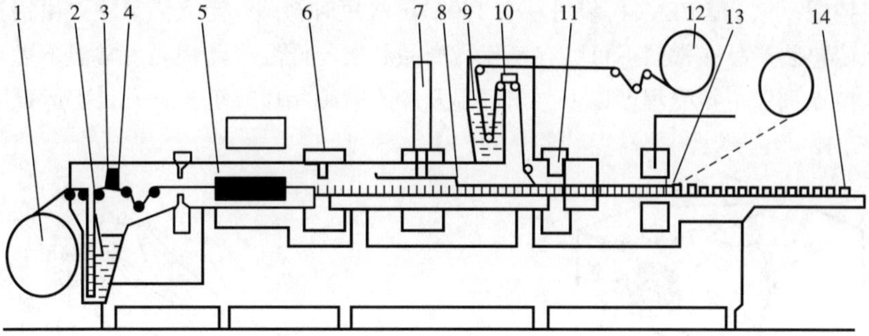

图 5-25　塑料瓶无菌包装系统

1—材料卷筒　2、9—双氧水槽　3—吸气吸液工位　4—干燥器　5—加热元件　6—热塑材料成型（用无菌空气）　7—无菌充填部位　8—充填区域（无菌通道）　10—负压干燥器　11—真空封口　12—铝箔材料卷筒（上盖）　13—冲剪模　14—输出

另一种塑料容器成型/充填/封合无菌灌装系统是大陆制罐公司（Continental Can Company）推出的 Conoffasf 包装系统，这种系统不用双氧水杀菌，而是使接触产品的包装材料无菌，即在制造多层包装材料的共挤过程中，加工温度达到了使材料杀菌的温度，从而使与食品接触的材

料无菌。在包装过程中，多层包装材料输入机器，在无菌条件下使多层材料的外层材料脱去，露出无菌的与产品接触的表面，然后制成包装容器，其中成型、充填、封合区的无菌条件由加压无菌空气维持。如容器的材料组成为PP/PE/PVDC/PP时，最里层的PP在无菌区内剥除卷去，使材料的内部表面处于绝对的无菌状态。容器成型后，充填食品，确保了食品接触部分的无菌。

塑料瓶无菌包装系统是以热塑性颗粒塑料为原料，采用吹模工艺制成容器，然后在无菌环境下直接在模中进行物料的充填、封口。由于在容器成型过程中的高温处理已使容器无菌，故无需二次杀菌，简化了无菌包装系统容器单独杀菌工艺过程。适用的材料为聚烯烃类，如PE、PP及其共聚物，用于超高温灭菌乳、果味乳、婴儿配方乳、水果饮料等不含气饮料的包装，常用的包装规格为150~1000mL。

（四）衬袋盒（箱）无菌包装

衬袋盒（箱）（Bag-in-box）是液体或半液体食品方便又经济的一种包装形式，如图5-26所示，由三部分组成：一个柔性的可折叠多层复合袋、封盖和管嘴，产品通过它灌装和流出取用，刚性的外盒或外箱，根据容积大小可用瓦楞纸板或木板等材料制成。

衬袋盒（箱）始于20世纪50年代末的美国，用于20L（5加仑）的牛乳包装。20世纪80年代高阻隔性材料和多层复合材料的开发应用，使衬袋盒（箱）开始用于食品的无菌包装领域。衬袋盒（箱）无菌包装系统以瑞典ALFA-LAAVAL公司的STAR-ASEPT较为典型，采用蒸汽杀菌，安全可行，且可进行杀菌温度和时间的测量记录，可适用于酸性和低酸性食品，如牛乳、各种果蔬汁和浓缩汁等不含颗粒和纤维液体食品的无菌充填。无菌取料，通过管嘴可随意取用部分产品而包装内部仍保持无菌状态；由于包装顶隙极小，充填嘴区域内氧气的渗透小，减少了因氧气变质的危险性。该机采用CIP原位清洗系统，与UHT杀菌配套，操作管理简便。

STAR-ASEPT包装袋复合材料构成如图5-27所示，包装袋由两个未固定的LLDPE内衬袋的复合材料构成。该LLDPE内衬袋可承受140℃蒸汽短时杀菌，阻光隔氧主要由铝箔及共挤层提供，其无菌包装产品在常温下可贮存半年，产品品质与低温冷藏相当。常温下贮存1年，产品质量可保持在商业可接受程度以上，与低温及冷冻贮藏相比，可节省大量贮运费用。

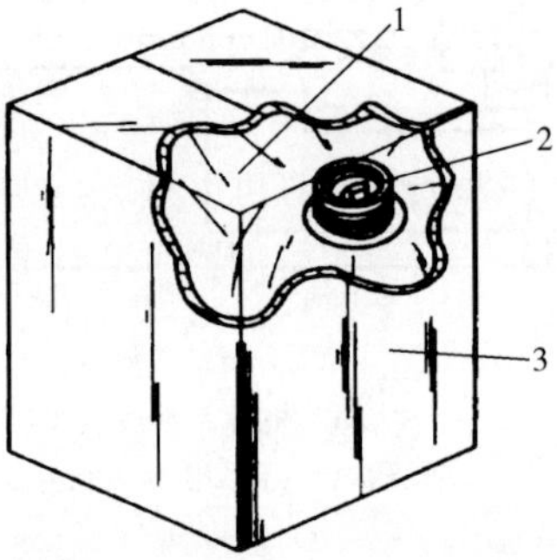

图5-26 液体食品的衬袋盒（箱）

1—薄膜袋 2—封盖和管嘴 3—刚性外盒（箱）

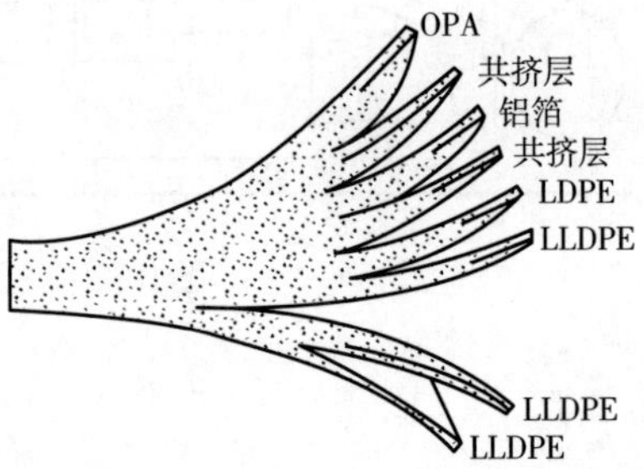

图5-27 STAR-ASEPT包装袋复合材料构成示意图

（五） 固体食品的无菌填充系统

固体食品无菌包装的最大难点是食品本身的杀菌处理。固体食品的热渗透速度比液体食品慢得多，有可能产生酶钝化不彻底的问题，也难以克服易碎固体在处理过程的受损问题，因此，至今没有一种能真正适合于固体食品的无菌包装系统。

近几年来，固体食品无菌化包装设备一直在研制中。其中之一是澳大利亚 Steriglin 公司研制的系统，可对 35mm 的方形水果、蔬菜、肉、鱼等，在管道中边移动边由过热蒸汽（最高温度可达 155℃）进行连续杀菌处理，然后由氮气冷却到 10℃，并使用软包装材料进行无菌包装。但固体食品无菌包装系统的商业化还有大量的难题需要解决。

当前，人们对无菌包装技术格外关注有许多原因，其中较主要的原因是市场竞争愈加激烈，要求采用先进的包装技术；消费者对食品的营养、品质风味要求日益提高；无菌包装节省能源费用；更重要的是近年来大量新材料、新技术、新工艺可用于食品无菌包装，使无菌包装的产品灵活多样，味道更鲜美，营养更丰富。应该看到，食品的无菌包装技术处在不断的变化和发展之中，新的工艺技术方法也将不断问世。

第六节　纳米包装技术

纳米技术及材料的迅猛发展给聚合物包装材料带来了巨大革新，纳米包装材料应运而生。纳米包装材料是指应用纳米技术，将大小为 1～100nm 分散相纳米粒子与传统包装材料通过纳米结合、添加、改性等加工成为具有某一特性或功能的新型食品包装材料。食品纳米包装技术就是利用纳米包装材料包裹食品，以达到保护食品品质的目的，其技术核心是纳米包装材料。

纳米包装材料具有传统包装材料所不具备的优良性质，如抑菌杀毒、高阻隔性、低透湿率、低透氧率等，且优化了材料的理化性能，如高耐热性、高透明性、抗磁防爆等，并提高了力学性能和机械加工性能，如韧性强、耐磨性高等，有效地维持了食品的良好品质。目前，在食品包装中应用研究比较广泛的有抑菌性纳米包装、保鲜性纳米包装、防伪性纳米包装、高阻隔性纳米包装等。

一、 抑菌性纳米包装

抑菌性纳米包装不仅能抑制微生物的生长，保障食品的品质，而且可以有效减少食品中防腐剂的添加，满足消费者的需求。目前常见的抑菌性纳米粒子、作用机理、作用微生物等如表 5-14 所示。

表 5-14　　常见抑菌性纳米包装及抑菌机理

纳米粒子	作用机理	作用微生物	优良特性
Ag	损伤细菌 DNA、损伤活性氧自由基、酶失活、菌体内容物泄漏	相同浓度下对革兰阴性菌杀伤作用明显强于革兰阳性菌，作用持久，并对多重耐药菌表现出很好的抑制效果	不易挥发和溶出，不会因光照引起颜色改变而污染食品

续表

纳米粒子	作用机理	作用微生物	优良特性
ZnO	金属离子溶出机理、接触吸附机理、光催化机理	对枯草芽孢杆菌、大肠杆菌、金黄色葡萄球菌、鼠伤寒沙门菌等有明显的抑制作用，且对枯草芽孢杆菌的抑制效果最好，抗菌率最高达 99.99%	价格低廉，生物相容性高，光催化活性高
TiO_2	在紫外光下能导致脂质氧化、细胞膜完整性破坏，进而导致微生物死亡	相同浓度下，对革兰阴性菌的抑制效果好于革兰阳性菌	较好的光催化作用，安全性高

近几年，研究者将单一纳米粒子和其他抑菌剂、抗氧化剂结合使用，或者添加两种及以上的纳米粒子，以弥补单一纳米粒子某些功能的不足，使抑菌包装更好地适应复杂食品的要求。

（1）纳米 ZnO 与其他抑菌剂的结合　纳米 ZnO 和纳米 Ag 的复合 LDPE 膜具有很好的抑菌效果，涉及两种金属抑菌剂结合使用；纳米 ZnO 和紫苏叶精油添加到鱼皮蛋白膜中，纳米 ZnO 与印楝精油添加到壳聚糖膜中，都使材料的宏观性能得到改善，且对微生物表现出强的抑制作用；纳米 ZnO 与埃洛石纳米管制成复合抑菌剂加入到聚乳酸膜中，复合ZnO-Hal/PLA 膜的力学性能得到优化，且对大肠杆菌及金黄色葡萄球菌的抑制率达 99%。

（2）纳米 TiO_2 和其他抑菌剂的结合　纳米 TiO_2 不稳定，其杀菌效果会随着放置时间的延长而变弱。将纳米 TiO_2 与抑菌剂进行复合提高其抑菌性和稳定性成为新的研究热点。添加纳米 TiO_2 和纳米 Ag 的复合材料，不仅提高了紫外照射下的光催化活性，同时增大了对可见光的吸收，使抑菌效果得到提高；纳米 TiO_2 与纳米壳聚糖复合，其在可见光照射下对大肠杆菌、金黄色葡萄球菌和黑曲霉菌的杀菌率在 12h 后分别高达 99.9%、99.9%和97.4%。

可见，纳米抑菌包装具有抑菌能力持久、抑菌性能广谱、成本低、对人畜安全、理化性质稳定等优点，可大力推广。

二、保鲜性纳米包装

纳米保鲜包装能够提高新鲜果蔬等食品的保鲜效果，新鲜的果蔬在包装贮藏过程中由于代谢作用会不断产生乙烯，当释放的乙烯达到一定浓度时会加快其腐烂变质速度。之前采用乙烯吸收剂置于保鲜包装中，但并没有取得理想的保鲜效果。在保鲜包装材料中添加纳米粒子能够促进乙烯氧化，延长果蔬的保质期，有利于果蔬的长期保存。目前常见的保鲜性纳米粒子、作用机理及在食品中的应用如表 5-15 所示。

不同纳米材料组合使用的研究方法将是未来该研究领域的突破口，只有这样才能弥补单一材料功能的不足，才能适应不同类型的食品包装要求。

表 5-15 常见保鲜性纳米包装及作用机理

纳米粒子	作用机理	食品应用
Ag	对乙烯氧化催化作用：加入保鲜包装材料中，可加速氧化果蔬释放出的乙烯，提高果蔬保鲜效果	酱肉、新鲜果蔬等
ZnO	光催化性能够将果蔬贮藏中产生的乙烯氧化分解成二氧化碳和水，延缓腐烂速度	生鲜肉和果蔬等
TiO_2	通过屏蔽紫外线照射阻止食品的自动氧化，从而有效减少食品营养价值流失及腐败	肉类、果蔬保鲜包装
SiO_2	形成致密的纳米膜层，通过其丰富的硅氧键调节膜内外的 O_2、CO_2 交换量，达到降低果蔬呼吸强度的作用	畜禽肉、鱼、果蔬等

（1）纳米 Ag 和纳米 TiO_2 的结合　这两种纳米粒子的结合更好地发挥了纳米 TiO_2 的孔状结构的作用，为纳米 Ag 提供了更多结合位点，使纳米 Ag 单体容易流失的缺点得到弥补。将其添加到果蔬保鲜膜中，制成的纳米 Ag/TiO_2 保鲜膜，能够有效抑制果蔬的呼吸强度，延长保质期。

（2）添加纳米 Ag、纳米 TiO_2 和高岭土（富含 SiO_2）的复合包装材料　这种复合材料能够使新鲜蔬菜在贮藏过程中维持较好的感官品质和营养成分，达到很好的保鲜效果，延长保质期。

三、防伪性纳米包装

纳米材料优良的力磁电热性质使其拥有优越的敏感性，因此可以将其应用到防伪包装上。纳米防伪就是应用纳米技术，在纳米尺度范围内的分子原子水平上提高包装材料、包装印刷工艺的防伪性能的高新技术。例如，纳米 SiO_2、TiO_2 的强抗紫外光性和催化性能，经过特殊工艺化学反应可合成纳米防伪油墨；纳米 Ag 与氧化硅制成的复合材料，能在不同的湿度下表现出不同的透光效果，在食品包装中也可用于防伪包装。新的纳米防伪包装的生产，不仅能够进一步加强食品安全，而且可以有效地遏制假冒伪劣商品的横行。随着纳米技术与防伪技术的不断发展完善，纳米防伪包装会更加多元化，更好地应用在人们的生活中。

四、高阻隔性纳米包装

在有机聚合物材料层中嵌入纳米粒子复合，由于纳米粒子的比表面积很大，仅需要添加少量的纳米粒子就能对水蒸气、二氧化碳、氧气等起到很好的阻隔作用。例如，将有机蒙脱石与聚酯单体结合制备的聚酯纳米塑料，与普通聚酯相比其阻隔性有了很大改善，而且能够很好地保持食品的品质；采用纳米复合技术合成的聚酰胺-6 塑料与传统的尼龙塑料相比，对水蒸气、二氧化碳和氧气具有更强的阻隔能力，将其应用到食品包装中可延长食品保质期。

五、其他纳米包装

不同的材料当达到纳米级别以后，会表现出很多不同于原有材料的优良特性，这些特性可作为开发新型包装材料的基础。例如，将纳米技术应用于玻璃和陶瓷容器，能够增加其韧性，生产出性能更加优越的包装容器；利用纳米微粒对紫外线的吸收能力，在塑料包装材料中加入纳米微粒，可以防止塑料包装的老化，提高包装效果，增加使用寿命；在有机聚合物中嵌入纳米蒙脱土等具有导电性的材料，形成离子导电复合材料，可应用于包装中的自动加热等方面，用于冷冻食品包装等具有广阔的前景。

第七节　智能包装技术

一、 智能包装的定义及类型

智能包装（intelligent packaging）是一种能够自动监测、传感、记录和追溯食品在流通环节中所经历的内外环境变化，并通过复合、印刷或粘贴于包装上的标签，以视觉上可感知的物理变化来告知和警示消费者食品安全状态的一种技术。简言之，智能包装即通过监测包装食品的环境条件，提供在运输和贮藏期间包装食品品质的信息。与传统包装技术相比，智能包装能与消费者就包装食品的安全品质信息进行主动传递，实时地呈现所购食品确切的质量变化。

近年来，国内外许多研究人员一直致力于食品智能包装开发与研究，且在部分产品中得到相应的商品化应用，其中以包装质量控制的指示卡等食品包装新技术成绩最突出。这些指示剂分为外部指示卡和内部指示卡。外部指示卡即安装在包装外部的指示卡，比较典型的有时间-温度指示卡；内部指示卡即放置于包装内部的指示卡，具体包装放置于包装顶隙内、贴在瓶盖内，如指示氧气变化或者包装泄漏的氧气指示卡、二氧化碳指示卡、微生物生长指示卡、病原体指示卡。同时，食品包装的信息提供也可以设计成智能化形式，如有关食物的来源、真实性、内容物、食用方法和保质期等方面的信息，也可以在食物供应链中跟踪产品，防止失盗或者损坏。目前常见的食品智能包装指示卡的指示原理、提供的实时信息及其应用如表 5-16 所示。

表 5-16　　常见食品智能包装指示卡的指示原理、提供的实时信息及应用

指示卡	指示原理	提供的信息	应用
时间-温度指示卡（外用）	化学、机械学、酶学、微生物学	包装食品的温度变化和因温度变化引起的质量下降水平	冷餐或冷冻条件下的食品
氧气指示卡（内用）	氧化还原染色剂、pH 染色剂、酶	贮藏条件、包装的泄漏	气调包装食品
二氧化碳指示卡（内用）	pH 染色剂、显色反应	贮藏条件、包装的泄漏	气调包装食品
乙烯指示卡（内用）	氧化还原染色剂	吸收包装内乙烯的程度	呼吸跃变型的水果、蔬菜

续表

指示卡	指示原理	提供的信息	应用
微生物生长指示卡（内用/外用），即新鲜度指示卡	pH 染色剂、能与某些微生物代谢产物反应的所有染色剂	食品中的微生物状态（即腐败）	易腐烂变质的生鲜食品
酶反应指示卡（内用）	pH 染色剂、酶	食品的贮藏条件、保质期	易氧化变质的油炸食品
病原体指示卡	与毒素反应相关的各种化学的或者免疫学的方法	一些特殊的致病菌，如 O-157 大肠杆菌	易腐烂变质的生鲜食品

二、　含时间-温度指示卡的智能包装

时间-温度指示卡（time-temperature indicator，简称 TTI）是目前智能包装领域应用较为广泛的技术之一。附在食品包装表面的时间-温度指示卡是一种简易的质量记录装置，能够记录食品在贮藏和销售过程中温度变化的连续过程，进而对食品质量变化情况进行实时预测。

TTI 是建立在机械、化学、电化学、酶学以及微生物学等基础上的质量监控系统，在实际的食品供应链中，经常会出现温度非正常升高的情况，导致食品中酶和微生物催化作用的加速。TTI 会通过机械变形或颜色变化的形式向消费者传递包装食品剩余的保质期，这种方法比单纯通过印刷于包装材料外表面的有效期标识更具有正确的指导意义。因此，TTI 作为质量监控器，不仅能记录食品所经历的供应链中的环境贮存情况，还能表征食品剩余保质期。

根据 TTI 指示卡显色物质产生机理的不同，TTI 可分为扩散型、酶促反应型、聚合物型等，它们都满足了优良 TTI 的要求，具有巨大的市场潜力。

（一）　扩散型 TTI

扩散型指示卡是根据布朗运动的原理制成的，即物质的扩散速度随温度的升高而加快。这种指示卡的响应采用的是有色酯质染料在吸液芯带上逐渐扩散，当食品贮藏温度高于酯质熔化温度时，指示卡开始响应；当贮藏温度低于酯质的熔化温度时，指示卡则不会反应；最后通过颜色的位标反映食品的质量情况和剩余保质期。因此，扩散型指示卡的温度指示范围和响应期与所选择的酯质类型及其初始浓度有关。美国 3M 公司的 Monitor Mark 就是典型的利用这种扩散原理生产的 TTI，具体示意图如图 5-28 所示。该指示卡是一个内部分成（1）、（2）两部分的封闭盒体，它们之间用热熔性聚酯膜层隔开。其中（1）室放入脂肪酸酯和蓝色钛酸酯的混合物，（2）室内是一条长长的吸液芯带，该吸液芯带用作指示剂扩散用的通道，当外界温度达到隔膜熔点时，聚酯膜层熔化，指示剂被激活。（1）室内的混合物沿着（2）室的吸液芯带的方向流动，可通过垂直于吸液芯带的 5 个小视窗观察混合物的流动进程，

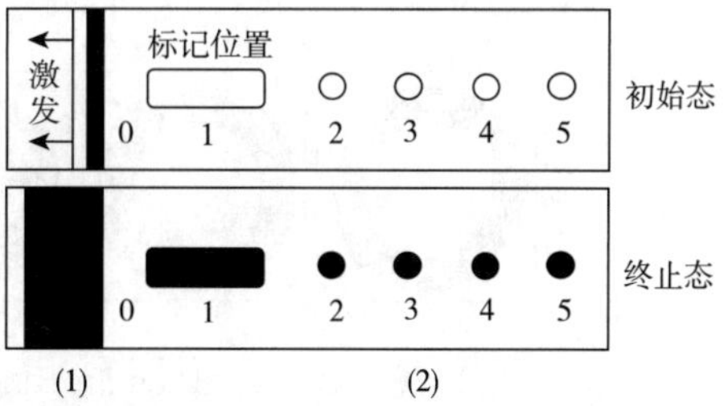

图 5-28　Monitor Mark 扩散型 TTI

染料的扩散长度反映了产品经历的时间-温度史。

（二） 酶促反应型 TTI

酶促反应型 TTI 实质上是一种 pH 指示剂，即在受控的条件下，酶催化底物水解导致 pH 降低，从而引起酸碱指示剂颜色的变化。同时，贮藏温度的高低会直接影响到酶促反应速度的快慢，指示剂颜色变化也会随着时间的延长发生较大的变化，所以可以通过观察颜色的变化情况来推测食品质量是否合格。可见，该类型 TTI 的温度指示范围、反应寿命与所用酶及作用底物的种类、浓度有关。酶促反应型的指示卡具有成本低、稳定性强、易于控制等优点，在国外应用较多，常见的有脂肪酶、过氧化物同工酶、漆酶、脲酶等用作指示剂制作的 TTI。瑞典 Vitsab A. B. 公司的 Check Point 就是基于脂肪酶催化底物水解发生色变的反应而制造的 TTI，具体示意图如图 5-29 所示。该指示卡由两个隔开的小囊组成，一个囊中装有脂肪酶水溶液，另一囊中装有载有脂类底物的聚氯乙烯水溶液，溶液中有 pH 指示剂。未激活之前，内环颜色为白色。使用过程中，伴随着环境温度上升，指示卡内部的酶得以激活并催化脂类底物，从而发生显色反应。根据内环颜色变化，消费者就可以判断出是否可以食用。

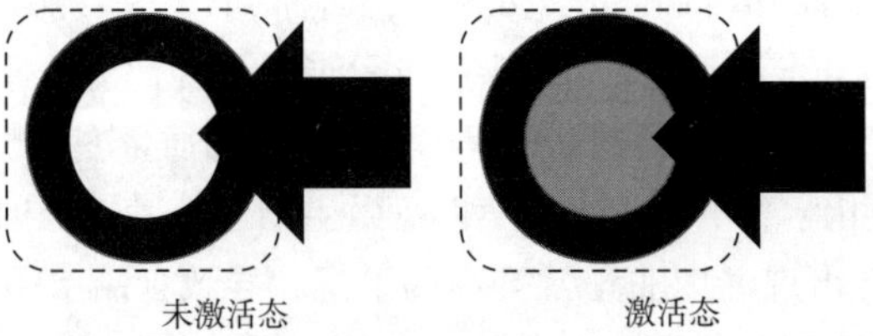

图 5-29 Check Point 酶促反应型 TTI 示意图

（三） 聚合物型 TTI

聚合物型 TTI 是基于固态聚合物反应，即利用单体发生聚合反应时生成带有颜色的聚合体的反应生产的一类指示卡。随着温度的升高，聚合反应加速，在外观上表现为指示剂颜色加深或色密度发生变化，可以用色度计进行测定以确定食品的质量状态，也可以直接用肉眼对 TTI 的颜色与参考色进行对照评估。该类型的 TTI 主要用于冷冻食品贮藏销售期间的品质监控。此类指示卡一旦接触高于保存温度时即被激活，因此使用前要贮藏在极低的温度下，以避免失效。美国 Lifelines Technology 公司生产的 Lifelines Freshness Monitor（生命线新鲜度监测器）就是这种聚合型 TTI，具体示意图如图 5-30 所示。此指示卡通过加成反应生成蓝色聚合物，随着温度的升高，固态聚合物反应加速，从而导致指示卡中蓝色加深。可以直接用肉眼、手提式色度计或光密度计来连续测量指示卡中心圆颜色的变化，从而监控产品的质量状态。

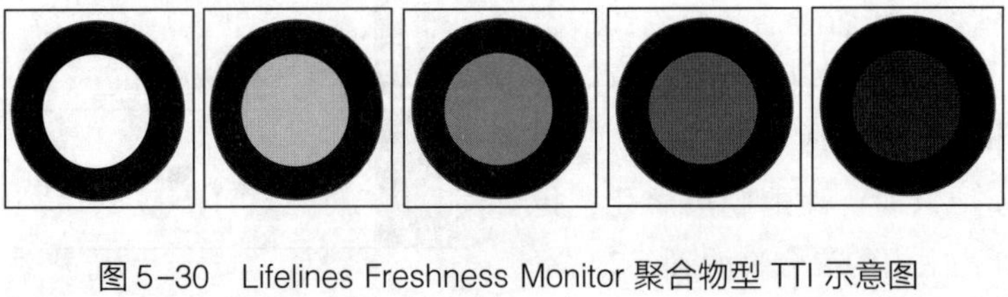

图 5-30 Lifelines Freshness Monitor 聚合物型 TTI 示意图

三、含氧气指示卡的智能包装

包装袋的密封性是保持无菌食品和自发气调包装食品等产品高质量必不可少的条件，但是在食品流通过程中机械损伤等会造成封口不严的现象，使得检验食品包装袋的密封性成为必要。贯穿于从厂家到消费者整个销售线，最为有效的非破坏性包装泄漏检验方法就是在包装上永久性附加一个泄漏指示卡。用于自发气调食品包装的泄漏指示卡，以基于氧气浓度的显示结果更为可靠，主要有可目测氧气指示卡和不可目测氧气指示卡。

四、含微生物生长指示卡

（一）微生物生长指示卡

微生物生长指示卡又称新鲜度指示卡，大多数都是基于腐败过程中微生物代谢产物引起指示标签变色的原理，还有一些基于聚合体传递物质的微型气体检测器，或用光纤检测微生物腐败产生的挥发性化合物等。常用的有 pH 变化敏感型指示卡、对挥发性含氮化合物敏感的指示卡、硫化氢敏感型指示卡等。

（二）病原体指示卡

除上述提到的标示一般食品腐败的指示卡外，还有一些检验食品中特定污染的体系，如病原性指示卡，也已经达到商业应用水平。因为与包装材料直接接触，检测物（毒素、微生物）将先与特定标记的抗体结合，然后与印制为特定形状的捕获抗体结合。这种方法可以用于残留杀虫剂或因基因改变产生的蛋白质的检验。另一种应用于商业的体系是食品警戒体系，用于检测特定的微生物，如沙门菌属、李斯特菌属和大肠杆菌属。这一体系也是基于免疫反应，反应发生在条码内。当遇到特定的微生物时，条码就会变得模糊不清。还有一种用于检测大肠杆菌 O157 肠毒素的指示卡，主要是由交叉聚合而成的聚乙烯组成，为深蓝色，它可以添加到包装材料中。这种分子与毒素结合后被截留在聚乙烯基质上，毒素与传感材料结合后，包装的颜色将由蓝色变为红色。

五、其他智能包装

除上述介绍的智能包装外，食品包装的信息提供也可以设计成智能化形式，如有关食物的来源、真实性、内容物、食用方法和保质期等方面的信息，也可以在食物供应链中跟踪产品、防止失盗或者损坏等。所涉及的显窃启包装、防伪包装和电子信息包装等，综合了材料、结构、商品学、心理学、创造学和信息学等多个领域的知识，其发展前景不可估量。

第八节 食品包装工艺

一、食品包装的工艺过程

食品包装是食品生产的关键过程。食品包装技术水平直接影响着食品包装的质量和效果，影响着包装食品的贮运和销售。食品包装一般工艺过程如图 5-31 所示。其中，食品的充填、灌装、封口或密封为食品包装主要过程。包装容器或材料的清洗、烘干、消毒（或包括容器制造）等为食品包装的前期过程。贴标、盖印、装箱、捆扎等为食品包装的后期过程。

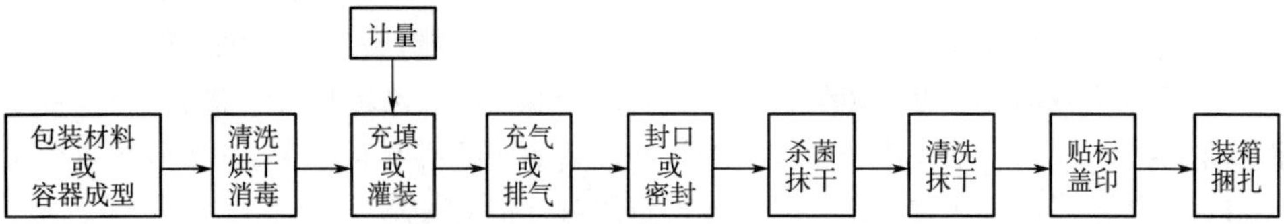

图 5-31　食品包装的一般工艺过程

二、 液体食品包装工艺

将一定量的食品装入某一容器的操作过程，称为充填，主要包括食品计量和充入。工程实际中，一般将液体食品的充填称为灌装。在液体食品的包装生产中，灌装是很重要的环节，灌装技术与设备的优劣直接影响到产品的质量。

由于液料的物理化学性质各有差异，对灌装也就有不同的要求。而包装材料、容器具有多样性，故在选择灌装方法时，除应考虑液料本身的特性（黏度、密度、含气性、挥发性）以外，还必须对包装的容器、灌装精度、物料价值、包装成品以及生产效率等进行综合考虑。

（一） 常用的液体食品灌装方法

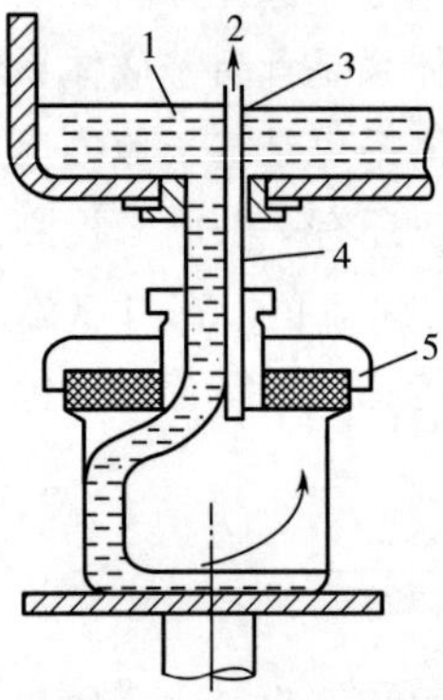

图 5-32　常压灌装示意图

1—储液槽　2—空气出口　3—排气管　4—灌装阀　5—密封盖

1. 常压灌装法

如图 5-32 所示，来自储液箱的液体流经一个弹簧充填阀，阀下容器打开，液体由于自重流入包装容器内，容器内的空气经高出储液箱液面的排气管排出。当容器内的液位上升到比排气管的下口略高时，灌装停止。这种灌装方法不会有液体溢出，液体中渗气很少，灌装液位高度一致，灌装方法比较简单、易于掌握。它可以用于大规模的无菌灌装，灌装各种不含气的液体。

2. 真空灌装法

真空灌装法是在低于大气压力的条件下进行灌装的方法，有真空差压灌装和重力真空灌装两种方式。

（1）真空差压式　如图 5-33 所示，即让储液箱内部处于常压状态，只对包装容器内部抽气，使其形成一定的真空度，液料依靠两容器内的压力差，流入包装容器并完成灌装。此法适用于灌装一些含维生素的液料（如蔬菜汁、果汁等）。

（2）重力真空灌装　如图 5-34 所示，即在低真空下靠重力灌装的方法。使用这种方法的容器需要一个密封装置，使容器（通常是瓶子）灌装到预定的液位高度。这种灌装法尤其适用于白酒和葡萄酒的灌装，使包装产品不失醇香。

3. 压力灌装法

压力灌装法是利用机械压力如液泵（如图 5-35 所示）、活塞泵、气压等将被灌装液料压入包装容器内的灌装方法。位于容器上部溢流管的入口位置决定了灌装的液位。这种灌装方法适用于黏稠性物料，如果酱类食品的灌装。

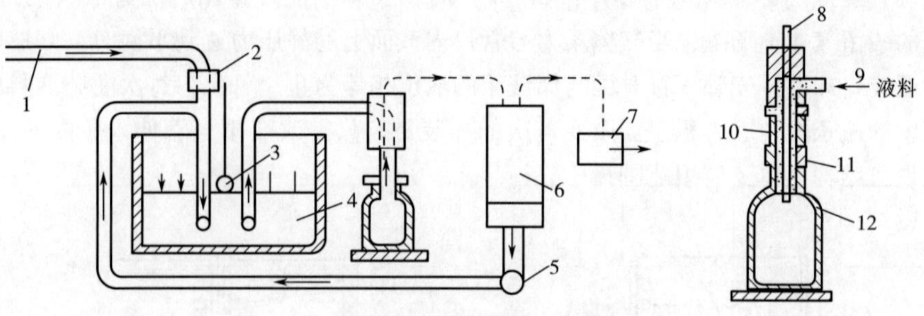

图 5-33　真空差压灌装示意图

1—供液管　2—供液阀　3—浮子　4—储液槽　5—供液泵　6—真空室　7—真空泵
8—真空管　9—液料　10—灌装阀　11—密封盖　12—灌装液位

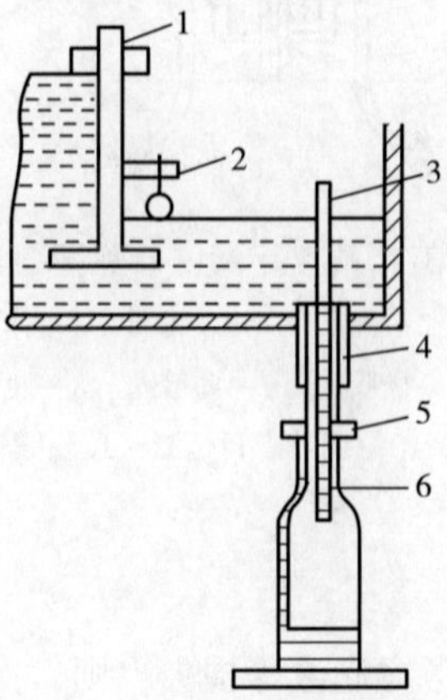

图 5-34　重力真空灌装示意图

1—供液口　2—浮子
3—排气管　4—灌装阀
5—密封盖　6—灌装液位

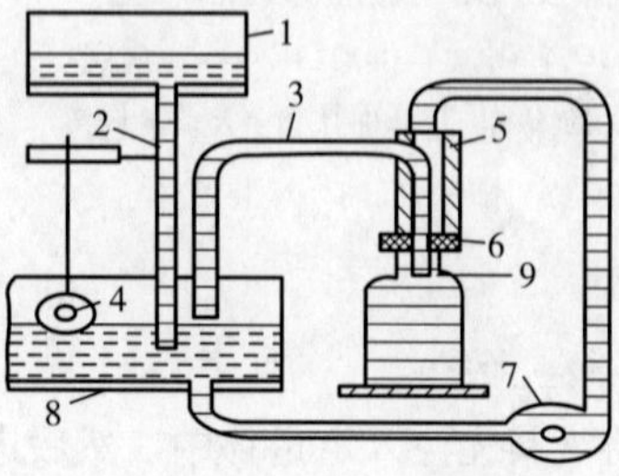

图 5-35　机械压力灌装示意图

1—供液槽　2—供液阀　3—溢流管
4—浮子　5—灌装阀　6—密封盖
7—供液泵　8—储液槽　9—灌装液位

4. 等压灌装法

此法普遍用于灌装苏打水、啤酒、汽酒和香槟酒等含气类饮料。如图 5-36 所示，液体装在储液箱中，液面上有高压气体，被灌容器上升到灌装阀，顶住阀中弹簧压力，使阀开启。当容器与灌装阀口密封后，一个机械压紧装置打开位于灌装阀排气管上部的充气阀。液面上的高压气体经排气管进入容器，使得容器中具有和储液箱上部空间相等的压力，此时，液阀打开，液体由于重力作用流入容器。液体流入容器时，容器中的空气通过排气管口排出。当排气管口被上升的液面覆盖时，灌装液位确定。在灌装阀的密封被解除前，容器液面之上仍有压力，为了释放压力，灌装阀内有一个机械排气阀，缓慢打开后，容器上部与大气相通。所以，当容器从灌装机上卸下，密封解除时，不会有液体喷出。

（二） 定量方法

1. 控制液位定量法（高度定量法）

此法是通过灌装时控制被灌容器（如瓶子）的液位来达到定量值的。由连通器原理可知，当瓶内液位升至排气管口（图 5-37 中 CC 面）时，气体不能再排出，随着液料的继续灌入，瓶颈部分的残留气体被压缩，当气体压力与管口内截面上的静压力达到平衡时，则瓶内液位保持不变，而液料却沿排气管一直升到与储液箱的液位相等为止。可见，每次灌装液料的容积等于一定高度的瓶子的内腔容积。要改变每次的灌装量，只需改变排气管伸入瓶内的位置即可。这种方法设备结构简单，应用范围最广。

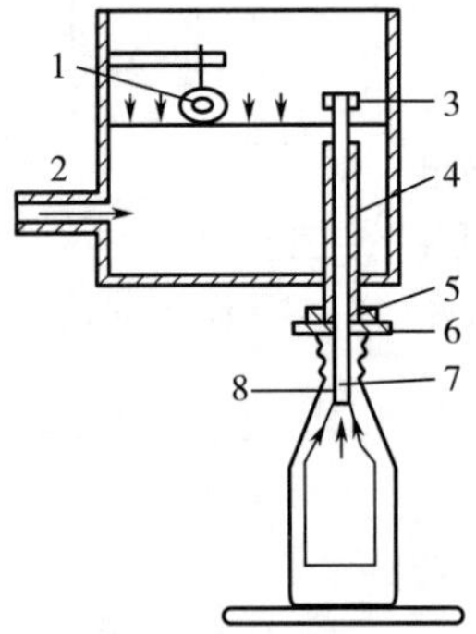

图 5-36　等压灌装示意图

1—浮子　2—供液口　3—充气阀　4—灌装阀　5—泄压口　6—密封盖　7—排气口　8—灌装液位

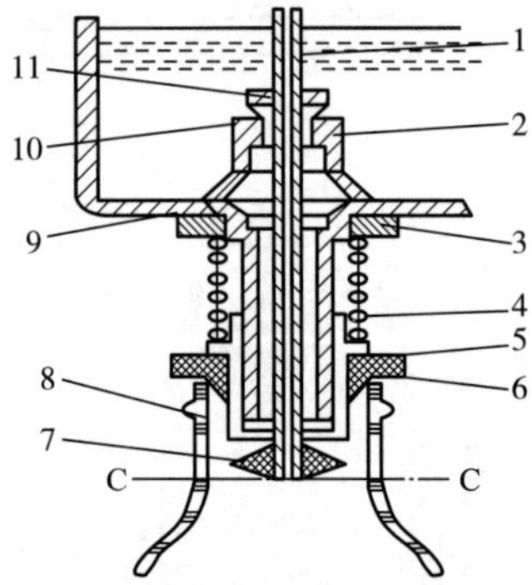

图 5-37　高度定量法示意图

1—排气管　2—灌装架　3—螺母　4—弹簧　5—滑套　6—橡胶垫　7—灌装头　8—瓶子　9—储液槽　10—调节螺母　11—压缩螺母

2. 定量杯定量法

此法是将液料先注入定量杯中，然后进行灌装。若不考虑滴液等损失，则每次灌装的液料容积应与定量杯的容积相等，如图 5-38 所示。

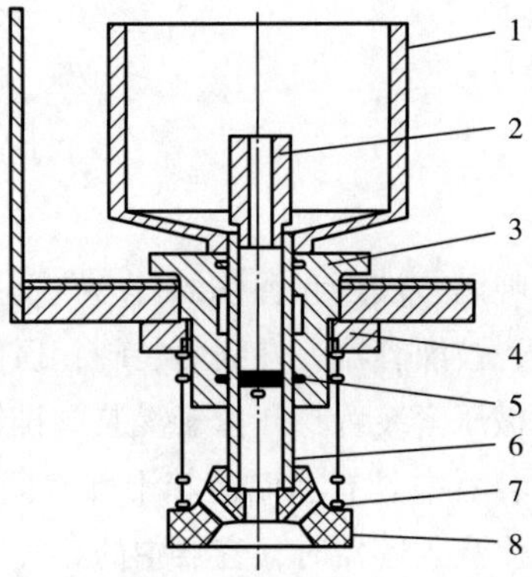

图 5-38　定量杯定量法示意图

1—定量杯　2—定量调节管　3—阀体　4—锁紧螺母　5—密封圈　6—进液阀　7—弹簧　8—灌装头

注：按装袋机械总体布局可分为立式和卧式

三、粉状食品的包装工艺

粉状食品可以是自由流动的和非自由流动的，也可以是离散型的和非离散型的。对于不同的包装容器和具体产品，要全面考虑产品价值、包装计量精度、容器类型和转换的灵活性，从而选择恰当的计量充填包装系统。常用粉状食品充填技术有容积式定量充填包装技术、称重式定量充填包装技术、混合式定量充填包装技术。

（一）容积式定量充填包装技术

容积式定量充填是基于容积来计量充填物料的数量，由于不需要称重装置，结构简单、成本低、充填速度快。但定量充填精度受物料松散程度、颗粒大小、均匀程度、吸湿性、溶解性等物理化学性质的影响较大。主要适用于颗粒大小均匀、自流性好、价格便宜的物料定量充填。

（二）称重式定量充填包装技术

称重式定量充填是以质量来计量充填物料的数量，与容积式定量充填相比，结构复杂、成本高、充填速度慢，但充填精度高。主要适用于颗粒大小不均匀、不规则、视相对密度不稳定、价格较高的粉状、颗粒物料的定量充填。目前称重式定量充填可以分为两种类型，即毛重充填和净重充填。目前，中小规格称重式定量充填包装充填精度一般为±1%～±1.5%。

毛重称量充填是在充填时将物料质量和容器质量一块称量。通常适用于视相对密度不稳定的非自由流动的物料。这种方法只有在物料与容器质量变化很小、对最终精度没有太大影响时，才是有效的。有些容器，如玻璃瓶，质量变化较大，随着容器质量的变化，将对包装的物品质量有较大影响。

对于净重充填，一般都在物料充填到容器中之前进行称量。在生产中给料系统将物料输送到称重斗中，称重斗装在预调好的自动秤上；当秤达到预定目标时，就发出信号，使给料系统停止给料；然后称重斗打开，将称好的物料充填到容器中。为提高生产速度，称重系统可使用一组秤和称重斗，用程序控制各称重斗的下料顺序。这样总有一个称完料的称重斗，等待下一个容器，从而提高了充填速度。

（三）混合式定量充填包装技术

混合式定量充填包装技术是在容积式定量充填和称重式定量充填基础上发展起来的一种先进新技术，综合了容积式定量速度高和称重式定量精度高的优点。混合式定量充填过程同称重式定量充填过程相似，也采用多级给料，但不是一边给料一边称重的动态称量，而是粗给料器或粗细给料器一起采用容积式充填方法快速往称量料斗加入目标量的大部分，一般可在90%～95%（由物料视比重的稳定性决定），然后稳定一定时间后进行准确静态称量，确定剩余的小部分质量，并将其换算成细给料器充填物料的流量或时间，在细给料结束后或在细给料时，控制称量料斗投料机构打开投料门，完成一次定量充填过程。定量充填精度可达到±1%左右，速度一般比容积式定量充填速度低，但要大大高于称重式定量充填速度。

四、块状、条状、片状食品的包装工艺

（一）块状、条状、片状食品充填工艺

1. 计数充填法

计数充填法是将食品通过计数定量后充入包装容器的一种充填方法。通常要求单个食品之

间规格一致。计数充填法的设备和操作工艺简单。

（1）光电元件系统计数　在光电元件系统中，进入光电接收器的光线被遮断，表明一个产品通过了检测区。然后把这个隔断记录为一件产品的计数。这种方法对于大多数能满足光遮断系统技术条件的产品来说，应用是理想的。

光学检测的另一个方法是模拟光学照相系统。由于这个系统在记录检测前必须建立和满足某些参数，因此它的速度快、适应性强、精确度高。

（2）非光学系统计数　内装物件数检测的非光学方法类似于人的触摸方法，一般包括摆轮装置、电气触点或磁场触点。摆轮装置通常是全机械的，类似一个模拟机器。每个产品必须是固定的形状和尺寸。产品进入一个适合这个精确参数的接收装置，然后输出并记录为具体的产品数目。这个系统很精确，但适应性差，一般用于相同产品的高速计数。

另一个非光学方法是电气触点方法。每件产品与开关接触一次，电气开关就被触动一次，然后被计数为一个产品。产品启动机械触发开关装置的动作时间和能力，大大影响了这类系统的精度和适应性。电磁系统是另一种触摸系统，每个待数产品必须与电磁源传来的磁通接触或扰乱磁通。当每个产品进入磁场时，记录为一个计数单位。

2. 组合式定量充填

对于薯片、糖果等片状或块状不规则固体物料既不能采用容积式定量充填，也不能采用称重式定量充填。因为这种物料个体不可分割，大小有别，若采用传统定量充填方式，定量精度差，充填速度低，同时也很难实现自动化。

组合式定量充填包装技术的核心部分就是电脑组合秤。电脑组合秤有多个（8个以上）独立的称量斗，每个称量斗都装有一个称重传感器，对称量斗中的物料称重后将质量信号传输给计算机。在每个称量斗上方都有一台加料器通过一个过渡斗给称量斗加料。计算机对各个称量斗的重量信号进行计算组合，对符合或最接近设定目标重量的一组或多组选定后，控制对应组的各个称量斗的闸门一起打开，向下方的包装机投料，完成一次定量充填过程。利用这种技术，可得到优于传统方法的定量充填速度和精度。有的电脑组合秤在每个称量斗的下方设有储料斗，称量斗和储料斗中的物料均可参加组合，从而增加了可组合个数，一方面提高了组合定量精度，另一方面增加了每次组合符合设定目标重量的组数，提高了定量充填速度。

（二） 裹包工艺

裹包是最常用的食品包装方法之一。裹包使用较薄的柔性软包装材料，如纸、金属箔、塑料薄膜及其他的复合软包装材料，包装形式丰富多样、灵活多变。有些包装形式如收缩包装和拉伸包装也属于裹包的范畴。裹包所用包装材料较少、操作简单、包装成本低，流通、销售和消费都方便，因此，其应用十分广泛。

裹包形式主要有下列几种：①直接全裹包。全裹包是用柔性材料将物品表面全部裹包的裹包方式。这是食品包装常用的裹包方式，具体可分为折叠式、扭结式、接缝式裹包。②半裹包。用柔性材料裹包物品表面的大部分，而一部分不被覆盖的裹包方式。③收缩裹包。用热缩性塑料薄膜裹包物品，加热，使其包装薄膜收缩而紧裹包装物的裹包方式。④袋式裹包。先将预制好的袋子分别递送到位，并打开袋口，然后手动或自动进行装料，再按一般的方法（钉合、卷曲、扭结、捆扎）进行封口。⑤成型裹包。指对不规则形状的产品的一种裹包。包装物包在产品上或是将产品通过一个模盒，以便使裹包材料收拢（褶卷、折叠或打褶），然后在包装件底面上将其封合。⑥集合裹包或打包裹包。将一些包装件裹包在一起，即首先将一定数量的小包装件组合（排列）成较大的整件，然后裹包一层结实的重负荷包装材料。

思考题

1. 概述防潮包装设计方法，并自选一种食品进行防潮包装设计。
2. 如何区分 MAP 和 CAP 包装技术？
3. 简述真空充气包装及封入脱氧剂包装的保质机理和各自特点。
4. 活性包装指的是什么包装技术？目前已研发的活性包装种类有哪些？
5. 目前食品包装中常用的脱氧剂有哪些？各具有什么反应特性？
6. 简要说明无菌包装食品、材料及容器的杀菌方法。
7. 比较分析 UHT 直接加热杀菌、间接杀菌、欧姆杀菌等方法的特点和原理。
8. 简述食品智能包装的概念及功能类型。
9. 图示食品包装的一般工艺过程。
10. 简述裹包的主要类型。

第六章

CHAPTER 6

食品包装安全

"国以民为本，民以食为天，食以安为先"，这句话道出了食品安全与民众、国家的紧密关系，食品安全已经成为当今社会最关注的问题之一。2014 年政府工作报告中指出：要建立从生产加工到流通消费的全程监管机制、社会共治制度和可追溯体系，健全从中央到地方直至基层的食品药品安全监管体制。严守法规和标准，用最严格的监管、最严厉的处罚、最严肃的问责，坚决治理餐桌上的污染，切实保障"舌尖上的安全"。

食品安全受到的影响因素较多，既包括生产环节的安全，也包括流通和经营环节的安全；既包括在人体摄取食品之后的现实安全，也包括对人体摄取食品后的潜在风险；还包括食品自身的安全问题和食品包装安全。

第一节　食品包装安全的概念

当前，食品包装在食品质量控制产业链中作为一个重要的环节而受到高度重视，同样也作为保证食品安全的重要手段得到了广泛的应用。良好的包装可以改变杀菌条件、降低杀菌程度、改变冷藏温度、减少防腐剂添加量等，对提高食品品质、降低生产成本都很有利。

一直以来，人们都认为食品质量安全主要取决于食品本身，而忽视了食品包装带来的影响。食品包装的安全性是食品安全的一个重要方面，对食品安全有着双重意义：一是合适的包装方式和材料可以保护内装食品不受外界污染，保持食品本身的水分、成分、品质等特性不发生改变；二是包装材料和容器本身的化学成分会向食品中发生迁移，如果迁移量超过一定限度就会影响到食品安全，尤其是与食品直接接触的包装材料。

近几十年来，由食品包装引起的食品安全问题频频出现，不仅影响食品工业的可持续发展，也影响广大消费者的身体健康，食品包装的安全已经成为不容忽视的全球性社会问题。

一、食品接触材料和食品包装安全的定义

食品包装材料属于广义的食品接触材料。食品接触材料（food contact material，FCM）一般是指在食品生产、包装、运输过程中可能与食品接触或可能将其成分迁移至食品中的材料和制品，包括用于食品的包装材料、容器和用于食品生产经营的工具、设备等。

GB 4806.1—2016《食品安全国家标准 食品接触材料及制品通用安全要求》的定义：食品

接触材料及制品在正常使用条件下，各种已经或预期可能与食品或食品添加剂（以下简称食品）接触，或其成分可能转移到食品中的材料和制品，包括食品生产、加工、包装、运输、贮存、销售和使用过程中用于食品的包装材料、容器、工具和设备，及可能直接或间接接触食品的油墨、黏合剂、润滑油等。不包括洗涤剂、消毒剂和公共输水设施。

2015 年新修订通过的《中华人民共和国食品安全法》中对于食品接触材料及安全的相关说明："用于食品的包装材料和容器，指包装、盛放食品或者食品添加剂用的纸、竹、木、金属、搪瓷、陶瓷、塑料、橡胶、天然纤维、化学纤维、玻璃等制品和直接接触食品或者食品添加剂的涂料""用于食品生产经营的工具、设备，指在食品或者食品添加剂生产、流通、使用过程中直接接触食品或者食品添加剂的机械、管道、传送带、容器、用具、餐具等"。

虽然不同国家、地区对食品接触材料的定义并不完全相同，但均认为食品接触材料有可能将自身组分迁移到食品中去，如果迁移的量超过一定数值，会给消费者的健康造成危害。因此，包括以上国家、地区在内的世界上许多地方都颁布了相关法规体系，禁止生产、销售质量不合格的食品接触材料，建立了相应的检测方法来确定食品接触材料是否安全卫生，并设立了相关部门对食品接触材料进行监督管理。

二、食品包装的绝对安全和相对安全概念

食品包装安全可以分为绝对安全和相对安全两种概念。绝对安全是强调使用了某种食品包装，对所承载的食品不会产生任何有损人们身心健康的危害。但是，严格来讲，这种"零风险"是不存在的。其原因有 4 个。

（1）量变与质变　任何一种包装成分，即使其成分对人体是无毒或者其毒性极微。若摄入数量超过一定数量，或食用条件不合适，仍可能引起毒害或损害健康。

（2）个体差异性　个人体质存在差异，某些材料会使得少数人群发生不良反应，这样对于这少部分人来说，这种食品包装是不安全的，但是对绝大多数的人而言还是安全的。

（3）发展性　随着科学不断进步和检测手段的日益提高，对于某些食品包装的安全性评价会发生变化。有些包装虽然短暂接触并没有产生明显危害，但如果是长期使用或者婴幼儿这类抵抗力弱的人群使用，风险的累积会随着增加。所以，其安全性评价不会固定不变，而是与时俱进，更加严格，一旦发现风险达到一定水平，就应该对此禁用或者限制使用。而且，食品包装中有毒有害物质的限量值也应该随科技发展而更新，不应该一成不变。

（4）主观因素　由于民众的认知水平、社会立场和文化背景不同，对于食品包装安全的判断难免会受到价值观的影响。人们对于食品安全的理解，往往是一个交叉着"事实判断"和"价值判断"的复杂概念，不仅仅局限于食品包装固有的特性。可见，食品包装的安全是相对的，绝对安全的食品包装是不存在的。

三、食品包装安全的基本内容

包装在材料选择、工艺技术、结构设计及安全标识等方面，都会对食品的安全问题产生一定影响，如包装材料和方法使用不当，导致食品包装内细菌、霉菌等微生物滋长，或因材料阻隔性选择不当引起食品腐败变质，导致食品包装不能起到很好的内容物保护作用；食品包装操作中，微生物、灰尘、润滑油等痕量污染物对食品的污染；包装材料中单体、油墨、塑化剂及溶剂残留等有害化学物质在较高温度、较长时间条件下，可能向食品内迁移；一些带包装的食

品经过微波、紫外、辐照、蒸煮、臭氧等后续加工处理后，与其接触的包装材料性能及结构受到不同程度的影响，其中的化学物质也可能在一定程度上向食品中发生迁移，不但影响食品口感，还对消费者健康产生隐患。

其中包装材料化学物质迁移是目前食品包装安全的主要问题，食品包装材料中可能涉及安全的化学物质主要有以下几类：①已知组成材料中的基本组成成分，如塑料中的单体、添加剂、残余催化剂和聚合溶剂，纸制品中的硫酸钠等辅助成分，陶瓷表面的彩釉；②将材料转化或构造成为制品时用到的辅助材料，如油墨、黏合剂等；③已知成分的已知或未知的异构体、转化产物。

食品包装安全从阶段上，一般可分为包装材料安全、包装后食品安全和包装废弃物安全三个阶段。食品包装不仅对食品起着保护、装饰的作用，而且与食品的贮藏、运输和销售密切相关。食品包装已经是食品体系不可分割的部分，直接或间接影响食品的质量与安全。

第二节　食品包装的安全要求

食品包装的安全性要求是极其重要的。很多商品就是因为在包装上忽视了安全性，而使得本来质量过硬、具有良好品质和潜在市场的商品未能得到用户的信任。可从图 6-1 所示的几个方面对食品包装安全性加以重视。

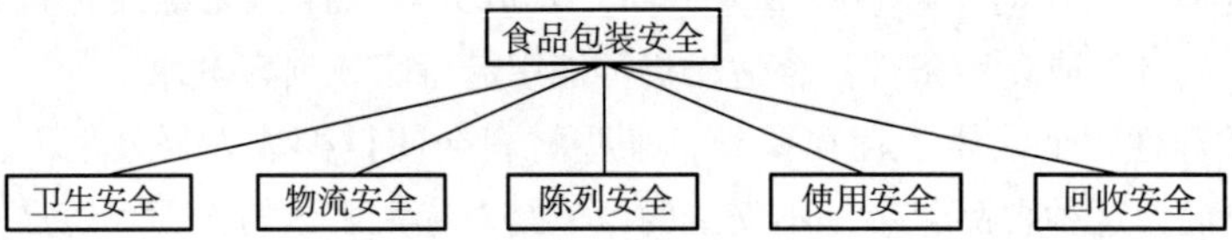

图 6-1　食品包装的安全要求

一、卫生安全

（一）包装材料的卫生安全

包装产品印刷质量合格，并不一定印刷品就完全合格，对食品、医药类包装物来说，是否会产生包装安全的问题关系到整个产品的质量和命运。从国内一些地区的食品安全抽样检查情况来看，食品卫生指标检测不合格的，不少是出于包装材料，而污染源包括：印刷品的上光油、油墨、黏合剂、薄膜、纸张（纸板）材料等。根据不同的包装材料，食品包装材料有不同的卫生指标。应用较多的如 GB/T 5009.60—2003《食品包装用聚乙烯、聚苯乙烯、聚丙烯成型品卫生标准的分析方法》，涉及卫生指标的主要有高锰酸钾消耗量、蒸发残渣、重金属、脱色等。其中，常常引起包装袋卫生不合格的是蒸发残渣指标。选用包装材料时应考虑卫生指标。

包装材料的卫生安全还与其生产工艺与处理方法有关。以纸包装材料为例，纸的着色剂中含有荧光染料，在各种充填剂、交联剂、纸浆防腐剂中均有带毒性的残留物质，使用时必须进行严格的检验，如经荧光染料处理着色的纸不能用于包装食品。

（二） 包装技术的卫生安全

对不同的包装处理技术，其卫生安全效果也不一样。现代包装技术中，人们一般认为高温杀菌处理后的包装食品最为卫生和安全，其次是低温速冻处理的包装食品也较为卫生安全。

（三） 包装机器的卫生安全

在日常印刷、上光、压光、覆膜和产品成型加工过程中，也会因包装机器的原因而造成包装产品污染，如包装设备出现溅油、某些部件脏污或机件工作状态不正常等，这些都可能导致食品在包装生产中受到污染。

（四） 生产作业环境的卫生安全

整洁的环境是食品包装生产安全和卫生的保证，同时也让生产者身心愉悦，参观者放心和信任。生产包装车间和厂区的鼠、蝇等也可能带来污染。因此食品生产企业及包装企业必须有标准化的规范生产体系和良好生产环境。

（五） 其他卫生安全因素

其他影响食品包装卫生安全的因素还有如下几种：

（1）人为因素　在包装时人与食品或包装接触，可能会带来细菌或其他污染物，因此，食品包装时尽量采用自动化程度高的包装机械实现。

（2）物面因素　包装物或食品包装贮运等表面要尽可能光滑平整，以免夹杂残物，引起污染。特别是包装外表面更应注意防止粘有污垢或吸尘。

（3）匹配因素　不同的食品应与不同的包装相匹配，主要是在化学物性或色彩上的匹配。例如食品的成分与包装材料的成分，不能在包装后的一段时间内产生有害的化学反应。

二、物流安全

物流安全指运输、装卸和搬运过程中的安全问题，同时还包括消费者在购物时的提取和购物后的携带等安全。食品包装中无论是基本的“贴身衣物”还是食品物流外包装，都应该不断提高相应的力学性能，从而更好地确保食品安全。

三、陈列安全

陈列安全指食品包装必须达到陈列的要求。既不影响自身也不影响周边同时陈列的商品。应达到以下几方面要求：最好能适应多种形式的陈列；陈列的食品品质有保证；陈列时有透视性等。

四、使用安全

（一） 包装材料及容器良好的物理机械性能

包装材料最基本的应用安全，体现在包装材料的物理机械性能是否符合被包装内容物的保护要求。食品包装材料的物理机械性能主要包括阻隔性能、机械性能和热封性能。这些物理机械性能达不到包装要求，常常也会直接影响所包装食品保存的时间和质量，进而影响使用安全。某些食品的新包装容器使用安全性较高，但是在长期、过度或不当使用后，存在材料老化、包装容器磨损甚至有裂痕等情况，导致物理机械性能下降、化学成分超标溶出，因此也需要保证食品包装容器的性能完好。

（二） 使用操作方便无伤害

食品包装在使用时，应对使用者不至于造成伤害；自动操作方便安全。不需附件或工具（如钻子、起子、刀子等），仅用手拉、压、挤等便可实现开启与启用；附带在包装中的开启工具，在使用时有安全的可靠保证。另外，食品包装边缘应设计成圆弧形状而非尖端，防止消费者被划伤等。

（三） 安全性提示要求

许多国家实行了食品标签制度，标签中除有尺寸、体积、价格、产地、成分、口味、生产日期、有效期等基本信息外，还标明食品及包装中可能存在的有害物质、允许贮存的最高温度、微波炉加热条件等信息。也可以设计成食品保质期到后或食品变质后，具有自动提示的保质提示性包装，以保证食品的质量与安全。

（四） 包装结构设计安全性

包装结构设计是任何产品包装设计中的重要环节，如果食品包装结构设计不合理，有可能在消费者食用时产生安全隐患，这在儿童食品包装中表现明显。婴幼儿吸食果冻不慎窒息死亡事件偶有发生；包装产品中含有小玩具等附带产品，极易被儿童误食造成伤害。对儿童或未成年者食用的食品包装，即使不能按说明开启，也不至于使他们受伤害；对儿童不宜的食品应使包装不让他们产生好奇而能轻易开启误食。

五、 回收安全

包装设计时，除了要考虑材料特性是否符合产品本身特性外，还要考虑材料的环保安全性，即是否可降解，是否可重复使用，是否可拆卸再用等。对再生塑料及其制品，如果追逐产品利润、降低生产成本，盲目使用不合格的回收料来制作食品包装产品，将对食品安全造成严重影响。有关包装材料的回收安全将在本章后续进行详细介绍。

第三节 食品包装材料的安全要求

食品包装材料是食品包装的基础，只有材料自身安全，才能确保食品包装的安全，食品包装材料安全是食品包装安全的最主要和最重要内容。近年来，由于食品包装材料中有害物质残留过高，导致食品被污染而引发的中毒事件频频出现。

一、 食品包装材料的通用安全要求

根据 GB 4806.1—2016，食品接触（包装）材料的主要通用安全要求如下。

1. 基本要求

（1）食品接触材料及制品在推荐的使用条件下与食品接触时，迁移到食品中的物质水平不应危害人体健康。

（2）食品接触材料及制品在推荐的使用条件下与食品接触时，迁移到食品中的物质不应造成食品成分、结构或色香味等性质的改变，不应对食品产生技术效果（有特殊规定的除外）。

(3) 食品接触材料及制品中使用的物质在可达到预期效果的前提下应尽可能降低在食品接触材料及制品中的用量。

(4) 食品接触材料及制品中使用的物质应符合相应的质量规格要求。

(5) 食品接触材料及制品生产企业应对产品中的非有意添加物质进行控制，使其迁移到食品中的量符合本标准（1）和（2）的要求。

(6) 对于不和食品直接接触且与食品之间有有效阻隔层阻隔的、未列入相应食品安全国家标准的物质，食品接触材料及制品生产企业应对其进行安全性评估和控制，使其迁移到食品中的量不超过0.01mg/kg。致癌、致畸、致突变物质及纳米物质不适用于以上原则，应按照相关法律法规规定执行。

(7) 食品接触材料及制品的生产应符合 GB 31603—2015《食品安全国家标准 食品接触材料及制品生产通用卫生规范》的要求。

2. 限量要求

(1) 食品接触材料及制品的总迁移量，物质的使用量、特定迁移量、特定迁移总量和残留量等应符合相应食品安全国家标准中对于总迁移限量、最大使用量、特定迁移限量、特定迁移总量限量和最大残留量等的规定。

(2) 对于同时列在 GB 9685—2016《食品安全国家标准　食品接触材料及制品用添加剂使用标准》和产品标准中的同一（组）物质，食品接触材料及制品终产品中该（组）物质应符合相应限量的规定，限量值不得累加。

(3) 复合材料及制品、组合材料及制品和涂层产品中的各类材质材料应符合相应食品安全国家标准的规定。各类材料有相同项目的限量时，食品接触材料及制品整体应符合相应限量的权重加和值。当无法计算权重加和值时，取该项目的最小限量值。

3. 符合性要求

(1) 食品接触材料及制品中原料的使用应符合相应产品的食品安全国家标准和相关公告的规定。

(2) 食品接触材料及制品中添加剂的使用应符合 GB 9685—2016《食品安全国家标准　食品接触材料及制品用添加剂使用标准》和相关公告的规定。

(3) 食品接触材料及制品应符合相应产品的食品安全国家标准的规定。

4. 可追溯性

(1) 食品接触材料及制品生产企业应建立产品追溯体系，保证食品接触材料及制品在各阶段的可追溯性。

(2) 追溯体系应保证能够获得食品接触材料及制品的来源和去向信息、相关物质或材料的合规性信息。

二、影响食品包装材料安全的主要因素

从系统角度来看，食品包装材料历经原料制造、加工成型、流通使用等环节方能形成完整的生命周期，每个环节都可能对食品安全产生威胁。影响食品包装材料的安全因素主要来自以下几个方面。

（一）包装材料自身缺陷

食品包装采用的最普遍的材料就是塑料，塑料是一种高分子聚合物，而塑料制品中残留的

有毒单体或裂解物就会对食品产生危害。另外，为了改变塑料制品的使用性能，在塑料生产中加入了相应的添加剂，例如润滑剂、稳定剂等，在一定条件下会从聚合物中脱离进入食品，对食品造成污染。

随着社会的发展，科技的进步，越来越多的新型材料应用于包装材料中。新材料的发明和应用是一把双刃剑，一方面可能提高包装性能、降低企业成本、美化包装等；另一方面可能对新型材料不熟悉，且缺乏相对应的管理条例，标准滞后，而这种安全性问题如果出现在食品包装中，就会引起不可预知的安全性问题，如纳米包装材料。

（二） 食品包装材料或容器生产的不规范

国质检食监［2006］334 号文件《食品用塑料包装、容器、工具等制品生产许可审查细则》及《食品用塑料包装、容器、工具等制品生产许可审查细则》规定：食品用塑料包装产品生产时，必须使用食品级原辅材料。然而，少数企业为了降低成本，用工业级的材料进行生产，有的企业甚至使用回收料作为食品包装原料，而上述《细则》中明确规定不得使用外购回收料及受污染的原料。

（三） 包装印刷带来的污染

树脂型和溶剂型是传统的包装印刷油墨，也是作为食品包装印刷不可缺少的基本材料。采用这两种油墨会带来大量的有机挥发物，重金属以及苯等溶剂残物污染，消费者吸食后不易从体内排出，长时间食用会引发癌症等疾病。

（四） 后续加工带来的潜在危害

食品包装物后续辐照、超高压、脉冲强光照射等杀菌工艺，也会对食品包装及安全带来影响，如辐照技术虽已广泛用于各类包装食品及包装材料的杀菌，但是也会引起包装材料的辐解行为、迁移行为和物理性能（力学、阻隔、光学和热性能等）的变化，从而影响食品的质量和消费者的安全。

（五） 贮存和流通过程中的危害

对于部分食品包装而言，除了包装中残留的有害化学物质可能发生迁移，包装的其他污染问题也不可忽视。纸、塑料等包装材料由于其自身特性容易带静电，容易受尘埃、杂质和微生物污染，影响食品质量。在实际生产或贮存过程中，与食品接触的包装内表面可能与外表面发生接触，产生交叉污染。

食品进入流通环节后，环境和外力因素都将对其安全造成潜在威胁。包装作为食品安全最后一道防线，应起到抵御外界影响的作用，但食品在保质期内发生变质的新闻却屡屡发生。对于绝大部分食品而言，变质的主要原因在于微生物的繁殖。从微观来看，气体分子对于包装材料的渗透无时无刻不在进行。阻氧性较差的包装材料，因难以对氧气的渗透运动起到阻碍作用而无法抑制微生物的增殖；从宏观来看，因包装材料抗冲击性能、力学性能或包装密封工艺的不足，易导致包装整体在外力作用下发生泄漏，同样会导致微生物激增和食品变质。

第四节 不同种类食品包装材料的安全

如果按食品包装材料的类别分类，其具体安全性如下。

一、纸包装食品安全

GB 4806.8—2016《食品接触用纸和纸板材料及制品》规定的感官、卫生指标、理化指标及微生物指标如表 6-1 所示。单纯的纸是卫生、无毒、无害的，且在自然条件下能够被微生物分解，对环境无污染。但是，从造纸起始原料的种植，到最终成为纸制品的生产过程中，有各种渠道可能导致食品用包装纸内存在有毒有害物质。从而造成受包装食品的污染问题。

表 6-1 食品包装纸的理化和微生物指标（GB 4806.8—2016）

项目	指标要求
感官	色泽正常，无异臭、霉斑或其他污物
浸泡液	迁移试验所得浸泡液不应有着色、异臭等感官性的劣变
铅（Pb）/（mg/kg）	≤3.0
砷（As）/（mg/kg）	≤1.0
甲醛/（mg/dm^2）	≤1.0
荧光性物质，波长 254 nm 和 365nm	阴性
总迁移量/（mg/dm^2）	≤10
高锰酸钾消耗量/（mg/kg）水（60℃，2h）	≤40
重金属（以 Pb 计）/（mg/kg）4%乙酸（体积分数）（60℃，2h）	≤1.0
大肠菌群/（$50cm^2$）	不得检出
沙门菌/（$50cm^2$）	不得检出
霉菌/（cfu/g）	≤50

（一）造纸原料本身带来的污染

食品包装用纸的起始原料有木浆、草浆和棉浆等，其中，木浆较卫生，而草浆和棉浆或因作物在生长过程中使用农药而造成纸浆残留。有的使用一定比例的回收废纸制纸，虽然废旧回收纸经过脱色，能将油墨颜料脱去，但有害物质铅、镉、多氯联苯等仍可留在纸浆中；有的采用霉变或不清洁原料生产，使成品含有大量霉菌和细菌。

（二）制浆、造纸等过程加入添加剂

制浆、造纸及后续加工处理时会加入各种化学添加剂，如漂白剂和染色剂、防油剂、填料、消泡剂、杀菌剂、防霉剂等，在使用过程中可能对食品造成污染。下面介绍其中可能存在的添加剂。

（1）有机氯化物　存在于纸和纸板中的有机氯化物，主要有多氯代二苯并二噁英（poly-o-chlorinated dibenzodioxin，PCDD）和多氯代二苯并吡喃（polychlorinated dibenzofuran，PCDF）两类，俗称二噁英。这两类物质是在氯气漂白（元素氯漂白）的过程中产生的。二噁英有强烈的致癌和致畸作用，动物实验表明，二噁英首先诱发肝脏和呼吸系统癌症，其次导致免疫系统疾

病，增加机体受感染的机会，属于最危险的环境污染物，国际癌症研究中心已将二噁英列为人类一级致癌物。漂白剂除氯气外，还有采用次氯酸钙、液态氯、次氧酸、过氧化钠及过氧化氢等。我国的纸浆漂白也在向环保的无元素氯漂白或全无氯漂白发展。但是，由于 PCDD 和 PCDF 是持久污染物，只要它们存在于纸张纤维中，很难在废纸循环利用的过程中把它们除掉。

（2）消泡剂　制浆造纸中产生的二噁英，除了由含氯漂白剂引起外，还有可能来源于制浆过程中使用的消泡剂（也称消沫剂）。

（3）荧光增白剂和染色剂　荧光增白剂是能够使纸张白度增加的一种特殊染料。当荧光漂白剂进入人体，被人体吸收后很难分解，会使肝脏的负担加重，同时荧光增白剂是一种致癌活性很强的化学物质。GB 4806.8—2016 规定，食品接触用纸和纸板材料及制品中荧光增白剂严禁检出。但是，仍有一些企业法律意识淡薄，为降低成本，使用掺杂荧光增白剂的非食品包装纸或纸板制作食品纸包装制品。荧光增白剂在水中的溶解度高，容易从纸张中迁移到食品中，从而对人体健康造成威胁。染色剂使用水溶性染料和颜料，前者有酸性染料、碱性染料、直接染料，后者有无机和有机颜料。无机颜料中多使用各种金属，如赤色的多用镉系金属，黄色的多用铅系金属，这些金属在微克/毫升（μg/mL）水平以下也能溶出。

（4）杀菌剂　在生产食品包装用纸时，有的企业为防止循环水中微生物繁殖而添加杀菌剂。造纸工业中用得最多的杀菌剂是有机硫、有机溴和含氮杂环化合物等高效低毒的杀菌剂。在添加杀菌剂时，应慎重考虑其毒性和最大允许使用量，以免威胁人类健康。

（5）防油剂　也称防渗剂或施胶剂。可以通过使用有机氟化物对纸和纸板包装材料进行处理，使纸张具有防油性。全氟烃基铵盐与全氟烃基磷酸酯是常用的防油剂。研究发现，多氟烷基磷酸酯代谢物是全氟辛酸（PFOA）和全氟羧酸（PFCA）的主要来源。若纸质包装材料中的这些化学物质转移到食物中去，并被人体吸收，会导致血液化学污染。

（6）有机挥发性物质　纸质食品包装材料中有机挥发性物质，往往是以散发气味的形式迁移到食品当中。对纸和纸浆进行检测发现，有大量的烷烃、链烯烃、醛、醇、酮、杂环、丙烯酸、硫化物以及萜类等物质，存在于纸浆和纸的表面。这些物质主要是由木材原料树脂中的不饱和脂肪酸氧化衍生的产物。多种纸板中最主要的有机挥发性物质为己醛，其他醛包括戊醛、庚醛、辛醛和壬醛的含量比较大。

（7）可抽提性氨　纸质包装材料在生产的过程中还会加入湿强剂，湿强剂中的一些可抽提性氨的残留物，如乙二胺（EDA）、二亚乙基三胺（DETA）、己二胺（HMDA）、*N*-（2-氨基）1，3-丙基二胺（APDA）以及密胺会释放出来。常用添加湿强剂的纸质包装材料有茶叶袋纸、咖啡过滤纸、鱼肉制品包装袋、厨房擦巾、冷冻食品包装袋纸以及微波食品包装纸。

（8）表面活性剂　在造纸过程中，常用表面活性剂来清除树脂障碍，在废纸制浆的过程中，也用表面活性剂脱墨。常用的表面活性剂有烷基苯酚聚氧乙烯醚和烷基酚等。但是，烷基酚特别是辛基酚和壬基酚，会通过对雌性激素受体的干扰作用，而对人体的内分泌系统产生干扰。烷基苯酚聚氧乙烯醚同样也会干扰雌性激素的活性。

（9）其他一些添加剂　如填料采用高岭土、碳酸钙、二氧化钛、硫化锌、硫酸钡及硅酸镁。在纸的加工过程中，尤其是使用化学法制浆，纸和纸板通常会残留一定的化学物质。

（三）纸包装油墨等污染

目前我国在纸包装上印刷的油墨，大多是含甲苯、二甲苯的有机溶剂型凹印油墨，为了稀释油墨常使用含苯类溶剂，干燥后可除去绝大部分有机溶剂，但残留的溶剂却会迁移到食品中危害人体健康。苯类溶剂虽然不列入 GB 9685—2016 允许使用的添加剂目录，但仍被大量使用；油墨中所使用的颜料、染料中，存在着重金属（铅、镉、汞、铬等）、苯胺或稠环化合物等物质，引起重金属污染；苯胺类或稠环类染料则是明显的致癌物质；印刷时还会相互叠在一起，造成无印刷面也接触油墨，形成二次污染。所以，纸制包装印刷油墨中的有害物质对食品安全影响严重，采用无苯印刷将成为发展趋势。

另外，随着食品工业的快速发展以及对环境保护要求的提高，要求减少包装材料释放的挥发性有机物（VOC），从而使得比较环保的光固油墨以及光固黏胶的用量不断增加。光固油墨与传统使用的苯胺油墨不一样，它不含或很少含有机挥发成分。最常用的光固油墨是紫外光（UV）光固油墨，其主要组分是色料、低聚物、单体、光引发剂以及一些助剂。通常 UV 光固油墨中含有 5%~10%的光引发剂，在光固化反应过程中只有少量光引发剂（如二甲苯酮）会被反应掉。没有反应掉的部分就不能结合入交联状的膜中，这部分的光引发剂留在纸张中，最后可能会迁移到被包装的食品中。

为了防止油墨对食品造成污染，一要加强对油墨配方的审查，选用安全的颜料和溶剂，开发可食用油墨；二要对印刷设备和工艺进行改革，使印刷面不能直接接触食品。

食品用纸包装典型产品安全问题如表 6-2 所示。

表 6-2 食品用纸包装典型产品安全问题

纸包装产品	主要安全问题
食品包装纸	砷、铅、大肠菌群、致病菌、荧光性物质
涂布纸	多环芳烃、砷、铅、大肠菌群、致病菌、荧光性物质
复合纸	二苯甲胺、砷、铅、大肠菌群、霉菌、荧光性物质
其他植物纤维类	铅、大肠菌群、霉菌、致病菌、荧光性物质
纸容器	渗油渗水、负重性能、荧光性物质、大肠菌群、致病菌
纸浆模塑餐具	蒸发残渣、高锰酸钾消耗量
纸杯	杯身挺度、渗漏性能、脱色实验、荧光性物质、致病菌

二、 塑料包装食品安全

塑料是以合成树脂的单体为原料，加入适量的稳定剂、增塑剂、润滑剂、抗氧化剂、着色剂、杀虫剂和防腐剂等助剂后制成的高分子材料。塑料种类丰富、具有不易破损、成本低廉、质轻美观、稳定性好、易于加工、装饰效果好等诸多优点，因此由塑料制成的各类包装膜、袋、桶、箱、瓶、罐及复合包装材料等，被广泛用于食品包装材料。从理论上讲，纯塑料是无毒的，因为其含有的大分子物质不易被人体吸收。但是，实际的塑料与食品接触材料中由于其原料或生产工艺问题，存在着一些可析出有机物及重金属，在塑料接触食品时，由于发生迁移、溶出而污染食品。塑料食品接触材料中的有毒有害物质来源主要有以下几个方面。

（一） 原料中存在的低聚体或未聚合单体

树脂中未聚合的游离单体、低聚体、裂解物、降解物及老化产生的有毒物质对食品安全均有影响。聚乙烯及聚丙烯两种塑料的单体沸点低，易挥发，一般不存在残留问题。但是，很多塑料树脂中存在未完全聚合的游离单体，单体分子大多有毒性，有的甚至是明确的致癌物。使用过程中，当这些塑料食品接触材料迁移并进入食品的残留单体超过一定量时，就会造成污染。如聚氯乙烯（PVC）中的氯乙烯单体、聚苯乙烯（PS）中的苯乙烯单体、聚酰胺（PA）中的己内酰胺单体，聚对苯二甲酸乙二醇酯（PET）含有二聚物到五聚物的少量低分子低聚体。

（二） 加工过程的添加剂

为了改良塑料食品包装材料，人们在制作包装材料时常加入一些添加剂、助剂来改变其功能和特性。这些添加剂往往是小分子物质，具有较强的流动性。在塑料接触材料与食品的接触过程中，这些物质会通过渗透、吸收、溶解等过程进入食品中。由于某些添加剂或者添加剂的降解物对人体具有一定毒性，因此大多数加工助剂都可能构成包装材料的安全风险。常用的加工助剂有增塑剂、稳定剂、抗氧化剂、抗静电剂、着色剂等，其中使用最多的是增塑剂，其次是稳定剂。增塑剂的添加量控制在5%~40%，其余各种添加剂添加量均在3%以下。以下是塑料食品包装材料中危害较大的添加剂。

1. 增塑剂

增塑剂通常是一些高沸点、难以挥发的黏稠液体或低熔点的固体，一般不与塑料发生化学反应，具有种类多、难以降解、生物富集性强的特点。根据化学组成，增塑剂可分为五大类：邻苯二甲酸酯类、磷酸酯类、脂肪族二元酸酯类、柠檬酸酯类和环氧类。其中邻苯二甲酸酯类、磷酸酯类的毒性较大，而脂肪族二元酸酯类、柠檬酸酯类、环氧类等三类的毒性较低。但有些如磷酸二苯一辛酯（diphenyl isooctyl phosphate，DPOP）属于磷酸酯类，而经各种毒性试验证明是无毒的。

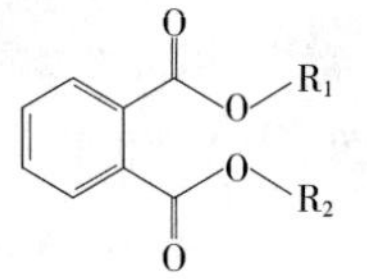

图6-2 PAEs分子结构式

邻苯二甲酸酯类，（phthalic acid ester，PAEs），也称酞酸酯，在增塑剂中用量最大。PAEs是芳香族化合物，分子结构类似于激素（如图6-2所示），已被列为主要的环境激素。

常用的PAEs化合物主要包括：邻苯二甲酸二乙基酯（DEP）、邻苯二甲酸二（2-乙基）己酯（DEHP）、邻苯二甲酸二丙烯基酯（DAP）、邻苯二甲酸二丙基酯（DPP）、邻苯二甲酸丁基苄基酯（BBP）、邻苯二甲酸丁基辛基酯（BOP）、邻苯二甲酸二己基酯（DHP）、邻苯二甲酸二辛基酯（DOP）、邻苯二甲酸二异壬基酯（DINP）等，其中DEHP因可塑性能优良，是PAEs中使用范围最广、产量最高的增塑剂。

自从20世纪70年代开始，很多学者就开始进行关于邻苯二甲酸酯类物质生理毒性的研究，研究发现邻苯二甲酸酯类物质可以混在其他物质中，通过饮食、皮肤接触和呼吸等方式进入人体内发挥类似雌激素的作用。PAEs在体内有中度蓄积作用，一旦进入人体内，由于其性质易溶于脂肪和有机溶剂而不易溶于水，便很快积蓄在脂肪组织里，不易排泄出去，从而导致人体内残留着高浓度的邻苯二甲酸酯。长期接触并摄入PAEs，可干扰人体激素的分泌，进而机体内产生内分泌扰乱、生殖毒性、致畸、致癌，以及神经系统、肝和肾功能紊乱等。随着工业生产和塑料制品的使用，塑料垃圾大量增加，邻苯二甲酸酯不断进入环境，已成为全球性最普遍的污染物。含增塑剂量高的塑料制品，不适合用于液体食品包装，一般也不适合用于含液体成分较高的其他食品包装，特别是含酒精和油脂的食品。GB 9685—2016规定邻苯二甲酸酯类塑料包装不得用于接触脂肪性食品、乙醇含量高于20%的食品和婴幼儿食品。并对一些接触材料的添加种类、使用范围和最大使用量做了要求。增塑剂中还有几种毒性较低的增塑剂，如丁基硬脂酸酯、乙酰基三丁基柠檬酸酯、烷基癸二酸酯和己二酸酯类化合物等。

2. 稳定剂

塑料在加工、贮存及使用过程中，因受内在和各种环境因素影响而逐渐老化，如热、光、氧、水分、微生物等的作用，导致其物理机械性能降低而最终丧失使用价值。因此，加工塑料时会加入能阻缓塑料老化变质的物质——稳定剂。稳定剂按其发挥的作用，包括热稳定剂、光稳定剂、抗氧剂和防霉剂等，其中使用较多的是热稳定剂和光稳定剂。食品接触材料中聚氯乙烯和氯乙烯共聚物在加工时必须加入热稳定剂。聚乙烯（PE）、聚丙烯（PP）、聚苯乙烯（PS）、聚酰胺（PA）、聚对苯二甲酸乙二醇酯（PET）等根据不同的用途和加工要求，也要加入一些抗氧化剂、防紫外线剂等各种稳定剂。如热稳定剂，常用的主要品种有铅盐类、有机锡、有机锑、金属皂类（铅、镉、钡等的硬脂酸盐）、复合稳定剂和有机助剂等。接触食品后，这些金属易迁移入食品中，特别是铅、镉稳定剂对人体危害较大。

而相对安全的食品包装用塑料热稳定剂有钙、锌、锂的脂肪酸盐类。还有如抗氧化剂：常见的塑料抗氧化剂如酚类抗氧化剂作为环境雌激素的一类，可以在人体内蓄积。在塑料产品与食品长期接触过程中，抗氧化剂会通过不同途径迁移进入食品，带来安全隐患。因此，只有当包装材料不直接与脂肪食品接触时，才允许使用这些抗氧化剂，很多国家的限制清单上列出了这些物质，并给出了严格的纯度要求。如我国 GB 9685—2016 规定 BHA 的使用范围为 PE、PP、PS、AS、ABS、PA、PET、PC、PVC、PVDC 等塑料，最大使用量均为 0.1%，特定迁移限量（SML）和最大残留量（QM）均为 30.0mg/kg；而 BHT 在塑料中使用标准：PE、PP，最大使用量 0.5%；PS、AS、ABS、PA、PET、PC、PVC、PVDC，最大使用量均为 0.13%，特定迁移限量（SML）和最大残留量（QM）均为 3.0mg/kg。

3. 润滑剂

在与食品的接触过程中迁移到食品中，润滑剂也会带来食品安全问题。如氨基脂肪酸类润滑剂向脂肪食品模拟物中的迁移较大，含量在 1.8～3.1mg/kg，而向水性食品模拟物中的迁移量小于 0.05mg/kg。

4. 发泡剂

发泡剂是泡沫塑料的必需添加剂，能在特定条件下产生大量气泡而使塑料形成多孔泡沫结构，起到隔热保温、防振缓冲等作用。用于食品包装的泡沫塑料发泡剂必须是无毒或低毒产品，常用的有碳酸氢铵和偶氮二甲酰胺。

5. 着色剂

着色是塑料加工工艺中的重要环节，可使塑料绚丽多彩、美艳夺目，不仅丰富了市场，也美化了人们的生活。但是大部分着色剂都有不同程度的毒性，有的还有强致癌性，因此，接触食品的塑料最好不着色，当非要着色不可时，尽量选用无毒的着色剂。允许用于食品包装的着色剂有：钛白粉（白色）、锌白（白色）、氧化铁红（红色）、群青（蓝色）、铬绿（绿色）、炭黑（黑色）、柠檬黄（黄色）等。着色剂选用过程还应考虑着色剂与其他添加剂之间不应产生相互影响甚至化学反应，容器类还要求着色剂耐迁移性好、耐溶剂性好。使用质量不合格的着色剂可能带来诸多安全卫生隐患，这是因为其中可能含有芳香胺、重金属等有毒物质，甚至有些不合格的着色剂还可能含多氯联苯。

6. 透明剂

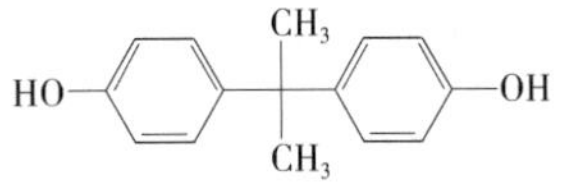

图 6-3　BPA 的化学结构式

如双酚 A（BPA），结构式如图 6-3 所示，是添加在聚碳酸酯（PC）中的关键物质，能增加塑料包装材料的透明度。双酚 A 被认为是具有雌激素功能的化合物，能导致内分泌失调，威胁着胎儿和儿童的健康，对生殖系统产生较大影响。美国 EPA（1993）规定双酚 A 的最大可接受剂量为 0.05mg/kg。欧盟 2002/72/EC 法规定双酚 A 在塑料食品接触材料中的迁移限量为 0.6mg/kg，欧盟成员国从 2005 年 12 月 31 日起禁止生产含有双酚 A 类物质的食品罐内涂料和食品包装用黏合剂，也禁止含有这类成分的产品进入到欧盟市场。日本《食品卫生法》规定聚碳酸酯食品容器中双酚 A 的溶出限量为 2.5mg/kg。2008 年，加拿大将双酚 A 列入有毒物质列表中；2011 年，欧盟和我国相继规定禁止生产含化学物质双酚 A 的婴儿奶瓶。在 GB 9685—2016《食品安全国家标准　食品接触材料及制品用添加剂使用标准》规定双酚 A 可作为添加剂应用于黏合剂和涂料，其特定迁移限量（SML）均为 0.6mg/kg，但不得用于生产婴幼儿专用食品接触材料及制品。

7. 阻燃剂

阻燃剂是一类能够增加塑料抗着火性能、降低燃烧速度的添加剂。按化学组成不同，阻燃剂还可分为无机阻燃剂和有机阻燃剂。无机阻燃剂包括氢氧化镁、氢氧化铝、硼酸锌、氧化锑和赤磷等，有机阻燃剂多为卤代烃、有机氯化物、有机溴化物、卤代磷酸酯、磷酸酯等。这些物质从性质上来说，也都是有毒有害物质，需要防范其在食品中的迁移。

除了上述添加剂之外，塑料中常用的添加剂还包括填充剂和抗静电剂等。通常在聚合物中添加各种添加剂是为了将塑料加工成为性能良好、能满足食品包装要求的材料。滑石粉、碳酸钙等助剂添加于塑料包装中，目的是降低产品的原料成本。但是，某些生产企业为降低生产成本，过量添加填充剂或使用质量不过关的添加剂，使食品接触材料存在很大安全隐患。

（三）　生产过程使用的油墨及黏胶剂

塑料包装作为食品包装的主要材料，也存在印刷油墨的危害，主要表现在以下方面：苯类溶剂残留；油墨中所使用的颜料、染料中，存在着重金属（铅、镉、汞、铬等）、苯胺或稠环化合物等物质；复合用黏合剂对食品安全的影响。

1. 油墨及溶剂

虽然在图案设计、印刷及包装过程中，油墨印刷面都不与食品接触，但是印刷材料有时可能会产生反印，也就是常说的蹭脏，从而导致油墨成分转移到接触食品的一侧，继而进入包装的食品；另外，由于复合塑料包装存在一定透湿、透氧性及油墨的化学迁移特性，导致食品包装袋上油墨中有毒有害成分向食品形成迁移。包装印刷油墨主要由色粉、黏结树脂及溶剂组成，印刷油墨（着色）面积越大，色别越多，油墨层越厚，越影响食品的安全性。油墨中所使用的颜料、染料中存在的重金属（铅、镉、汞、铬等）、苯胺或稠环化合物等物质，这些有毒有害的化学物质能够通过塑料薄膜迁移到内包装的食品中，从而产生危害。有的油墨为提高附着牢度会添加一些促进剂，如硅氧烷类物质，此类物质会在一定的干燥温度下，基团发生键的断裂，生成甲醇等物质，而甲醇对人的神经系统产生危害。

塑料印刷的油墨大多来自聚酰胺油墨，也有苯胺油墨、醇溶性酚醛油墨和水性油墨。聚酰胺油墨本身无毒，但塑料是一种高分子聚合材料，聚合物本身不能与染料结合。当油墨快速印制在复合膜、塑料袋上时，需要在油墨中添加甲苯、丁酮、醋酸乙酯、异丙醇等混合溶剂来调节油墨黏度和挥发速度，这样有利于稀释和促进干燥，以适应印刷、复合工艺的要求。这样的工艺，使包装袋材料可能残留毒性较大的苯类物质，薄膜材料的微细毛细孔可透过油墨溶剂渗出至包装内而污染食品。目前在复合包装袋上印刷的油墨，大多是含甲苯、二甲苯的有机溶剂型凹印油墨，这些油墨要用含有甲苯的混合溶剂来稀释。这些恰好是溶剂残留问题的症结所在，对包装安全造成极大隐患。印刷油墨干燥后可去除绝大部分甲苯溶剂，但因油墨中颜料吸附力强，仍易引起具有异臭味的苯、丁酮等溶剂残留。溶剂残留量的大小与基膜的性质、生产工艺和环境有关。这些残留溶剂大多有很强的毒性，尤其是残留的苯类溶剂已经被世界卫生组织确定为致癌物质，易引发癌症类疾病，特别是血液系统疾病，如溶血性贫血、再生障碍性贫血和白血病。若食品塑料包装的内层材质阻隔性较差，印刷油墨、残留溶剂、色料等有害物质和包装物里的某些物质可能会相互渗透交叉污染，危及使用者的健康和安全。曾有乳粉包装油墨中溶剂苯迁移进入乳粉引起污染以及乳粉包装溶剂残留严重超标的报道。

2006年国家质量监督检验检疫总局发布的《食品用塑料包装、容器、工具等制品生产许可审查细则》中，对复合包装膜、袋产品溶剂残留量作出强制性规定：复合包装膜（袋）产品的溶剂残留总量$\leqslant 10mg/m^2$，其中苯系溶剂残留量$\leqslant 2mg/m^2$。溶剂残留量检测溶剂种类：①苯系溶剂：苯、甲苯、二甲苯（含对二甲苯、邻二甲苯、间二甲苯）；②其他溶剂：乙醇、异丙醇、丁醇、丙酮、丁酮、乙酸乙酯、乙酸异丙酯、乙酸丁酯。

2. 胶黏剂及稀释剂

采用塑料、铝箔、纸等多种功能材料构成的复合包装，最大的安全隐患在于胶黏剂残留。复合软包装材料是指由两层或两层以上不同品种的材料，通过一定技术组合而成的“结构化”多层材料，可用涂布法、层合法、共挤法三种工艺，其中层合法就必须用到胶黏剂。目前，国内最普遍的复合膜生产方法是干式复合法，其在各种基材表面需要涂布一层胶黏剂，经烘道干燥发黏后，在复合辊上压贴复合制成。目前，在我国主要还是使用溶剂型胶黏剂，而溶剂型胶黏剂中绝大多数是芳香族的胶黏剂。复合用胶黏剂对食品安全的影响首先是胶黏剂中的游离单体，以及该产品在高温时裂解下来的低分子质量有毒有害物质带来的污染危害。现在使用较多的聚氨酯胶黏剂，它是由多羟基化合物和芳香族异氰酸酯聚合而成的，残留的芳香族异氰酸酯单体水解后生成芳香胺，如图6-4所示。芳香胺是一种致癌物质，迁移入食品会造成污染。各国均严格控制食品包装材料中的芳香胺物质，如二氨基甲苯的含量做了限定。另外，胶黏剂中也可能存在重金属（铅、镉、汞、铬等）残留的问题，以及胶黏剂中的溶剂种类问题。溶剂型聚氨酯胶的溶剂应该是高纯度的醋酸乙酯单一溶剂，但个别生产供应商也可能因使用回收不纯净的醋酸乙酯而带来安全问题。在GB 9685—2016《食品安全国家标准 食品接触材料及制品用添加剂使用标准》中，对相关助剂在胶黏剂中的使用进行了明确的规定，只有符合规定标准的胶黏剂才能在食品包装中使用，进而确保食品安全。

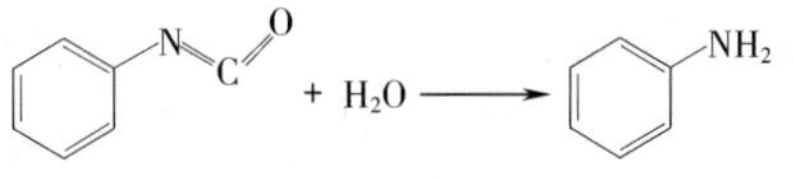

图6-4 芳香族异氰酸酯单体水解生产芳香胺

（四） 典型塑料包装材料的化学迁移物

由上所述，塑料包装中潜在有害物质众多，其中典型的塑料包装材料的化学迁移物及其检测方法如表 6-3 所示。

表 6-3　　典型塑料包装材料的化学迁移物及其检测方法

迁移物类别	迁移物	应用范围	检测方法
聚合物单体	双酚 A	饮用水桶和奶瓶用 PC	溶剂提取-液相色谱结合荧光检测；固相萃取-柱前衍生结合 GC-MS；酶联免疫快速检测方法
	苯乙烯	方便面碗 PS	固相微萃取结合顶空 GC-FID 或 GC-MS
	乙烯、氯乙烯	—	顶空 GC-FID 或 GC-MS
挥发性有机物	乙酸乙酯、乙醇、正戊烷、异丙醇、正庚烷、正丙醇、丙酮、苯	—	顶空 GC-FID 或 GC-MS
	乙二醇	利乐包装内膜用 PE；纯净水瓶和食用油桶用 PET	溶剂萃取结合 GC-FID 检测
裂解物	二苯基硫脲，异氰硫基苯、苯胺、二苯脲	瓶垫用 PVC	GC-FID 或 GC-NPD 检测
稳定剂	环氧大豆油	PET、PE、PVC、PS	盐酸-吡啶法测定环氧值；固相萃取法结合 GC-MS 或 HPLC-MS/MS 测定含量
抗氧化剂	BHA、BHT、Irganox1076、Irganox1010	聚氯乙烯（PVC）	快速溶剂萃取结合 HPLC-荧光法检测
增塑剂	DEP、DIBP、DBP、DEHP、DINP、DINA	牛乳利乐包装内膜用 PE；纯净水瓶或食用油桶用 PET；瓶垫用 PVC	溶剂提取或固相萃取法结合 GC-MS 或 LC-MS/MS 测定
污染物	酚类物质	回收料再利用材料	溶剂萃取-柱前衍生结合 GC-MS 检测
着色剂	重金属，如镉、铅等	回收料再利用材料	火焰或石墨炉原子吸收或氰化物发生原子荧光
微生物	表面洁净度	PET、PE、PC、PS、PVC	ATP 快速检测

（五）不同塑料包装材料的安全性

如果按塑料材料的品种进行分类，则常用塑料的食品包装安全潜在问题简述如下。

（1）聚乙烯（PE）　PE 本身是一种无毒材料，它属于聚烯烃类长直链烷烃树脂。PE 的污染物主要包括单体乙烯和润滑剂、抗氧化剂等添加剂残留以及回收制品污染物。其中乙烯具有低毒性，但由于沸点低，极易挥发，在塑料包装材料中残留量很低。另外，低分子质量 PE 溶于油脂使油脂具有蜡味，会影响产品质量。在 PE 生产过程中使用的添加剂主要有润滑剂和抗氧化剂，有时还添加抗静电剂或紫外线吸收剂。然而在 PE 中加入的添加剂量非常少，基本上不存在残留问题，因此，一般认为 PE 塑料是比较安全的包装材料。但 PE 塑料回收再生制品存在较大的不安全性，由于回收渠道复杂，回收容器上常残留有害物质，难以保证清洗处理完全，从而造成对食品的污染。有时为了掩盖回收品质量缺陷，往往添加大量涂料，导致涂料色素残留污染食品。因此，一般聚乙烯回收再生品不能用于制作食品包装材料及容器。

（2）聚丙烯（PP）　PP 是由丙烯聚合而成的一类高分子化合物。它主要用于制作食品塑料袋、薄膜、保鲜盒等。PP 同 PE 一样，也含有抗氧化剂和润滑剂，用 20%的乙醇进行的试验，其溶出量比 PE 少。因此，从卫生角度看，一般认为 PP 是安全的，其安全性高于 PE。PP 的安全性问题主要也是回收再利用品，与 PE 相类似。

（3）聚氯乙烯（PVC）　PVC 本身是一种无毒聚合物，但是残存于 PVC 中的氯乙烯（VCM）单体在经口摄取后有致癌的可能。PVC 类制品在 50℃以上就会缓慢析出对人体有害的氯化氢气体。与其他塑料不同，PVC 多使用重金属化合物作为稳定剂。因此，PVC 烯塑料的安全性问题主要是：残留的氯乙烯单体、降解产物、重金属以及添加剂的溶出造成的食品污染。单体氯乙烯对人体安全限量要求小于 1mg/kg（以体重计）。我国国产的 PVC 树脂单体氯乙烯残留量可控制在 3mg/kg 以下，成品包装材料已控制在 1mg/kg 以下。PVC 也是二噁英的主要来源。当 PVC 生产、回收和在焚烧炉中毁弃时，或者 PVC 的产品在意外燃烧时如垃圾掩埋时，就会产生二噁英。

PVC 塑料有软质和硬质之分，软质 PVC 塑料中含有 30%~40%的增塑剂，含量较大，其中的增塑剂 DEHA 能渗透到食物中，尤其是高脂肪食物。因此，软质 PVC 用于食品包装安全性较差，除生鲜水果和蔬菜包装外，一般不用于直接接触食品的包装。而硬质 PVC 塑料不含或含极少增塑剂，它们安全性相对较好，可直接用于食品的包装，但考虑到氯乙烯单体残留，还是要慎用。最新的 GB 4806.6—2016 允许 PVC 作为食品接触用塑料树脂，但是规定：氯乙烯和 1，1-二氧乙烷的特定迁移限量（SML）均为未检测出（ND），检测限（DL）均为 0.01mg/kg，或氯乙烯的最大残留量（QM）为 1.0mg/kg；1，1-二氧乙烷的最大残留量（QM）为 5.0mg/kg。

（4）聚偏二氯乙烯（PVDC）　PVDC 树脂是在偏氯乙烯和氯乙烯共聚物中添加增塑剂（添加量为 5%~10%）和稳定剂以及抗氧化剂等制成的。PVDC 中有潜在的氯乙烯和偏二氯乙烯残留，属中等毒性物质，偏氯乙烯单体溶出量一般在 1μg/mL 以下。GB 4806.6—2016 规定 PVDC：1，1-二氯乙烯和氯乙烯的 SML 均为 ND，检测限（DL）均为 0.01mg/kg，或 1，1-二氯乙烯 QM 为 5.0mg/kg，氯乙烯 QM 为 1.0mg/kg。

（5）聚苯乙烯（PS）　PS 本身无毒，但其含有的单体苯乙烯有一定毒性，对大鼠经口的 LD_{50}（半致死量）为 5.0g/kg。苯乙烯单体对人体有刺激和麻痹作用，最常见的因接触苯乙烯引起的毒性为刺激皮肤、眼睛、呼吸道，以及导致中枢神经系统抑郁症。此外，在合成苯乙烯单体的过程中，可能残留有乙苯、丙苯、异丙苯等具有致癌作用的苯系物，在合成聚苯乙烯过程中，又由苯乙烯单体带入至聚合物中，造成二次污染。

许多国家对 PS 食品包装材料中的苯乙烯单体含量作了限量规定，美国要求其单体含量低于 5000mg/kg，德国规定 90℃下 24h 苯乙烯单体析出量不超过 15mg/m^2，比利时规定 PS 中单体含量低于 1000mg/kg。残留于食品包装材料中的苯乙烯单体对人体最大无作用剂量为 133mg/kg，塑料包装制品中单体残留量应限制在 1%以下。GB 4806.6—2016 规定 PS：乙苯的 QM 为 0.3%；苯乙烯的 QM 为 0.5%。另外，PS 同 PE 和 PP 一样含有抗氧化剂。

（6）聚对苯二甲酸乙二醇酯（PET） PET 常被用作瓶装饮用水、饮料和食用油的包装材料等。但 PET 含有二聚物到五聚物的少量低聚体。根据 PET 种类的不同，这些环状化合物的含量为 0.06%~1.0%。PET 的溶出物，可能是来自乙二醇与对苯二甲酸三聚物聚合时的金属催化剂（锑、锗），不过其溶出量非常少。有些小分子化学物质在 PET 生产和再生过程中被非有意带入，包括原料的降解物，生产中使用溶剂和色油溶剂的残余等，这类主要小分子化学物质如表 6-4 所示。GB 4806.6—2016 规定 PET：以锑计的 SML 为0.04mg/kg，以乙二醇计和对苯二甲酸计的特定迁移总量限量 SML（*T*）分别为 30mg/kg 和 7.5mg/kg。

表 6-4　　PET 中非有意添加的小分子化学物质

物质名称	挥发性	产生途径
甲醛	极易挥发	原料热机械和热氧化降解产物
乙醛	极易挥发	原料热机械和热氧化降解产物
甲苯	易挥发	合成二元酸的原料
苯甲醛	挥发	甲苯合成对苯二甲酸的中间产物
氯苯	挥发	氯乙醇法合成二元酸生成物
乙二醇	难挥发	生产原料
对苯二甲酸	难挥发	生产原料

（7）聚酰胺（PA） PA 在食品包装中聚酰胺常用作包装薄膜，也常用作食品烹饪过程中盛装食品的包装材料。有证据显示，在烹饪过程中，较大量的 PA6 低聚体和残留的尼龙单体-己内酰胺，能渗透至沸水中。虽然口服己内酰胺毒性不大，但它能使食品产生不协调的苦味。欧盟 2002/72/EC 指令中规定己内酰胺向食品或者食品模拟物中的迁移量不能超过 15mg/kg，GB 4806.6—2016 规定 PA66 中 1，6-己二胺的 SML 为 2.4mg/kg；PA6 以己内酰胺计的 SML（*T*）为 15mg/kg。

（8）聚碳酸酯树脂（PC） PC 容易受某些有机溶剂的侵蚀，目前只有双酚 A 型的芳香族聚碳酸酯树脂可以用作食品包装材料和容器。聚碳酸酯树脂本身无毒，但双酚 A 与碳酸二苯酯进行酯交换时，有中间体苯酚产生。苯酚不仅具有一定的毒性，而且还会产生异味，影响食品的感官性状。GB 4806.6—2016 规定食品包装材料和容器用的 PC 类包装材料中游离酚（对叔丁基苯酚）含量应控制在 0.05mg/kg 以下，双酚 A 的 SML 为 0.6mg/kg，碳酰二氯的 QM 为 1.0mg/kg，且不得用于生产婴幼儿专用食品接触材料及制品。

（9）丙烯腈共聚塑料 丙烯腈共聚塑料是一类含丙烯腈单体的聚合物，如用橡胶改性的丙烯腈-丁二烯-苯乙烯（ABS）和丙烯腈-苯乙烯（AS），已被广泛地用于制造水杯、冰箱内胆、榨汁机、豆浆机等生活用品和家用电器。但是，ABS、AS 中的聚合单体丙烯腈是一种对健康有着严重危害的化学物质，一旦人体摄入过量，轻者头晕、恶心，重者直接造成呼吸中枢麻醉，出现四肢阵发性强直抽搐、昏迷。但该单体在生产过程中又不可避免地会残留在终产品中，并在与食品接触过程中迁移到食品中。因此，各国法规和标准对该单体的迁移量都做出了明确的规定。欧盟 2011 年初发布第 10 号关于接触食品塑料的指令，将丙烯腈单体迁移量限值从 0.02mg/kg 降低到 0.01mg/kg。我国 GB 9685—2016 规定 ABS 和 AS 中丙烯腈丁二烯单体的 SML 均为不得检出，检出限均为 0.01mg/kg，或 ABS 中丁二烯的 QM 不超过 1.0mg/kg。

(10) 酚醛树脂 (PF)　PF 由苯酚和甲醛制成，因为树脂本身为深褐色，所以可用的颜色受到一定的限制。该树脂一般用来制造箱或盒，盛装用调料煮的鱼贝类。PF 溶出物主要来自甲醛、苯酚以及着色颜料。

(11) 脲醛树脂 (UF)　UF 又称尿素甲醛树脂，由尿素和甲醛制成。树脂本身光亮透明，可随意着色，但在成型条件欠妥时，在高温条件下浸泡，容易出现甲醛溶出的现象，食品包装安全性较差。

(12) 三聚氰胺树脂 (MF)　MF 又称三聚氰胺甲醛树脂，由三聚氰胺和甲醛制成。在其中掺入填充料及纤维等而成型。其成型温度比脲醛树脂高，甲醛的溶出也较少。一般多用来制造带盖的容器，但在食品容器方面的应用要比酚醛树脂少一些。GB 9685—2016 规定 MF 中三聚氰胺的 SML 为 2.5mg/kg，以甲醛计的 SML (T) 为 15mg/kg，同时要求用于生产接触婴幼儿食品的塑料材料或制品时，三聚氰胺的 SML 为 1.0mg/kg；生产的材料或制品不得用于微波炉加热使用。

(13) 复合材料　复合薄膜的突出问题是胶黏剂。制作软包装复合材料采用的黏合方式又有两种：一种是采用改性聚丙烯直接复合，它不存在食品安全问题；另一种是采用胶黏剂黏合，多数厂家采用聚氨酯型黏合剂，如铝塑复合包装材料加工中大量使用的双组分聚氨酯型黏合剂，但这种黏合剂中含有甲苯二异氰酸酯 (TDI)，用这种复合薄膜袋装食品经蒸煮后，就会使 TDI 迁移至食品并水解产生具有致癌性的 2，4-二氨基甲苯 (2，4-TDA)，复合膜内层对食品的污染是值得关注的问题。此外，复合薄膜各层间应黏合牢固，不应有剥离现象。

三、 玻璃包装食品安全

玻璃广泛用于制造食品器皿 (酒杯、调味品瓶等)、容器等。用作食品包装的玻璃是氧化物玻璃中的钠-钙-硅系列玻璃，溶出物主要为氧化硅和钠的氧化物，对食品感官性质没有明显影响。选择用玻璃瓶盛放液态食品的包装较多，因其稳定的品质，不会与油、醋、酒等调料发生化学反应。其安全性问题主要是从玻璃中溶出的少量迁移物。玻璃在食品包装安全性方面主要问题如下。

（一） 熔炼过程中有毒物质的溶出

玻璃烧成温度为 1000~1500℃，高温熔炼后玻璃内部离子结合紧密，大部分都形成不溶性盐而具有极好的化学惰性，与大多数内容物不发生化学反应，是一种比较安全的包装材料。但熔炼不好的玻璃制品可能发生有毒物质的溶出，所以对玻璃制品应做水浸泡处理或加稀酸加热处理，在安全检测时应该检测碱、铅 (铅结晶玻璃) 及砷 (消泡剂) 的溶出量，通常向食品中的迁移量很低。对包装有严格要求的食品、药品可改钠钙玻璃为硼硅玻璃，同时应注意玻璃熔炼和成型加工质量，以确保被包装食品的安全性。

（二） 重金属污染

高档玻璃器皿如高脚酒杯中往往添加铅化合物，加入量一般高达玻璃的30%，这有可能迁移到酒或饮料中，对人体造成危害。在日常生活中，若用含铅的人造水晶制成的杯子盛放酒类、可乐、蜂蜜和含果酸的果汁等酸性饮料或其他酸性食物，铅离子可能形成可溶性的铅盐随饮料或食品被人体摄入而危害健康。GB 4806.5—2016《食品安全国家标准 玻璃制品》规定的玻璃制品理化指标要求如表6-5所示。

表6-5　　玻璃制品理化指标（GB 4806.5—2016）

项目	指标						检验方法
	扁平制品/（mg/dm^2）	贮存罐/（mg/L）	大空心制品/（mg/L）	小空心制品/（mg/L）	烹饪器皿/（mg/L）	口缘要求/（mg/L）	
铅（Pb）≤	0.8	0.5	0.75	1.5	0.5	4.0	GB 31604.34—2016
镉（Cd）≤	0.07	0.25	0.25	0.5	0.05	0.4	GB 31604.24—2016

（三） 加色玻璃中着色剂的安全性

为防止有害光线对内容物的损害，常用各种着色剂使玻璃着色。玻璃的着色需要用金属盐，如蓝色需要用氧化钴，茶色需要用石墨，竹青色、淡白色及深绿色需要用氧化铜和重铬酸钾，无色需要用碱。所以对加色玻璃，应注意上述这些着色剂的安全性。而无色玻璃的高度光透明性对某些食品内容物是不利的，容易产生化学反应，进而产生有毒物质。

四、 金属包装食品安全

金属包装容器主要是以铁、铝等金属板、片加工成型的桶、罐、管等以及用金属箔（主要为铝箔）制作的复合材料容器。金属食品接触材料具有高阻隔性、耐高低温性、易于回收、来源丰富等优点，因此在食品接触行业的应用越来越广。但同时，金属作为食品包装材料最大的缺点是化学稳定性差，耐蚀性不如塑料和玻璃，特别是用其包装高酸性食品时易被腐蚀，同时金属离子易析出，从而影响食品质量。食品用金属包装按是否含有涂层可分为：非涂层金属包装和涂层金属包装两类。其安全问题主要来自以下方面。

（一） 非涂层类金属包装

非涂层类金属包装的卫生安全问题主要是有毒有害重金属的溶出，其主要成分如表6-6所示。金属及焊料中的铅、砷等易渗入食品中而污染食品，另外，金属离子还会影响食品的风味、色泽和贮藏稳定性。

GB 4806.9—2016《食品安全国家标准　食品接触用金属材料及制品》规定，迁移物指标为：砷（As）≤0.04mg/kg，镉（Cd）≤0.02mg/kg，铅（Pb）≤0.2mg/kg，铬（Cr）≤0.2mg/kg，镍（Ni）≤0.5mg/kg。除不锈钢外的其他金属材料及制品迁移物指标为：砷（As）≤0.04mg/kg，镉（Cd）≤0.02mg/kg，铅（Pb）≤0.2mg/kg。

表 6-6 非涂层金属包装存在的主要安全问题

金属材质	主要有毒有害重金属
不锈钢容器	砷、铅、镉、铬、镍
马口铁皮（镀锡铁皮）	重金属铅、镉、锌等
薄钢板	重金属铅、镍等
镀锡薄钢板	重金属铅
铝箔	铝杂质等

按金属包装材料种类区分，主要金属容器的安全性如下。

（1）铁质食品容器 铁质食品容器的安全性问题主要有两个方面：一是白铁皮（俗称铅皮）镀有锌层，接触食品后锌会迁移至食品；二是铁质工具长期接触食品会使铁等金属迁移至食品中。马口铁罐头盒罐身的镀锡虽可起保护作用，但溶出的锡会形成有机酸盐，毒性很大。在马口铁罐头盒内壁涂上涂料虽避免了焊锡和锡的迁移，但研究表明表面涂料使罐中的迁移物质变得更为复杂。三片罐圆柱体的接缝也是用焊锡焊封的，由于焊料是铅锡合金，大部分罐头食品污染来自焊锡，所以儿童罐装食品应采用纯锡焊料。

（2）铝制食品容器 铝制食品容器作为食具很普遍，其中含有铅、锌等元素，长期摄入会造成慢性蓄积中毒。铝的毒性表现为对脑、肝、骨、造血和细胞的毒性。研究表明透析性脑痴呆也与铝有关；长期输入含铝营养液的病人易发生胆汁淤积性肝病。铝中毒时常见的是小细胞低色素贫血。铝的抗腐蚀性很差，酸、碱、盐均能与铝起化学反应析出或生成有害物质。应避免使用生铝制作炊具。在食品中应用的铝材（包括铝箔）应该采用精铝，不准采用废旧回收铝作原料。因为回收铝来源复杂，常混有铅、锡等有害金属及其他有毒物质。GB 4806. 9—2016 规定了铝和铝制品材料及制品的迁移实验条件，迁移物指标参考其他非不锈钢金属，但未含铝迁移量控制指标。

（3）不锈钢食品容器 不锈钢性能稳定，但使用不锈钢还是尽量减少与乙醇（酒精）接触，以防镉、镍等游离金属离子溶出。

（二） 有机涂层金属制品的污染

为防止食品对食品容器、包装材料内外壁的腐蚀，以及食品容器、包装材料中的有害物质向食品中的迁移，常常在有些金属容器的内外壁涂上一层耐酸、耐油、耐碱的防腐蚀涂料。外壁涂料主要是为防止外壁腐蚀，以及起到装饰和广告的作用。外壁涂料应符合罐装食品加工及安全要求，涂料及油墨不得污染食品。内壁涂料可防止内容物与金属直接接触，避免电化学腐蚀，延长食品保质期，但涂层中的化学污染物也会在罐头的加工和贮藏过程中向内容物迁移造成污染。这类物质有 BPA（双酚 A）、BADGE（双酚 A-二缩水甘油醚）、NOGE（酚醛清漆甘油醚）及其衍生物。其中双酚 A 环氧衍生物是一种环境激素，可通过罐头食品进入体内，造成内分泌失调及遗传基因变异。涂层金属包装的卫生安全问题主要来源于其表面涂覆的食品级涂料中游离酚、游离甲醛及有毒单体的溶出等，其详细成分如表 6-7 所示。

表 6-7 涂层金属包装存在的安全问题

涂层材质	主要安全问题
环氧酚醛	游离酚、游离甲醛
聚四氟乙烯	游离氟离子、游离甲醛
漆酚涂料	游离酚、游离甲醛
聚酰胺树脂涂料	重金属铅
过氯乙烯涂料	砷、重金属、氯乙烯单体

五、 陶瓷、 搪瓷包装食品安全

一般认为陶瓷、搪瓷包装容器是无毒、卫生、安全的，不会与所包装食品发生任何不良反应。但长期研究表明，在坯体上涂粗的瓷釉、陶釉、彩釉中所含的有毒重金属易溶入到食品中去，造成对人体健康的危害。瓷釉配方复杂，主要由铅、锌、锑、钡、钛、铜、铬、锡、钴等多种金属氧化物及其盐类组成。其主要卫生安全问题在于上釉工序中所用釉彩的毒性。即上釉陶瓷表面釉层中重金属元素铅或镉的溶出。陶瓷、搪瓷所用釉彩是由彩色颜料与助溶剂混合制成的，彩色颜料多为含无机金属离子的化合物，助溶剂则一般为含铅化合物，如使用鲜艳的红色或黄色彩绘图案，会出现铅或锡溶出。陶瓷在 1000~1500℃高温下烧制而成，由于其中的铅和镉形成了不溶性盐，使用较为安全。而对于烧制温度较低的产品，铅、镉的溶出量则较大。这是因为如果烧制温度低，彩釉未能形成不溶性硅酸盐，在使用陶瓷容器时易使有毒有害物质溶出而污染食品。如果这类制品在盛装酸性食品（如醋、果汁）和酒时，容易析出进入食品，引起安全问题。GB 4806. 4—2016《食品安全国家标准 陶瓷制品》规定了陶瓷和搪瓷的卫生安全理化指标。

六、 橡 胶 制 品

与塑料相比，橡胶单独作为食品包装材料比较少，但是在食品加工存贮过程中，食品还是有许多接触橡胶材料的机会（如表 6-8 所示）。橡胶可分为天然橡胶与合成橡胶两大类。

表 6-8 橡胶制品作为食品接触材料的使用情况

橡胶使用场合	用途
食品输送	输送带
管件	密封垫圈、柔性管接件、蝶形阀
泵	螺杆抽油泵定子、隔膜泵
平板热交换器	密封垫圈
食品机械、存贮容器	通用密封件
罐、瓶	罐、盖密封圈、垫
食品加工、处理	橡胶手套、围裙、拔毛机等
食品制造	橡胶制品模具
食品包装	肉类、禽类网罩

天然橡胶是橡胶树流出的乳胶，经过凝固、干燥等工艺加工而成的弹性固形物，是以异戊二烯为主要成分的天然长链高分子化合物，本身既不分解也不被人体吸收，一般认为对人体无害，但由于加工的需要，也会加入一些助剂。根据加工工艺的不同，有乳胶、烟胶片、风干胶片、白皱片、褐皱片等，其中褐皱片可能含杂质较多，烟胶片经过烟熏可能含有多环芳烃。

合成橡胶主要来源于石油化工原料，是由单体聚合而成的高分子化合物。合成橡胶品影响食品安全性问题主要是单体和添加剂的残留，一般常用的合成橡胶添加剂，如交联剂、防老化剂、加硫剂、硫化促进剂及填充料等，有毒性的或怀疑有毒性的有β-萘胺、联苯胺、间甲苯二胺、氯苯、苯基萘基胺、巯基苯并噻唑及丙烯腈、乌洛托品、氯丁二烯等，橡胶制品在使用时，这些单体和助剂有可能迁移至食品，对人体产生不良影响。由于橡胶本身具有容易吸收水分的结构，所以其溶出物比塑料多。在对橡胶的水提取液作较为全面分析中，发现有30多种成分，其中20种具有毒性。

GB 4806.11—2016《食品安全国家标准 食品接触用橡胶材料及制品》要求：迁移试验所得浸泡液感官上不应有着色、浑浊、沉淀、异臭等感官性能的劣变；理化指标为总迁移量≤10mg/dm^2；高锰酸钾消耗量（水，60℃，0.5h）≤10mg/kg，以Pb计的重金属（1%乙酸，60℃，0.5h）≤1.0mg/kg。接触婴幼儿食品的橡胶材料及制品的总迁移量，应根据实际使用中的面积体积比将结果换算为mg/kg，且限量为≤60mg/kg。

七、竹、木制品

竹木类食品接触材料，由在食品生产、包装、运输、使用等过程中使用的竹、木或由其复合材料加工而成，其成分一般不会对食品产生影响。但是，生产竹木类食品接触材料过程中，为达到一些外观效果，会使用胶黏剂；另外，作为天然生物制品，为防止发霉、腐烂及滋生细菌，往往在产品中加入防腐剂、防霉剂等。

第五节　包装材料回收利用安全

环境保护和资源合理利用是一项紧迫、艰巨的任务。自2009年1月1日起施行的《中华人民共和国循环经济促进法》提出：发展循环经济，在生产、流通和消费等过程中进行减量化、再利用、资源化，减少资源消耗和废物产生。因此，食品包装行业的健康持续发展也应注意以下几点。

透明化：开发和生产无色透明或半透明制品，既可以展示所包装的食品，又便于回收利用，提高产品废弃后的价值。另外企业应在产品上标注原料的名称和代号，便于回收利用。

减量化：通过对包装的设计改进，在达到同等要求的基础上，尽量减少包装制品使用量。

无害化：对于确难回收的废弃物如塑料袋等进行无害化处理；鼓励使用更环保的可重复使用的布袋，减少浪费。

资源化：回收利用是各种食品包装生产企业、经营者以及消费者共同的责任，实现“资源→产品→再生资源→生产→消费→再循环”这一循环经济新理念。

由于包装工业的快速发展，包装废弃物的问题也日益突出。同时随着食品包装市场的不断扩大，对于废弃包装材料的再利用需求也在增长。在食品包装安全的各个环节中，包装废弃物的回收处理是非常重要的一个环节。包装材料的回收利用在食品包装中的作用越来越大，在市场上已经出现了许多这方面的应用。但是，在回收再利用的同时还要考虑其安全使用的问题。

一、 纸包装回收利用安全

根据世界再生利用现状的总结报告，在废旧材料的回收利用方面，纸张的回收率普遍较高。据统计，废纸回收率最高的五个国家或地区依次为中国香港地区、德国、韩国、日本和中国台湾地区；其中中国香港废纸回收率高达 88.2%。2016 年欧洲废纸回收委员会表示欧洲废纸回收率已经达到 72.5%。2017 年 5 月，我国商务部发布《中国再生资源回收行业发展报告 2017》显示：2016 年国内废纸包装废弃量显著增长，废纸回收量呈缓慢上涨趋势，全年回收总量为 4963 万 t，同比增长 2.7%。我国造纸业对于进口废纸依赖性逐渐下降，目前国内回收纸的自足率在 64%左右。工信部、商务部、科技部联合发布的《关于加快推进再生资源产业发展的指导意见》提出，到 2020 年，国内废纸回收利用规模达到 5500 万 t，国内废纸回收利用率达到 50%。

废弃包装纸回收利用主要用于生产再生纸和各种用途的纸板及纸浆模塑制品。它们的回收处理工艺的前期过程基本是一致的。其工艺程序大致归纳为：废纸的初步清理与分类筛选、废纸的碎解（包括初级净化）、废纸的脱墨（包括去热熔物）、油墨的清洗与分离。

废纸经过这几个程序处理后，已经成为用于重新造纸的浆液，其白度可达到 83%，在后面的造纸过程中，根据采用的工艺和设备可以形成不同的产品，或是纸，或是纸板，或是纸浆模塑制品。

在整个废纸制品的再生技术上，去杂质和脱墨是两个技术难点。回收纸的来源很复杂，这些纸上常有残余的印刷油墨、荧光增白剂、染料、施胶剂、增塑剂、表面活化剂、防油剂等，这些都可能成为再生纸的污染源。如果带有这些物质的回收纸用于制造食品包装，这些有害物质就有可能向盛装的食品中迁移。一些食品公司表示要对包装中使用的再生纸板进行评估并消除它们的安全隐患。有研究表明报纸印刷油墨中的化学成分可能会污染食物，如再生报纸作为包装纸，其油墨中的矿物油可能会渗透入包装里的谷物、面食和大米食品中，使矿物油含量可能会高出规定数量的 10~100 倍，因此很多用再生纸板制作食品包装的企业都要寻找报纸外的替代材料。2012 年实施的一次性纸杯新国标，规定不得使用荧光增白剂增白，其制作原料不得使用回收材料。

二、 塑料包装回收利用安全

相比纸，目前塑料的回收率要低很多。2017 年，《新塑料经济学》报告称，目前全球只有 14%的塑料包装得到回收，最终被有效回收的只有 10%，还有 30%的塑料包装的归宿就是填埋、焚烧或能量回收。如此低比例的回收利用率，造成的后果就是环境污染、资源浪费。发达国家在塑料回收利用方面开展较早，回收率较高。据日本容器及包装回收协会显示，日本近年来，每年的 36 万 t 塑料瓶中 34.5%得以回收再生，该协会预计，未来几年回收再生比率可增至接近 50%。

2016 年国内废塑料回收量在 1878 万 t 左右，同比增长 4.3%。自 2013 年以来，伴随国内环保意识的增加，国内废塑料回收量的增长幅度逐渐放缓，但废塑料质量在同步提高，符合国内循环经济的发展方向。由于我国废塑料回收体系仍不健全，市场毛料回收仍以散户走街串巷回收为主，原料供应主体依然以小家庭作坊为主，这种回收模式具有回收利用率偏低、不能保证再生料的持续稳定供应等弊端，难以提升到发达国家水平。

塑料回收再利用是一种积极的材料再循环使用的资源保护方式，根据是否再进行加工处理，可分为回收循环复用、机械处理再生利用、化学处理回收再生三种方法。

（1）循环复用　循环复用指不再有加工处理的过程，而是通过清洁后直接重复再用。这种方法主要是针对那些硬质、光滑、干净、易清洗的较大容器，如托盘、周转箱、大包装盒及大容量的饮料瓶、盛装液体的桶等。这些容器经过技术处理，卫生检测合格后循环使用。

（2）机械处理再利用　机械处理再利用包括直接再生和改性再生两大类。直接再生工艺比较简单，是将废旧塑料经前处理破碎后，直接塑化进行成型加工或造粒制成再生塑料制品的过程，有些情况需添加一定量的新树脂。由于操作方便、易行，所以应用较为广泛。但是由于制品在使用过程和再生加工中的老化，其再生制品的力学性能比新树脂制品的低，所以一般用于档次不高的塑料制品上，如农用、工业用、渔业用、建筑业用等。为提高再生料的基本力学性能，可采用改性再生，改性的方法可分为两类，一类为物理改性，即通过混炼工艺制备复合材料和多元共聚物；另一类为化学改性，即通过化学交联、接枝、嵌段等手段来改变材料性能。

（3）化学处理再生　化学处理再生是直接将包装废弃塑料经过热解或化学试剂的作用进行分解，其产物可得到单体、不同聚体的小分子、化合物、燃料等高价值的化工产品。

目前存在多种回收利用的技术，其目标都是净化使用过的包装塑料。大部分技术都是首先采用水洗工序，除掉表层污染物、灰尘、标签和标签残留痕迹。在回收过程的最初工序中，需要将旧塑料碾成碎片。大多数情况下，清洗工序和分离工序是组合在一起进行的，根据密度的不同将不同的材料分开。显然，这些清洗过程的洗涤效果有很大的不同，这主要取决于清洗时间、水温以及洗涤中添加的洗涤剂。但是，一般的清洗过程仅能够去除聚合物表面的污染物，而不能去除扩散到聚合体内部的有机物质。因此，这种清洁度的清洗碎片通常不适合进入封闭式循环。对洗后碎片进行的重熔或重新挤出处理可以再次加强清洗效果，但是这样的清洁度对于某些要求较高的食品包装仍然是不够的。因此，对于封闭式循环利用包装材料的清洗，在深度清洗工序中需要使用所谓的超净处理技术。深度清洗过程通常使用加热、真空或用化学药品对表面处理一段时间，以减小聚合物中不良物质的浓度。

常见包装用聚合物的惰性递减顺序为：聚萘二甲酸乙二醇酯（PEN）>PET>硬质 PVC>PS>HDPE、PP>LDPE。从这个方面来说，与其他包装塑料（如聚烯烃或聚苯乙烯）相比，聚萘二甲酸乙酯、聚对苯二甲酸乙酯或者硬质聚氯乙烯的材料特性要好得多，因此，从物质迁移的角度来讲，它们更适合于再循环用做包装材料。聚合物如聚苯乙烯和低密度聚乙烯，如果能够在回收利用的过程中保证有效清洁，也可以进入封闭式循环使用。

将回收的包装塑料再制成新的包装时，要求将回收的材料与未污染的原料一起混合。目前的惯例为：在用于制造新包装的材料中，回收材料所占的比例从几个百分比到 50%不等。就技术而言，回收塑料原则上可以直接用于食品包装，或通过功能阻隔避免直接接触食品，出于健康的考虑，大部分回收使用过的塑料用于非直接食品接触材料（如多层复合材料的中间层）或用于制造非食品的包装材料。如英国每年产生 PP 盆、浴缸和托盘等塑料废物大约 18 万 t，其中超过 60%都是接触过食品的包装，其余 40%为非食品包装，如清洁产品或化妆品。但是，近几年也在努力将这样的塑料用于制造新的食品包装，如 PET 等添加剂含量低的聚合物。这就使得一些包装塑料的回收由开放式循环利用转变为封闭式循环利用，制成新的包装材料。根据欧洲食品包装法规定，先前仅接触过食品的聚丙烯，可再循环利用作为食品级的包装材料利用。

为了评估消费者的健康风险，回收使用过的塑料用于直接接触食品的包装比非食品的包装需要更多关于污染和迁移的相关知识，并建立废旧塑料回收的质量保证体系。回收塑料在包装中的使用必须遵守有关的法规，不能以牺牲公众健康为代价，也不应该引起填充物的质量发生变化。全球最大塑料消耗国——美国，近几十年来对再生塑料应用于食品包装的健康和安全问题提出了特别关注。美国的食品及药品管理局（FDA）一直推行塑料再生利用，但当再生塑料应用到食品包装时，便涉及一系列的健康和安全问题。FDA 担心，再生包装塑料有可能存在细菌，或可能包含了非管制物料，违反食品包装的安全指引。FDA 在十几年前就发表了一份名为《再生塑料应用于食品包装中的留意要点：化学关注》的指引，提出：所有再生塑料应用于食品包装都必须经过当局的审批程序；无论其再生过程生产的塑料产品能否应用到食品包装中，都必须经过事先审查以确保安全；再生加工商还须将食品包装再生料的所有相关资料，全面提交 FDA，包括再生料的来源、来源的相关描述、加工工艺明细等，以保证塑料自始至终都符合规定且在加工过程中未受污染。

三、 玻璃包装回收利用安全

玻璃包装理论上可 100%回收再用，既适用于原用途，也可经加工转型利用。但若未经回收处理，不仅增加填埋工作的负荷，也无法为生物所分解；如进入焚化炉处理，还可能造成炉体损坏。据统计，在德国、比利时、法国、荷兰等国家废玻璃回收率高达 85%，甚至 90%以上。我国城市每年废弃的玻璃制品超过 700 万 t，占城市垃圾总量的 3%~5%。而我国废玻璃回收率不到 30%，很多地区回收率只有 15%，绝大多数的废玻璃都混在生活垃圾里面。2016 年我国废玻璃回收量约为 860 万 t，同比增长 1.2%。

目前，玻璃制品的回收利用方式包括原型复用、回炉再造、原料回用和转型利用四种，而与食品包装安全相关的主要是原型复用。原型复用是指废弃玻璃瓶包装回收后，仍作为包装容器利用。原型复用主要是将回收的玻璃瓶进行“初步清理分类→水洗→洗涤剂洗→水洗→121℃烘干→消毒→再用”等步骤。目前，玻璃瓶包装的原型复用主要为价值低而使用量大的商品包装，如啤酒瓶、汽水瓶、酱油瓶、食醋瓶及部分罐头瓶等。原型复用方法省却了制造新瓶时所消耗的石英原料费用和避免了产生大量废气，是值得提倡的。但其有一个较大的缺点，就是消耗大量的清洗用水和能源，在采用该种方法时必须把所需费用纳入成本预算之中。另外对于高档酒类，市场上存在少数小作坊回收旧酒瓶，重新灌装低劣酒，非法充当原酒出售的现象，其食品质量安全完全不能保障。此外，对于化学药品和农药等有毒物玻璃包装，即使清洗再干净，也不能作为食品包装复用。

四、 金属包装回收利用及安全

金属类包装废弃物约占包装废弃物总量的 10%，金属包装材料来源丰富，易于回收、再生利用或重复使用，且无污染。日本在 2012 年，铝的回收比例就达到 94.7%。2015 年，德国大约有 10.89 万 t 铝包装，其中 9.48 万 t 被回收，回收比例达到 87%。我国铝制易拉罐回收率在

90%以上，马口铁制品回收率在75%左右，钢桶回收利用比例达到80%。

废弃金属包装制品的回收处理主要有循环复用和回炉再造两种方法。回收复用是将各种不同规格，不同用途的储罐、钢桶先翻修整理，然后洗涤、烘干、喷漆再用。回炉再造是将回收到的废旧空罐、铁盒等分别进行前期处理，即除漆等，铝罐进行去铁，然后打包送到冶炼炉里重熔铸锭，轧制成铝材或钢材。

金属包装材料是一种可循环再生材料，其易于回收性和优秀的再生性使金属成为一种环境负载低的绿色包装材料。只要建立了有效的回收系统，其废弃物是不会对环境造成污染的。金属包装回收和再生利用的食品安全性问题在于清除杂质。

第六节 我国食品包装安全管理体系

食品包装安全管理体系是国家公共安全管理体系的重要组成部分。这个体系包含相关的法律法规及各种制度，如食品包装安全标准制度、食品包装安全检测制度、食品包装安全认证制度、食品包装安全风险评估制度、食品包装安全信息发布制度、食品包装安全应急处置制度、追溯制度、缺陷产品召回制度等一系列制度在内的工作流程。除上述决策层面（法律、标准、政策和规划）外，食品包装安全管理体系还需要执行层面和监督层面的统一。

一、我国食品包装安全标准体系

因食品包装带来的食品安全问题错综复杂、涉及面广。对此，国家形成了法规标准与政府监管相配合的监管体制，在日渐完善中加强对食品包装的安全控制。我国已实施了食品包装安全市场准入制度，包括生产许可、强制检验、市场准入标志和监督检查等制度。

生产许可证制度的实施是一种政府行为，是国家为了保证食品质量安全，由政府食品生产加工主管部门依照法律、法规、规章技术规范的规定要求，对与食品直接接触的包装、容器、工具等制品的生产加工企业，进行必备的生产条件、质量安全保证能力审查及对其生产的产品进行强制检验，确认其产品具有一定的安全性，企业具备持续稳定生产合格产品的能力，准许其生产销售产品的行政许可制度。强制检验制度，是在法律上要求企业必须确保产品的质量安全，在生产和出厂过程必须进行质量检验，没有经过检验或不合格的产品不能进入市场。市场准入标志制度，是指对实施生产许可证管理并经检验合格的食品用包装、容器、工具等制品出场销售时必须加印市场准入标志。监督检查制度，是指质量监督部门依法对无证生产的企业进行查处和对获证企业的产品进行监督抽查工作的制度。

在相关标准及法规建设方面，早在20世纪80年代末，国家卫生部、标准化管理委员会和质量监督检验检疫总局联合发布了21项食品包装材料和容器的卫生标准，包括树脂标准9项、成型品卫生标准12项。这些标准对食品包装材料及成型品的蒸发残渣、高锰酸钾消耗量、重金属量、有机单体残留物、裂解物、有害添加剂等指标设定了最低限度。针对具体的管理，1990年，卫生部根据不同材质的食品包装发布了第8号令，规定了各种材质食品包装最基本的生产过程、检验环节和质量安全要求。GB/T 5009—1996《食品卫生检验方法理化部分》系列，规定了一些食品包装材料和制品卫生标准的分析方法，并后续被GB/T 5009—2003系列更新代替。2006 年，国家质检总局为规范企业对生产过程的有效控制和强化质量保证能力，对食品用包装、容器、工具制品的市场准入形成了三项制度，统称为 QS 市场准入制度。其内容主要包括生产许可制度、强制检验制度、加贴 QS 标志制度。首批列入须贴“QS”标志的食品接触材料涉及包装、容器、工具 3 大类 39 个品种，其中包括零售食品包装袋、方便面袋、膨化食品袋、一次性餐饮具、饮用水桶等产品。2007 年，国家质检总局又将食品用纸包装、容器纳入市场准入制度的范围中，内容包括 2 类 21 种纸制品，主要是包装、盛放食品或者食品添加剂的纸制品和复合纸制品，以及食品或者食品添加剂生产、流通、使用过程中直接接触食品或者食品添加剂的纸容器、用具、餐具等制品。

自 2009 年《食品安全法》实施后，我国食品包装材料安全标准体系逐步构建和完善。卫生部、食药局等于 2009 年联合印发了《关于开展食品包装材料清理工作的通知》，拉开了我国食品包装材料安全标准清理、修订和完善的序幕。2008 年至 2012 年，卫生部分三次共通过了 411 种食品包装添加剂的审查。同时，对于食品包装中使用的原料、生产助剂、单体、溶剂、塑料添加剂等物质按规定都要通过安全性毒理学评价。2013 年，国家广泛征求各方面标准在实施过程中遇到的意见，进一步开展标准的修订工作。市场上用于食品容器、包装材料的添加剂种类繁多，修订的 GB 9685—2008《食品容器、包装材料用添加剂使用卫生标准》已增至 959 种，后续更新的 GB 9685—2016 版本又扩充至 1249 种。2015 年发布的 GB 31603—2015《食品安全国家标准　食品接触材料及制品生产通用卫生规范》规定了食品接触材料及制品的生产，从原辅料采购、加工、包装、贮存和运输等各个环节的场所、设施、人员的基本卫生要求和管理准则。

2015 年，号称“史上最严”的新版《食品安全法》正式执行，并后续通过了《中华人民共和国食品安全法实施条例》。新《食品安全法》对食品生产、经营等环节设立了最为严格的管理流程、追溯机制和惩处制度，强化了包括网络食品交易第三方平台在内的企业主体的安全责任。对于构成犯罪的行为依法追究刑事责任，同时加大了对地方政府负责人和监管人员的问责力度。其中，第三十四条“禁止生产经营被包装材料、容器、运输工具等污染的食品、食品添加剂”和第四十六条“从生产工序、设备、贮存、包装等生产关键环节控制，保证生产的食品符合食品安全标准”，均是从食品包装的角度对食品安全提出了质量控制要求。

根据《中华人民共和国食品安全法》和《食品安全国家标准管理办法》规定，经食品安全国家标准审评委员会审查通过，2016 年，国家卫计委和食品药品监管总局联合发布了 GB 4806.1—2016《食品安全国家标准　食品接触材料及制品通用安全要求》等 53 项食品安全国家标准的公告。其中包括了基础标准、产品标准、检测方法标准和生产规范等，食品接触塑料材料及制品的整个检验、评价体系有了较大变化。依据法规，目前我国食品接触材料相关法规分为 4 大类，其中包含基础标准 2 项，为 GB 4806.1—2016《食品安全国家标准　食品接触材料及制品通用安全要求》和 GB 9685—2016《食品安全国家标准　食品接触材料及制品用添加剂使用标准》；产品标准 10 项；方法标准 40 项（GB 31604 系列）；生产规范标准 1 项。但各项标准规范发布日期不同，实施日期也各有差异。此系列标准的发布标志着中国食品接触材料法规修订工作基本完成，法规框架体系已经确立，具有划时代的意义。

新标准体系从原料、添加剂、终产、生产过程、工艺、可追溯性、产品信息等方面，提出了全面的要求。如生产企业应建立产品追溯体系，保证产品在各阶段的可追溯性；生产企业应提供充分的产品信息，包括标签、说明书等标识内容和产品合格证明，以保证有足够信息对食品接触材料及制品进行安全性评估。此外，新标准中明确要求，产品应注明“食品接触用”“食品包装用”或类似用语，或加印、加贴调羹筷子标志，有特殊使用要求的产品应注明使用方法、使用注意事项、用途、使用环境、使用温度等。对于相关标准明确规定的使用条件或超出使用条件将产生较高食品安全风险的产品，应以特殊或醒目方式说明其使用条件，以便使用者能够安全、正确对产品进行处理、展示、贮存和使用。

目前，我国已建立了一套食品食品包装安全法规体系，其基本框架如图 6-5 所示。最高指导为食品安全法，相关管理部门会根据科技、社会进步及使用情况，不定期出台法令法规及进行修订。现有的基础标准包括 GB 4806. 1—2016《食品接触材料及制品通用安全要求》和 GB 9685—2016《食品接触材料及制品用添加剂使用标准》，GB 31603—2015《食品接触材料及制品生产通用卫生规范》以及各类产品生产规范，产品标准包括 GB 4806. 8—2016《食品接触用纸和纸板材料及制品》、GB 4806. 6—2016《食品接触用塑料树脂》、GB 4806. 5—2016《玻璃制品》、GB 4806. 9—2016《食品接触用金属材料及制品》、GB 4806. 4—2016《陶瓷制品》、GB 4806. 3—2016《搪瓷制品》、GB 4806. 11—2016《食品接触用橡胶材料及制品》、GB 4806. 10—2016《食品接触用涂料及涂层》等，检测方法包括 GB 31604. 1—2015《食品接触材料及制品迁移试验通则》和 GB 5009. 156—2016《食品接触材料及制品迁移试验预处理方法通则》，以及 GB 15193. 1—2014《食品安全性毒理学评价程序》。

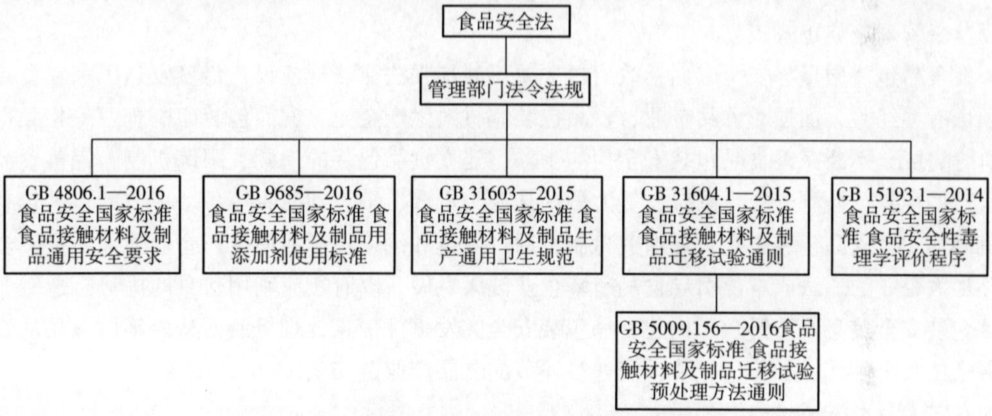

图 6-5 我国食品包装安全法规体系基本框架

二、我国食品包装安全的管理主体

食品包装安全的管理主体涉及监管、生产和消费等群体。

（一）行政机关

我国食品包装市场的监管主体是以政府为主的行政管理机构。原先的食品包装安全管理机制主要是借鉴了日本的模式，采用的是分段管理的模式，将产品从生产到销售分成几个环节，由多个部门分别实施管理，存在管理职责交叉、职责不清和“多头、多层、重复”执法等现象。为了避免分段管理的弊端，2009 年开始，我国有不少省、市、区、县，由工商行政管理、质量监督、食品药品监督管理三部门合并成为市场监督管理部门，虽然各地区不同部门的职责有所差异，但主要为：统一负责管理食品包装的生产加工和流通环节，以及餐饮业、食堂等消费环节的食品质量安全监督管理，负责和组织协调食品安全突发事件应对处置和食品安全案件查处工作。海关部门负责管理食品包装进出口的环节，商务部门负责管理食品包装供应行业的环节，公安部负责组织指导食品犯罪案件侦查工作。国务院成立了食品安全委员会，并设有国务院食品安全委员会专家委员会，其主要职责是分析食品及其相关产品的安全形势，研究部署、统筹指导食品包装安全工作；提出食品包装安全管理的重大政策措施；督促落实食品包装安全管理责任。国务院食品安全委员会设立国务院食品安全委员会办公室，具体承担委员会的日常工作。各级部门形成了综合监管与具体监管相结合的协同管理模式。

2018 年，第十三届全国人民代表大会第一次会议批准的国务院机构改革方案提出：将国家工商行政管理总局、国家质量监督检验检疫总局、国家食品药品监督管理总局、国家发展和改革委员会的价格监督检查与反垄断执法、商务部的经营者集中反垄断执法以及国务院反垄断委员会办公室等职责进行整合，组建新的国家市场监督管理总局，作为国务院直属机构。将国家质量监督检验检疫总局的出入境检验检疫管理职责和队伍划入海关总署。保留国务院食品安全委员会、国务院反垄断委员会，具体工作由国家市场监督管理总局承担。国家认证认可监督管理委员会、国家标准化管理委员会职责划入国家市场监督管理总局，对外保留牌子。主要职责为：负责市场综合监督管理，统一登记市场主体并建立信息公示和共享机制，组织市场监管综合执法工作，承担反垄断统一执法，规范和维护市场秩序，组织实施质量强国战略，负责工业产品质量安全、食品安全、特种设备安全监管，统一管理计量标准、检验检测、认证认可工作等。这是我国食品质量和安全管理领域一次重大的顶层机构调整。2018 年 3 月 21 日，国家市场监督管理总局正式成立。

在食品包装质量与安全方面，政府机关要不断加强法律法规建设，借鉴发达国家在食品安全领域有关经验，加强对食品企业、食品包装原材料生产企业、食品包装印刷企业等相关行业的监管力度，不断完善食品包装安全检测手段，建立食品包装的追溯、跟踪机制，完善食品包装生产的预警、监测、应急系统，努力做到从源头生产、销售到回收等各个环节的食品包装监管机制。完善食品包装安全责任追究机制，通过规范和倒逼机制促使生产企业加强质量安全意识，加大企业的违法成本，引导食品包装企业健康发展。政府还应利用自身的优势打造专业性食品包装安全信息发布平台，构建食品包装安全突发事件信息处理机制。从而确保食品从农场到餐桌的整个生产、加工、包装、流通等环节的食品产业链安全。

（二） 生产企业

作为食品包装质量安全的第一责任人，食品包装及食品生产经营企业必须进一步强化管理意识，提高管理水平。各部门应建立详细的岗位职责说明书，将管理责任落实到个人，防止疏于职责，玩忽职守的现象发生。

食品包装材料是食品安全控制的重要一环。相较于其他快速消费品的包装来说，食品包装不仅要保证食品在保质期内维持稳定的品质，还要对食品安全提供更高的保障。对于直接接触食品的包装，除了要符合重金属含量要求外，还要依据所选材料类别提出其他要求。食品企业还要时刻关注最新的包装材料有害物质清单、检测方法和潜在安全风险材料的更换，对包装材料进行定期安全物质检测（或外检）。食品包装及食品生产经营企业还应展开沟通和合作，实时了解并掌握更为合适的包装材料及技术，确定更为安全有效的包装解决方案。另外还需严格筛选供应商。在筛选包装材料供应商时，应对其生产环境、生产设备、加工工艺、检测能力、资质认证等进行重点考察。在正常生产和供货中，包装供应商和食品企业都应对包装材料进行定期的检测和监控，当包装供应商的原材料、加工工艺或生成设备等发生变更时，也都需要进行确认。

（三） 科研机构

相关科研机构应加强新型食品包装材料、生产技术和工艺设备研发，提高食品包装质量安全水平。开展绿色包装关键技术研究，减少助剂、不安全原料的使用量，加快食品包装专业油墨研发和专用印刷工艺研发，控制包装材料生产过程中危害物的进入风险。研发新型预警食品安全的智能包装，在食品包装中设置特殊的智能标签，如具有光敏、温敏、气敏、微生物反应等特性的标签，能够准确、直观地反映食品的质量状况和气调包装的氛围。还可以利用一些材料的热收缩性原理，依据温度变化改变包装的透气性，使不同的食品保持在最佳的气调氛围之下，达到延长食品保质期的效果。另外可以对食品包装安全的信息技术相关领域进行科技攻关，实现整个食品供应链体系的物联和互联。

（四） 消费者

消费者是食品及食品包装的最终使用者。但普通消费者在购买食品时，一般注意的是包装表面的卫生情况，对包装的材质辨别不清，对一些由包装材料本身含有的有害化学成分可能迁移到食品的隐患，更是缺少专业的认识。政府、教育和科研机构、媒体等部门应对消费者在食品包装安全知识方面加强引导和教育培训，不断提高消费者在食品包装方面的安全意识、辨识技能、合理使用、维权意识和绿色消费水平，起到公众监管作用。同时，消费者对食品包装安全提出的要求应该受到食品企业、包装设计师和食品销售商的更多关注。

三、食品包装安全的风险评估和预警

风险评估是风险分析体系的基础，它以科学研究为基础，系统地、有目的地评价已知的或潜在的一切与食品有关，并对人体产生负面影响的危害。食品包装安全风险评估和预警是一种预防性的安全保障措施。实施风险评估和预警机制能够预先辨识食品包装成分中的有害物质，了解其危害程度，对于消费风险较大的食品包装能够事先告诫消费者谨慎使用，尽量将食品包装的消费风险控制在可接受的范围内。

食品包装中存在风险的因素包括原料、添加剂、生物污染、环境污染等。建立食品包装安全风险评估制度，对这些风险较高的因素进行系统的监控，及时发现食品包装中的潜在问题，预先估计风险源会对人体健康和环境产生何种程度的不良效果，为政府制定政策，修订标准和对企业实施监督管理等行为做出充分的科学依据，并对有可能产生高风险的产品进行预警。从2009年开始，国家质检总局对食品包装进行风险监控。每年质检总局会向各个有资质的检测机构发布风险监控公文，检测机构对辖区内的样品进行季度性抽检，经过检验后将数据上报至国家的风险监控系统。如在双酚A事件中，政府也是通过风险监控的手段，通过大量的数据比对后得出评估的结果，从而发出禁止含双酚A的婴幼儿食品容器生产和销售的决定。

四、 食品包装的质量与安全认证

食品包装安全与质量认证体系主要有：国内的生产许可认证QS（SC）和中国质量认证中心从2006年开始实施的食品包装CQC认证，以及国际化的ISO 9000（质量管理体系）、ISO 22000（食品安全管理体系）、HACCP（危害分析和关键控制点体系）、GMP（良好作业规范）等种类。虽然有些认证不是国家强制性的，但是作为食品包装的质量与安全认证体系，可以有效提高企业在生产加工过程中的质量安全控制，同时降低运行风险、提高竞争力。

五、 食品包装的质量与安全检测保障

在建立和出台各种检测标准基础之外，自20世纪80年代末，质检总局按照区域分布设定了广州、天津、济南、大连、成都、兰州一共6个国家包装产品检验中心。后续又相继批准国家塑料制品质量监督检验中心（北京）、国家环保产品质量监督检验中心、国家食品安全检验中心等国家检验中心和湖南省商品质量监督检验所、上海市质量监督检验技术研究院等省市县各级检测机构，增加食品包装安全检验的资格。在检测能力方面，大部分国家中心基本都具备了按现有国内的产品标准和卫生标准的要求开展检测的能力，少数中心开展了某些国内暂无产品标准的新型材料产品和暂无检测方法标准的检测项目的相关研究工作，并具备相应的检测能力。目前包括第三方检测单位在内，据估计国内约有上百家检测机构开展了食品包装质量安全相关的检验工作。

六、 问题食品包装的追溯和召回机制

建立食品包装可溯源制度，可以保证在食品包装的召回过程中更顺畅地回收缺陷产品，更方便地进行各生产环节的责任认定，更有效地履行各级主体的管理职责。食品包装生产商的资料应该粘贴或印刷在食品包装上面，并且和食品生产商的资料相区分，以方便消费者辨识和主动接受社会监督。企业应该确保使用的原料具有相关的供应商提供的信息，以便于实现对原材料明确完整的确认，建立供销档案和商品条码技术，确保信息能最后完整、清晰且持久地传达给消费者。

产品召回是指生产商将已经送到批发商、零售商或终端用户手上的产品收回。产品召回制度是针对生产商由于制造方面的原因存在缺陷，从而导致批量性问题而出现的处理办法，即按相关法律规定必须进行召回。《食品安全法》已经规定了国家建立食品包装召回管理的原则性要求，明确在风险评估基础上建立食品包装召回体系。如前几年，进口PVC保鲜膜塑化剂事件和双酚A事件发生后国家要求企业主动召回有问题的食品包装。企业也应建立自主召回缺陷产品的机制，这样既可以节省政府的资源，也可提升企业自身的社会形象。

思考题

1. 简述食品包装的绝对安全和相对安全。
2. 食品包装材料化学物质迁移的种类有哪些?
3. 简述食品包装的安全要求包括哪些方面。
4. 论述食品的包装安全在食品安全中的作用与地位。
5. 简述影响食品包装材料安全的主要因素。
6. 简述纸包装中潜在有害物质对食品安全的影响。
7. 简述塑料包装中潜在有害物质对食品安全的影响。
8. 食品塑料包装的回收利用有哪些安全隐患? 如何控制?
9. 金属包装容器可能存在哪些食品安全问题?
10. 我国的食品包装安全管理体系包含哪些制度?
11. 论述我国食品包装安全的各个管理主体需要承担的责任。
12. 简述食品包装安全的风险评估和预警机制。

CHAPTER 7

第七章

食品包装中的物质迁移理论与规律

第一节　食品包装中的化学物质迁移概论

金属、玻璃、陶瓷、塑料、橡胶和纸等不同的包装材料在与食品接触时均会出现不同程度的化学物质的迁移。术语“迁移”，用于描述从食品接触材料向被包装物的传质过程。由于任何食品接触材料都不是完全惰性的，其中的化学组成物质很有可能会向其包装的食品中进行迁移。单就塑料包装材料来说，目前已有超过30余种不同种类的塑料被用作包装材料。与此同时，为了改善聚合物在加工、制造和使用过程中的性能，各种添加剂，如抗氧化剂、稳定剂、润滑剂、抗静电剂和防粘剂等也被大量的开发并应用。这些包装材料中种类繁多的化学物质会由于迁移现象的发生对包装食品的质量与安全产生负面影响。学习食品包装中的物质迁移理论与规律将为我们科学地评估食品安全提供有力的理论支撑。

一、　食品与食品包装材料的相互作用

食品和包装之间的相互作用包括微生物、气体、水蒸气、水分子和其他低分子化合物的相互侵入。从包装到食品，从食品到包装都可以观察到两个方向的迁移。即食品包装材料中低分子量的分子扩散物质（例如低聚物、聚合物或添加剂）可以释放到食品中，与此同时，食品中的一些小分子化学物质也可能转移到与食品接触的包装材料当中（如图7-1所示）。而这两个方向的迁移均可能对食品的质量与安全带来不利的影响。因此，了解化学物质迁移的主要机制及其主要影响因素，对于评估食品包装对食品的质量与安全影响尤其关键。

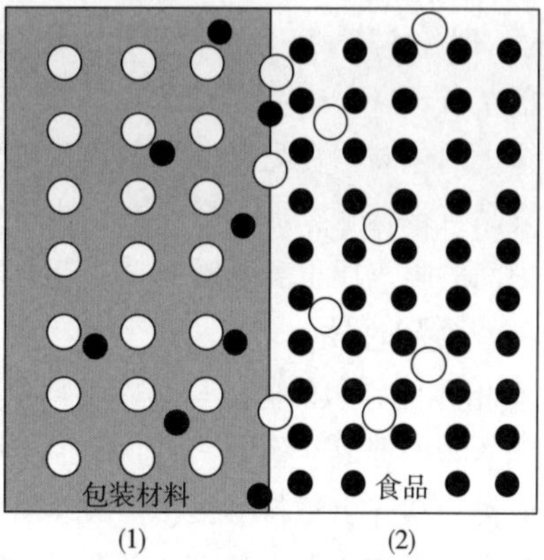

图7-1　食品接触材料的迁移

（1）包装材料中的化学物质　（2）食品中的化学物质

二、 化学物迁移的机制

化学物迁移遵循于动力学和热力学的扩散过程，该过程可用菲克（Fick）定律来描述。该模型将扩散过程描述为以时间（t）、温度（T）、材料厚度（L）、物质中化学物含量（C）、分配系数（K）和扩散系数（D）为变量的函数。动力学部分表征迁移发生速度，热力学部分表征当迁移结束，即体系达到迁移平衡时，化学物的转移程度，二者不能混淆。例如，迁移可能以低速进行，但如果包装中化学物对食品的亲和力大于对包装材料的亲和力时，只要有足够的时间（如较长的保质期），化学物就会向食品发生大量迁移；另一方面，假如包装其他食品或饮料，包装中化学物在该食品或饮料中的溶解度很小，则无论放置多长时间迁移量都不会很高。

作为一种分子扩散过程，化学物迁移遵循一般的化学和物理规律。决定化学迁移有几个因素：首先是包装材料中所含化学物的特性和浓度，其次是食品性质以及接触条件等，再次是包装材料本身的内在特性。如果一种包装与食品发生的反应强烈，则通过溶解将产生高迁移量；相反，一种扩散性小的惰性材料，产生的迁移量可能较小。因此，必须了解影响迁移的因素，从而获得避免或限制向食品中发生有害迁移的方法。

三、 化学迁移的主要影响因素

（一） 包装材料中迁移物的浓度

食品包装中的化学迁移主要来源于包装材料，迁移程度首先取决于目标迁移物质在包装材料中的浓度。当然，包装本身如果没有这种物质，则不会发生该物质的迁移。如果保持其他成分不变，增加包装中所含化学迁移物的浓度，则迁移水平会随之增加，反之亦然。

（二） 接触的状态和程度

包装与食品接触的状态和程度是影响食品接触材料化学迁移的另一个重要因素。这取决于食品的物理特性，如固体食品接触有限，液体食品接触程度较大，以及包装袋的规格和形状。用同种塑料（如聚苯乙烯或聚丙烯）制作两种规格不同的盛装人造黄油的包装，一种是独立小包装，假设7g接触面积为$28cm^2$，即$4000cm^2/kg$；另一种是餐馆用大包装，假设2kg接触面积$1050cm^2$，即$525cm^2/kg$。二者相比，假如单位面积迁移量相同，前者食用暴露风险相当于后者的8倍左右。

另一个影响包装与食品接触状态和程度的因素是阻隔层。如果在包装上加一层阻隔材料，使其不与食品直接接触，那么尽管在包装材料中含有可能发生迁移的化学物，而位于食品和化学迁移物中间的阻隔层也会延缓或抑制迁移的发生。

（三） 食品性质

（1）不相容性　如果包装与某一类特定食品不相容，则它们之间可能会发生剧烈的反应，从而加速化学物的释放。例如，脂肪和油会使某种塑料溶胀，析出化学物。“析出”，即一般认为的第三类迁移，由塑料溶胀、扩散性增大引起。随着溶胀的发生，塑料的性状开始接近于液体。更为直观的类似例子还有无涂层金属的腐蚀，导致金属离子大量释放进入一些酸性食品，或者重金属从陶瓷釉面溶出。一定要避免使用诸如此类明显的不相容性的材料，确保包装材料适用于预期包装的食品。

（2）溶解性　食品性质制约着包装中的化学物在食品中的溶解性，因此也制约着化学迁移，影响着可能发生的迁移量。食品通常分为五类：水性食品、酸性食品、醇类食品、脂类食品和干性食品。根据迁移物质与食品亲和力越高而越容易迁移进入食品的特点，将不同食品归纳为三大类（如表 7-1 所示）。

表 7-1　　食品的分类和发生迁移的化学物的主要类型

接触食品的性质	最可能发生迁移的化学物
酸性食品、水性食品和低酒精度饮料	极性有机化学物、盐类、金属类
脂类食品、精馏酒精	亲脂的、非极性有机物
干性食品	低分子质量、挥发性物质

（四）　接触温度

与任何物理和化学过程相似，温度升高会加速化学物质的迁移。包装材料使用的温度范围日益扩大，从冻藏、冷藏和室温，到煮沸、杀菌、微波甚至带包装烘焙。显然，一种具有特定温度用途的材料不一定适用于其他温度用途。

（五）　接触时间

适用于短期接触使用的材料可能不适合长期使用。迁移动力学是一阶近似，迁移程度与接触时间的平方根成正比：$M \propto t^{1/2}$。一般包装的接触时间变化范围很大。

（六）　包装中化学物的流动性

根据材料的阻隔特性，可以将包装材料分为以下三种：不渗透材料、渗透性材料和多孔材料。①不渗透材料，是一类所谓“硬质”材料，如金属、玻璃和陶瓷，具有绝对阻隔作用，内部未发生任何迁移，迁移只限于表面。②渗透性材料，如塑料、橡胶和人造橡胶均属于此类材料。这类材料在一定程度上阻隔迁移，但是迁移不仅来源于外表面，还来源于内部。对物质转移的阻隔性取决于材料的结构、密度、晶体结构等。③多孔性材料，如不同种类的纸和纸板，有着各种各样的开放式网状纤维，其中有大量的空间或通道。对低分子质量物质迁移阻碍小，迁移速度相当快。

四、迁移测试

迁移测试是研究包装或食品接触材料中的包装组分迁移到食品中的关键。分析食品中化学迁移物质的含量或水平，很大程度上取决于对目标化合物的萃取前处理能力。目前迁移测试主要是在特定的时间和温度下将包装材料与食品直接接触，然后通过定量测定迁移到食品中的化合物来完成。但是，在实际情况下确定化学迁移物质的种类和含量是非常困难和复杂的。基于这个原因，在迁移测试时通常需要模拟或改变迁移条件。

（一）　食品模拟物

由于食物的化学和物理结构非常复杂，迁移测试通常使用食品模拟物进行。原则上，为使迁移测试结果更准确，应该使用与实际食品性质接近的食品模拟物。食品模拟物多是液体或固体物质，化学组成简单，可以使迁移测试更容易。

（二）　总迁移测试

在被调查食物选定食物模拟物之后，在特定条件（温度，时间）下，将食品接触材料（塑料、金属、玻璃或纸等）与食物模拟物进行接触并测试。评估迁移最常用的方法是重量测试，在模拟物可挥发的情况下将模拟物（如橄榄油）蒸发或去除，并对残留物质或接触后产生的物质称重并计算迁移百分比。总迁移量（OM）可以通过式（7-1）来估算：

$$OM = W_1 - W_2 \tag{7-1}$$

式中　W_1——接触前样品的质量；

　　W_2——接触后样品质量。

（三）特定迁移测试

特定迁移的确定是通过测量每次从包装材料迁移到食物中的特定化合物进行的。随着分析设备的逐渐普及和分析能力的不断提高，测试方法目前主要通过色谱和波谱技术，如红外光谱（IR）、气相色谱（GC），气相色谱-质谱联用（GC-MS），液相色谱（LC）和液相色谱-质谱联用（LC-MS）等。以上技术还常常与固相萃取、液相萃取、超临界流体萃取和顶空吸附萃取等前处理操作技术结合使用。

第二节　聚合物扩散模型

聚合物材料扩散现象的研究与其最终的应用密切相关，尤其在包装材料方面，有机物质等小分子物质的扩散系数和扩散模型，在很大程度上决定了包装聚合物的具体应用。近几十年来，人们提出了很多描述小分子渗透物质在聚合物基体中扩散的理论模型，根据模型建立了基本物理化学过程的时间-空间尺度，可分为微观扩散模型和原子扩散模型。

微观模型，又称经典模型，是从20世纪30年代后期发展起来的，着重表明扩散系数对温度、扩散质的性质及其在聚合物中的浓度等关系，可以与聚合物基体、扩散质种类的某些微观结构或能量参数建立对应关系。

原子模型是近30年来发展出的小分子在聚合物中的扩散模型，其计算方法主要基于渗透质-聚合物系统的物理化学数据。其计算过程一般为：以原子的尺度、原子间距和分子链角、作用于原子和分子的势场以及其他局部参数产生聚合物结构，在聚合物的自由体积中插入渗透质分子，然后模拟渗透质分子在聚合物基体中的运动。通过对这些运动尺度和速率的确定，计算扩散系数并表征扩散机理。

一、微观扩散模型

（一）橡胶态聚合物内的扩散

1. 分子模型

最早描述聚合物内小分子渗透物质扩散的模型，是20世纪30~40年代Barrer提出的“活化区”模型。模型分析了小分子渗透质与其所在周围聚合物链段的相对运动，且考虑了作用于这两者之间的分子力。Barrer模型认为，只有当渗透物质的周围区域获得了足够的能量E^*后，小分子渗透质才能够在聚合物内发生扩散。扩散系数D的模型表达式如下：

$$D = \Omega\lambda^2 \sum_{f=1}^{n} \frac{1}{(f-1)!}\rho_f v_0 \left(\frac{E^*}{RT}\right)^{f-1} \exp\left(\frac{-Ed}{RT}\right) \tag{7-2}$$

Meares在1954年提出了与渗透质-聚合物体系的微观结构和运动关系更为密切的模型，其假定小分子渗透质在聚合物中的扩散是通过在聚合物基体中存在的“孔”或“空穴”中发生跃迁实现的。聚合物基体中的“孔”或“空穴”是由于聚合物链段的热运动而造成的，小分子渗透质的扩散由分别围绕着小分子渗透质的聚合物链段和提供小分子从聚合物基体的一个“孔”或“空穴”，跃迁到另一个“孔”或“空穴”，是由横截面积和空间所需的能量所决定的。这样，温度在 T_g 以上的聚合物扩散活化区分解为聚合物链间的范德华力作用区和柱形空洞区。把绝对反应速率理论用于扩散，最后可得到扩散系数的表达式(7-3)。

$$D = \varepsilon\lambda^{*2}\frac{kT}{h}\exp\left(\frac{\Delta S^{*}}{R}\right)\exp\left(-\frac{E_d}{RT}\right) \tag{7-3}$$

Brandt 进一步把活化能 E_d 与聚合物基体的微观结构特征联系起来，基于如下假设建立了经典的扩散模型：即活化能部分用于使围绕渗透质的分子链段弯曲（分子内能量 E_d），部分用于克服链段间的吸引力（分子间能量 E_i）。

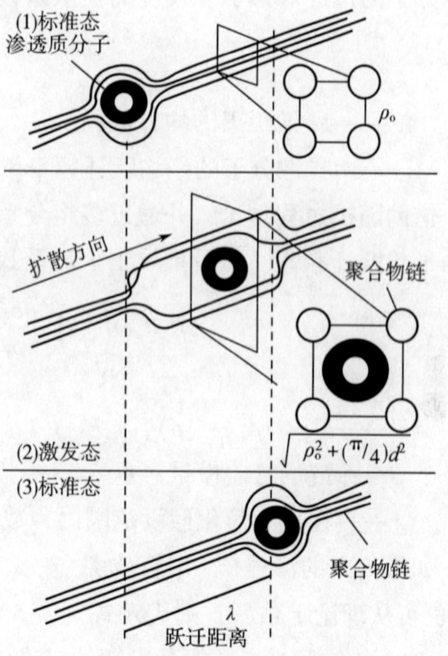

图 7-2 扩散的激发过程

基于对上述分子模型的优化和发展，DiBenedetto 于 1963 年提出了应用广泛的“统计分子模型”。该模型中，假定整个聚合物基体结构由在柱形单元中随机分布的相同 N 中心的链段构成。平行链束产生的柱形对称中心场影响中心部分的链运动，在聚合物链标准态的热振动和旋转过程中，单元晶胞会膨胀和收缩，链段协同运动产生与聚合物吸收的分子相邻的柱形空穴，渗透质分子可以扩散进入空穴。图 7-2 所示为扩散的激发过程，标准态下 4 条平行链的距离仅为平均分子间距，在激发态下，聚合物链间是隔开的，单元晶胞由平均自由体积加上容得下直径为 d 的渗透质分子的柱形空穴组成。通过分析链中心与相邻链中心之间的作用，可得到标准态与激发态的势能，并最终用于计算扩散活化能 E_d 的关系式。

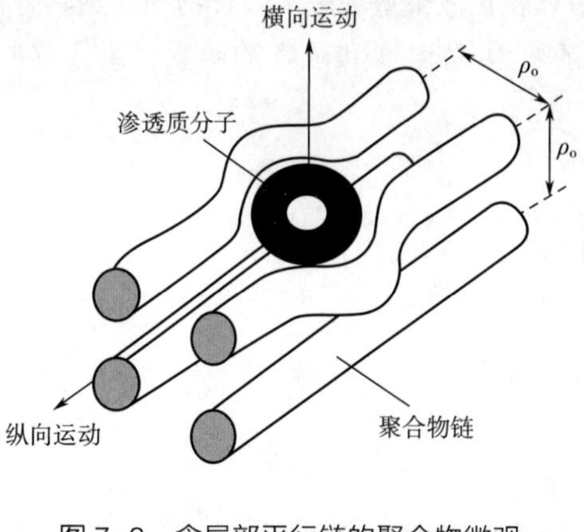

图 7-3 含局部平行链的聚合物微观结构和球形渗透的运动

2. Pace-Datyner 模型

简单扩散质在无定形橡胶态聚合物中扩散使用的分子模型比较著名的是 Pace-Datyner 模型，但是由于该模型的一个参数必须通过估计选取而令它实用性较差。Pace-Datyner 分子模型假定无定形聚合物具有和局部平行链束近似的次晶排列，渗透分子能以横向和纵向两种运动方式通过聚合物基体，如图 7-3 所示。横向运动和纵向运动连续发生，且纵向运动比横向运动发生的更快，横向运动需要活化能以分开聚合物链。因此，该模型把渗透质分子通过聚合物基体扩散的关键步骤归为横向扩散。此模型中，平均扩散跃迁长度由“通道”的长度决定，而跃迁频率由使渗透质通过两相邻“通道”的链分离频率来控制。活化能 E_d 由对称分离两聚合物链以使直径为 d 的渗透质通过所需的能量来求得。对于非球形的渗透质分子，模型用有效半径 d_{eff} 替代 d，有效半径 $d_{eff}=\frac{d^2}{d_1}$，其中 d_1 是由分子模型决定的最长分子尺度。

Pace-Datyner 分子模型的主要优点：无需使用从实验扩散数据导出的任何可变参数即可完成 E_d 的估计，但必须知道主体聚合物的一系列参数，如材料、结构和热力学的参数以及渗透物质分子的尺度和形状。模型的扩散系数 D 可由式（7-4）给出：

$$D = \frac{1}{6}\lambda^2 v \tag{7-4}$$

式中 λ^2——跃迁距离的均方值；

v——扩散分子的平均跃迁频率。

借助随机过程理论，并通过多组分系统中能量密度分布概率的统计力学关系来计算扩散分子的平均跃迁频率，最后推导出扩散系数 D 的关系式为：

$$D = \Theta\left(\frac{\lambda}{\zeta}\right)^2\left(\frac{\varepsilon^*}{\rho^*}\right)^{5/4}\left(\frac{\sqrt{\beta}}{m^*}\right)^{1/2}\frac{\delta'}{\partial\frac{\Delta E}{\partial d}}\exp\left(-\frac{\Delta E}{RT}\right) \tag{7-5}$$

式中 δ'——$\delta'=d+\rho^*-(\rho)$；

β——链的弯曲模量；

Θ——在模型简化假设范围内，数值因子 Θ 等于 9.1×10^{-4}。

如果给定的渗透质-聚合物系统，ζ、ε^*、m^* 和 ρ^* 是已知或可以通过实验数据来确定，ΔE 也可从理论上估测，则代入式（7-5）就可以计算扩散系数 D。然而，公式中都含有的跃迁距离的均方值 λ^2，一般是未知的或难以实验测定的。

3. 自由体积模型

在解释小分子渗透物质在聚合物中的扩散模型方面，Mears、Cohen 和 Fujita 等都提出了基于自由体积的经验公式，其中 20 世纪 70 年代后美国宾夕法尼亚州立大学的 Vrentas 和 Duda 等提出的自由体积模型最为著名。Vrentas-Duda 自由体积扩散模型考虑了聚合物和渗透物分子对自由体积的贡献。这个模型中渗透物分子扩散系数 D_1 是温度和浓度的函数，用式（7-6）表示。

对于橡胶态聚合物，该关系式为：

$$D_1 = D_0\exp\left(-\frac{E^*}{RT}\right)\exp\left(-\frac{V_1^*\omega_1+V_2^*\omega_2\xi}{\bar{V}_{FH}}\right) \tag{7-6}$$

式中 D_0——公式的指数前常数因子；

V_1^*——迁移所需要的渗透物分子比空洞自由体积；

V_2^*——聚合物迁移单位的临界比容；

ω_1、ω_2——分别指渗透物分子与聚合物的质量分数；

ζ——渗透物分子迁移单位的临界体积与聚合物迁移单位。

临界体积的比值扩散过程对体系自由体积的依赖通过 V_{FH}/γ 表示，其中 V_{FH} 是每克混合物的平均自由体积，γ是平均重叠系数，引入这个系数是因为同一个空洞自由体积空间可以用于不同的运动单位。V_{FH}/γ可以用渗透物分子空洞自由体积和聚合物空洞自由体积贡献的加和来表示。

（二）　玻璃态聚合物内的扩散

与橡胶态聚合物内的扩散相比，小分子扩散质在玻璃态聚合物中的扩散是一个更为复杂的过程，主要是由于聚合物链的自由旋转在温度低于玻璃化转变温度T_g时受到限制。聚合物体系温度低于T_g时，聚合物基体遍布着大小不同的固定“微孔”或“洞”，当聚合物体系从橡胶态急速冷却进入玻璃态时，上述“微孔”或“洞”处于冻结状态。

Meares 最先把两种吸收机理的概念引入无定形玻璃态聚合物的扩散中，其观察到温度在T_g以下，聚合物内的“孔洞”可以使一些小分子渗透质失去运动能力，也就是“孔洞”将它们约束在“孔洞”周围的“高能量点”附近或直接封闭在“孔洞”内。基于此，提出了有机蒸汽在玻璃态聚合物内吸收的双重吸收理论（DST）：①有机蒸汽在聚合物基体内的一般溶解过程（Henry 吸收定律）；②服从 Langmuir 定律的“洞”填充过程。基于 DST 理论的模型公式可表示为：

$$C = k_D p + \frac{a_1 p}{1 + bp} \tag{7-7}$$

式中　a_1、b、k_D——可变系数；

p——渗透物质的气相压力。

由于假定在玻璃态聚合物中发生的是双重吸收机理，那么聚合物中扩散要比橡胶态聚合物要更为复杂。DST 理论模型较好地表达了简单气体和有机蒸汽的溶解度，以及扩散系数对小分子渗透质在玻璃态聚合物中浓度的依赖关系。但是也应该看到，DST 模型中参数的确定必须基于大量科学实验结果，因此并不能真正地进行扩散系数预测。为此，可以把渗透物质在橡胶态聚合物中的扩散的统计模型经简单的统计力学扩展后，设计成简单渗透物质在玻璃态聚合物中吸收的模型。

例如，通过对橡胶态聚合物扩散的自由体积模型进行修正，可以得到渗透质分子在玻璃态聚合物中的扩散模型。由于在T_g以上或以下，渗透物质-聚合物系统中会发生局部的密度波动，可以通过确定共同扩散系数及其对温度、扩散质浓度、压力和聚合物分子质量的依赖性，来表征渗透物质-聚合物系统的扩散过程。当温度$T>T_g$时，聚合物溶剂系统中的分子松弛速度比扩散传质速度要快很多，扩散传质可以用在简单液体中的传质描述。当温度T接近T_g时，聚合物溶剂系统局部密度波动产生足够大的“洞”的可能性降低。当温度$T<T_g$时，聚合物的运动严重受阻，在给定的渗透物质浓度下，发生扩散传质运动不明显。在很低的扩散质质量分数下，玻璃态聚合物的结构本质上不存在扩散质的影响。在扩散质质量分数为零的极限情况下，可推导出共同扩散对温度依赖性的表达式：

$$\ln \frac{D(T)}{D(T_{g2})} = \frac{\gamma\xi}{K_{12}} \bar{V}_p^* \frac{T - T_{g2}}{K_{22}\left(\frac{K_{22}}{\vartheta^+} + T - T_{g2}\right)} \tag{7-8}$$

式中　ϑ^+——描述由于玻璃化转变引起的体积收缩的变化。

当温度$T<T_g$时，玻璃态聚合物在零渗透质浓度下，扩散系数D的温度依赖性可以用扩散的表观活化能E_d来描述，表达式为：

$$E_d = \frac{RT^2\left(\gamma^* \bar{V}_p^* \dfrac{\xi}{K_{12}\vartheta^+}\right)}{\left(\dfrac{K_{22}}{\vartheta^+} + T - T_{g2}\right)} \tag{7-9}$$

Vrentas 和 Duda 等还提出了玻璃态聚合物扩散的自由体积模型，针对在有限的溶剂浓度下 Fick 扩散的问题。对橡胶态聚合物中溶剂的自扩散系数 D_{1s} 中涉及的热力学参数进行改动，以描述温度在 T_g 以下含一定质量分数溶剂的扩散。

二、原子扩散模型

为获得较好的相关性，微观模型需要建立在特定的假设基础上。相比之下，原子模型真正的从原子水平上描述聚合物和渗透质，理论上它应该具有真正的预测能力，而不需对聚合物-渗透质系统的分子行为或运动作特别的假设，但是要实现聚合物内扩散的原子模拟，需要聚合物结构、超强动力学算法的发展和计算机的超级计算能力。在非晶聚合物中，对于小分子渗透质，可以通过分子动力学（MD）和状态变换法（TSA）来进行原子模拟。在具有一定结晶度的聚合物中，则可以通过 Monte-Carlo 两相模型来进行计算。这里主要介绍 MD 和 TSA 技术。

（一） 分子动力学

分子动力学（MD）方法可以完成在原子水平上处理系统随时间的演化。对扩散过程的 MD 模拟，须从理论上产生非晶聚合物的结构。用于产生非晶聚合物结构的方法主要是：①结构产生方法，在理想情况下用于产生不需要进行优化的结构；②结构优化方法，在理想情况下的效率很高，结构可以是任意的；③粗晶法，其中聚合物的原子模型中原子由几个原子甚至单体粗略代表。

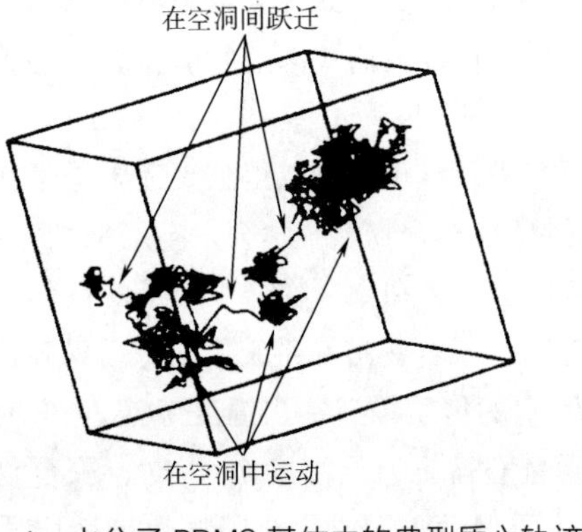

图 7-4 水分子 PDMS 基体中的典型质心轨迹

MD 模拟研究发现小分子在非晶结构中的扩散是以跳跃运动的方式进行的，图 7-4 所示为水分子穿过非晶弹性体（PDMS）的典型轨迹。从图 7-4 可以看出，构成橡胶态聚合物自由体积的空穴是明显隔开的，渗透物质分子存在如下两种类型的运动。

(1) 空洞中运动　在较长的时间中，比较典型是几百皮秒，渗透物质分子处于一定小区域的受限空间中，即聚合物基体的“空洞”中。分子可以在整个空洞中运动，但不能超过所在的受限空间，为此，每隔几皮秒，渗透物质就会被聚合物基体反射。

(2) 空洞间跃迁　上述准静态期被向邻近空洞的迅速跃迁打断。在两相邻的空洞间跃迁发生前，空洞间形成了通道，在合适的动量下，渗透物质进入通道。与在空洞中的停留时间相比，跃迁的过程很短。

MD 方法允许研究者在真正的原子水平上处理系统随时间的演化，当前的软件和计算机技术只能以 MD 方法提供约 10ns 的模拟，其对应的扩散系数 D 值约为 $5\times10^{-7}\mathrm{cm}^2/\mathrm{s}$。但是人们所感兴趣的也是通常大家所研究的化学迁移物，其相对分子质量为 100~1200，且结构非常复杂，

实验所得的 D 值为 $10^{-12} \sim 10^{-9} cm^2/s$。因此目前的 MD 方法对实际的迁移研究还没有太大帮助。

（二） 状态变换法

状态变换法（TSA）基于在基体中热运动的简化描述以及处理渗透质动力学的统计方法，它可以模拟比 MD 法更长的时间间隔（可以达到 1ms），对应于预测的 D 值为 $10^{-12} cm^2/s$，因此可以应用于迁移研究。

小分子渗透质在密实聚合物的原子结构中，“跳跃”可作为基元过程来处理，TSA 技术用于评价渗透质的跳跃速率和超过此跳跃速率范围的扩散系数。另外，在基本机理特征方面，TSA 技术还假设渗透质的动力学过程是和聚合物链的弹性运动结合在一起的，不受基体的结构松弛的影响。热运动引起聚合物基体在构形空间中的运动，短时间内主要表现为振荡模式的运动，即化学键或键角的振荡、侧基的小幅旋转或扭转角的摇摆，随着时间的延长，基体逐渐出现结构松弛，如通过主链或侧基中的扭转转变。基体的原子在平衡位置附近的波动为弹性运动，通过 MD 模拟渗透质的轨迹，可确定系统实际进行弹性运动的时间上限。

MD 和 TSA 两种原子方法可完成小分子扩散质在橡胶态和非晶玻璃态聚合物中的扩散系数的预测，可以从原子水平上理解小分子扩散质的行为，而无需对聚合物链的运动作特别假定。MD 的主要缺点是以当前的软件和计算机技术不能提供 10ns 以下的模拟，TSA 则非常适合于扩展模拟的时间尺度。由于 TSA 构建平衡的聚合物堆积模型需要大量的计算时间，而为此开发实际有用的 TSA 算法则需要更长的时间，因此目前甚至今后相当长一段时间内，TSA 法还不能具有实用价值。

三、 塑料内化学物质迁移机理

（一） 一般固体内微粒的扩散机理

一般固体的组成微粒与其内部迁移扩散的微粒尺度比较接近，内部空间结构也相对较为规整，图 7-5 所示为一般固体的扩散机理。其中“易位扩散”所需的活化能最大，“空位扩散”所需活化能最小，因而“空位扩散”是一般固体最常见的扩散机理，其次是“间隙扩散”和“准间隙扩散”。

（二） 塑料内小分子的扩散迁移

塑料是由许多特定结构单元通过共价键重复连接而成的高分子聚合物材料，其分子链段构象主要有线形、支链形和交联形三种。聚合物正是由这些分子链段聚集而成，而链段与链段之间在空间上又有排列和堆砌，从而形成了极其复杂的聚合物内部网络空间。尽管高分子链结构对高分子材料性能有显著影响，但事实上，聚合物的聚集态结构对聚合物材料性能的影响比高分子链结构更直接、更重要。小分子物质在高分子聚合物材料内的迁移扩散，也主要是由聚合物的聚集形态所决定。大多数聚合物都具有非晶结构，即使是高度结晶聚合物其内部也必定同时存在结晶区和非晶区。聚合物分子链往往以折叠链的形态存

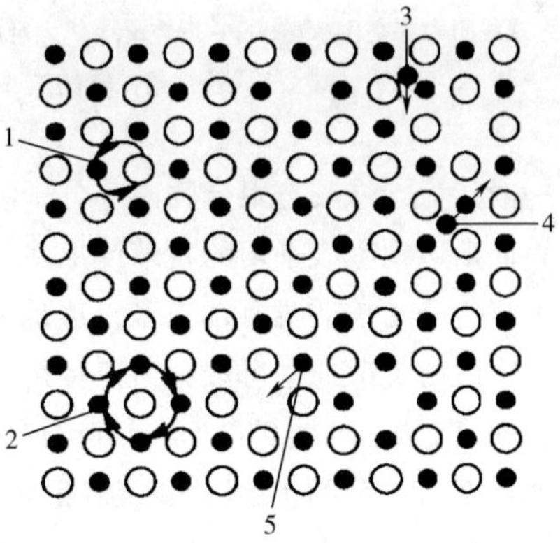

图 7-5 一般固体内微粒的扩散机理

1—易位扩散 2—环形扩散 3—间隙扩散 4—准间隙扩散 5—空位扩散

在，分子链规则排列的部分称为晶区，不规则部分则是非晶区。通常非晶区的分子扩散要比晶区的快几个数量级，因此我们通常只考虑聚合物非晶区的扩散。

包装材料迁移研究的对象通常是相对分子质量在1000以下的低分子质量物质，如各类添加剂、加工助剂、聚合物单体、低聚体、分解产物等，因为欧盟食品科学委员会（scientific committee on food，SCF）在科学实验基础上认为：这些物质一旦污染了食品，则易被人体胃肠道所吸收，从而对人体健康构成威胁。它们与聚合物分子链相比在尺度上要小得多，图7-6集中展现了小分子在聚合物不同形态区域不同空隙中的扩散行为。如图所示，聚合物内同时存在晶区和非晶区，晶区主要包括折叠链和伸直链结构，一般认为非晶区是以无规线团为代表的无定形形式存在，显然晶区内的扩散较非晶区困难得多，因此扩散迁移通常发生在非晶区。有学者认为渗透质小分子在高聚物膜内的传递是通过高聚物链段间的空隙迁移进行的。然而事实上，聚合物内部是一个极其复杂的空间网络结构，随着外界条件如温度等的变化，分子链段形态、晶区与非晶区的聚集形态等都在不断发生变化。虽然小分子相对于聚合物尺度要小得多，但它实际上并非如图7-6所示的质点形式，而是具有一定的几何形状，如线形等，因此有理由认为小分子在实际聚合物内的迁移扩散要比所展示的更加复杂。

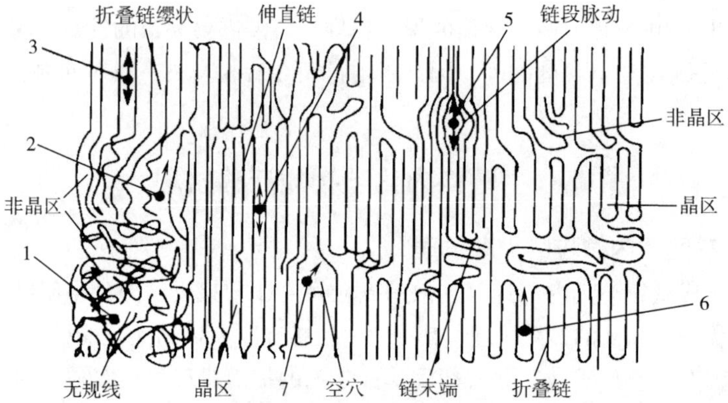

图7-6　高分子聚合物的扩散

1—无规线团内的空隙扩散　2—折叠链缨状无定形区的扩散　3—折叠链缨状晶区的扩散　4—晶区伸直链内的扩散　5—非晶区链段脉动条件下的扩散　6—晶区折叠链内的扩散　7—无定形区空穴扩散

一般认为，橡胶态聚合物内小分子渗透质的扩散是符合菲克（Fick）扩散定律的，但在聚合物界面未达到吸收平衡的特殊情形除外。与橡胶态聚合物内的扩散相比较，玻璃态聚合物内小分子渗透质的扩散要复杂得多，这是由于此时部分聚合物链段的自由旋转受到了限制。玻璃态聚合物内的扩散通常可以分为三种情况：即小分子渗透质扩散速度远小于渗透质-聚合物系统的松弛速度的“I类扩散”（或Fick扩散）；小分子渗透质扩散速度大于渗透质-聚合物系统的松弛速度的“Ⅱ类扩散”和“超Ⅱ类扩散”；以及小分子渗透质扩散速度与渗透质-聚合物系统的松弛速度接近时，假定扩散过程受聚合物基体结构中存在的“洞”或“微孔”影响的“无名扩散”。

（三）塑料内小分子迁移机理假说

基于聚乙烯内三种抗氧剂在不同温度条件下向不同浓度的乙醇溶液、异辛烷、正己烷的迁移实验数据和现象，塑料内小分子物质迁移机理有三个假说："阻塞假说""搬运假说"和"流道假说"。

（1）阻塞假说　当聚合物-迁移物-食品模拟物体系处于较低温度（如低于20℃）时，迁移物处于"能量"低位，迁移物在聚合物基体内的活动能力受到限制，迁移进行缓慢。水分子小于乙醇分子，当配制乙醇溶液时会出现最后的总体积小于两组分体积和，当水的质量分数大于乙醇时尤为明显，这是由于水分子进入到了乙醇分子空间内，在空间形成"交联"。乙醇所占体积分数较小（小于50%），与聚合物接触时乙醇被水牢牢吸住，乙醇分子很少能够进入聚合物内部，从而无法对聚合物形成溶胀，此时迁移物被"阻塞"在聚合物内，很难从聚合物内向乙醇溶液迁移（如图7-7所示，图中分子大小不代表实际尺度）。

（2）搬运假说　当温度上升超过40℃，体系各组分的活动能力有所增强，此时如果乙醇的体积分数较大（大于50%），则乙醇分子较容易进入聚合物基体内部，从而对其造成溶胀作用，使得聚合物链段活动能力增强，自由空间增大，在多个溶剂分子的"搬运"下，迁移物有更多的机会发生迁移，如图7-8所示。对于异辛烷和正己烷，由于溶剂特性的不同，它们的"搬运"能力更强，因此相同条件下，迁移物向食品模拟物迁移的速度更快。

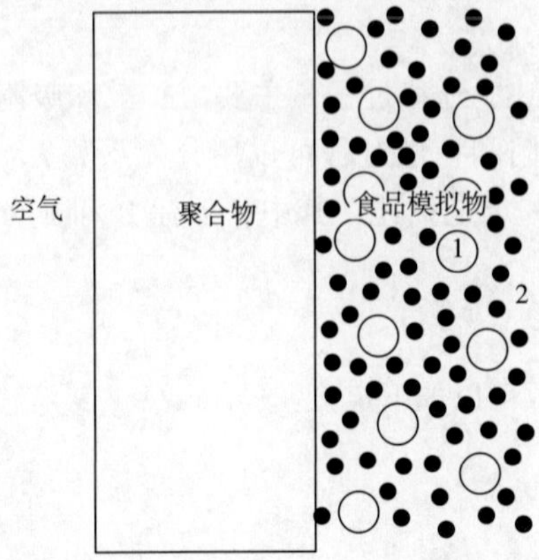

图7-7　塑料内小分子迁移"阻塞假说"

1—乙醇分子　2—水分子

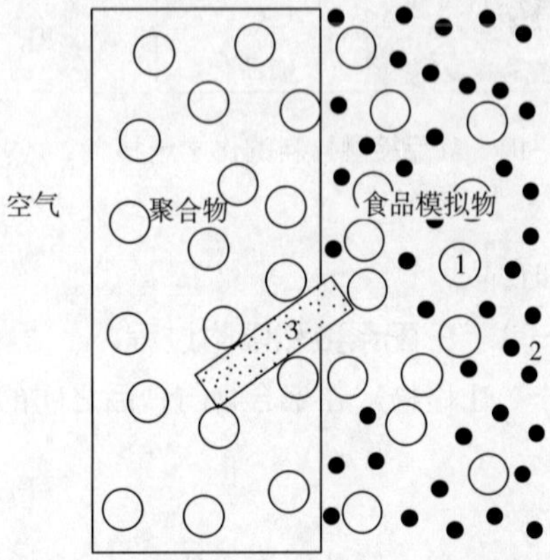

图7-8　塑料内小分子迁移"搬运假说"

1—乙醇分子　2—水分子　3—迁移物

（3）流道假说　当温度继续升高至60℃以上，若使用乙醇、异辛烷和正己烷等纯溶剂，一般认为此时溶剂会对聚合物产生巨大的溶胀作用，聚合物出现更大的内部自由空间。溶剂在聚合物内可以形成"流道"，迁移物能够在溶剂分子的引领下脱离聚合物的作用力，而顺着"流道"快速进入食品模拟物，此时观察到了更快的扩散迁移现象，如图7-9所示。

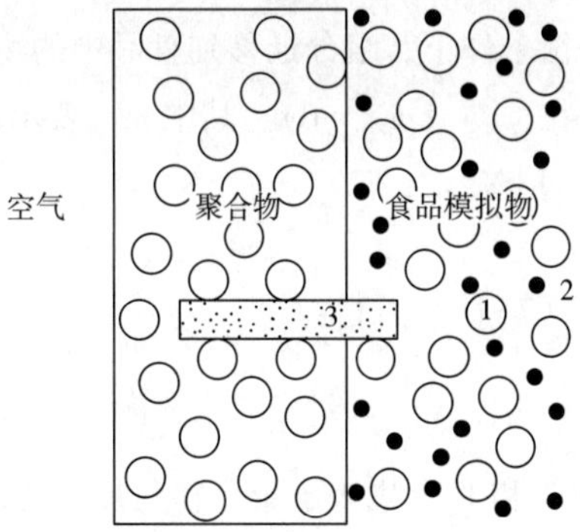

图7-9　塑料内小分子迁移"流道假说"

1—乙醇分子　2—水分子　3—迁移物

第三节　包装材料化学迁移过程与数学模型

一、 化学迁移的物理过程

食品接触材料的化学迁移是一个从食品接触材料到食品的亚微观质量传递过程。整个迁移过程主要分为三步：首先，低分子质量的添加剂或污染物等化合物会由于浓度梯度（扩散过程）的存在，不断从高浓度侧（聚合物）向低浓度侧（食品）进行扩散，这种分子扩散模式已被证明符合 Fick 扩散定律。随后，一部分迁移物质抵达食品-聚合物界面，迁移物将被聚合物解吸，并被食品溶解吸收（吸附过程）。最后，这些在食品中溶解的迁移物，由于浓度梯度的存在，不断扩散到整个食品基质中（图 7-10）。

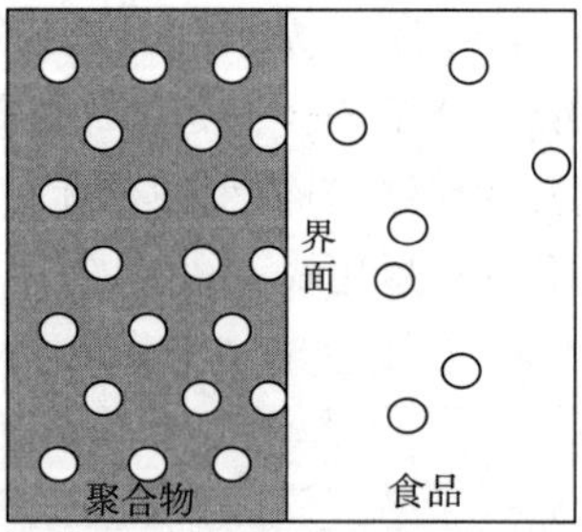

图 7-10　食品接触材料的化学迁移

综上所述，迁移过程是主要由扩散和吸附所控制或决定。吸附和扩散过程可以用分配系数 $K_{P/F}$ 和扩散系数 D_P 和 D_F 定量描述，其中，下标 P 和 F 分别表示聚合物和食品。

（一） 分配系数和吸附过程

组分（迁移物）在聚合物与食品之间的分配系数可以如下定义：

$$K_{P/F} = \frac{C_{P,\infty}}{C_{F,\infty}} \tag{7-10}$$

其中 $C_{P,\infty}$ 和 $C_{F,\infty}$ 分别为组分在聚合物和食品中的平衡浓度。该定义基于以下假设：在平衡条件下，聚合物中迁移物质的化学势等于食品中相同化合物的化学势。

主要分配系数取决于迁移物质的极性和所涉及聚合物与食品的极性。下面的例子简单说明了分配系数的重要性。

在平衡条件下，组分迁移到食品中的物质量 $m_{F,\infty}$ 可以如下计算。假设最初食物中没有迁移物质的存在，即（$m_{F,0}=0$），其中 $m_{P,0}$ 表示聚合物中存在迁移物的初始量，那么可以从质量平衡中得出如下结论：

$$m_{P,0} = m_{F,\infty} + m_{P,\infty} \tag{7-11}$$

从式（7-10）可得：

$$m_{P,\infty} = \frac{m_{F,\infty}}{V_F} \times K_{P/F} \times V_P \tag{7-12}$$

其中 V_P 和 V_F 分别表示聚合物与食品的体积。因此，

$$m_{F,\infty} = \frac{m_{P,0}}{1 + K_{P/F} \times \frac{V_P}{V_F}} \tag{7-13}$$

通常情况下，包装材料的体积要远远小于食品的体积，即 $V_P/V_F \ll 1$。从式（7-13）中可以得出，在 $K_{P/F} \ll 1$ 的情况下，在平衡条件下食物中迁移物质的量（$m_{F,\infty}$）等于聚合物中存在的迁移物质的初始量（$m_{P,0}$），这意味着迁移物质完全从聚合物迁移到食品中。相反，如果将疏水性食品物质应用于与水接触的疏水性聚合物中，很明显 $K_{P/F} \gg 1$，并且根据式（7-13），可以得出：

$$m_{F,\infty} \ll m_{P,0} \tag{7-14}$$

表明化学迁移受到很大限制。由于大多数的聚合物类包装材料都是疏水性的，并且塑料中存在的大多数低分子化合物也是疏水的，所以从上面例子看出，化学迁移在非极性食品基质（油脂类食品）中尤为突出。

（二） 扩散系数和扩散过程

组分在特定基质中的扩散系数 D 遵循菲克（Fick）第一定律，即化合物在 X 轴方向上的质量通量 J_x 与该方向上化合物的浓度（C）梯度成正比（图 7-11）。用数学公式表示如下：

$$J_x = -D\frac{\partial C}{\partial x} \tag{7-15}$$

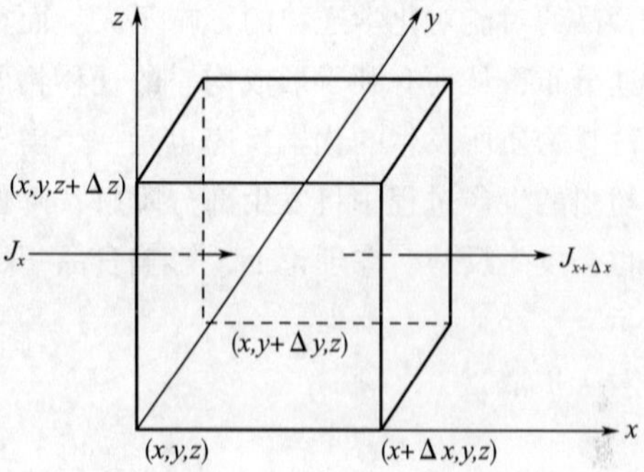

图 7-11　单位体积扩散模型

当然，其他方向的通量也可以类似地定义如下：

$$J_y = -D\frac{\partial C}{\partial y} \tag{7-16}$$

同样地，

$$J_z = -D\frac{\partial C}{\partial z} \tag{7-17}$$

化合物在单位晶胞中浓度的净变化与时间的函数关系可表示为：

$$-\frac{\partial C}{\partial t} = \frac{[J_x(x+\Delta x) - J_x(x)]\Delta y\Delta z}{\Delta x\Delta y\Delta z} + \frac{[J_y(y+\Delta y) - J_y(y)]\Delta x\Delta z}{\Delta x\Delta y\Delta z} + \frac{[J_z(z+\Delta z - J_z(z))]\Delta x\Delta y}{\Delta x\Delta y\Delta z} \tag{7-18}$$

如果单位晶胞变为无穷小，那么式（7-18）变化为：

$$-\frac{\partial C}{\partial t} = \frac{\partial J_x}{\partial x} + \frac{\partial J_y}{\partial y} + \frac{\partial J_z}{\partial z} \tag{7-19}$$

或者，如果分散系数是常量：

$$-\frac{\partial C}{\partial t} = D\left(\frac{\partial^2 C}{\partial x^2} + \frac{\partial^2 C}{\partial y^2} + \frac{\partial^2 C}{\partial z^2}\right) \tag{7-20}$$

式（7-19）通常被称为菲克（Fick）第二扩散定律。

二、 塑料包装材料的传质方程与扩散模型

（一） 一般传质方程

用数学模型描述塑料食品接触材料的化学迁移，目的是预测在与塑料接触后，食品中迁移物质的浓度。如此，可以减少大量烦琐而又昂贵的化学迁移实验。此外，通过数学的方法，可

以明确控制化学迁移过程的相关参数。了解这些参数对于模拟实验室中的化学迁移以及正确解释所得试验结果具有重要意义。

一个可靠的模型应该考虑到所有的传质现象以及其他能够影响食品中化学迁移的过程。基本上应考虑到以下过程：

①迁移物质的扩散；

②迁移媒介的对流；

③迁移物质涉及的化学反应。

从理论的角度来看，以上这些过程都能够在食品和聚合物中发生。然而，实际迁移过程中，迁移行为主要受聚合物和食品中迁移物质的扩散过程和化学反应影响。在常规使用条件下，聚合物的对流受到很大限制，因此对迁移几乎没有影响。同样，在固体食物或高黏度食品中，食品的对流对化学迁移的影响不大。而在液态食品或模拟物中，对流会使食品中的迁移物质迅速分布，从而有利于形成均一的迁移物质浓度。

迁移物质所发生的化学反应也是一个需要值得注意的现象，比如存在于聚合物中的抗氧化剂在材料的生产过程中将发生部分降解，降低了目标化合物的有效迁移。在食品中，迁移物质有时也会发生反应。在理论上，影响食品-聚合物体系中迁移物质的浓度 C 的主要过程可以如下表示。

对于扩散，

$$-\frac{\partial C}{\partial t}=\frac{\partial J_x}{\partial x}+\frac{\partial J_y}{\partial y}+\frac{\partial J_z}{\partial z} \tag{7-21}$$

对于化学反应，

$$\frac{\partial C}{\partial t}=-kC^n \tag{7-22}$$

式（7-19）代表前面介绍的 Fick 第二扩散定律，在式（7-22）中，n 表示化学反应的顺序，k 表示反应速率常数。

将两者结合起来，可以得到一般传质方程（忽略存在于聚合物和食品中的对流因素）：

$$\frac{\partial C}{\partial t}=\left(\frac{\partial^2 DC}{\partial x^2}+\frac{\partial^2 DC}{\partial y^2}+\frac{\partial^2 DC}{\partial z^2}\right)-kC^n \tag{7-23}$$

求解这个方程的主要问题在于二阶偏微分方程。在某些特殊情况下，这样的方程只有一个解析解。另外，扩散系数应该是恒定的。在其他情况下，应该使用数值方法求解方程。然而，即便这个方程得到了解决，准确预测迁移物质在聚合物中的分散系数仍然存在问题。

方程中的第二部分对于特定的迁移物质来说是相当具体的，这里不再详细讨论；因此，只给出二阶微分方程的解。该方程的求解，需要做以下两个假设：首先，扩散系数在食品和聚合物中应该是恒定的；另外，假定扩散仅在一个方向上发生，即垂直于聚合物的表面。此时，偏微分方程变为：

$$\frac{\partial C}{\partial t}=D\frac{\partial^2 C}{\partial x^2} \tag{7-24}$$

（二） 单层材料的扩散迁移模型

日常生活中许多食品采用单层包装形式，如味美价廉的火腿肠多采用 PVDC 材料、快捷方便的速食食品多采用 PS 材料，以及近年来流行的碳酸饮料、果汁、瓶装水等多采用 PET 材料。食品包装使用单层材料主要基于以下考虑：食品的保质期较短（如早餐奶），对包装要求不高；材料具有特别优异的阻隔性能（如火腿肠用 PVDC），能够满足食品包装要求；材料性能较好，食品组分比较简单且性能稳定（如碳酸饮料、矿泉水等）。针对单层包装材料与食品接触的过程，下面构建其扩散迁移数学模型（均考虑与食品单侧接触）。

1. 有限聚合物的扩散

除了前面已提及的假设之外，还包括以下几个基本假设：

（1）存在一种单一的迁移物质，当 $t=0$ 时，以浓度 $C_{P,0}$ 均匀分布在聚合物中；

（2）食品中的迁移物质在特定时间的浓度 $C_{F,t}$，在食品的各个部位都是相同的；

（3）迁移物质在聚合物和食品中的分布系数是不变的，并且如式（7-25）所示：

$$K_{P/F}=\frac{C_{P,t}}{C_{F,t}}=\frac{C_{P,\infty}}{C_{F,\infty}} \tag{7-25}$$

（4）接触材料是平面状态；

（5）传质主要是由聚合物中的扩散过程所控制。

下面是式（7-24）的解法，用于解决聚合物与有限食品接触的情况：

$$\frac{m_{F,t}}{m_{F,\infty}}=1-\sum_{n=0}^{\infty}\frac{2\alpha(1+\alpha)}{1+\alpha+\alpha^2q_n^2}\exp\left(-\frac{D_Pq_n^2t}{L_P^2}\right) \tag{7-26}$$

式中　$m_{F,t}$——时间 t 时食品中迁移物质的量；

q_n——三角恒等式的正根 $\mathrm{tg}(q_n)=-\alpha q_n$；

L_P——聚合物的厚度；

D_P——聚合物中迁移物质的扩散系数。

α 则由式（7-27）给出：

$$\alpha=\frac{1}{K_{P/F}}\frac{V_F}{V_P}=\frac{m_{F,\infty}}{m_{P,\infty}} \tag{7-27}$$

式中　V_F 和 V_P——分别表示食品和聚合物的体积；

$m_{F,\infty}$、$m_{P,\infty}$——分别是平衡条件下（$t=\infty$），食品和聚合物中存在的迁移物质的量。

通过假设有限聚合物与无限食品（即食品的体积远远大于聚合物的体积）接触，可以简化等式（7-26）。从理论上来说 V_F 趋于无穷，意味着食品中迁移物质的浓度为零。因此当式（7-27）中的 $\alpha\gg1$ 时，式（7-26）可以简化为：

$$\frac{m_{F,t}}{m_{F,\infty}}=1-\sum_{n=0}^{\infty}\frac{8}{(2n+1)^2\pi^2}\exp\left(-\frac{(2n+1)^2\pi^2}{4L_P^2}D_Pt\right) \tag{7-28}$$

如果食品的体积 V_F 超出聚合物体积 V_P20 倍以上，那么式（7-28）和式（7-29）结果基本相同。

当式（7-28）符合以下两个条件时，可以继续简化：

①长时间接触（$m_{F,t}/m_{F,\infty}>0.6$）

$$\frac{m_{F,t}}{m_{F,\infty}}=1-\frac{8}{\pi^2}\exp\left(-\frac{\pi^2}{L_P^2}D_Pt\right) \tag{7-29}$$

②短时间接触（$m_{F,t}/m_{F,\infty}<0.6$）

$$\frac{m_{F,t}}{m_{F,\infty}}=\frac{2}{L_P}\sqrt{\frac{D_Pt}{\pi}} \tag{7-30}$$

需要指出的是，对于所有的这些模型，都是基于假设聚合物的扩散是影响化学迁移的主要因素。而其他因素，如食品的溶解和扩散，也是需要考虑的重要因素，而此时，扩散方程式（7-24）

的解析解将不可用。

2. 无限聚合物的扩散

为进一步简化这个问题，假设聚合物材料是无限的，允许在某些情况下考虑迁移物质在食品中的溶解和扩散。无限聚合物的假设意味着聚合物中迁移物质的浓度作为时间的函数是恒定的（$C_{P,0}=C_{P,t}$）。当然，这与实际情况并不相符，众所周知，聚合物中迁移物质的浓度受化学迁移的影响。同样，式（7-24）提出的几个解析解需要考虑以下几个边界条件：

（1）存在一种单一的迁移物质，当 $t=0$ 时，以浓度 $C_{P,0}$均匀分布在聚合物中；

（2）根据式（7-25），迁移物质在聚合物与食品之间的分布系数是不变的；

（3）接触材料是平面状态；

（4）根据食物中迁移物质的浓度梯度，可以分为两种主要的情况。

①食物中迁移物质无浓度梯度：如果食物中没有浓度梯度，这意味着食物充分混合，或者是迁移物质在食物中的扩散比在聚合物中的扩散速度快得多。式（7-24）的通解如下：

$$m_{F,t}=\frac{C_{P,0}A}{K_{K/F}}[1-e^{z^2}\mathrm{etfc}(Z)] \tag{7-31}$$

其中 A 是聚合物与食品之间的接触面，erfc（Z）$=1-$erf（Z）为互补误差函数，erf（Z）为误差函数，误差函数和互补误差函数均可根据 Z 值查表获得，Z 由下式给出：

$$Z=\frac{K_{P/F}\sqrt{D_P t}}{A} \tag{7-32}$$

这个等式适用于无限聚合物与有限食品接触的情况，表明迁移物质在食品中缓慢地溶解。因此，迁移主要受溶解过程控制。

如果迁移物质在食品中是极易溶解的（$K_{P/F}\ll 1$），那么式（7-31）可以简化为：

$$\frac{m_{F,t}}{A}=2C_{P,0}\sqrt{\frac{D_P t}{\pi}} \tag{7-33}$$

式（7-33）表示与无限食物接触的无限聚合物的迁移（$C_F=0$）。在这种情况下，迁移物质在聚合物中的扩散将主导化学迁移过程。

②食品中迁移物质的浓度梯度：如果食品中存在迁移物质的浓度梯度，那么下面的方程则是式（7-24）的一个解：

$$\frac{m_{F,t}}{A}=2C_{P,0}\sqrt{\frac{D_P t}{\pi}}\left(\frac{\beta}{\beta+1}\right) \tag{7-34}$$

其中：

$$\beta=\frac{1}{K_{P/F}}\sqrt{\frac{D_F}{D_P}} \tag{7-35}$$

需要注意的是，在食品和聚合物中的迁移物质的扩散是被考虑在内的。在这种情况下，如果迁移物质在食品中的扩散很快（$\beta\gg 1$），那么式（7-34）可以简化为式（7-33），表明食品中迁移物质的浓度梯度由于其食品中的快速扩散而可以忽略不计。

另一种情况，$\beta\ll 1$，由于迁移物质在食品中的溶解度较低，那么化学迁移将主要受食品中的迁移所主导：

$$\frac{m_{F,t}}{A}=\frac{2C_{P,0}}{K_{P/F}}\sqrt{\frac{D_F t}{\pi}} \tag{7-36}$$

（三） 多层材料的扩散迁移模型

通常情况下，考虑到食品对包装要求的多面性与复杂性，食品包装材料是一个多层体系。从另一个角度看，单层塑料的使用是多层系统的一个特例或是简单实例。从本质上来说，把扩散问题的解决对应到一系列的分布在积分区域的格点中，近似处理非连续过程的导数。这个方法能得到一个线性方程系统，在格点上有作为未知参量的取值。原则上，此线性系统可以利用任意的传统方法求解，尽管如此，为了保证计算效率，推荐使用更加专业化的方法。这种数值离散化的方法对物理模型本质的影响比按照分析测试结果估计的方法要小，因而能解决更复杂的扩散问题。

在具有多层结构的聚合物材料体系中，每一层（$k=1, 2, \cdots, n$）都有自己的扩散系数 D_k，厚度 L_k。除了食品 F 与塑料层间的迁移物分配系数 $K_{P/F}$，相邻塑料层间迁移物的分配系数 $K_{k,k+1}$ 也要考虑。每一层中的化合物迁移都按照偏微分式（7-24）计算并各有其相应的 D_k。这些问题要通过适当的计算机程序才可解决。

在接下来的讨论中，将作简化处理，假设包装材料由两层塑料 P_A 和 P_B 制成。迁移物最初存在于 D_P 值较高的 P_A 层中，第二层 P_B 在 P_A 和食品 F 之间。在 P_B 中，迁移物以很小的 D_P 值扩散（$D_{P_B} \ll D_{P_A}$）。假设在迁移开始时，迁移物在食品接触层 P_B 的外部（$x=0$）的浓度为常数 $C_{P,1}$；在 P_B 层之内，浓度为 $C_{P,0}=0$（$t=0$）；接着，在食品接触层 P_B 内部将发生非稳态扩散，使得食品接触层内的浓度 $C_{P,t}$ 发生变化。在时间 t，物质透过 P_B 扩散的量为：

$$m_t = Ad_P c_{P,1}\left\{\frac{D_P z}{L_P^2} - \frac{1}{6} - \frac{2}{\pi^2}\sum_{n=1}^{\infty}\left[\frac{(-1)^n}{n^2}\exp(-D_P n^2 \pi^2 t/L_P^2)\right]\right\} \tag{7-37}$$

当 $t \to \infty$ 时，这个方程渐近于直线：

$$m_{t,\infty} = \frac{AD_P c_{P,1}}{L_P}\left(t - \frac{L_P^2}{6D_P}\right) \tag{7-38}$$

直线与 t 轴的交点 Θ 为：

$$\Theta = \frac{L_P^2}{6D_P} \tag{7-39}$$

这是一个时间延迟公式，Barrer 用它在渗透测定中确定扩散系数。式（7-38）对应直线的斜率为稳态渗透通量 J：

$$J = \frac{m_t}{At} = D_P\frac{c_{P,1}}{L_P} \tag{7-40}$$

穿透障碍层的扩散，是穿透由不同厚度和扩散系数的多层组成的复合材料扩散的一个特例。用数学方法处理非稳态问题比较复杂。稳态渗透可以使迁移问题简单化处理。假设多层材料由 n 层薄膜组成，薄膜的厚度为 L_{P1}，L_{P2}，$\cdots$，L_{Pn}，扩散系数为 D_{P1}，D_{P2}，$\cdots$，D_{Pn}。在稳定状态下，扩散物质的通量 J 与分别通过层压材料的每一个单层时相同，于是得到浓度梯度：

$$\Delta C = \frac{JL_{P,1}}{D_{P,1}} + \frac{JL_{P,2}}{D_{P,2}} + \cdots + \frac{JL_{P,n}}{D_{P,n}} = (R_1 + R_2 + \cdots R_n)J \tag{7-41}$$

其中阻抗值（resistance）$R_1 = L_{P1}/D_{P1}$，以此类推。总的阻抗值为单层阻抗值的总和；总的通量 J 通常由扩散系数最小的层决定。因而，D_P 较小的薄层可能决定整个多层结构的渗透能力。

许多情况下，复合材料中的某一层会选择性地渗透某些物质，如有机化合物，但无法渗透金属、盐和其他电解质。最典型的例子就是用于接触食品的涂有聚乙烯的纸或纸板制成的包装，聚乙烯层作为阻止电解质和金属渗透的功能性障碍层。

（四） 扩散附加化学反应

当一级不可逆化学反应（如氧气吸附并氧化）伴随食品中的扩散同时发生的时候，根据通用传质公式可得到以下公式：

$$\frac{\partial c}{\partial t} = D\frac{\partial^2 c}{\partial x^2} - kc \tag{7-42}$$

这里 k 为反应速度常数。如果反应发生在接近塑料 P 的食品 F 中相当薄的某一层，就认为食品 F 是半开放的介质（厚度无限大）。这样会大大简化数学处理方法。更进一步，设 $c_{F,0}$ 为表面浓度常量，可以得到依时间 t 变化的反应物的量 $m_{F,t}$：

$$m_{F,t} = Ac_{F,0}(D_F/k)^{1/2}\left[\left(kt + \frac{1}{2}\right)\mathrm{erf}(kt)^{1/2} + (kt/\pi)^{1/2}e^{-kt}\right] \tag{7-43}$$

当 kt 足够大时，erf $(kt)^{1/2}$ 趋近于 1，那么：

$$m_{F,t} \to Ac_{F,0}(D_F/k)^{1/2}\left(t + \frac{1}{2k}\right) \tag{7-44}$$

这意味着 $m_{F,t}$ 随时间 t 线性变化。而当 kt 值很小，则有：

$$m_{F,t} = Ac_{F,0}(D_F/k)^{1/2}\left(1 + \frac{1}{2}kt\right)(D_F t/\pi)^{1/2} \cong Ac_{F,0}(D_F/k)^{1/2}\left(1 + \frac{1}{2}kt\right)(D_F t)^{1/2} \tag{7-45}$$

当 k 趋近于 0，只有扩散发生而没有化学反应：

$$m_{F,t} \cong Ac_{F,0}(D_F t)^{1/2} \tag{7-46}$$

由于扩散和化学反应在相同的介质 F 中发生，故不考虑 A/V_F。

（五） 非 Fick 过程

当扩散和分配系数为常量时，上面的方法才成立。但是有些情况下，D_P 和 $K_{P/F}$ 是聚合物中浓度梯度的函数，并随时间变化。如果迁移导致大面积的膨胀，扩散就不再符合 Fick 第二定律。当聚合物中迁移物浓度过低时，迁移率与迁移物浓度也不再成比例。比如，聚合物基质上的有些活性区域会与迁移物结合，因此会减少这些物质的迁移。在许多情况下，添加剂的转移并非由于迁移，而是与食品接触的聚合物表面的材料脱除。在包装材料的生产过程中，添加剂会附着到聚合物表面。随着与食品的接触，常常在接触的初始阶段如巴氏杀菌时，表面的这层添加剂就会脱离，之后，与之相比慢得多的以扩散为主的迁移才会发生。对于纸或纸板包装的情况，吸附等温线和扩散决定了包装材料向食品的物质迁移。尽管如此，我们可以测定表观扩散系数，这些与在聚烯烃中的情况相近。

三、扩散系数

扩散系数是描述聚合物内小分子化学物质传质过程的一个重要宏观参量，扩散系数的大小与很多因素相关，包括内在因素，如迁移物各组分的结构及性质等，还包括外在因素，如体系所处的温度等。

（一） 测定扩散系数的实验方法

迁移物在聚合物中的扩散系数主要来自实验测定和经验公式的估算，实验测定方法主要包括本体平衡法、核磁共振法、逆流气相色谱法和激光全息法等。

（1）本体平衡法　本体平衡法也称作质量吸附/解吸平衡法，其测量系统由扩散池、温度控制及压力控制系统组成，可测量的扩散系数范围为 $10^{-12} \sim 10^{-5}cm^2/s$。该方法能同时测定溶剂在聚合物体系中的溶解度、亨利常数和高溶剂浓度下的扩散系数。但使用该方法测量时吸附/解吸附平衡的耗时长，且对无限稀释溶剂的扩散系数的测量误差大。

（2）核磁共振法　核磁共振法是基于某原子在两个脉冲时间间隔内，磁场中的回声振幅衰减而获得聚合物体系中溶剂自扩散系数的方法。该方法能测定扩散系数的最低限为 $10^{-14}cm^2/s$。但是该方法的缺点是设备昂贵、维护费用高。

（3）逆流气相色谱法　逆流气相色谱法广泛地应用于不同物质在各种气相中扩散系数的测定，根据应用情况可以分为填充柱色谱法和毛细管色谱法。该方法具有简便、迅速的特点，其测量低限为 10^{-12} cm^2/s，但是只能测定无限稀释溶剂的自扩散系数。

（4）激光全息干涉法　激光全息干涉法是利用激光全息的成像技术来研究聚合物体系中化学物质扩散系数的方法，是实验获得扩散系数的现代方法。该方法具有精度及灵敏度高、无干扰、可进行瞬态测量等突出的优点，其测量值为 10^{-16}~$10^{-5}cm^2/s$，测量误差较小，但是由于只能测定光学上透明的物体，且试样要求极清洁，所以也限制了该方法的使用范围。

（二）　扩散系数的经验公式

若要通过迁移模型获得迁移的数值估算，模型动力学控制参量扩散系数 D_P 都必须是已知或可求的。扩散系数直接决定了食品接触材料及食品（或模拟物）内的浓度变化，且迁移速率对扩散系数的敏感程度随着扩散系数量级的增大而显著提高（见图 7-12）。扩散系数在包装化学迁移预测中的重要作用及实验测定扩散系数的复杂性和困难，使其成为对迁移进行模型预测首先必须解决的一个关键问题，同时也促使了可靠的扩散系数经验模型的开发，成为国外学者近年来研究的一个重点和热点。比较经典的扩散系数模型有以下四种。

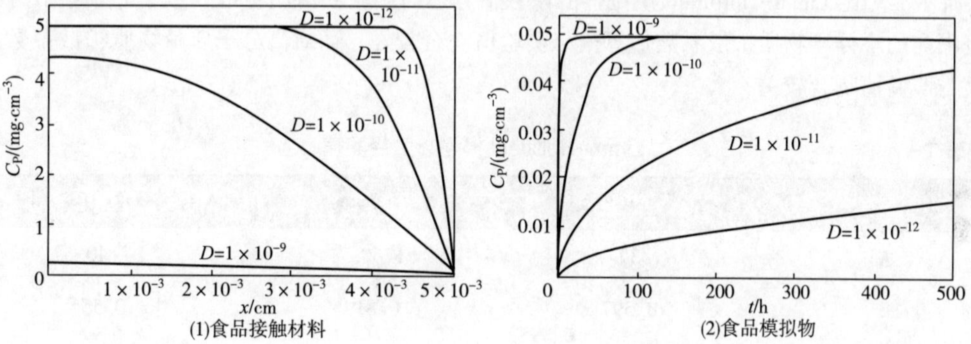

图 7-12　扩散系数对食品接触材料及食品模拟物内物质浓度的影响

1. Baner-Piringer 模型

Baner 和 Piringer 较早提出了以化学迁移物分子质量 M 和体系所处温度 T 为参量的扩散系数估算模型：

$$D_P = 10^4 \exp\left(A_P - 0.01M_r - \frac{10454}{T}\right) \tag{7-47}$$

式中　A_P——表征食品接触材料本身对扩散过程的特定贡献，经验值见表 7-2；

M_r——迁移物的相对分子质量；

T——体系的温度，K。

表 7-2　Baner-Piringer 模型参数经验值

A_P	PP	HDPE	LDPE	LLDPE
Baner	6	8	11	11
Piringer	5.4	5.4	9	9
Reynier	6.5	8	9	9

该模型的应用需要以下三种支持条件：①至少在 200~600 的相对分子质量，扩散系数的对数近似地随着相对分子质量的增加而减小；②相对分子质量为 M_r 的正链烷烃，其扩散系数通常要比其他相同分子质量的有机迁移物的扩散系数大；③扩散系数对温度的指数有着明显的依赖性。

2. Limm-Hollifield 模型

Limm 和 Hollofield 提出了与 Baner-Piringer 模型类似的模型，该模型是在 Datyner 对现有扩散模型理论的简化，以及 Berens 和 Hopfenberg 发现小分子在聚合物内扩散的一般趋势的基础上建立的。该模型如下：

$$D_P = D_0 \exp\left(\alpha M_r^{1/2} - \frac{KM_r^{1/3}}{T}\right) \tag{7-48}$$

式中　D_0——指数前系数；

K、α——模型可调参数。

Limm-Hollifield 模型中有三个参数，对于各种不同类型的聚合物它们有着特定的值，如表 7-3 所示。对比 Limm-Hollifield 模型扩散系数估算值与实验获取的扩散系数，对于中低分子质量范围内的小分子物质扩散系数估算值与实验值吻合较好，而对高分子质量物质扩散系数的估算值与实验值吻合较差。

表 7-3　Limm-Hollifield 模型参数经验值

参数	PP	HDPE	LDPE
K	1335.7	1760.7	1140.5
α	0.597	0.819	0.555
$\ln D_0$	-2.10	0.90	-4.16
D_0	$e^{-2.10}$	$e^{0.90}$	$e^{-4.16}$

3. Brandsch 模型

Brandsch 等在大量实验结果基础上，理论推导了以下扩散系数经验公式：

$$D_P = D_0 \exp\left(A_P - 0.1351 M_r^{2/3} - \frac{10454}{T}\right) \tag{7-49}$$

其中，0.1351 作为近似值能够应用于大多数烃类和低极性迁移物。为了涵盖在聚合物基体中迁移物的全部相对分子质量范围，在式（7-49）中又引入了附加项 αM_r：

$$D_P = 10^4 \exp\left(A_P^* - 0.1351 M_r^{2/3} + 0.003 M_r - \frac{10454}{T}\right) \tag{7-50}$$

其中 A_P^* 为聚合物材料相关的参数，与前式中 A_P 不同，该参数可看作温度的函数：

$$A_P^* = A_P - \frac{\tau}{T} \tag{7-51}$$

通过改变 A_P^*，模型可适用于几乎所有类型的聚合物材料。其中参数 τ 表征聚合物内扩散活化能对参照活化能（$E_A = 10454R = 86.923\text{kJ/mol}$）的偏离。近年来，来自欧洲和美国不同研究机构的包装材料化学物迁移研究领域的专家学者，研究了 40 多种化学物质（含抗氧化剂、光稳定剂等）分别添加入 PP、HDPE、LDPE 等 8 种塑料材料，开展了相应的迁移试验，最后根据实验结果计算推导出式（7-51）较为合理的经验数值，如表 7-4 所示。该模型目前受到欧美众多学者专家的青睐，是估算聚合物内小分子扩散系数的实用模型。

表 7-4　Brandsch 模型参数经验值

参数	PP	HDPE	LDPE	PET	PEN	PS	HIPS	PA66
A_P	13.1	14.5	11.5	6.0	5.0	0	1.0	2.0
τ	1577	1577	0	1577	1577	0	0	0
T/℃	<120	<100	<90	<175	<175	<70	<70	<100

4. Helmroth 模型

Helmroth 等在大量扩散系数实验基础上，根据自由体积理论推导出了关联以下经验公式，不仅能提供扩散系数的均值，还给出了计算值相关的概率信息，如标准差等，由此可以计算某一迁移值出现的概率。

$$D_P = a^* \exp\left[-\left(\frac{M_r}{M_0}\right)^{b^*}\right] \tag{7-52}$$

$$s = \frac{1}{N-1}\left\{\sum_{i=1}^{N}(\ln D_{\text{exp},\,i} - \ln D_{\text{pred},\,i})^2 - [\ln D_{\text{exp},\,i} - \ln D_{pred,\,i}]^2\right\} \tag{7-53}$$

式中　a^*——不同聚合物和温度下模型特定参数；

b^*——不同聚合物和温度下模型特定参数；

M_0——参考值 1g/mol；

s——标准差。

经验值如表 7-5 所示。

表 7-5　Helmroth 模型参数经验值

参数	PP	MDPE/HDPE	LDPE/LLDPE
a^*	1.9e-8	7.2e-7	1.2e-6
b^*	0.36	0.39	0.37
s	2.0	1.6	1.3

四、分配系数

迁移模型中另一个重要参数是热力学影响因素分配系数 $K_{P/F}$，表征迁移平衡时包装材料内与食品内化学物质浓度的比值。分配系数是影响迁移的重要因素，目前对分配系数的研究较少，分配系数对食品接触材料以及食品内化学物浓度的影响如图 7-13 所示。

严格来说，包装材料与食品或食品模拟物接触时，两相中的小分子物质，也就是包装材料内的迁移物（有害物质）和食品组分会透过两相界面，从一相进入到另一相中，最终会达到一个热力学平衡。这里仅研究包装材料内化学物质向食品或食品模拟物的迁移，平衡时，包装材料内小分子物质的浓度与其在食品/食品模拟物中的浓度比值，被定义为分配系数。$K_{P/F}$值越小表示更多的化学物质从包装材料迁移进入了食品或食品模拟物，反之，$K_{P/F}$值越大说明更多的化学物质留存在了包装材料内。分配系数实际上由溶解度系数决定，反映了聚合物和扩散质的相容性。1~10000 的分配系数可以描述几乎所有的分配情况。其中，分配系数 1 表征迁移物在食品（或模拟物）内具有很高的溶解度，而 10000 表征溶解度很小。分配系数的获得也有两种方法，一种为实验测定方法，一种为经验公式法。

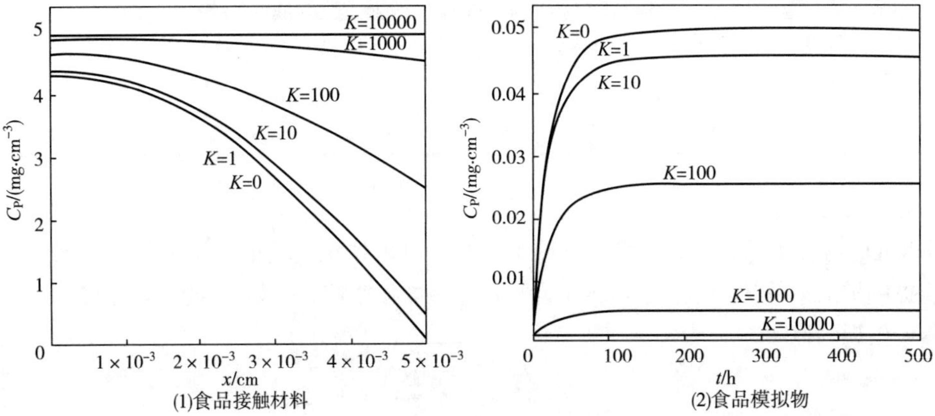

图 7-13　分配系数对食品接触材料及食品模拟物内物质浓度的影响

思考题

1. 化学迁移过程的主要影响因素有哪些？
2. 小包装与大包装在食品安全上的暴露风险有何异同？
3. 食品的分类及最可能发生迁移的化学物质是什么？
4. 迁移测试为什么要选择模拟物来替代食品？
5. 微观扩散模型主要有哪些类型？
6. 什么是塑料内小分子迁移机理假说？
7. 化学迁移过程主要分为哪三个步骤？
8. 迁移物在聚合物与食品之间的分配系数如何定义？
9. 简述菲克第一定律的数学表达式及其意义。
10. 单层材料的扩散迁移模型是什么？
11. 多层材料的扩散迁移模型是什么？
12. 扩散系数的测定方法有哪些？
13. 分配系数的高低意味着什么？其影响因素有哪些？

CHAPTER 8

第八章 食品包装材料安全性检测与评价

包装材料在对食品进行包装后，以直接或间接的方式与食品接触，在某一特定的环境条件下，包装材料中的有害成分可不同程度迁移到食品中去，这些有害成分通过食品，可能会对食用者造成不良后果。为了保证人们的身体健康，减少因食品包装材料中的有害物质迁移而导致食品安全事件的发生，对食品包装材料的安全性进行检测和评价就显得十分必要。

第一节 食品包装材料安全检测技术

一、食品包装材料安全检测预处理技术

（一）取样

取样也称采样，是从目标物中选择具有代表性的样本。从统计学角度看，取样的方法有随机抽样和非随机抽样两种，检测样品的取样的科学性和合理性对检测结果有直接影响。食品包装材料具有种类繁多、成分复杂、工艺复杂又具有不稳定性等特点，因此，如何科学地取样对食品包装材料的安全检测带来很大的难度。为了顺利开展食品包装材料的检测工作，在取样时，除了需要严格按照相关标准规定的取样方法，还需要做到：

（1）确定产品批次　需要将相同原料、相同工艺、相同批次的产品作为检测样品。原料中包括的各种主辅料，如原料中含不同的稳定剂、着色剂等添加剂，也应视为不同的原料。

（2）确定取样数量　应按照相应的法规和标准或检测方法，根据样品的材质、检测项目确定取样的数量。

（3）微生物检测样品的取样　需在无菌条件下进行。

（4）复合包装材料的检测　一般只取与食品接触部分的材料作为检测样品。

（二）制样

取样后，需要对食品包装材料的待检样品进行样品的制备以用于检测，制样质量的好坏会直接影响检测的结果和由此得出的结论。由于食品包装材料的多样性，制样时需要注意以下几点：

（1）清洗　不同的检测目的对样品的清洗要求不同，检测前需要明确样品是否需要进行清洗、如何进行清洗。

（2）平行样品　为提高检测的准确度，需要制备一定的平行样品。均一性、平行性较差的样品，在制备时可根据实际情况适当增加平行样品数量。

（3）迁移试验　制样若检测是用于确定迁移试验，制样时需要尽量避免样品表面性质被破坏而偏离样品的真实使用情况下的状态，从而导致符合性的误判。

（4）残留量检测　制样一般将样品破碎成颗粒状或粉末状样品，薄膜类样品可裁剪成一定尺寸的碎片。待测组分热敏感度较高的样品，应在低温环境下进行制样，也可采用干冰、液氮冷冻等辅助冷却手段。

（5）防止样品污染　无论样品用于何种检测目的，在制样过程中都需要采取必要的措施来防止样品受到污染。如对制样工具、器皿进行及时的清理，对制样环境进行必要的清洁以防止灰尘等杂物混入样品，不同材质的样品之间要防止交叉污染等。

（三）迁移试验

迁移试验是指食品接触材料和制品与食品、食品模拟物或其他试验媒介，在一定温度下接触一定时间后，借助合适的分析设备（GC、GC-MS、HPLC 等）检测从食品接触材料和制品中迁移到食品模拟物或试验媒介中的有毒、有害物质，从而判定食品包装材料安全性。

迁移试验是评价食品接触材料和制品安全性能的一个重要手段，不仅可以判断食品接触材料向食品中迁移的总体情况，还可以定量计算出食品接触材料和制品中未反应的单体和添加剂向食品中的迁移量。

不同国家和地区对迁移试验中采用的术语各不相同，具体如表 8-1 所示。

表 8-1　各国法规中使用的与迁移试验相关的术语

欧盟	中国	美国	日本	韩国
食品模拟物	浸泡液	提取液或浸提液	浸出液	食品模拟物
总迁移量（OML）	蒸发残值	总不挥发性提取物或浸提物	蒸发残渣	蒸发残渣
特定迁移量（SML）	特定迁移限量	可提取物质的量	物质溶出量	物质迁移量
总特定迁移量［SML（T）］	—	—	—	特定物质的迁移总量
迁移试验	浸泡	提取或浸泡	溶出试验	迁移试验
迁移试验条件	浸泡条件	提取条件	溶出条件	迁移条件
—	高锰酸钾消耗量	—	高锰酸钾消耗量	高锰酸钾消耗量

1. 食品模拟物

一般情况下，可直接检测与食品包装材料接触过的食品中所含有该材料物质组分的含量，再与经过风险评估后建立的限量指标进行比较。因食品的成分比较复杂，不同食品的基体成分可能影响测定结果：既不能判定接触过何种食品，而且对尚未接触食品的包装材料而言，也无法预测会接触何种食品。因此国际上普遍用一定的化学试剂来模拟食品与包装材料接触，来检测材料组分的迁移，这种化学试剂就称为“食品模拟物”。

为了便于模拟，通常将食品分为非酸性、酸性、醇类食品、脂肪/油脂类及干性食品五类，因此需要根据食品的种类进行相对应的模拟物选择，见表 8-2。

表 8-2　　食品分类及对应食品模拟物

国家/地区	食品类型				
	非酸性	酸性	含醇	含脂	干性食品
欧盟	模拟物 A：质量分数为 10% 的乙醇或水	模拟物 B：体积分数为 3% 的乙酸	模拟物 C：体积分数为 20% 的乙醇（食品含酒精量体积分数不高于 20%时）；浓度与实际食品中含醇量相同的乙醇（食品含酒精体积分数高于 20%时）	模拟物 D_2：植物油；当技术上不可行时，可用异辛烷或体积分数为 95%乙醇代替进行初筛实验	食品模拟物 E：聚（2，6-二苯基-对苯醚）粒度 60~80 目，孔径 200nm
中国	水	4%（体积分数）乙酸	20%或 65%乙醇	正己烷	无规定
美国	水（对不含酒精和脂肪的水质食品）		8%乙醇：食品含酒精不高于 8%时；50%乙醇：食品含酒精高于 8%	正庚烷	无规定
日本、韩国	水	4%（体积分数）乙酸	20%乙醇：酒精含量≤20%含醇食品；50%乙醇：酒精含量>50%含醇食品	正庚烷	无规定

对非酸性、酸性和含醇食品，欧盟所使用的食品模拟物基本和我国一致，即分别为水、乙酸和乙醇溶液，只是浓度略有不同。但对于油脂类食品，我国和欧盟在试验方法上有较大差异，如我国使用的模拟物为挥发性有机溶剂正己烷，欧盟及其成员国则使用沸点较高的植物油，固体等干性食品则采用改性聚苯醚作为模拟物。欧盟塑料法规（EU）1416/2016 附录 3 中对各类食品规定的模拟物如表 8-3 所示。

表 8-3　　食品的类型及食品模拟物选择的一般规则

食品类型	食品模拟物的类型
pH>4.5 的亲水性食品	食品模拟物 A：10%（体积分数）乙醇
pH≤4.5 的亲水性食品	食品模拟物 B：3%（体积分数）乙醇
酒精含量≤20%的含醇食品；含一定数量的有机组分、较好亲水性食品	食品模拟物 C：20%（体积分数）乙醇
酒精含量>20%的含醇食品；水包油乳液类亲脂性食品	食品模拟物 D_1：50%（体积分数）乙醇
表面含游离脂肪的食品	食品模拟物 D_2：符合一定规格的植物油
干性食品	食品模拟物 E：聚（2，6-二苯基-对苯醚）

除了对尚未接触的材料迁移试验中各类具体食品应选择的食品模拟物进行了规定外，欧盟塑料法规（EU）1416/2016 要求：当材料拟接触的食品已知时，应选择对应的食品模拟物。根据 GB 31604. 1—2015《食品安全国家标准　食品接触材料及制品迁移试验通则》规定，当食品接触材料及制品预期接触某一类食品（如酸性食品）时，应选择相应的食品模拟物进行迁移试验，食品模拟物的选择应符合表 8-4 所示的规定。

表 8-4　我国食品类别及食品模拟物选择的一般原则（GB 31604. 1—2015）

食品类型	食品模拟物
水性食品、乙醇含量≤10%（体积分数）	
非酸性食品（pH≥5）[a]	10%（体积分数）乙醇或水
酸性食品（pH<5）	4%（体积分数）乙酸
含醇饮料，乙醇含量>10%（体积分数）	
乙醇含量≤20%（体积分数）[b]	20%（体积分数）乙醇
20%（体积分数）<乙醇含量≤50%（体积分数）[c]	50%（体积分数）乙醇
乙醇含量>10%（体积分数）	实际浓度或 95%（体积分数）乙醇
油脂及表面含油脂食品	植物油[d]

注：a. 对于乙醇含量≤10%（体积分数）的食品和不含乙醇的非酸性食品，应首选 10%，如食品接触材料及制品与乙醇发生酯交换反应或其他理化改变时，应选择水作为模拟物，水的质量应符合相关标准规定。b. 也适用于富含有机成分且使用食品的脂溶性增加的食品。c. 也适用于水包油乳化食品（如部分乳及乳制品）。d. 植物油为精制玉米油、橄榄油，其质量要求应符合 GB 5009. 156—2016 的规定。

2. 总迁移量

总迁移量（OML）指食品接触材料在迁移试验中所迁移的非挥发性物质的总量。总迁移量通常采用以下方法检测：取一定量的模拟物（已经在一定条件下与食品包装材料接触），在一定的温度下加热使模拟物蒸干，未蒸发的残留物即为材料迁移出来的物质，通过测定残留物的重量即可求得总迁移量（我国称为“蒸发残渣”）。由于挥发性物质在蒸发过程中已经逸出，因此测得的结果仅为非挥发性物质的迁移量。

3. 特定总迁移量

特定总迁移量［SML（T）］指材料中特定物质迁移到食品或食品模拟物中的含量。“特定物质”可能是树脂单体如氯乙烯、丙烯腈等，也可能是添加剂，如邻苯二甲酸酯类增塑剂中的一种，也可能是某种重金属元素，如铅、镉等。特定迁移量和总迁移量是衡量食品接触材料安全性的重要参数。

4. 高锰酸钾消耗量

高锰酸钾消耗量反映的是从食品接触材料迁移到浸泡水或浸泡液中、能被高锰酸钾氧化的水溶性物质的总含量，一般以每升蒸馏水浸泡液所消耗的高锰酸钾的质量（mg）来表示。材料迁移到水模拟物中的有机物越多，反应所消耗掉的高锰酸钾就越多，故可以较好地反映接触材料中有机物质对水性食品的迁移情况。高锰酸钾的消耗量与总迁移量有一定的交集，但并非完全覆盖，总迁移量测定的是接触材料迁移到食品模拟物中非挥发性物质的总量，而高锰酸钾消耗量反映的是易被氧化的水溶性物质的总量。

5. 迁移试验条件

迁移试验的实质是模拟实际使用过程中食品包装材料与食品接触的过程，材料组分的迁移行为和迁移程度与接触条件，如温度、时间以及食品类型等密切相关，因此迁移试验的基本原则是尽可能地模拟再现包装材料的实际使用条件，并应根据材料的可预见最差使用条件选择相应的试验条件。所谓“最差”使用条件是指材料在实际使用中“最高的接触温度”和/或“最长的接触时间”，以及可导致包装材料中化合物最大迁移的食品类型。影响迁移的因素有很多，主要有食品接触材料特性、食品特性、接触温度及时间、迁移物特性、材料接触食品的面积与食品体积之比及其他因素。在迁移试验中，必须全面了解影响迁移物迁移的各个因素，才能准确测得迁移物的迁移量。

6. 迁移试验

迁移试验是模拟实际使用环境中接触材料与食品接触的过程。有实验研究表明，食品接触材料的迁移是一个遵循动力学和热力学的扩散过程，是一个较为复杂的过程，该过程可以根据菲克定律（Fick’s Law）建立的简化的扩散数学模型来描述。该模型将扩散过程描述为以时间、温度、材料厚度、物质中化学物质的含量、分配系数和扩散系数等为变量的函数。在开展迁移试验时，通常有全浸法、填充法、袋装法和反转袋法、测试池法等，对特殊用途产品也有特定的迁移试验方法。

（四） 净化

（1）固相萃取　固相萃取指利用固体吸附剂吸附液体中的目标化合物，分离基体和干扰测定物质，再利用化合物极性不同，使用不同洗脱液洗脱，达到分离和富集化合物的目的。其优点在于采用了高效、高选择性的吸附剂作为固定相，显著减少了溶剂的用量，同时减少了萃取的时间和费用。但是，在目标化合物的回收率和精密度方面，固相萃取要低于液-液萃取。

（2）固相微萃取　固相微萃取是在固相萃取基础上发展出的一种新型萃取分离技术，具有操作时间短、样品量小、无需萃取溶剂、重现性好等优点。

其他净化技术还有液相微萃取技术、柱色谱萃取技术、凝胶色谱技术等。

（五） 衍生化

衍生化是指通过化学反应，将样品中不适合分析检测的目标化合物，定量转化成易于分析的化合物，通过后者来对前者进行定性或定量分析。在样品前处理的范畴内，衍生化通常指柱前衍生化，即进入色谱柱之前的衍生化处理。

衍生化反应处理的样品数量不大，一般是毫克或毫升级。所以，衍生化设备都是进行微量有机合成的一些小型装置，衍生化方法也遵循微量有机合成的原则。衍生化反应中的一些特殊要求，导致色谱样品前处理所进行的衍生化与一般微量有机合成又有些差别，也决定了衍生化的装置的一些不同之处。

二、 食品包装材料安全检测

（一） 塑料包装材料中有害物质的检测

塑料包装材料中常见的有害物质有酚类物质、甲醛、有机物、重金属及各种挥发性物质等，下面分别介绍几种迁移物的测定原理和方法。

（1）酚的测定（比色法）　测定原理为在碱性溶液（pH = 9 ~ 10.5）的条件下，酚类物质与4-氨基安替吡啉经铁氰化钾氧化，生成红色的安替吡啉染料，其颜色的深浅程度与酚类物质的含量多少正相关，与标准体系比较后定量。

（2）甲醛的测定（碘量法）　测定原理为样品溶液中的甲醛使离子碘析出碘分子后，用标准硫代硫酸钠滴定，即可求出样品液中的甲醛含量。

（3）可溶性有机物的测定（氧化法）　测定原理为包装材料在一定的温度下经浸泡液浸泡一定时间后，可用高锰酸钾氧化浸出液中的有机物，通过测定高锰酸钾的消耗量的多少即可测定样品中可溶性有机物的含量。

（4）重金属的测定（比色法）　包装材料的浸泡液中重金属（以铅计）与硫化钠作用，会在酸性溶液中形成硫化铅黄棕色溶液，与标准系列比较后若颜色比标准样浅，则表示包装材料中的重金属含量符合标准。

（5）挥发物的测定（重量法）　将样品置于138~140℃，真空度为85.3kPa的条件下，抽真空2h，将失去的重量减去干燥失重即为挥发物的重量。

（6）聚苯乙烯中苯乙烯的测定（气相色谱法）　测定原理为样品经二硫化碳溶解，用甲苯作为内标物，利用有机化合物在氢火焰中的化学电离进行检测，以样品的峰高与标准品峰高相比，计算样品的含量。

（7）聚氯乙烯中氯乙烯的测定（气相色谱法）　测定原理为根据其他定律，将样品放入密封平衡瓶中，用溶剂溶解。在一定温度下，当氯乙烯单体扩散，达到平衡时，取液上气体注入气相色谱仪进行测定。

（二） 纸质包装材料中有害物质的检测

（1）荧光染料的测定　可根据测定目的不同分为薄层层析法和荧光分光光度计法，前者主要用于定性分析，后者主要用于定量分析。

（2）多氯联苯的测定（气相色谱法）　原理为利用多氯联苯具有良好脂溶性的特点，用有机溶剂对多氯联苯进行萃取，经色谱分离后，用带电子捕获检测器（ECD）的气相色谱仪进行检测分析。

（3）铅、砷和镉的测定

①铅的测定（火焰原子吸收光谱法）：测定原理为样品经过处理后，铅离子在一定的pH条件下与二乙基二硫代氨基甲酸钠（DDTC）形成络合物，经4-甲基戊酮-2萃取分离，导入原子吸收光谱仪中，火焰原子化后吸收283.3nm共振线，其吸收量与铅含量正相关，与标准系列比较后定量。

②砷的测定（银盐法）：测定原理为样品经消化后，利用碘化钾、氯化亚锡将高价砷还原为三价砷，然后与锌粒和酸产生的新生态氢生成砷化氢，经盐银溶液吸收后，形成红色胶状物，与标准系列比较后定量。

③镉的测定（比色法）：测定原理为样品经消化后，在碱性溶液中镉离子与6-溴苯并噻唑偶氮萘酚形成红色络合物，该络合物溶于三氯甲烷，与标准系列比较后定量。

（三） 金属包装材料中有害物质的检测

（1）有机物的测定　主要方法有高效液相色谱法（SN/T 2896—2011《出口食品接触材料金属材料表面涂层中苯酚的测定　高效液相色谱法》）、气相色谱法（SN/T 2897—2011《出口食品接触材料金属材料表面涂层中环氧氯丙烷的测定　气相色谱法》）及质谱法（SN/T 2898—2011《出口食品接触材料金属材料表面涂层中氯乙烯迁移量的测定　气相色谱质谱法》）等。

（2）重金属的测定　主要方法有原子吸收光谱法（AAS）、原子荧光光谱法（AFS）、电感耦合等离子发射光谱法（ICP）、电感耦合等离子体发射光谱-质谱法（ICP-MS）等。目前ICP、ICP-MS等检测技术在食品接触金属包装材料的检测中已经有广泛的应用（SN/T 2829—2011《食品接触材料 金属材料 食品模拟物中重金属含量的测定　电感耦合等离子发射光谱法》）。

（四）　玻璃和陶瓷包装材料中有害物质的检测

（1）玻璃中铅、镉的检测　按照GB/T 21170—2007《玻璃容器 铅、镉溶出量的测定方法》进行检测，其原理为用4%（体积分数）乙酸溶液，在（22±2）℃下浸泡24h，萃取玻璃容器表面溶出的铅、镉，用原子吸收分光光度计进行检测分析。

（2）玻璃中锑的检测　按照GB/T 5009.63—2003《搪瓷制食具容器卫生标准的分析方法》进行，其原理为将锑还原为三价锑，然后再氧化成五价锑，五价锑离子在pH=7时与孔雀绿作用形成绿色络合物，生成的络合物用苯提取后，与标准品进行比较做定量分析。

（五）　包装材料中着色剂的检测

食品包装材料与食品接触的过程中，常见食品的色泽发生不同程度的变化，这种色泽的变化部分源于包装材料中着色剂的溶出、迁移。

GB/T 5009.60—2003中规定的“脱色试验”，一是取洗净的待测样品一个，用沾有色拉油或65%乙醇的棉花在材料食品接触部位的小面积内用力往返擦拭100次，观察棉花上是否染有颜色；二是观察迁移试验中各种食品模拟物（浸泡液）是否染色，如染色，则表明着色剂会从材料中迁移出来，产品判为不合格。另外，相关的GB 5009.156—2016《食品安全国家标准　食品接触材料及制品迁移试验预处理方法通则》已在2016年10月19日正式发布，并于2017年4月19日正式实施。

第二节　食品包装安全性评价

对食品包装材料进行安全性评价，需要明确两个概念：即毒性的概念和风险的概念。毒性是指包装材料中的有害物质对机体产生的危害效应；风险可理解为某种不希望发生的事件发生的概率或机会的多少，即有害物质进入到食品中，对人体造成危害效应的概率大小。因此食品包装材料的安全性评价是运用现代毒理学理论，并结合迁移试验理论、流行病学调查分析，证明食品包装材料中的有害物质的毒性及潜在危害，结合其迁移到食品中的定量分析，预测人体接触后可能对人体健康产生的影响及其强度大小。

对食品包装材料进行安全性评价，评估食品包装材料中可迁移的化学物质对于消费者是否存在安全隐患，需要结合化学物质的毒理学信息和人群的暴露信息（消费者与待评估的某种食品包装材料接触的数据信息），并进行综合分析。毒理学信息主要包括迁移到食品中的化学物质对人体健康的毒理学效应信息，包括急性毒性、慢性毒性、靶器官毒理学效应以及生殖毒性、致癌性等；暴露信息包括确定可迁移化学物质及其迁移量，含有某种迁移化学物质的不同类型包装材料信息，以及某种包装材料所包装食品的类型和消费者的消费量信息等。

一、 食品包装材料的毒理学评估

对食品包装中有害物质进行毒理学安全性评价的最终目的是：通过评价确定接触化学物与出现有害健康效应之间的因果关系，如确定急性毒性，重复给药毒性、生殖和发育毒性、神经毒性、遗传毒性、致癌性、免疫毒性等，并在综合评价之前对各项研究从质量、设计、结果解释和统计学处理等方面，得出有效的可靠结论。因此，食品包装中化学物质的危害识别实质是一个毒理学评估过程，对食品包装材料中的有害物质进行毒理学评估，描述某种化学物质有无急性毒性、慢性毒性以及致畸性、致突变性和致癌性等，分析其导致生理、病理、生化功能异常等不良或有害生物效应，并进行毒理学评估是食品包装材料安全性评价的重要内容，食品包装材料中有害物质毒理学评估的毒性信息来源主要包括：权威的毒理学数据库、毒理学实验数据、运用定量构效方法获得的毒理学信息等。

（一） 毒理学基本概念

（1）毒物　毒物（toxic）是指在一定条件下，较小剂量就能对机体产生损害作用或使机体出现异常反应的外源性化学物质。一般认为化学物质的有毒或无毒是相对的，即“剂量决定毒性”，化学物质是否会产生毒害作用取决于剂量的大小。毒物一般具有以下特征：①对机体有不同程度的有害性；②毒物的毒性是经毒理学研究之后才确定的；③存在于外界环境中能被机体接触并进入体内，从而对人体产生毒害作用。只有同时满足这三个条件才能称为毒物。

（2）毒性　毒性（toxicity）是指外源化学物与机体接触或进入体内的易感部位后，能引起损害作用的相对能力，或简称为损伤生物体的能力。也可简述为外源化学物在一定条件下损伤生物体的能力。物质毒性的高低仅具有相对意义，只要达到一定的数量，任何物质对机体都具有毒性；除此之外，毒性还与物质本身的理化性质、与机体接触途径等因素有关。

（3）损害作用　损害作用（adverse effect）是指机体间断或连续地接触一定剂量的外来化合物后，引起机体功能容量的降低或对额外应激状态代偿能力的损伤，机体维持体内稳态的能力降低以及对其他外界不利因素影响的易感性增高。

（4）剂量　剂量（dose）是决定外来化合物对机体损害作用的重要因素。它既可指与机体接触的化学物的量，或在实验中给予机体受试物的量，又可指化学毒物被吸收的量或在体液和靶器官中的量。由于后者的测定不易准确进行，所以一般剂量的概念是指给予机体的外来化合物数量或与机体接触的数量。剂量一般具有如下概念：

①致死量：致死量（lethal dose，LD）可以造成机体死亡的剂量。但在一群体中，死亡个体数目的多少有很大的差别，所需的剂量也不一致。

②半数致死量：半数致死量（median lethal dose，LD_{50}）较为简单的定义是指引起一群受试对象 50%个体死亡所需的剂量。精确的定义是指统计学上获得的，预计引起动物半数死亡的单一剂量。LD_{50}的单位为 mg/kg 体重，LD_{50}的数值越小，表示毒物的毒性越强；反之，LD_{50}数值越大，毒物的毒性越弱。

③绝对致死量：绝对致死量（absolute lethal dose，LD_{100}）是指某实验总体中引起一组受试动物全部死亡的最低剂量。由于个体差异，使群体 100%死亡的剂量变化很大，因此很少使用LD_{100}来描述一种物质的毒性。

④最小致死剂量：最小致死剂量（minimal lethal dose，MLD）是指某实验总体的一组受试动物中仅引起个别动物死亡的剂量，其低一档的剂量即不再引起动物死亡。

⑤最大耐受剂量：最大耐受剂量（maximal tolerance dose，MTD）是指某实验总体的一组受试动物中不引起动物死亡的最大剂量。

⑥最小有作用剂量：最小有作用剂量（minimal effective dose）又称阈剂量或阈浓度，是指在一定时间内，一种毒物按一定方式或途径与机体接触，能使某项灵敏的观察指标开始出现异常变化或使机体开始出现损害作用所需的最低剂量，也称中毒阈剂量。

⑦最大无作用剂量：最大无作用剂量（maximal no-effective dose）是指在一定时间内，一种外源化学物按一定方式或途径与机体接触，用最灵敏的实验方法和观察指标，未能观察到任何对机体的损害作用的最高剂量，也称为未观察到损害作用的剂量。最大无作用剂量是根据亚慢性试验的结果确定的，是评定外来化合物对机体损害作用的主要依据。以此为基础可制定一种外来化合物的每日允许摄入量（ADI）和最高允许浓度（MAC）。

⑧每日允许摄入量：每日允许摄入量（acceptable daily intake，ADI）是指人类终生每日摄入某物质而不产生可检测到对健康产生危害的量。按体重计时，也可以表示为 mg/（kg · d）。

⑨安全系数：安全系数（safety factor）是指根据无作用量（no-effect level，NOEL）计算每日容许摄入量（ADI）时所用的系数，即将 NOEL 除以一定的系数得出 ADI。所用的安全系数值取决于受试物毒作用的性质、受试物应用的范围和用量、适用的人群以及毒理学数据的质量等因素。

（5）效应和反应　效应（effect），即生物学效应，指机体在接触一定剂量的化学物后引起的生物学改变。生物学效应一般具有强度性质，为量化效应或称计量资料。反应（response），接触一定剂量的化学物后，表现出某种生物学效应并达到一定强度的个体在群体中所占的比例，生物学反应常以“阳性”“阴性”“阳性率”及“阴性率”等来表示，为质化效应或称计数资料。“效应”一般仅涉及个体，即一个动物或一个人；而“反应”通常指涉及群体。

（6）剂量-效应关系　指外来化合物的剂量与个体或群体中发生的量效应强度之间的关系。

（7）剂量-反应关系　指外来化合物的剂量与其引起的质化效应发生率之间的关系。

（二）　毒理学安全性评价方法

由于食品接触材料中的有害物质对于消费者的暴露水平较低，因此要获得大量的毒理学数据，并可用于对这些有害化学物质对人类暴露的潜在风险作出安全性评价的方法，必须要包括：①动物试验，需要大量的经费支持；②体外试验，耗费较少，但是耗时较长且效果有限；③构效关系（SAR）分析，需要足够的专业知识基础。目前对于食品包装材料中有害物质的毒理学评估的毒性信息来源主要是毒理学实验数据、运用定量 SAR（QSAR）方法获得的毒性信息以及权威的毒理学数据库。

毒理学安全评价通常采用分阶段进行的原则，即将各种毒性试验按一定顺序进行，通常进行试验周期短、费用低、预测价值高的试验，我国现行的 GB 15193. 1—2014《食品安全国家标准　食品安全性毒理学评价程序》分为四个阶段：急性毒性试验、遗传毒性试验、亚慢性毒性试验、慢性毒性试验，另外还包括前期准备和人群接触资料搜集。

①第一阶段急性毒性试验，经口急性毒性 LD_{50}，联合急性毒性，最大耐受剂量法。主要目的是测定 LD_{50}，了解受试物的毒性强度、性质和可能的靶器官，为进一步进行毒性试验的剂量和毒性观察指标的选择提供依据，并根据 LD_{50}进行毒性分级。

②第二阶段遗传毒性试验，传统致畸试验，30d 喂养试验。对受试物的遗传毒性以及是否具有潜在致癌作用进行筛选。了解受试物是否具有致畸作用。在急性毒性试验的基础上，通过

30d 喂养试验，进一步了解其毒性作用，观察对生长发育的影响，并可初步估计最大未观察到有害作用剂量，为亚慢性毒性试验设计提供依据。

③第三阶段亚慢性毒性试验，90d 喂养试验，繁殖试验，代谢试验。观察受试物以不同剂量水平，经较长期喂养后，对动物毒性作用的性质和靶器官，了解受试物对动物繁殖及对子代的发育毒性，观察对生长发育的影响，并初步确定最大未观察到有害作用剂量和致癌的可能性，为慢性毒性和致癌试验的剂量选择提供依据。

④第四阶段慢性毒性试验（包括致癌试验），了解经长期接触受试物后出现的毒性作用，尤其是进行性或不可逆性毒性作用及致癌作用，最后确定最大未观察到的有害作用剂量，为受试物能否应用于食品的最终评价提供依据。凡属我国创新的物质一般要求进行四个阶段的试验，特别是对其中化学结构提示有慢性毒性、遗传毒性或致癌性可能者或产量大、使用范围广、摄入机会多者，必须进行全部四个阶段的毒性试验。

凡属与已知物质（指经过安全性评价并允许使用者）的化学结构基本相同的衍生物或类似物，则根据第一、二、三阶段毒性试验结果判断是否需进行第四阶段的毒性试验。

凡属已知的化学物质，世界卫生组织已公布每人每日允许摄入量（ADI）者，同时申请单位又有资料证明我国产品的质量规格与国外产品一致，则可先进行第一、二阶段毒性试验，若试验结果与国外产品的结果一致，一般不要求进行进一步的毒性试验，否则应进行第三阶段毒性试验。

凡属食品添加剂（包括营养强化剂）、食品新资源和新资源食品、食品容器和包装材料、辐照食品、食品及食品工具与设备用洗涤消毒剂、农药残留及兽药残留等，安全性毒理学评价的试验应根据情况分段进行。

二、 食品包装材料的暴露评估

食品包装材料中的有害化学物质对人体健康产生负面作用的危险性可以通过毒性和暴露评估来测定。因此，暴露评估是食品包装材料的安全性评价的重要内容，也是风险评估中的关键环节。建立科学可行的暴露评估方法体系对于规范、高效地开展食品包装材料风险评估是非常必要的。

暴露评估通常包括定量暴露估计，也包括相关证据的定性评价。在实际的生活中，由于人们接触的食品包装材料种类繁多，且每一种包装材料中含有不同类型、不同浓度的化学物质。因此，包装材料中迁移物质的暴露评估比食品中污染物的暴露评估更具难度与挑战性。对于某种既定的物质，它迁移进入食品中的量是可以测量的，即用迁移模拟实验来测量食品包装材料中的某种有害物质迁移到特定食物类型中的量，当缺少迁移实验数据时，也可以运用食物模拟法估计或用扩散模型来计算。

暴露评估是对于通过食物和其他相关途径摄入的化学物质所进行的定性和（或）定量的评价，由于直接测量暴露情况极其复杂且难度很大，因此定量评价通常基于预测模型进行。对食品包装材料中的有害物质进行暴露评估，需要关注几个重要问题，包括：被研究的食品包装材料中添加了何种有害的化学物质；暴露评估是针对有害化学物质在某一种包装材料中的应用或是在某几种包装材料中的应用；包装材料主要用于包装哪一类食品；所包装的食品的消费量是多少；相关食品消费量数据是否能够获得，数据客观性以及适用性如何等。

（一） 暴露评估的基本要素

对于暴露评估工作，最重要的是获得所需要的资料，其中包括三个重要的要素：即每日膳食摄入量，每种消费食品中是否存在要评估的化学物质，及每种消费品中待评估化学物质的浓度。

（1）每日膳食摄入量 理论上应包含不同国家、社会经济团体、各年龄段和其他群体的每个个体的食品消费量，这些因素可能影响消费量的水平和以体重为基础的暴露评估。

（2）每种消费食品中是否存在要评估的化学物质 接触食品和食品原料的包装材料的类型信息，以及食品接触材料的化学组成信息。如果食品中该化学物质的浓度资料是可以获得的，那么就不需要包装材料的信息，除非需要知道化学污染物的来源。

（3）每种消费食品中待评估化学物质的浓度 通过检测或外推法等途径获得。在以上资料中，食品消费资料是最丰富且容易获得的，通常遇到的困难在以下两个方面：①确定某一种食品包装材料在某一类食品中的应用情况；②确定在消费过程中化学物质迁移的浓度。

（二） 食品包装材料暴露评估方法

暴露评估方法主要包括：各种方法的适用条件；不同评估模型所需要的数据信息；需要评估的不同数据资料的适用性；现有数据资料可能存在的缺失以及怎样去弥补或处理这些缺失；不同评估方法的优缺点；如何有效地实施这些评估方法；需要输出的结果和报告。最终的评估结果是对任何源自食品包装材料中的迁移物质作出暴露评估，并对迁移物质的安全限量提出建议。需要注意的是对迁移物质的安全限量的建议不仅根据暴露评估的结果，还要参考毒理学的信息。另外，有关数据信息的缺失需要进行说明，并尽可能提出处理这些数据缺失的建议。

暴露评估方法所需资料还包括食品消费信息。为获得食品消费信息，可考虑应用不同类型的调查数据，并评价其对于暴露评估的适用性；对于获得的数据信息进行处理，以便将食品数据信息按照不同包装材料进行分类分析，分析何种包装材料使用了待评估的化学物质。

在正常情况下，由于人们食谱广泛，且每一种食物或许包含众多不同浓度的迁移化学物质，所以食品中化学物质的暴露评估是一个复杂的过程。传统上，大多数危险评估采用潜在暴露的“最坏情况”评估法。值得注意的是，用此类方法确定的暴露情况，在生理上不可能发生，而且在大多数情况下模糊了中间商、工业和消费者的能力，他们同样能决定危险的发生。在暴露评估中，对评估加以优化可以降低或澄清误差，从而可以获得更加准确的暴露评估。在很多情况下，为了建立较低的食物中化学物质限值，优化的暴露评估法已被应用到相关法律的制定中。

暴露评估的优化应遵从一系列阶段性方法，在较低精确度不能排除所关心问题的发生时，应按照从最小精确度评估到最高精确度评估的顺序进行。然而，这种从低至高的方法不能得到精确的暴露评估。暴露评估的目的是确定某种特定化学物质的暴露是否安全，或者是否需要进一步深入的研究。

1. 评估要素

假定直接评估或概率评估需要的信息都能获得，评估膳食污染暴露的基本方法如下：

$$\text{单一品种食品暴露}=\text{单种食物质量}\times\text{迁移浓度} \tag{8-1}$$

$$\text{每餐暴露}=\text{一餐中所有食物暴露的总和} \tag{8-2}$$

$$\text{个体总暴露}=\text{所有每餐暴露的总和} \tag{8-3}$$

人群暴露为在人群中为每个人重复计算式（8-1）~式（8-3）。

为了精确计算第一项，确定每一种食物中化学物质的浓度是很必要的。因此，确定应关注的包装材料包装的食物种类，以及依据可能的迁移物质浓度分类食物是很有必要的。确定迁移物质浓度时需考虑可能影响迁移的因素，用这些因素确定食品所属的种类。

暴露评估时需考虑的因素如下：①将没有用被研究的材料包装的食物中迁移物质的浓度设定为 0；②默认的食物分类范畴：水、酸性、含醇、油或脂肪类；③考虑到具体食物中脂肪含量差异引起的效应差异，D 类食物通常被分为 D/1、D/2、D/3、D/4、D/5 五个亚组；④包装材料的详细属性是很重要的，特别是包装材料面积与食物重量比、单位面积包装材料所含被研究的物质的构成比，例如，在评估由金属涂料渗入饮料中物质的暴露时，首先应确定哪些饮料接触金属涂料，然后从带金属盖的玻璃瓶中分离金属罐，最后依据容量再对玻璃瓶和金属罐进行分类；⑤如果食物中迁移物质浓度能够被测定，那么需要检测这些食物中迁移物质浓度是否相似，在哪些情况下可以将这些食物归为一类，或者它们应该被分为更多类；⑥为了完成第一项暴露计算，在食物种类确定后，每一种食物必须划分到相关的类别中。

为了进行精确的计算，需要确定每一类食物中的迁移物质浓度。因此，确定哪种迁移物质存在或可能存在于包装材料中，哪种食物用于被研究的材料包装，依据迁移物质浓度分类食物是很必要的。确定迁移物质浓度时需要考虑各种因素对渗出浓度的影响，用这些因素确定食物所属的类别。获取所有需要的数据是一种理想的情况，在这种情况下无需进行暴露评估。在现实中很难获取所有的数据，只有采用比较复杂的评估技术，如一些直接评估法和概率评估法，才有可能详细地阐明暴露。

2. 评估方法

常见的有直接法、优化直接法和概率评估法三种。其中直接评估法以欧盟法、美国 FDA 法和人口平均法为代表。

（1）评估的步骤　在食品包装材料迁移物质暴露评估中，上述方法都是被推荐的。为了优化暴露评估，评估过程往往是渐进性进行的，从应用简单传统方法推论的直接法，到应用更具体或真实数据的优化直接法，再到概率暴露评估法，如果前一步评估表明如此做是必要的，则依上述顺序依次开展。但随着评估的进行，后一阶段评估的复杂性往往会逐渐增大。另外还有许多不同的评估方法，但这些方法都基于直接法和概率法这两种基本方法。任何种类化学物质膳食暴露评估的推荐步骤如下：

①确定评估的目的和范围，包括计算暴露的单位，如 μg/（人·d）或 mg/［kg（bw）·d］。

②确定终止暴露评估和进一步评估的原则。

③用最传统方法进行暴露评估，如假定“最坏情况”的直接法。

④如果此暴露评估不能引起对安全问题的关注，则停止继续评估。

⑤如果需要进一步的暴露评估，则回顾已有的数据，并且分析这些数据在暴露评估中的可靠性和适用性。

⑥基于已获得的资料，确定一种优化直接模型的方法，值得注意的是任何不确定因素都应该加以考虑。

⑦将第⑥步所得结果与第②步制定的原则进行比较。

⑧如果评估结果是可接受的，无需进行进一步的评估，则直接跳到第⑪步。

⑨如果结果接近或高于第②步确定值，那么需要加以进一步的优化。基于已获得的数据和可用的方法，第⑤~⑧步或许需要被重复多次，但是每一次评估后需要跟第②步确定的标准加

以比对。

⑩一般来说，在采用阶段性评估时，如果一种直接法显示不可能引起关心的问题时，不需要使用概率法进行评估。但当需要更充分地描述评估目的、范围以及变异性和（或）误差时例外。

⑪评估目的和范围中也许要求建立若干可选择性的值，以便将这些数据提供给危险管理员，在这种情况下，可能需要重复第⑤~⑧步。

最终的评估应包括相应的文档记录。为了便于决策者做出合适的决策，文档记录内容应包括对误差的详细讨论，以及误差如何被评估。

（2）常用评估方法

①欧盟传统暴露评估方法：该方法是进行极端假设。即假设食品包装材料中的某物质迁移到食品中的量全部由人体通过膳食摄入这一极端情况。此方法假设体重60kg的人一生中每天均摄入1kg由含有目标迁移物的食品包装材料包装的食品，食品和包装材料接触面积为$6dm^2$，食品始终和含有目标迁移物的相同包装材料相接触，且食品中目标迁移物的含量为特定迁移量（specific migration limit，SML）允许的最高限量。同时还引入了脂肪转换因子（fat reduction factor，FRF）的概念，即考虑到食品包装材料和脂肪类食品接触时目标迁移物的迁移量较高，当与脂肪含量高于20%的食品（婴幼儿食品除外）接触时，检测的迁移量需要通过除以FRF（通常为1~5）进行校正。引入FRF的方法使暴露评估结果更接近实际暴露水平，可避免过高估计脂肪类食品中目标物的暴露量。

②Matrix方法：该方法是通过每日膳食暴露于某种食品包装材料的面积（接触面积）与迁移量相乘得到食品包装材料中某种物质的暴露量。该法是欧洲塑料协会等联合开展的针对塑料食品接触材料中非有意添加物质（non intended added substance，NIAS）的风险评估项目而开发的特定评价方法。方法设定了关注水平（level of interest，LOI），迁移量高于此阈值的物质需要进行评估；低于此阈值的则认为迁移量可以忽略，不需要进行评估。迁移试验测定的迁移量方法是：假设食品和食品包装材料完全接触，并在极端条件下（选择能够使包装材料中的物质最大程度迁移到食品中的溶剂，能代表实际接触条件的接触温度和接触时间）食品包装材料中的物质迁移到食品中的量。

Matrix方法是一个全新的方法，将目标食品包装材料占所有食品包装材料包装食品的比例和包装材料包装的各种类型食品所占市场份额结合起来，用统计模型的方法将两方面因素融入接触面积中，充分考虑了不同食品包装材料和不同食品类型对包装材料中目标物质摄入量的贡献率。

开展Matrix项目需要：食品分类和食品包装材料分类；人群膳食摄入量［kg/（人·d）］；食品包装材料与单位质量食品的接触面积（dm^2/kg）；迁移量（mg/dm^2）等数据。Matrix项目暴露评估首先基于两个假设，即：所有消费食品均是有包装的；食品包装有效接触率为100%。Matrix方法的具体步骤为：

a. 计算LOI，LOI=可耐受暴露量/暴露面积，可耐受暴露量=10μg/人×接触天数；

b. 通过LOI的大小确定需要评估的物质；

c. 根据包装材料的包装情况，结合居民饮食特点，建立食品和食品包装材料一一对应的分类体系；

d. 特定人群的膳食摄入量［kg/（人·d）］，与食品包装材料和单位质量食品的接触面积（dm^2/kg），进行数学概率模型模拟得到接触面积［$dm^2/$（人·d）］；

e. 将物质迁移量（mg/dm^2）与相应的接触面积相乘得到物质的暴露量［mg/（人·d）］。见表 8-5。

表 8-5　　Matrix 项目建立的接触面积举例

食品类别	接触材料 1	接触材料 2	……	接触材料 N	所有材料
乳品	0.002			0.03	$\sum M$
……		0.035			
饮料			0.01		
所有食品	$\sum N$				

③美国的食品包装材料暴露评估方法：通过目标物质在各种性质食品（分为水性、酸性、脂肪性和酒精性）中的迁移量和各种性质食品的食物分配因子（食品包装材料包装的各类型食品质量占该食品包装材料包装的所有食品重量的比例）相乘，得到食品包装材料中迁移物的总迁移量；再将得到的总迁移量和消费因子（某种食品包装材料包装的食品质量占所有食品包装材料包装的食品质量的比例）相乘，得到膳食中迁移物的浓度，该浓度与每人每天膳食摄入量的乘积即为迁移物的估计每日摄入量（estimated daily intake，EDI）。

在美国 FDA《关于食品接触物质食品接触通告和食品添加剂申请资料准备指南：化学资料准备的建议》（2012）中，规定了申请资料中人群膳食暴露量计算的方法，其中引入了包装材料消费因子（CF）和食物分配因子（f）的概念。

包装材料消费因子（CF）指某种特定食品包装材料包装的食品重量占所有食品包装材料包装的食品重量的比例，该因子随着包装材料使用种类的增加而进一步细分，使其能够更准确地反映消费者对某种材料的实际暴露水平。如 1980 年聚苯乙烯的 CF 最初制定为 0.08，即聚苯乙烯包装的食品重量占所有包装食品的 8%。1995 年为 0.1，1999 年细分为耐冲击聚苯乙烯消费因子（0.04）和不耐冲击聚苯乙烯消费因子（0.06），后来不耐冲击聚苯乙烯的 CF 进一步分成通用聚苯乙烯（0.02）和泡沫聚苯乙烯（0.04）。而到了 2007 年，美国 FDA 将聚苯乙烯的 CF 更新为 0.14。

食物分配因子（f）为食品包装材料包装的某类型食品重量占该包装材料包装的所有食品重量的比例，每种食品包装材料有一套 f 值。美国 FDA 根据各种材料所包装的水性、酸性、酒精性和脂肪性四类性质食品的质量，计算出各种食品包装材料的 f 值。

美国食品包装材料的暴露评估方法需要以下资料：某种包装材料用于食品包装的年销售量（g）；材料平均密度（g/cm^3）；材料平均厚度（cm）；默认食品和包装材料的质量面积比（g/cm^2）；所有食品包装材料包装的食品日消费量（g/d）；某种食品包装材料包装的各种性质食品的销售量（g）；此种包装材料包装的所有食品销售量（g）；目标物质的迁移量（mg/dm^2）。具体计算过程如下：

a. 包装材料消费因子（CF）的计算：美国 FDA 包装材料消费因子的计算首先基于以下假设：每人每天消费 3kg 食品；所有食品均是有包装的；2017 年美国全国人口为 3.24 亿；$6.45cm^2$的食品包装材料包装 10g 食品；材料密度为最严重情况下的密度值，通常选取最小密度值；材料厚度为厚度的平均值。

CF 的计算是一个间接计算，基于多个变量的计算。在实际工作中，需要先分别算出确定的食品包装材料包装的食品每日消费量、该类包装材料包装食品的体积和面积、所有包装材料包装食品的每日消费量，才能最终计算得到 CF。具体计算公式见下：

食品包装材料包装的食品每日消费量（g）的获取：

$$\text{每日此类包装材料用于食品包装的体积}\ (\text{cm}^3/\text{d}) = \frac{\text{某种包装材料用于食品包装的年销售量}\ (\text{g})\ /\text{材料密度}\ (\text{g/cm}^3)}{365\text{d}} \tag{8-4}$$

$$\text{每日此类包装材料用于食品包装的面积}\ (\text{cm}^2/\text{d}) = \frac{\text{每日此类包装材料用于食品包装的体积}\ (\text{cm}^3/\text{d})}{\text{材料厚度}\ (\text{cm})} \tag{8-5}$$

$$\text{某种食品包装材料包装食品每日消费量}\ (\text{g/d}) = \text{每日此类包装材料用于食品包装的面积}\ (\text{cm}^2/\text{d}) \times \text{默认每人每天摄入食品质量}\ [\text{g/}\ (\text{人}\cdot\text{d})] \tag{8-6}$$

所有食品包装材料包装的食品每日消费量（g/d）的获取：

$$\text{所有食品包装材料包装的食品消费量}\ (\text{g/d}) = \text{人数}\times\text{默认每人每天摄入食品质量}\ [\text{g/}\ (\text{人}\cdot\text{d})] \tag{8-7}$$

$$\text{CF} = \frac{\text{某种食品包装材料的食品每日消费量}\ (\text{g})}{\text{所有食品包装材料的食品每日消费量}\ (\text{g})} = \frac{\text{某种包装材料用于食品包装的销售量}\ (\text{g}) \times 10\text{g}}{\text{材料密度}\ (\text{g/cm}^3) \times 365\text{d} \times \text{材料厚度}\ (\text{cm}) \times 6.45\text{cm}^2 \times 2.82 \times 108 \times 3000\ (\text{人}\cdot\text{d})} \tag{8-8}$$

b. 食物分配因子（f）的计算：

$$f = \frac{\text{某种包装材料包装的某类型食品销售量之和}\ (\text{g})}{\text{此种包装材料包装的所有食品销售量}\ (\text{g})} \tag{8-9}$$

c. 估计每日摄入量（estimated daily intake，EDI）：包装材料中某种物质的摄入量可以通过暴露量的计算获得。

美国 FDA 假设每人每天摄入 3kg 食品，在计算出 CF 和 f，测定出迁移量的基础上，可通过以下公式计算迁移物的 EDI：

$$\text{EDI} = 3\text{kg} \times \text{CF} \times (f_{\text{水性和酸性}} \times M_{10\%\text{乙醇}} + f_{\text{酒精性}} \times M_{\text{酒精性}} + f_{\text{脂肪性}} \times M_{\text{脂肪性}}) \tag{8-10}$$

式中　EDI——估计每日摄入量，mg/（kg·d）；

3kg——假定每人每天消费 3kg 食品；

CF——消费因子；

$f_{\text{水性和酸性}}$、$f_{\text{酒精性}}$、$f_{\text{脂肪性}}$——分别代表食品包装材料包装水性和酸性、酒精性、脂肪性食品的分配因子；

$M_{10\%\text{乙醇}}$、$M_{\text{酒精性}}$、$M_{\text{脂肪性}}$——各种食品模拟物测得的迁移量，分别代表目标物质迁移到水性和酸性、酒精性、脂肪性食品模拟物中的量，mg/dm^2。

例：低密度聚乙烯（LDPE）中新抗氧化剂的膳食暴露评估。

LDPE 与水性食品、含高浓度乙醇食品和脂肪性食品等三种不同性质的食品接触，对应这三种食品分别选择三种食品模拟物：10%乙醇溶液、50%乙醇溶液和 Miglyol 812（精馏椰子油）。根据接触温度和时间，选择合适的迁移试验条件后测得的 LDPE 在三种食品模拟物中的迁移量 $M_{10\%\text{乙醇}}$、$M_{50\%\text{乙醇}}$、$M_{\text{Miglyol812}}$ 分别为 0.06、0.092 和 7.7mg/kg。通过查询得到 LDPE 的食物分配因子 $f_{\text{水性}}$、$f_{\text{酸性}}$、$f_{\text{酒精性}}$、$f_{\text{脂肪性}}$ 分别为 0.67、0.01、0.01、0.31，LDPE 的消费因子 CF_{LDPE}

为0.35。由LDPE迁移到每日膳食中的该抗氧化剂的浓度为：

$$\begin{aligned} EDI &= 3kg \times CF \times [(f_{水性} + f_{酸性}) \times M_{10\%乙醇} + f_{酒精性} \times M_{50\%乙醇} + f_{脂肪性} \times M_{Miglyol812}] \\ &= 3kg \times 0.35 \times [(0.67 + 0.01) \times 0.06 + 0.01 \times 0.092 + 0.31 \times 7.7] = 2.5mg/(人 \cdot d) \end{aligned}$$

注：美国FDA规定当10%乙醇作为水性和酸性食品模拟物时，其食物分配因子应相加。

我国目前尚未建立食品接触材料的消费系数和分配系数数据库，通常情况下参考欧盟的暴露评估方法，即取4种模拟溶剂中迁移实验结果的最高值（最坏的情况），同时假定每天摄入盛放在食品接触材料中的食品的量是1kg，但这种方法容易高估暴露风险。因此，我国急需建立一套食品消费系数和分配系数数据库，以便较为准确地进行食品接触材料风险评估。

（三） 食品包装材料暴露评估的注意事项

（1）食物分类　与标准食物模拟物相对应的食物分类为非酸性食物、酸性食物、含醇食物、含油或含脂食物、干性食物。

（2）包装材料属性　食品包装材料的详细属性十分重要，尤其是包装面积与食物质量比、单位面积包装材料所包含特定材料的量等。例如，在进行源自金属涂料包装饮料中迁移物质暴露评价时，需要先确定接触金属涂料包装的饮料种类，然后从带有金属盖子的玻璃瓶中分离金属罐装饮料，最后依据容器容积对玻璃瓶和金属罐进行再分类。

（3）测定及分类　如果能从真实食物中测定迁移物质浓度，则应比较该食物中迁移物质浓度是否相似，确定在什么情况下能把这些食物归为一类处理，或者确定是否需要进一步分为不同类别。

（4）获得数据　在实际情况下，无法获得所要求的数据。因此除为了获得更真实的评估而需开展进一步的评估优化外，要充分利用所能得到的所有数据和最合适的方法。在大多数情况下，高水平方法就可以获得足够的数据。

在食物的准备、加工或存放过程中，食物可能接触多种类型的包装材料。对单一食物来说，需经历一系列不同的阶段。以乳酪为例，在生产、分配以及零售中可能接触不同的包装材料，也许消费者购买后，将其放进冰箱前还要进行重复包装。一个复合型食物由众多辅料构成，因面也可能存在来自不同包装的多种迁移物质。

在市场上，许多食物的包装由多种材料构成，因而有多种材料接触食物。这点在模拟推测食物中某种迁移物质存在的可能性以及浓度水平时是重要的，因为迁移物质也许在一个或者两个接触层存在。而且，如果一个包装由多层的材料构成，那么迁移物质也许会来自多个层，而不仅仅是食物接触层。因此，在暴露模拟过程中，为一种食物确定其迁移物质浓度时，来自所有层可能的渗出都应考虑，而不仅仅是考虑塑料层。

对所有的食物来说，获得完整的包装过程是困难的。如果任何阶段的包装信息均有记录，那么将能提高暴露评估的质量，并且能降低评估中的误差。如果分析数据显示某食物中存在某种高水平的迁移物质，那么此时多源的概念很重要，因为迁移物质可能来自众多包装源，而不仅仅是零售阶段的包装。

目前，国内市场食品包装材料品种繁多且质量参差不齐。由于缺乏系统的监测数据、检测技术和评估方法等，我国尚未系统地开展食品包装材料的暴露量评估，因此影响了相关安全标准的科学性，成为食品安全的隐患。为了能够更好地对食品包装材料进行规范化管理、为风险管理者制定管理措施提供数据支持和科学依据，建立适合我国现状的食品包装材料暴露评估方法迫在眉睫。比较欧盟、美国等采用的暴露评估方法，美国FDA的方法准确度相对较高，操作简便，条理清晰。考虑到目前我国食品包装材料使用情况相关数据匮乏，风险评估工作起步较晚的现状，建议可以考虑参考美国 FDA 的方法原理，进行各类食品和食品包装材料使用情况的调查，建立各类食品包装材料的消费因子和分配因子数据库，并根据我国膳食模式、膳食摄入量，选择适宜的默认值，从包装食品性质较为单一、使用量较大的食品包装材料种类入手，逐步建立适合于我国管理现状的、科学系统的、规范化的食品包装材料暴露评估体系和方法。

思考题

1. 制样的好坏对食品包装材料安全性检测有何影响？
2. 在迁移试验中，如何根据实际情况来选择模拟物？
3. 迁移试验条件对迁移试验结果的影响表现在哪些方面？
4. 不同迁移试验方法有何特点？
5. 简述常见的净化技术及其净化原理。
6. 简述衍生化技术的必要性。
7. 简述塑料包装材料中的有害物质的种类及检测技术。
8. 简述美国 FDA 和欧盟的毒理学评价技术的异同。
9. 暴露评估的基本要素有哪些？
10. 简述食品包装材料暴露评估方法的类型及具体步骤。

第九章 食品包装标准与法规

CHAPTER 9

食品是供人们直接使用的特殊商品，而用于食品的包装，其卫生与安全性都直接关系到人类的健康与安全。因此，食品包装既要符合一般商品包装的标准和规范，又要符合与食品卫生和安全有关的标准与法规。

食品包装标准就是对食品的包装材料、包装方式、包装标志及技术要求等的规定。法规是"含有立法性质的管制规则，由必要的权力机关及授权的权威机构制定并予以颁布实施的有法律约束力的文件"。标准是"通过标准化活动，按照规定的程序经协商一致制定，为各种活动或其结果提供规则、指南或特性，供共同使用和重复使用的文件"。

制定标准、法规及操作规范是为了便于有关组织及成员之间相互交流、减少差异、提高质量、保证安全，促进自由贸易及实施操作。国际上现行的"食品包装标准与法规"和"食品标准与法规"两者都有十分具体的要求，但最基本核心问题是共同保证食品的卫生与安全。

第一节 国际食品包装标准与法规

一、国际性标准化组织的食品包装标准

（一）国际标准化组织 ISO

1. ISO 概述

国际标准化组织（international organization for standardization，ISO）是世界上最大、最具权威的标准化机构。其宗旨是在世界范围内促进标准化工作的发展，以利于国际物资交流和互助，并扩大知识、科学、技术和经济方面的合作。其主要任务是制定国际标准，协调世界范围内标准化工作，与其他国际性组织合作研究有关标准化问题。

国际标准化组织制定国际标准的工作步骤和顺序一般分为 7 个阶段：①提出项目；②形成建议草案；③转国际标准草案处登记；④ISO 成员团体投票通过；⑤提交 ISO 理事会批准；⑥形成国际标准；⑦公布出版。

2. ISO 有关食品包装的标准

ISO 涉及食品包装的技术委员会共有 11 个，名称及秘书处所在国见表 9-1。

表 9-1　　ISO 涉及食品包装的技术委员会

技术委员会	名称	秘书处所在国
TC 6	纸、纸板和纸浆（Paper, board and pulps）	加拿大
TC 34	食品（Food products）	法国
TC 51	单件货物搬运托盘（Pallets for unit load method of materials handling）	英国
TC 52	薄壁金属容器（Light gauge metal containers）	中国
TC 61	塑料（Plastics）	中国
TC 63	玻璃容器（Glass containers）	英国
TC 79	轻金属及其合金（Light metals and their alloys）	法国
TC 104	货运集装箱（Freight containers）	美国
TC 122	包装（Packaging）	日本
TC 166	接触食品的陶瓷器皿、玻璃器皿和玻璃陶瓷器皿（Ceramic ware, glassware and glass ceramic ware in contact with food）	法国
TC 204	运输信息和管理系统（Intelligent transport systems）	美国

主要的几个技术委员会介绍如下：

（1）食品技术委员会（ISO/TC 34）　专门负责食品工作的技术委员会，下设蜂产品、可可、食品安全管理体系、分子生物标志物分析的水平方法、咖啡、感官分析、动植物油脂、动物饲料、微生物学、茶叶、烹饪香料香草和调味品、肉类和家禽鱼类蛋类及其制品、乳和乳制品、谷物和豆类、果蔬及其衍生产品、油料种子和果实 16 个分技术委员会。截至 2016 年年底，ISO/TC 34 制定的主要食品包装标准见表 9-2。

表 9-2　　ISO/TC 34 制定的主要食品包装标准（ISO/TC 34/SC 3&8）

标准号	中文标准名称	英文标准名称
ISO 6661：Rev. 2016	新鲜水果和蔬菜—陆地运输工具平行六面体包装排列	Fresh fruits and vegetables. Arrangement of parallelepipedic packages in land transport vehicles
ISO 884-1：Rev. 2016	茶叶袋—规范—第一部分：用货盘装运和集装箱运输的茶叶推荐包装	Tea sacks. Specification. Part 1：Reference sack for palletized and containerized transport of tea
ISO 884-2：Rev. 2016	茶叶袋—规范—第二部分：用货盘装运和集装箱运输的茶叶包装操作规范	Tea sacks. Specification. Part 2：Performance specification for sacks for palletized and containerized transport of tea
ISO 7558：Rev. 2016	水果和蔬菜预包装导则	Guide to the prepacking of fruits and vegetables

（2）薄壁金属容器技术委员会（ISO/TC 52）　下设 3 个分技术委员会，制定的主要包装标准见表 9-3。

表 9-3　　ISO/TC 52 制定的主要包装标准（ISO/TC 52）

标准号	中文标准名称	英文标准名称
ISO 90-1：Rev. 2017	薄壁金属容器—尺寸和容量的定义与测定—第一部分：顶开式罐	Light gauge metal containers. Definitions and determination of dimensions and capacities. Part 1：Open-top cans
ISO 90-2：Rev. 2017	薄壁金属容器—尺寸和容量的定义与测定—第二部分：一般用途的容器	Light gauge metal containers. Definitions and determination of dimensions and capacities. Part 2：General use containers
ISO 1361：Rev. 2017	薄壁金属容器—顶开式罐—内径	Light-gauge metal containers. Round open-top cans. Internal diameters

（3）玻璃容器技术委员会（ISO/TC 63）　下设 2 个工作组负责标准的起草工作，制定的主要标准见表 9-4。

表 9-4　　ISO/TC 63 制定的主要包装标准（ISO/TC 63）

标准号	中文标准名称	英文标准名称
ISO 8106：Rev. 2014	玻璃容器—重量法确定容积—试验方法	Glass containers. Determination of capacity by gravimetric method. Test method.
ISO 8113：Rev. 2013	玻璃容器—抗垂直冲击强度—试验方法	Glass containers. Resistance to vertical load. Test method.

（4）包装技术委员会（ISO/TC 122）　下设 5 个工作组与 2 个分技术委员会，制定的部分包装标准见表 9-5。

表 9-5　　ISO/TC 122 制定的主要包装标准（ISO/TC 122）

标准号	中文标准名称	英文标准名称
ISO 2206：Rev. 2013	包装—完整的已充填运输包装件—试验部位的识别方法	Packaging. Complete, filled transport packages. Identification of parts when testing
ISO 2233：Rev. 2016	包装—完整的已充填运输包装件和单元组合—测试条件	Packaging. Complete, filled transport packages and unit loads. Conditioning for testing
ISO 2234：Rev. 2016	包装—完整的已充填运输包装件和单元组合—静载堆垛试验	Packaging. Complete, filled transport packages and unit loads. Stacking tests using a static load
ISO 2244：Rev. 2016	包装—完整的已充填运输包装件和单元组合—水平冲击试验	Packaging. Complete, filled transport packages and unit loads. Horizontal impact tests
ISO 2247：Rev. 2016	包装—完整的已充填运输包装件和单元组合—固定低频振动试验	Packaging. Complete, filled transport packages and unit loads. Vibration tests at fixed low frequency
ISO 2248：Rev. 2016	包装—完整的已充填运输包装件和单元组合—垂直冲击跌落试验	Packaging. Complete, filled transport packages. Vertical impact test by dropping

续表

标准号	中文标准名称	英文标准名称
ISO 2873：Rev. 2016	包装—完整的已充填运输包装件和单元组合—减压试验	Packaging. Complete，filled transport packagesand unit loads. Low pressure test
ISO 2875：Rev. 2016	包装—完整的已充填运输包装件和单元组合—水喷淋试验	Packaging. Complete，filled transport packages and unit loads. Water-spray test
ISO 2876：Rev. 2016	包装—完整的已充填运输包装件和单元组合—滚动试验	Packaging. Complete，filled transport packages. Rolling test
ISO 5394：2017	包装—航运、运输和标签用条码和二维码	Packaging. Bar code and two-dimensional symbols for shipping，transport and receiving labels

（5）接触食品的陶瓷器皿、玻璃器皿和玻璃陶瓷器皿技术委员会（ISO/TC 166）　下设 2 个工作组和 1 个分技术委员会，共制定了 6 个与食品包装相关的标准，制定的部分包装标准见表 9-6。

表 9-6　ISO/TC 166 制定的食品包装标准（ISO/TC 166）

标准号	中文标准名称	英文标准名称
ISO 486-1：Rev. 2012	与食品接触的陶瓷容器、玻璃—陶瓷容器与玻璃餐具—铅和镉的释放—第 1 部分：测试方法	Ceramic ware，glass-ceramic ware and glass dinnerware in contact with food. Release of lead and cadmium. Part 1：Test method
ISO 486-2：Rev. 2012	与食品接触的陶瓷容器、玻璃—陶瓷容器与玻璃餐具—铅和镉的释放—第 2 部分：允许限量	Ceramic ware，glass-ceramic ware and glass dinnerware in contact with food. Release of lead and cadmium. Part 2：Permissible limits
ISO 086-1：Rev. 2012	与食品接触的玻璃盘—铅和镉的释放—第 1 部分：测试方法	Glass hollowware in contact with food. Release of lead and cadmium. Part 1：Test method
ISO 086-2：Rev. 2012	与食品接触的玻璃盘—铅和镉的释放—第 2 部分：允许限量	Glass hollowware in contact with food. Release of lead and cadmium. Part 2：Permissible limits
ISO 391-1：Rev. 2017	与食品接触的陶瓷炊具—第 1 部分：测试方法	Ceramic cookware in contact with food. Release of lead and cadmium. Part 1：Method of test
ISO 391-2：Rev. 2017	与食品接触的陶瓷炊具—第 2 部分：允许限量	Ceramic cookware in contact with food. Release of lead and cadmium. Part 2：Permissible limits

（二）食品法典委员会（CAC）

食品法典委员会（Codex Alimentarius Commission，CAC），是由联合国粮农组织（FAO）和世界卫生组织（WHO）于 1963 年共同创立的政府间协调食品标准的国际组织，制定的标准是 WTO 认可的唯一向世界各国政府推荐的国际食品法典标准，也是 WTO 在国际食品贸易领域的仲裁标准。国际食品法典是一套食品安全和质量的国际标准、食品加工规则和准则，旨在保护消费者的健康和确保食品贸易公平。

（1）CAC 框架　CAC 食品安全标准体系框架由两大类标准构成：一类是由一般专题分委员会制定的各种通用的技术标准、法规和良好规范；另一类是由各商品分委会制定的某特定食品或某类别食品的商品标准。

（2）CAC 制定的食品包装标准　截至 2017 年年底，CAC 制定的部分食品包装标准见表 9-7。

表 9-7　CAC 制定的食品包装标准

标准号	中文标准名称	英文标准名称
Codex Stan-1：Rev. 2010	预包装食品标识通用标准	General Standard for the Labelling of Prepackaged Foods
Codex Stan-107：Rev. 2016	食品添加剂销售标识通用标准	General Standard for the Labelling of Food Additives when sold as such
Codex Stan-146：Rev. 2009	特殊膳食用预包装食品标签和声称通用标准	General Standard for the Labelling of and Claims for Prepackaged Foods for Special Dietary Uses
Codex Stan-227：2001	瓶装/包装饮用水（不包括天然矿泉水）通用标准	General Standard for Bottled/Packaged Drinking Waters（Other Than Natural Mineral Waters）
CAC RCP47：2001	散装和半包装食品运输卫生操作规范	Code of Hygienic Practice for the Transport of Food in Bulk and Semi-Packed Food
CAC GL 1：Rev. 2009	标签说明通则	General Guidelines on Claims
CAC GL 2：Rev. 2017	营养标签导则	Guidelines on Nutrition Labelling
CAC GL 32：Rev. 2013	有机食品生产、加工、标签和销售指南	Guidelines for the Production, Processing, Labelling and Marketing of Organically Produced Foods
CAC GL 51：Rev. 2013	罐装水果包装材质的准则	Guidelines for Packing Media for Canned Fruits

二、发达国家和地区的食品包装标准与法规

（一）欧盟

目前，越来越多欧盟成员国的法令，正在被欧盟（European Union，EU）法令所代替或适应欧盟模式。这样可以消除成员国对食品成分、生产条件、运输、包装和标签等法律条款规定的差异，形成真正意义上的市场一体化。

1. 欧盟食品包装有关标准和法令

欧盟食品包装标准主要有食品运输包装大袋标准 10 项（表 9-8）、与食品接触器具和材料

标准 15 项，其中纸、纸浆和纸板技术委员会标准 1 项（CEN/TC 172-Pulp，paper and board），与食品接触器具技术委员会标准 14 项（CEN/TC 194-Utensils in contact with food）。

表 9-8　　CEN 制定的食品包装大袋标准

标准号	中文标准名称	英文标准名称
EN 765：1994	食品运输大袋—用聚烯烃纤维取代单一聚丙烯加工袋	Sacks for the transport of food aid. Sacks made of woven polyolefin fabric other than polypropylene only
EN 766：1994	食品运输大袋—麻制袋	Sacks for the transport of food aid. Sacks made of jute fabric
EN 767：1994	食品运输大袋—聚烯烃/麻制袋	Sacks for the transport of food aid. Sacks made of woven jute/polyolefin fabric
EN 768：1994	食品运输大袋—棉线织物袋	Sacks for the transport of food aid. Sacks made of lined cotton fabric
EN 769：1994	食品运输大袋—棉线/聚烯烃纤维袋	Sacks for the transport of food aid. Sacks made of woven cotton/polyolefin fabric
EN 770：1994	食品运输大袋—纸袋	Sacks for the transport of food aid. Paper sacks
EN 787：1994	食品运输大袋—聚乙烯薄膜袋	Sacks for the transport of food aid. Sacks made of polyethylene film
EN 788：1994	食品运输大袋—复合材料管状袋	Sacks for the transport of food aid. Tubular sacks made of composite film
EN 1086：1995	食品运输大袋—根据包装产品选择袋型和线型的推荐	Sacks for the transport of food aid. Recommendations on the selection of type of sack and the liner in relation to the product to be packed
EN 277：1995	食品运输大袋—聚丙烯	Sacks for the transport of food aid. Sacks made of woven polypropylene fabric

2. 食品接触指令

目前有 7 个食品接触指令在欧盟国家中实施。

（1）指令 76/893/EEC　为总的基本指令，像一个“框架”法令。其主要条款：适用于与食品接触或可能接触的材料，这些材料不应危害人类健康，在食品中不应发生不能被接受的质量变化；用于接触食品的容器上必须有标记，如标明“用于食品”，或者使用一种符号；当包装不直接出售给零售商使用权，可以附上文件。

（2）指令 78/142/EEC　用于控制塑料材料和食品中氯乙烯单体的数量，要求包装容器中氯乙烯单体的极限含量为 1mg/kg，食品中为 10μg/kg。

（3）指令 80/766/EEC 和指令 80/432/EEC　分别规定了测试塑料材料和食品中氯乙烯单体含量的分析方法，这是执行指令 78/142/EEC 所必需的。

（4）指令 80/590/EEC　规定用于食品包装上的标识符号。

（5）指令 82/711/EEC　关于塑料包装材料的指令，包括：可使用的塑料材料的名单、特定迁移量和对食品质量的影响。

（6）指令 82/229/EEC　关于再生纤维素薄膜的指令，包括两个肯定名单：涂布薄膜名单和不涂布薄膜名单，但名单中批准的大部分包装材料没有规定具体的迁移限量。

（7）对不锈钢、玻璃、纸等与食品接触的推荐指令正在制定，其主要目的是限制铅、镉等重金属元素对食品的迁移。

3. 食品标签指令

79/112/EEC《食品标签说明及广告法规的指令》的基本原则。

所用标签必须使购买者对食品的本性、特性、性质、成分、数量、耐久性、来源或出处、制作方法或生产不发生误解。食品标签上需标明下列项目：包装产品的名称，生产者或销售者的名称或企业名称和地址。欧盟成员国可以保留国内要求：即表明国内生产的工厂或包装中心；成员国对度量方面也可以制定更多的条款。

（1）食品名称　产品必须遵照规定的方式命名，对国家立法团体或行政规章已经规定的名称，则必须使用这种名称。如果没有规定则可使用惯用名称，或者能正确描述产品，使购买者知道产品真正本性，且能与其他易混淆产品相区别的名称。

（2）成分　成分是指在制造或配制食品时使用的，即使已改变了形式，但在成品中仍然存在的物质，包括添加剂。

（3）数量　指令 80/232/EEC 是关于按规定数量对商品进行包装的指令；指令 76/211/EEC 规定在一定的平均数量基础上对固体进行预包装。超过 5g 或 5mL 的预包装食品必须标明数量；在特殊情况下成员国有权提高标明数量之限量，也可以制定本国条款，在标签上不需标明数量。

（4）日期标记　日期标记的原则是以最短寿命为基础，欧盟指令中规定的日期是在贮存适当的情况下，食品能保持特定性质的日期。有些食品，如新鲜水果和蔬菜、果酒中酒精含量超过 10%的饮料、醋和食盐，以及可保存 18 个月以上的食品等，不要求做公开的日期标记。但对需要存放在特定贮存条件下的包装食品必须标明特殊贮存条件。

（5）使用说明　为保证正确使用食品，指令规定提供使用食品的方法。欧盟标签指令规定：如需在食品中添加其他食物时，必须在标签上清楚标明。

（6）标记方式　标签指令并不要求标记信息的格式和特殊事项所用的文字尺寸，只要求标记易懂，标在明显的地方，清楚易读，不易去掉，且不被其他文字或图案掩盖或中断，产品名称、数量和日期必须在同一视野中出现。

（7）营养说明　90/496/EEC《关于食品营养标签指令》规定，欧盟任何成员国都不强制要求提供营养说明，当提出这种要求时须具体化，并在标签中详细说明。特殊营养食品指令 77/94/EEC 中提供了标明营养说明的最简单方法，指令要求这些食品必须说明具体适合用途，并符合某些标签条款的要求。制造商不可声称这种食品具有预防、治疗疾病的功能，除非是在国家法规中规定的特殊明确限定情况。

（8）标签位置概要　欧盟标签指令仅仅为成员国家确定标签要求提供一个基础，任何成员国对标签的要求并不限于欧盟指令中规定的要求。

（二）美国

美国的食品与药品包装法规，是针对现实的和潜在的食品与药品安全性危机的一种对策而逐渐发展和完善的，为此美国政府依法建立了食品与药品管理局（FDA）作为监督执行的权威机构。

1. FDA 有关食品包装法规

1958 年以前，食品包装只需符合有关伪劣商品的法律条款：如果食品在不符合卫生要求的情况下包装，或者由于包装容器包含某种有损人体健康的有害物质而致使产品受污染，则可以认为该产品搀假；如果产品包装容器的制造、加工和充填是故意想使购买者误认为某种品牌产品，则可认为该产品是假冒商品。另外美国的食品添加剂修正案规定：包装材料的组成部分与直接添加到食品中的食品添加剂都必须符合食品添加剂有关规定，并实行事前报批制度。

（1）包装材料按食品添加剂法令处理的情况　食品添加剂的法律定义是决定包装材料的组成成分，以及其他与食品接触的物质是否需要受法令制约的出发点。SEC. 409. ［21USC 348］对食品添加剂的定义："某种物质在使用之后能够或有理由证明，可能会通过直接或间接的途径成为食品的组分，或者能够及有理由证明会直接或间接地影响食品特色，而又未经有资格的专家通过科学的方法或凭经验确认其在拟议中的使用场合下是安全的，则可认为该物质是食品添加剂（包括所使用的包装材料和容器）"。

根据这个定义，与食品接触的包装材料中只有 3 种物质不属于食品添加剂，可以不受 FDA 所颁布的法规限制：

①有理由证明不可能成为食品组分的物质；

②其安全性已经得到普通认定的物质（GRAS）；

③事先已被核准使用的物质。

此外按照法律惯例及 FDA 的解释，家庭用各种食物器皿均不受食品添加剂法规的限制。FDA 根据法律也已经确认，凡由功能性阻隔材料与食品隔开而不与食品接触的物质，也不属于食品添加剂，因而在使用时可以不受任何法律的限制。

食品添加剂法第 170. 3（e）节对食品添加剂的说明如下："必须清楚包装容器和包装材料生产过程中所使用的物质，是否可能直接或间接地成为该包装容器或包装材料所包装的食品的组成成分。如果包装材料中的成分不会转移到食品中，不会成为食品成分时，该物质不应被视为食品添加剂"。

（2）食品添加剂申请　如果已经确认某种物质是一种良好的添加剂，不涉及违禁或特殊处理的问题，则可提出食品添加剂申请书。申请书中应包括该食品添加剂安全性的详尽数据和与食品添加剂有关的一切数据资料。

FDA 将以申请书中所提出的食品添加剂的数据为依据，确定包装材料在预定使用场合下的安全性、添加剂准备使用的场合、添加剂在人和动物食用过程中的累积性影响，以及其他安全性因素均是 FDA 评价包装材料安全性必须考虑的因素。法律规定 FDA 在收到申请书之日起的 90d 内，必须做出批准使用或驳回申请的决定，并以法令形式予以公布。包装材料一经批准，就必须遵守食品法中关于与食品接触材料的良好操作规范（GMP）进行生产。

2. USDA 有关食品包装法规

虽然美国 FDA 对食品与包装具有一般性的权力，但美国农业部（USDA）对肉类、家禽等食品的管理具有国会所赋予的主要司法权。

（1）食品包装材料法规　对于包装，USDA 通常倾向于对接受联邦政府检查的肉类、家禽加工厂中使用的包装材料的用途，运用法律的手段实施管理，检查管理按下列 3 项原则操作：

①由包装材料供货方提交信用卡或保证书，明确声明其产品符合联邦食品、药品、化妆品法和有关食品添加剂的法规。

②供货方必须提交 USDA 食品安全检查处签发的化学成分认证书。

③上述 USDA 的认证书只有随同供货方的信用卡或保证书一同递交方可视为有效。

（2）包装材料的着色剂　关于着色剂在食品包装材料中的使用，在 1983 年 10 月由 FDA 颁布的有关着色剂管理法规中，提出了一份可用于接受联邦政府检查的经正式认可的着色剂参考名单。因此，肉类和家禽制造厂商必须向包装材料供应商确认所用的着色剂是否已被 FDA 所批准。但有些着色剂必须经过 USDA 和 FDA 批准方可使用，因此从 1984 年起，FDA 要求着色剂制造商填写正式的申请书报批，还要提交一份着色剂的抽提量或通过各种途径的迁移量不超过 0.001mg/kg 的分析报告。

3. 美国及其他国际组织有关包装标准

除了 FDA 和 USDA 外，还有一些由专业团体、国家和国际包装制造者协会、政府代理机构制定的标准，见表 9-9。

表 9-9　　国际其他标准组织及标准实例

标准组织名称	标准类型
美国纸箱协会（FBA）	纸箱标准
美国材料与试验学会（ASTM）	包装和包装材料的检验方法
美国纸张和纸浆工业技术协会（TAPPI）	材料的检验方法和纸基包装材料标准
欧洲瓦楞纸箱制造商协会（FEFCO）	纸箱标准
欧洲实心纸板箱制造商协会（ASSCO）	国际纸箱编码；纸板检验方法、纸箱检验法
国际制瓶技术中心（CETIE）	啤酒、酒类等玻璃瓶的标准

（三）日本

1. 日本现行的 JAS 标准制度

日本的农业标准化管理制度，是基于日本农林水产省制定的《日本农业标准》（Japanese Agricultural Standard，JAS）所建立的对日本农林产品及其加工产品进行标准化管理的制度。任何在日本市场上销售的农林产品及其加工品（包括食品）都必须接受 JAS 制度的监管和管理规定。JAS 法包括“农林物质标准化”和“质量标志标准化”两大内容，由此构成 JAS 制度的两个重要基石。

（1）JAS 标准的制定　由农林水产大臣指定需制定 JAS 标准的物品目录，利益相关方可向农林水产大臣申请制定某一 JAS 标准，由“农林物质规格调查委员会”审议批准是否制定该标准。JAS 调查委员会由来自消费、生产和流通各环节的代表和专家组成。JAS 标准复审时应考虑国际标准（食品法典标准）的发展趋势以及生产、贸易、应用和消费各方面的现状及未来发展方向。

（2）JAS 标准覆盖的产品种类

①食品、饮料和油脂；

②农业、林业、家畜和水产品以及以此为原料的加工品。所有属于这两大门类的农产品都包括在 JAS 标准系统中，不管它是国产的还是进口的。

（3）JAS 标准的内容　JAS 标准包括质量标准和生产技术操作规程。一项 JAS 质量标准有四个内容：本标准的适用范围、所用术语定义、标准本体、检测方法。质量标准也称质量要求，包括外观特性等感观指标，以及所含成分的理化指标、净重（容积）、包装条件、准予使用的原辅料等。标签标准即标签上应当含有的内容，产品名称、成分、净重（容积）、生产日期、有效期、贮存说明、进口商名称、地址、原产国等；字体大小、印刷颜色、何处断开另起一行等，标准都作了明确规定。此外，标签标准还规定了某些不得列入的内容，以免给消费者造成误解和混乱。

（4）JAS 标准的合格评定　JAS 标准是自愿性标准，生产商和制造商可以自己决定是否参加认证活动。经确认满足 JAS 规格的产品可以标注 JAS 标志。加上 JAS 标志的产品，说明其具有一定的质量水准。

①申请合格单位评定的途径：农产品可以通过两种途径进行合格评定：一是由注册认证机构进行第三方认证；二是由经注册认可机构或农林水产大臣认可的生产商和制造商自我声明，加贴 JAS 标志。

②合格评定方法：日本规定了每种农产品按照 JAS 标准认证检查的方法。农产品通过产品取样分析确定，与特定 JAS 标准有关的生产过程认证通过检查生产记录确定。

2. 质量标志制度

为给日本国民提供充分的商品选购信息，日本农林水产省建立了质量标志制度，要求制造商和销售商对生产和流通的商品标注正确的质量标签。

（1）食品标签制度　根据规定，在日本市场上销售的各类蔬菜水果、肉类、水产类等食品，必须加贴标签，其中应提供产品名称、产地、生产日期、保质期等多方面的信息。一般来讲，食品标签应包含如下信息。

①消费指导信息：鱼类等水产品和蔬菜等生鲜食品必须标明产地和品牌；是否属于养殖品、天然品、解冻品；是否为进口产品，原产国和具体产地名等信息。

②安全保障信息：新鲜食品和加工食品均需标注使用的添加剂。有外包装的加工食品，使用的添加剂无论是天然的或合成的均需详细注明。另外，进口肉食产品要提供产地、有无污染、保质期、安全处理等信息。

③营养含量信息：标签必须提供食品营养成分含量，是否属于天然食品、有机食品、转基因食品等。

④原产地信息：日本市场上销售的新鲜食品和加工食品，均须标注原产国名。酸梅、腌菜、烧烤鳗鱼、袋装冷冻蔬菜和蔬菜罐头等产品，包装上均须注明其原料的原产地。对进口畜产品进行屠宰加工后再出口的，在屠宰加工国停留一定时间后，方可认定屠宰国为原产地。水产品方面，鱼群活动经由的国家为原产地，但金枪鱼等活动海域较大的鱼类，可不标注国家，但必须标注捕获水域名称。

（2）质量标签标准　质量标志制度对加工食品、易腐食品和转基因食品三大门类产品规定了标签要求。所有用于通常消费的容器或包装的加工食品和易腐食品都必须标注标签，除非所生产和加工的食品和饮料是直接提供给消费者或者由自动售卖装置直接提供给消费者的。

①加工食品的标签标准：质量标识标准要求包装容器中的加工食品都要标注食品的名称、配料、含量、最佳食用期、保存方法、制造商名称和地址等。为便于日本的消费者容易辨识选购，进口食品的标签必须用日语表示。标签要求粘贴在容器或包装的醒目位置。

②易腐食品的标签标准：易腐食品分农产品、动物产品和水产品三大类产品，各类产品的标签要求各不相同。需要说明的是日本《食品卫生法》中对食品标签也作出一些规定，其与JAS法中要求的食品质量标识标准的要求同等重要。JAS法所规定的质量标签要求是为了满足消费者选购商品的需要，而食品卫生法对食品标签的要求则是为了保证消费者食品安全的需要。

③转基因食品的标签标准：转基因大豆、玉米、马铃薯、油菜籽和棉籽以及以其为原料的加工食品必须遵照转基因食品的标签要求标注质量标签。

三、 国际食品标签标准管理简介

食品标签是指预包装食品容器上的文字、图形、符号和一切说明物。预包装食品是指预先包装于容器中，以备交付给消费者的食品。食品标签的所有内容，必须通俗易懂、准确、科学；不得以错误、引起误解或欺骗性的方式描述或介绍食品，也不得以直接或间接暗示性的语言、图形、符号，导致消费者将食品或食品的某一性质与另一产品混淆。食品标签不得与包装容器分开，不得在流通环节中变得模糊甚至脱落。食品标签是依法保护消费者合法权益的重要途径。

（一） 国际食品法典委员会（CAC）

国际食品法典委员会颁布了以下两个食品标签标准：

（1）CODEX STANI07-195 食品添加剂销售标识通用标准标签　包括在包装物上书写的文字、模刻的图案、印刷物、标记、压印的花纹、图形图章，或附在其中的任一标牌、商标、标识、图示或其他描述性的材料。

（2）CODEX STAN. 1-1991 预包装食品标签标准 食品标签　出现在标签上的任何书写、印刷或图片材料，其随附于食品或置于食品附近，包括用于食品促销或食品处理的标签。

（二） 美国

美国于1992年12月正式宣布强制性实施新的标签法，新标签法要求在标签上必须标注包装食品的质量、总热量、来自脂肪的热量及总脂肪、饱和脂肪、胆固醇、糖、总碳水化合物、膳食纤维、蛋白质、纤维素、维生素C、钙、铁的含量。规定从1994年8月起美国的所有包装食品，包括全部进口食品都必须使用新的标签。1993年1月美国FDA发布瓶装饮用水标签新标准，严格定义了各种瓶装饮用水的术语，于同年7月5日起实施，目的旨在保证食品标签的真实性，杜绝制造商用虚假标签误导坑害消费者。1994年10月美国正式通过立法，公布了《营养补充品包装的营养标签法》。

（三） 日本

日本厚生省于1991年7月公告：修正特殊营养食品认证标志“JHFA-（财）日本健康、营养食品协会认定”是健康食品的认定标识；“JSO-（财）日本健康、营养食品协会认定”是食品营养成分标准的认定标识；“厚生省许可-特殊营养食品”是特定保健食品的认定标识。

（四） 英国

英国的《食品标签和包装》规定如下：

（1）必须标注的信息　食品名称、保质期或使用日期、净含量、成分列表，制造商和包装商或者销售商的名称以及地址，批号、贮存条件、食用或者烹调说明。

（2）必须标注下列食品的原产国　牛肉、小牛肉、羊肉、猪肉、山羊和家禽、鱼和贝类、蜜糖、橄榄油、红酒、从欧盟境外进口的水果和蔬菜。

（3）成分列表 如果食品或者饮料中含有两种或两种以上的成分（包括添加剂），则必须列出所有成分。成分的排列顺序必须按照质量排列，主要成分排第一。

（4）过敏物质的标注 必须和标签上其他信息的字体不同，标注过敏原的背景必须突出，配料表中需要列出芹菜、含谷蛋白的谷物、甲壳类（如虾、龙虾、螃蟹等）、蛋、鱼、羽扇豆、牛乳、芥末、坚果、花生、芝麻、大豆等过敏原。

（5）有机食品的标注 产品必须获得有机控制机构的认证才可以标注为“有机食品”。

（6）警告成分必须用规定的语言进行描述。

①诱惑红：可能会对儿童的活动和注意力产生不利影响；

②阿斯巴甜：含有苯丙氨酸；

③咖啡因超过150mg/L：不适合儿童、孕妇和对咖啡因敏感的人；

④蓝光酸性红：可能会对儿童的活动和注意力产生不利影响；

⑤甘草：含甘草（含甘草的糖果或酒精）；

⑥醇类：过度食用可能会导致腹泻；

⑦胭脂红：可能会对儿童的活动和注意力产生不利影响；

⑧喹啉黄：可能会对儿童的活动和注意力产生不利影响；

⑨柠檬黄：可能会对儿童的活动和注意力产生不利影响；

⑩日落黄：可能会对儿童的活动和注意力产生不利影响；

⑪脱脂牛乳与非牛乳脂肪：无固定描述，但必须注明不适合婴儿食用；

⑫二氧化硫超过10mg/L：含有二氧化硫（和亚硫酸盐/亚硫酸盐）；

⑬甜味剂：使用了甜味剂；

⑭甜味剂和糖：使用了糖和甜味剂。

第二节 我国食品包装标准与法规

一、 食品包装标准

（一） 我国标准的分级

根据《中华人民共和国标准化法》（1988年12月29日公布，以下简称《标准化法》）的规定，我国标准分为国家标准、行业标准、地方标准和团体标准、企业标准。

（1）国家标准 国家标准是指对全国经济技术发展有重大意义，必须在全国范围内统一的标准。《标准化法》规定：“国家标准分为强制性标准、推荐性标准。对保障人身健康和生命财产安全、国家安全、生态环境安全以及满足经济社会管理基本需要的技术要求，应当制定强制性国家标准。对满足基础通用、与强制性国家标准配套、对各有关行业起引领作用等需要的技术要求，可以制定推荐性国家标准”。国家标准是我国标准体系中的主体，一经发布实施，与国家标准相重复和矛盾的行业标准、地方标准即行废止。

（2）行业标准 行业标准是指我国全国性的各行业范围内统一标准。《标准化法》规定：

"对没有推荐性国家标准、需要在全国某个行业范围内统一的技术要求，可以制定行业标准。行业标准由国务院有关行政主管部门制定，报国务院标准化行政主管部门备案"。

上述的国家标准和行业标准都是全国适用的标准。

（3）地方标准和团体标准　地方标准是指在某个省、自治区、直辖市范围内需要统一的标准。团体标准是指由团体按照团体确立的标准制定程序自主制定发布，由社会自愿采用的标准。

《标准化法》规定："为满足地方自然条件、风俗习惯等特殊技术要求，可以制定地方标准。地方标准由省、自治区、直辖市人民政府标准化行政主管部门制定；报国务院标准化行政主管部门备案，由国务院标准化行政主管部门通报国务院有关行政主管部门"。

《标准化法》还规定："国家鼓励学会、协会、商会等社会团体协调相关市场主体共同制定满足市场和创新需要的团体标准，由本团体成员约定采用或者按照本团体的规定供社会自愿采用。制定团体标准，应当遵循开放、透明、公平的原则，保证各参与主体获取相关信息，反映各参与主体的共同需求，并应当组织对标准相关事项进行调查分析、实验、论证"。

（4）企业标准　企业标准是指企业所制定的产品标准和在企业内需协调、统一的技术要求和管理工作要求所制定的标准。企业标准是企业组织生产经营活动的依据。《标准化法》规定："企业可以根据需要自行制定企业标准，或者与其他企业联合制定企业标准"。

（二）食品包装国家标准

自 2009 年 2 月 28 日《中华人民共和国食品安全法》颁布以来，国家相继对原有的食品包装国家标准进行了修订和更新。特别是 2015 年 4 月 24 新修订的《食品安全法》颁布以后，经食品安全国家标准审评委员会审查通过，2016 年 10 月 19 日发布了 GB 4806.1—2016《食品安全国家标准　食品接触材料及制品通用安全要求》等 53 项食品安全国家标准。

依据已发布的标准，目前我国食品接触材料相关标准分为 4 大类，其中包含基础标准、生产规范标准、产品标准、方法标准。此系列标准的发布标志着中国食品接触材料法规框架体系已经确立。表 9-10~表 9-13 所示为新修订的《食品安全法》颁布后发布的主要标准。

表 9-10　食品安全国家标准　食品接触材料及制品通用安全要求（GB 4806.1—2016）

标准号	标准名称
GB 4806.1—2016	食品安全国家标准　食品接触材料及制品通用安全要求
GB 9685—2016	食品安全国家标准　食品接触材料及制品用添加剂使用标准

表 9-11　食品安全国家标准　生产规范标准（GB 31603—2015）

标准号	标准名称
GB 31603—2015	食品安全国家标准　食品接触材料及制品生产通用卫生规范

表 9-12　食品安全国家标准　食品接触材料产品标准（GB 4806—2016）

标准号	标准名称
GB 4806.3—2016	食品安全国家标准　搪瓷制品
GB 4806.4—2016	食品安全国家标准　陶瓷制品

续表

标准号	标准名称
GB 4806. 5—2016	食品安全国家标准　玻璃制品
GB 4806. 6—2016	食品安全国家标准　食品接触用塑料树脂
GB 4806. 7—2016	食品安全国家标准　食品接触用塑料材料及制品
GB 4806. 8—2016	食品安全国家标准　食品接触用纸和纸板材料及制品
GB 4806. 9—2016	食品安全国家标准　食品接触用金属材料及制品
GB 4806. 10—2016	食品安全国家标准　食品接触用涂料及涂层
GB 4806. 11—2016	食品安全国家标准　食品接触用橡胶材料及制品

表 9-13　食品安全国家标准　食品接触材料及制品的测定方法标准（GB 31604—2016）

标准号	标准名称
GB 5009. 156—2016	食品安全国家标准　食品接触材料及制品迁移试验预处理方法通则
GB 31604. 11—2016	食品安全国家标准　食品接触材料及制品　1，3-苯二甲胺迁移量的测定
GB 31604. 12—2016	食品安全国家标准　食品接触材料及制品　1，3-丁二烯的测定和迁移量的测定
GB 31604. 13—2016	食品安全国家标准　食品接触材料及制品　11-氨基十一酸迁移量的测定
GB 31604. 14—2016	食品安全国家标准　食品接触材料及制品　1-辛烯和四氢呋喃迁移量的测定
GB 31604. 15—2016	食品安全国家标准　食品接触材料及制品　2，4，6-三氨基-1，3，5-三嗪（三聚氰胺）迁移量的测定
GB 31604. 16—2016	食品安全国家标准　食品接触材料及制品　苯乙烯和乙苯的测定
GB 31604. 17—2016	食品安全国家标准　食品接触材料及制品　丙烯腈的测定和迁移量的测定
GB 31604. 18—2016	食品安全国家标准　食品接触材料及制品　丙烯酰胺迁移量的测定
GB 31604. 19—2016	食品安全国家标准　食品接触材料及制品　己内酰胺的测定和迁移量的测定
GB 31604. 20—2016	食品安全国家标准　食品接触材料及制品　醋酸乙烯酯迁移量的测定
GB 31604. 21—2016	食品安全国家标准　食品接触材料及制品　对苯二甲酸迁移量的测定

续表

标准号	标准名称
GB 31604.22—2016	食品安全国家标准　食品接触材料及制品　发泡聚苯乙烯成型品中二氟二氯甲烷的测定
GB 31604.23—2016	食品安全国家标准　食品接触材料及制品　复合食品接触材料中二氨基甲苯的测定
GB 31604.24—2016	食品安全国家标准　食品接触材料及制品　镉迁移量的测定
GB 31604.25—2016	食品安全国家标准　食品接触材料及制品　铬迁移量的测定
GB 31604.26—2016	食品安全国家标准　食品接触材料及制品　环氧氯丙烷的测定和迁移量的测定
GB 31604.27—2016	食品安全国家标准　食品接触材料及制品　塑料中环氧乙烷和环氧丙烷的测定
GB 31604.28—2016	食品安全国家标准　食品接触材料及制品　己二酸二（2-乙基）己酯的测定和迁移量的测定
GB 31604.29—2016	食品安全国家标准　食品接触材料及制品　甲基丙烯酸甲酯迁移量的测定
GB 31604.30—2016	食品安全国家标准　食品接触材料及制品　邻苯二甲酸酯的测定和迁移量的测定
GB 31604.31—2016	食品安全国家标准　食品接触材料及制品　氯乙烯的测定和迁移量的测定
GB 31604.32—2016	食品安全国家标准　食品接触材料及制品　木质材料中二氧化硫的测定
GB 31604.33—2016	食品安全国家标准　食品接触材料及制品　镍迁移量的测定
GB 31604.34—2016	食品安全国家标准　食品接触材料及制品　铅的测定和迁移量的测定
GB 31604.35—2016	食品安全国家标准　食品接触材料及制品　全氟辛烷磺酸（PFOS）和全氟辛酸（PFOA）的测定
GB 31604.36—2016	食品安全国家标准　食品接触材料及制品　软木中杂酚油的测定
GB 31604.37—2016	食品安全国家标准　食品接触材料及制品　三乙胺和三正丁胺的测定
GB 31604.38—2016	食品安全国家标准　食品接触材料及制品　砷的测定和迁移量的测定
GB 31604.39—2016	食品安全国家标准　食品接触材料及制品　食品接触用纸中多氯联苯的测定
GB 31604.40—2016	食品安全国家标准　食品接触材料及制品　顺丁烯二酸及其酸酐迁移量的测定

续表

标准号	标准名称
GB 31604.41—2016	食品安全国家标准　食品接触材料及制品　锑迁移量的测定
GB 31604.42—2016	食品安全国家标准　食品接触材料及制品　锌迁移量的测定
GB 31604.43—2016	食品安全国家标准　食品接触材料及制品　乙二胺和己二胺迁移量的测定
GB 31604.44—2016	食品安全国家标准　食品接触材料及制品　乙二醇和二甘醇迁移量的测定
GB 31604.45—2016	食品安全国家标准　食品接触材料及制品　异氰酸酯的测定
GB 31604.46—2016	食品安全国家标准　食品接触材料及制品　游离酚的测定和迁移量的测定
GB 31604.47—2016	食品安全国家标准　食品接触材料及制品　纸、纸板及纸制品中荧光增白剂的测定
GB 31604.48—2016	食品安全国家标准　食品接触材料及制品　甲醛迁移量的测定
GB 31604.49—2016	食品安全国家标准　食品接触材料及制品　砷、镉、铬、铅的测定和砷、镉、铬、镍、铅、锑、锌迁移量的测定

（三） 食品包装行业标准

我国食品包装行业标准分为轻工、商业、农业、水产、化工、医药、烟草等，主要介绍以下几种，如表 9-14~表 9-17 所示。

（1）轻工行业标准　食品包装轻工行业标准如表 9-14 所示。

表 9-14　　食品包装轻工行业标准

标准号	标准名称
QB/T 1014—2010	食品包装纸
QB/T 1016—2006	鸡皮纸
QB/T 1017—2006	仿羊皮纸
QB/T 1231—1991	液体包装用聚乙烯吹塑薄膜
QB/T 2197—1996	榨菜包装用复合膜、袋
QB/T 2388—1998	食品包装容器用聚氯乙烯粒料
QB/T 1649—1992	聚苯乙烯泡沫塑料包装材料
QB/T 1804—1993	工业酶制剂通用检验规则和标识、包装、运输、贮存
QB/T 2357—1998	聚酯（PET）无汽饮料瓶
QB/T 3531—1999	液体食品复合软包装材料
QB/T 2460—1999	聚碳酸酯（PC）饮用水罐
QB/T 4631—2014	罐头食品包装、标识、运输和贮存

续表

标准号	标准名称
QB/T 2933—2008	双层口杯
QB/T 4763—2014	纸浆模塑餐具
QB/T 1877—2007	包装装潢镀锡（铬）薄钢板印刷品

（2）商业行业标准　食品包装商业行业标准如表 9-15 所示。

表 9-15　　食品包装商业行业标准

标准号	标准名称
SB/T 10448—2007	热带水果和蔬菜包装与运输操作规程
SB/T 10890—2012	预包装水果流通规范
SB/T 10158—2012	新鲜蔬菜包装与标识
SB/T 10369—2012	真空软包装卤蛋制品
SB/T 229—2013	食品机械通用技术条件 产品包装技术要求

（3）包装行业标准　食品包装行业标准如表 9-16 所示。

表 9-16　　食品包装行业标准

标准号	标准名称
BB/T 0018—2000	包装容器 葡萄酒瓶
BB/T 0060—2012	包装容器 聚对苯二甲酸乙二醇酯（PET）瓶坯
BB/T 0039—2013	商品零售包装袋
BB/T 0069—2014	包装容器 铝箔易撕盖

（4）进出口行业标准　食品包装进出口商检行业标准如表 9-17 所示。

表 9-17　　食品包装进出口商检行业标准

标准号	标准名称
SN/T 0912—2000	进出口茶叶包装检验方法
SN/T 0400. 8—2005	进出口罐头食品检验规程　第 8 部分　包装
SN/T 1880. 1—2007	进出口食品包装卫生规范　第 1 部分　通则
SN/T 1880. 4—2007	进出口食品包装卫生规范　第 4 部分　一次性包装
SN/T 1886—2007	进出口水果和蔬菜预包装指南
SN/T 1891. 6—2007	进出口微波食品包装容器及包装材料卫生标准　第 6 部分　玻璃制品
SN/T 0370. 1—2009	出口危险货物包装检验规程　第 1 部分　总则
SN/T 2567—2010	食品及包装品无菌检验

续表

标准号	标准名称
SN/T 1025—2011	出口商品运输包装瓦楞纸箱用纸检验规程
SN/T 0268—2014	出口商品运输包装　纸塑复合袋检验规程
SN/T 0271—2012	出口商品运输包装塑料容器检验规程
SN/T 0273—2014	出口商品运输包装木箱检验检疫规程
SN/T 1504. 5—2017	食品容器、包装用塑料原料　第5部分　聚烯烃中杂质元素含量的测定X射线荧光光谱法

（5）其他行业相关食品包装标准　如食品包装烟草行业标准有YC/T 273—2008《卷烟包装设计要求》。

二、食品包装法规

我国食品包装方法和标准化工作起步较晚。随着经济和国际贸易的发展以及人们安全意识的提高，我国相继制定、修订并颁布实施了许多与食品包装相关的标准和法规，目前已初步形成了一套与国际接轨的食品包装法规和标准体系。

（一）《食品安全法》有关食品包装的限制性条款

（1）《食品安全法》对食品包装的规定 在第四章食品生产经营中有关规定如下：

第三十三条：食品生产经营应当符合食品安全标准，并符合下列要求：（五）餐具、饮具和盛放直接入口食品的容器，使用前应当洗净、消毒，炊具、用具用后应当洗净，保持清洁；（六）贮存、运输和装卸食品的容器、工具和设备应当安全、无害，保持清洁，防止食品污染；（七）直接入口的食品应当使用无毒、清洁的包装材料、餐具、饮具和容器；

第四十一条：对直接接触食品的包装材料等具有较高风险的食品相关产品，按照国家有关工业产品生产许可证管理的规定实施生产许可。

第六十六条：进入市场销售的食用农产品在包装、保鲜、贮存、运输中使用保鲜剂、防腐剂等食品添加剂和包装材料等食品相关产品，应当符合食品安全国家标准。

（2）《食品安全法》对食品标签的规定 在第四章食品生产经营中规定：

第六十七条：预包装食品的包装上应当有标签。标签应当标明下列事项：（一）名称、规格、净含量、生产日期；（二）成分或者配料表；（三）生产者的名称、地址、联系方式；（四）保质期；（五）产品标准代号；（六）贮存条件；（七）所使用的食品添加剂在国家标准中的通用名称；（八）生产许可证编号；（九）法律、法规或者食品安全标准规定应当标明的其他事项。

第六十八条：食品经营者销售散装食品，应当在散装食品的容器、外包装上标明食品的名称、生产日期或者生产批号、保质期以及生产经营者名称、地址、联系方式等内容。

第七十条：食品添加剂应当有标签、说明书和包装。标签、说明书应当载明食品添加剂的使用范围、用量、使用方法，并在标签上载明“食品添加剂”字样。

（3）违法责任 违反《食品安全法》须负一定的法律责任，对应条款见《食品安全法》第九章法律责任。

第一百二十五条：违反《食品安全法》规定，有下列情形之一的，须负一定的法律责任：（一）生产经营被包装材料、容器、运输工具等污染的食品、食品添加剂；（二）生产经营无标签的预包装食品、食品添加剂或者标签、说明书不符合本法规定的食品、食品添加剂；（三）生产经营转基因食品未按规定进行标示；（四）食品生产经营者采购或者使用不符合食品安全标准的食品原料、食品添加剂、食品相关产品。

（二）《产品质量法》有关包装的限制性条款

《中华人民共和国产品质量法》（简称《产品质量法》）自2009年8月27日起施行，关于包装的条款同样也适用于食品包装，主要条款包括：

第二十六条：（三）产品质量应当符合在产品或者其包装上注明采用的产品标准，符合以产品说明、实物样品等方式表明的质量状况。

第二十七条：产品或者其包装上的标识必须真实，并符合下列要求。

（一）有产品质量检验合格证明；（二）有中文标明的产品名称、生产厂厂名和厂址；（三）根据产品的特点和使用要求，需要标明产品规格、等级、所含主要成分的名称和含量的，用中文相应予以标明；需要事先让消费者知晓的，应当在外包装上标明，或者预先向消费者提供有关资料；（四）限期使用的产品，应当在显著位置清晰地标明生产日期和安全使用期或者失效日期；（五）使用不当，容易造成产品本身损坏或者可能危及人身、财产安全的产品，应当有警示标志或者中文警示说明。

第二十八条：易碎、易燃、易爆、有毒、有腐蚀性、有放射性等危险物品以及储运中不能倒置和其他有特殊要求的产品，其包装质量必须符合相应要求，依照国家有关规定作出警示标志或者中文警示说明，标明储运注意事项。

第三节　食品包装技术规范与质量保证

技术规范（technique practice）是产品和工艺过程的技术规定及说明。在食品包装技术中，涉及食品、包装材料和包装工艺，包括5种技术规范，即：食品技术规范、包装材料规范、包装工艺规范、包装成品规范和质量保证规范。

保持规范的一致性是政府管理机构的职责，而质量保证规范是一致性的协调联系。包装成品规范针对产品制造商，即制造商应负责将合格并适合市场需求的产品提供给消费者，包装就是这种提供的保证。对食品而言，包装除了满足其包装基本功能外，必须在有关法规控制范围内，正确而充分地传达商品信息，以吸引消费者。包装材料规范主要是对食品厂商规定的，食品企业应选择满足产品各种要求的最佳包装材料，包括满足包装的基本功能要求、包装工艺规范要求以及包装的市场表现形式和商品形象要求，并保证其成品的卫生与安全。

技术规范的质量保证实施包括：食品企业的经营理念、政策与相应法规和标准的建立和贯彻；组织机构，即研究开发、生产、采购、销售部门的内部关系、权限、责任及质量保证与管理任务的确立；技术管理，即各级技术人员的定期抽样检验、验收、数据整理分析的统计研究，技术规范和标准的贯彻修正，并具有与相关供应商及技术管理监督部门联系协调的能力。

一、食品技术规范

食品极易腐败变质，食品工艺过程中的技术规范和质量控制（quality controlling，QC）对食品包装成品的质量保证（quality assurance，QA）非常关键。因此，世界各国食品管理监督机构及食品制造企业制定了一系列食品技术规范和标准，来控制包装食品的卫生安全和风味质量，其中最为重要的一类是食品卫生规范。我国原卫生部自 1988 年起已颁布了 17 个食品工厂卫生规范，随着规范化发展，食品工厂卫生规范渐渐被食品生产卫生规范所代替。

由于各国的食品规则不同而阻碍了食品的国际贸易，1962 年联合国粮农组织（FAO）和世界卫生组织（WHO）即为此着手 FAO/WHO 联合食品标准计划。此项计划的目的是保护消费者健康、确保国际贸易中食品的 E 贸易，制定国际通用的食品标准——《食品法规》，也即制定食品的定义、质量、卫生、标识、分析方法，抢救或废除无效标准和规范。

尽管《食品法规》在世界食品市场一体化进程中显得更加重要，但许多发达国家只是有条件地部分接受《食品法规》。在食品技术法规体系中，GMP 和 HACCP 得到 FAO/WHO 的食品法典委员会（CAC）的确认，并作为国际规范和食品卫生基本准则推荐给 CAC 各成员国，在许多发达国家得到采纳实施。

（一）食品的良好操作规范（GMP）

（1）GMP 简介　GMP（good manufacturing practice），即良好操作规范，是美国 FDA 首创的一种保障产品质量的管理规范。1963 年 FDA 制定了医药品的 GMP，1969 年公布了“食品生产、加工、包装、贮存的现行良好操作规范”，一般称为“食品的 GMP 基本规范”，并以该基本规范为依据制定不同食品的 GMP。食品的 GMP 很快被 CAC 采纳，并作为国际规范推荐给 CAC 各成员国。

食品 GMP 是一种具体的品质保证规范，其宗旨是使食品企业在制造、包装及贮运食品过程中，各条件均能达到良好水平，防止食品在不良卫生或易污染的环境下操作，尽可能避免食品质量事故，确保食品安全卫生和质量稳定。

（2）GMP 包含的内容　GMP 工作规范的重点是确认食品生产过程的安全性，防止异物、毒物、微生物污染食品，以及双重检验制度。主要内容包括：目的、适用范围、专用名词定义、厂区环境、厂房及设施、机械设备、组织与人事、卫生管理、生产过程管制、品质管理、仓储及运输管制、标示、顾客投诉处理与成员回收制度、记录档案处理、附则等。

（3）GB/T 23887—2009《食品包装容器及材料生产企业通用良好操作规范》　该标准规定了食品包装容器及材料生产企业的厂区环境、厂房和设施、设备、人员、生产加工过程和控制、卫生管理、质量管理、投诉处理和产品召回等方面的基本要求。

①对厂区环境的要求：厂区应与有毒有害源保持一定的安全距离。厂区内外环境应整洁、卫生，生产区的空气、水质、厂地应符合生产要求。

②对厂房的要求：厂房面积应与生产能力相适应，有足够的空间和场地放置设备、物料和产品，并满足操作和安全生产需要。生产车间应根据需要建立人员通道和物流通道，物流通道应与生产区隔离，且具备与生产区相适应的隔离区。

③对原辅料的控制：应选择合格供应商，索取原辅材料供应商检验合格证明或报告，并保存供应商提供的合格证明，以及进行质量检验或质量验证，并保存检验验证记录，保存期限 2 年以上。原辅料入库后，应有醒目的“待验”标识，质量管理部门检验或验证合格后方能使

用。应遵循“先进先出”的使用原则。待检、合格、不合格原辅料应分区存放，按批次存放，并有易于识别的明显标识。

④对包装、贮存、运输的要求：用于包装食品包装的材料应清洁、卫生，不应对产品造成污染。应根据产品的物理特性和化学特性，选择合适的贮存条件，以保证产品质量不受影响。用于运输食品包装容器及材料的运输工具应清洁、干燥，且有防雨措施，不应与有毒有害或有异味的物品混运。

⑤对质量的管理：应有相应的质量管理部门，负责食品包装容器及材料产品生产全过程的质量管理和检验，对产品质量具有否决权。应识别工艺过程质量安全的危害因素，设定关键控制点，并制定控制措施。生产过程应对关键控制点实施严格监控，并建立追溯性记录。

（二） HACCP

(1) HACCP 简介　HACCP（hazard analysis critical control point），即危害分析与关键控制点管理体制，是一个以预防食品卫生安全为基础的食品质量控制体系。它适用于鉴别影响食品卫生安全的微生物、化学及物理危害。HACCP 的最大优点是，它使食品生产或供应商将以最终产品检验为主要基础的质量控制观念，转变为在生产过程环境中控制潜在的危害因素的预防性方法，它为食品生产厂商提供了一个比传统的最终产品检验更为安全有效的产品质量控制体制。HACCP 必须建立在食品安全项目的基础上才能运行，如良好操作规范（GMP）、卫生标准操作规范（SSOP），由此成为一个比较完整的食品质量保证体系。

HACCP 由食品危害分析（HA）和关键点控制（CCP）两部分组成，即首先分析预定生产工艺方案中可能出现的食品质量危害因素及其存在点，即关键控制点，然后在 HACCP 体制下，对已鉴定的关键控制点进行系统的监控，存档分析，如果对某一 CCP 失去控制，则及时采取纠正措施，并记录在案。

HACCP 被国际食品安全协会认定为保证食品安全与卫生的最佳方法，联合国食品卫生法典委员会 CAC 已将 HACCP 批准为世界范围的食品卫生基本准则。

(2) HACCP 术语

①控制措施：用来消除危害或使其减少到可接受水平的行为活动。

②改正行为：当 CCP 点的监控结果表明有失控趋势时采取的行动。

③CCP 环节：为生产工艺流程中的任一步骤，包括原料处理，产品加工、包装贮运，直至销售整个流通过程，该环节一旦控制，应能消除危害并将其降低至认可水平。

④判断树：用来鉴别哪些加工环节是 CCP 点的一系列问题，这些问题适用于已鉴别出有危害的各加工环节。

⑤流程图：所研究的产品、工艺的详细操作工序。

⑥HACCP 计划：为确保对一特定产品或工艺进行控制而应遵循的操作程序所规定的文件。

⑦HACCP 小组：由进行 HACCP 研究的人员组成的多学科小组，小组应由技术专家、一线监控技术人员和一位技术秘书组成。

⑧危害：引起质量问题的潜在因素，可以是微生物的、化学的和物理的。

⑨监控：对一个 OCP 目标水平和容差的一系列有计划的观察和测量，旨在产生一个精确的记录，从而为将来验证 CCP 是否处于受控制状态提供证据。

⑩风险：对产生危害可能性的一种估计。

⑪目标水平：对控制措施预防测定的值，该控制措施表明能消除或控制某一关键控制

点（CCP)上的危害。

⑫容差：对 CCP 控制措施的绝对值，超出此容差，表明产生距离。

⑬验证：用以监控以外的操作程序，以确保 HACCP 运转正常和有效。

(3) HACCP 原则　GMP 和 HACCP 是由美国 FDA 提出的，被 CAC 批准并推荐的实施对食品进行卫生安全控制和管理的两项行之有效的措施。两者互补，适用于所有的食品行业。表 9-18所示为 HACCP 体系的七原则。

表 9-18　国际食品微生物标准化委员会（NACMCF）制定的 HACCP 原则

项目	原则内容
危害分析和预防措施	包括对危害发生的可能性估计及危害一旦发生后的严重性估计，此分析步骤还应包括制定用以控制所确定危害的预防性措施
关键控制点（CCP）确定	使用判断树鉴别工艺中各 CCP 点
建立关键限值（CL）	制定与 CCP 有关的各项预防性措施必须达到的标准，可将其定为诸如温度、时间、物理尺寸、温度水平、pH、有效氯等预防性措施
关键控制点监控	通过有计划的测试或观察以保证 CCP 处于受控状态
纠偏行动	必须有一个改正行为计划来确保对在产生偏差过程中所生产的食品进行适当的处置，并保留所采取的改正行为的记录
记录保存	建立有关适合于这些原理及其应用的所有操作程序和记录的档案
建立验证程序	验证程序包括验证极限已确定的危害控制是恰当的，包括适当的补充试验和总结，以确证 HACCP 运转正常

二、　产品包装质量保证体系

（一）　产品包装的质量保证要求

(1) 对企业领导的要求　产品包装质量保证体系是企业质量保证体系的重要组成部分。保证产品包装质量是企业领导和各有关业务部门应承担的责任。企业领导应制定质量体系内部审核计划，定期对有关要素进行审核与评价，验证产品包装质量是否达到了规定的质量目标，确定该体系的有效性。

(2) 组织　企业中应有主管包装工作的领导，质量管理部门及有关业务部门应有分管或兼管包装的技术和管理人员，包装车间及其各班组应设置专职或兼职包装质量管理人员，负责日常的包装质量管理工作。质检部门设专职的包装检验员，包装车间和班组开展自检与互检，形成由质检部门、包装车间和班组组成的三级包装质量检验网，保证包装质量。

(3) 人员

①人员素质：人员应具有一定素质，能够掌握包装技术和管理专业知识，或熟悉本岗位操作规程和职责。

②培训：企业应建立培训制度，明确培训要求，必要时可发放正式的资格证书。

③工作质量考核：应对有关人员完成产品包装的质量情况进行考核，做到奖惩分明。

(4) 产品包装质量保证体系文件　应具备足够的文件，作为产品包装质量管理的依据和准则。文件包括：质量管理机构、各业务部门对产品包装质量管理的职能；各级包装管理人员和技术人员的职责范围；包装质量检验和包装件验收规程等。

（5）包装质量记录　应建立包装质量记录，证明产品包装达到了所规定的质量要求，并验证产品包装质量保证体系工作的效果。包装质量记录包括：包装材料和容器进厂验收记录；包装设计鉴定记录；包装材料和容器及包装件试验报告；包装检验验收记录；不合格包装记录等。

（二）包装材料和容器的采购、验收与贮存

（1）基本要求　包装材料和容器是包装件的组成部分，直接影响产品包装的质量，对外购的包装和容器要做好采购计划，并加以控制。

（2）采购　企业的技术部门会同质量检验部门、采购供应部门和包装车间，按产品包装要求和供应可能，制定包装材料和容器的供货要求及验收规程。采购供应部门应按产品生产计划与包装材料和容器的质量标准采购，力求做到定点供应。

（3）验收与贮存

①基本要求：企业应规定进厂检验、入库验收、贮存的管理办法。

②进厂检验：质检人员按质量标准或合同规定要求进行检验，填写检验报告单。当检验项目厂内不能完成时，可委托有关机构检验。

③入库检验：仓库人员凭检验报告单和采购入库单验收入库，并做好入库记录。

④贮存：贮存场所、贮存条件应满足所贮存包装容器和材料的要求。包装材料和容器在库内应按品种、规范分别堆放，对不合格品应单独存放，并应做不合格标记。

（三）产品包装

（1）基本要求

①对内装物的要求：包括有检验机构和检验人员签发的产品检验合格证或证明书，对订货方来厂验收的产品，还需经订货方在合格证或证明书上签字。

②对包装材料和容器的要求：包括包装材料和容器的性能指标要符合标准规定或合同规定要求；包装材料和容器应清洁、干燥、无附着有害物，符合内装物的理化特性，保证对内装物不发生不良影响；用于食品、药品的包装材料和容器要符合食品、医药卫生规定；运输包装，特别是危险品包装要确保装卸、贮存、运输安全，防止环境污染等。

（2）包装过程　应严格执行包装班组的岗位操作规程、岗位责任制和工作标准及其考核办法以及包装机械使用和维修保养办法，保证包装质量符合规定要求。包装前，对所要使用的包装材料和容器要进行检查，检查有无合格证或合格标记，或进行外观检查，合乎要求后，方可使用。对包装前需经预处理的产品，应按有关规定进行相应的预处理。包装时，按内装物数量、重量和包装工艺要求进行操作，发现问题及时处理，应保证做到：标签和使用说明与内装物相符，封口严密、端正，标识在包装件上的包装标识符合有关包装标识标准的规定；大型产品的包装作业，应严格按产品包装装配图和技术文件进行，放入装箱单和随机文件，经包装检验员检查，并在装箱上签字，方能封箱等。

（3）包装质量检验　企业应严格执行包装质量检验的程序和方法，根据标准或合同要求进行检验。检验范围包括工序间检验和包装件检验。工序间检验包括自检和互检。必要时，设包装工序控制点，进行中间检查。包装件检验由厂检验员按规定的程序，根据标准或合同规定要求进行检验。合格后，打合格标记或签发合格证明。

（四） 产品包装质量信息反馈

产品包装质量信息反馈，包括产品包装全过程和包装件在运输、贮存、销售和使用等过程中发生的质量信息的反馈。

企业应建立健全质量信息工作网，与有关业务部门负责质量信息的工作人员把产品包装质量信息的收集和处理作为其工作的一部分。企业有关部门应定期或不定期走访运输、贮存部门和用户，听取他们的意见，改进产品包装质量。必要时，可组成调查组进行产品包装质量跟踪，彻底弄清包装件损坏情况，采取有效措施，加以解决。

思考题

1. 法规、标准、技术操作规范的定义分别是什么？
2. 有关食品包装标准的国际性标准化组织有哪些？
3. ISO 涉及食品包装的技术委员会主要做哪些方面的工作？
4. CAC 和 FAO/WHO 分别是指什么？
5. 欧盟对食品协调工作通过什么来完成？有什么影响？
6. 欧盟有关食品包装的指令主要有哪几类？主要内容是什么？
7. 欧盟食品标签指令主要内容是什么？国际食品法典委员会的食品标签标准是什么？
8. 欧盟食品接触指令主要内容是什么？

参考文献

［1］任发政，郑宝东，张钦发．食品包装学［M］．北京：中国农业大学出版社，2009.

［2］章建浩．食品包装学［M］．第三版．北京：中国农业出版社，2009.

［3］章建浩．食品包装学［M］．第四版．北京：中国农业出版社，2017.

［4］李代明．食品包装学［M］．北京：中国计量出版社，2008.

［5］李代明．食品包装学［M］．北京：中国计量出版社，2011.

［6］杨福馨．食品包装学［M］．北京：印刷工业出版社，2012.

［7］李大鹏．食品包装学［M］．北京：中国纺织出版社，2014.

［8］李良．食品包装学［M］．北京：中国轻工业出版社，2017.

［9］王志伟．食品包装学［M］．北京：化学工业出版社，2008.

［10］董同力嘎．食品包装学［M］．北京：科学出版社，2015.

［11］马桃林．包装技术［M］．武汉：武汉大学出版社，1999

［12］章建浩．食品包装技术［M］．北京：中国轻工业出版社，2001.

［13］章建浩．食品包装大全［M］．北京：中国轻工业出版社，2000.

［14］向贤伟．食品包装技术［M］．长沙：国防科技出版社，2002.

［15］Raija AhWenainen. 现代食品包装［M］．崔建云、任发政、郑丽敏、葛克山主译．北京：中国农业出版社，2006.

［16］周滨飞．食品及包装机械制造工艺学［M］．成都：四川教育出版社，1991.

［17］王利兵．食品包装安全学［M］．北京：科学出版社，2011.

［18］商贵芹．食品接触材料质量控制与检验监管实用指南［M］．北京：化学工业出版社，2013.

［19］吴晓红．食品接触材料安全监管与高关注有害物质检测技术［M］．杭州：浙江大学出版社，2013.

［20］Karen A. Barnes，C. Richard S，D. H. Watson. 食品接触材料及其化学迁移［M］．宋欢，林勤保主译．北京：中国轻工业出版社，2011.

［21］O. G. Piringer，A. L. Baner. 食品用塑料包装材料：阻隔功能、传质、品质保证和立法［M］．范家起，张玉霞译．北京：化学工业出版社，2004.

［22］操恺．食品包装检验［M］．北京：中国质检出版社，2015.

［23］董金狮．食品包装安全360问［M］．北京：中国环境科学出版社，2010.

［24］吴敏．包装工程实验［M］．北京：印刷工业出版社，2009.

［25］段予忠，徐凌秀．常用塑料原料与加工助剂［M］．北京：科学技术文献出版社，2012.

［26］周祥兴．塑料助剂应用速查手册［M］．北京：印刷工业出版社，2010.

［27］高峡，刘伟丽，周明强．食品接触材料化学成分与安全［M］．北京：北京科学技术出版社，2014.

[28] 徐自芬，郑百哲．中国包装工程手册［M］．北京：机械工业出版社，1996.

[29] 黄玉媛．粘合剂配方［M］．北京：中国纺织出版社，2008.

[30] 程能林．溶剂手册［M］．北京：化学工业出版社，2015.

[31] 黄世强．粘合剂及其应用［M］．北京：机械工业出版社，2011.

[32] 王世平．食品安全检测技术［M］．北京：中国农业大学出版社，2016.

[33] 丁晓雯，柳春红．食品安全学［M］．第二版．北京：中国农业大学出版社，2016.

[34] 徐海滨．食品安全性评价［M］．北京：中国林业出版社，2008.

[35] 李波．食品安全控制技术［M］．北京：中国计量出版社，2007.

[36] 凌强．食品营养与卫生安全导论［M］．北京：中国旅游出版社，2016.

[37] 胡秋红，许丽遐．食品营养与卫生［M］．北京：北京理工大学出版社，2011.

[38] 颜廷才，刁恩杰．食品安全与质量管理学［M］．北京：化学工业出版社，2016.

[39] 曲径．食品安全控制学［M］．北京：化学工业出版社，2011.

[40] 尤玉如．食品安全与质量控制［M］．北京：中国轻工业出版社，2015.

[41] 常南．食品用塑料复合包装膜中残留甲苯迁移规律及迁移机理研究［D］．沈阳：沈阳农业大学，2017.

[42] 丁超．食品纸包装材料 UV 墨光引发剂的分析及迁移行为［D］．北京：北京农学院，2013.

[43] 刘延莉．纸质包装材料中有机污染物向液态食品中迁移行为的研究［D］．长沙：中南林业科技大学，2011.

[44] 黄崇杏．食品包装纸中残留污染物的分析及其迁移行为研究［D］．无锡：江南大学，2008.

[45] 洪小明．塑料包装材料中 DEHP 在高脂环境的检测和迁移分析［D］．重庆：西南大学，2011.

[46] 文韵漫．食品塑料包装中光引发剂二苯甲酮和 4-甲基二苯甲酮向食品模拟物的迁移规律研究［D］．重庆：西南大学，2013.

[47] 李波．聚乙烯塑料食品包装材料中有毒有害物质的测定及迁移研究［D］．太原：山西大学，2013.

[48] 马丽．塑料包装白酒中增塑剂迁移行为的研究［D］．太原：山西大学，2013.

[49] 田素润．塑料食品包装材料中多种紫外线吸收剂迁移量测定方法研究［D］．合肥：安徽大学，2013.

[50] 徐恒．天然食品包装材料着色及其添加剂迁移行为研究［D］．大连：大连工业大学，2011.

[51] 沈聪文．我国食品包装安全管理机制研究［D］．兰州：兰州大学，2013.

[52] 刘银．$^{60}Co\gamma$ 辐照对 PE、PP、PA 食品接触包装材料辐解行为、迁移规律及物理性能影响研究［D］．乌鲁木齐：新疆大学，2013.

[53] 黄湛艳．食品包装材料 PET 中小分子化学物质的检测和迁移研究［D］．广州：暨南大学，2015.

[54] 宋宇．我国塑料食品包装安全监管制度研究［D］．成都：西南交通大学，2010.

[55] 罗致．钢体表面 Mo_2NiB_2 金属陶瓷涂层的设计、制备及应用研究［D］．湘潭：湘潭

大学，2016.

［56］张泓，朱蕾，张俭波．我国食品包装用粘合剂安全风险研究及安全管理建议［J］．中国食品卫生杂志，2017，29（5）：600-605.

［57］王羽，云雪艳，李见森，等．PA/PE 复合膜对鲜切莴笋保鲜效果的影响［J］．食品科学，2015，36（24）：343-347.

［58］徐航，程裕东，雷桥，等．翡翠贻贝气调保鲜包装研究［J］．中国食品学报，2006，6（1）：184-188.

［59］戴宏民，戴佩燕．包装从多方面保障食品安全［J］．中国包装，2016（4）：81-85.

［60］邢家新，张璎鸾．食品包装安全隐患及检测研究［J］．现代食品，2017（20）：20-22.

［61］屈贞财．浅析食品包装材料安全的危害源［J］．印刷质量与标准化，2016（5）：10-12.

［62］陈曦．食品包装的安全隐患与监管现状［J］．印刷技术，2016（8）：16-19.

［63］罗沅，董昶．食品包装材料卫生安全研究［J］．企业技术开发，2015，34（26）：75-76.

［64］汪仕韬，邵卫卫，薛娜娜，等．食品塑料包装材料危害物安全风险分析［J］．塑料包装，2015，25（6）：41-43.

［65］陈明，舒溢，茅辰，等．AS 和 ABS 塑料类食品接触材料中丙烯腈的迁移研究［J］．食品安全质量检测学报，2014，5（11）：3564-3570.

［66］陈缘缘，周逸．终端用户如何实现食品包装的安全控制？［J］．印刷技术，2016（8）：29-30.

［67］刘守琼．我国食品包装材料的安全现状与管理［J］．中国包装工业，2015（6）：51，53.

［68］王海燕，李志恒．关注食品安全，加强食品包装材料风险监测［J］．印刷技术，2015（8）：22-25.

［69］魏小波．浅谈国内外食品包装材料法规现状［J］．食品安全导刊，2016（7）：45-47.

［70］贺昌城．说“弛豫”［J］．高分子通报，2017（11）：80-83.

［71］隋海霞，刘兆平，李凤琴．不同国家和国际组织食品接触材料的风险评估［J］．中国食品卫生杂志，2011，23（1）：36-40.

［72］吕晓飞，刘博，王青．食品接触材料迁移试验方法新旧标准差异探讨［J］．中国标准化，2017（8）：105-109.

［73］寇海娟，商贵芹，邵晨杰．我国和欧盟食品接触材料迁移试验方法的分析比较［J］．包装工程，2012，33（3）：35-38.

［74］朱蕾，樊永祥，徐海滨，等．欧美和日本等国食品包装材料膳食暴露评估方法的比较分析［J］．中国食品卫生杂志，2012，24（5）：479-484.

［75］朱蕾．我国食品接触材料标准新体系构建［J］．中国食品卫生杂志，2017，29（4）：385-391.

[76] Barnes K, Sinclair R, Watson D. Chemical Migration and Food Contact Materials: Principles and Practice [M]. Woodhead Publishing, 2007.

[77] Barone C, Bolzoni L, Caruso G, et al. Food Packaging Hygiene [M]. Springer, 2015.

[78] Costa R, Kristbergsson K. Predictive Modeling and Risk Assessment [M]. Springer, 2009.

[79] Crompton TR. Additive Migration from Plastics Into Foods: A Guide for Analytical Chemists [M]. Smithers Rapra Technology Limited, 2007.

[80] Khetarpaul N, Punia D. Food Packaging [M]. Daya Pub House, 2012.

[81] Piergiovanni L. Limbo S. Food Packaging Materials [M]. Springer, 2016.

[82] Robertson GL. Food Packaging: Principles and Practice, third edition [M]. CRC Press, 2012.

[83] Subramanian MN. Plastics Additives and Testing [M]. Scrivener Publishing, 2013.

[84] Suzanne M. Snedeker. Toxicants in Food Packaging and Household Plastics: Exposure and Health Risks to Consumers [M]. Humana Press, 2014.

[85] Yam K, Lee DS. Emerging Food Packaging Technologies [M]. Woodhead Publishing, 2012.

[86] Yun X, Dong T. Chapter 5 "Fabrication of High-barrier Plastics and Its Application in Food Packaging", Food Packaging [M]. Academic Press, 2017.

[87] Aparicio JL, Elizalde M. Migration of Photoinitiators in Food Packaging: A review [J]. Packaging Technology and Science, 2015, 28 (3): 181-203.

[88] Arvanitoyannis IS, Kotsanopoulos KV. Migration Phenomenon in Food Packaging. Food-Package Interactions, Mechanisms, Types of Migrants, Testing and Relative Legislation - A Review [J]. Food and Bioprocess Technology, 2014, 7 (1): 21-36.

[89] Asako Ozaki, Yukihiko Yamaguchi, Tadao Fujita, et al. Chemical Analysis and Genotoxicological Safety Assessment of Paper and Paperboard Used for Food Packaging [J]. Food and Chemical Toxicology, 2004, 42 (8): 1323-1337.

[90] Auras R, Harte B, Selke S. An Overview of Polylactides as Packaging Materials [J]. Macromolecular Bioscience, 2004, 4 (9): 835-864.

[91] Dong T, Song S, Liang M, et al. Gas Permeability and Permselectivity of Poly (L-Lactic Acid) /SiOx Film and Its Application in Equilibrium-Modified Atmosphere Packaging for Chilled Meat [J]. Journal of Food Science, 2017, 82 (1): 97-107.

[92] Dong T, Yun X, Li M, et al. Biodegradable High Oxygen Barrier Membrane for Chilled Meat Packaging [J]. Journal of Applied Polymer Science, 2015, 132 (16): 41871 (1-8).

[93] Franz R. Programme on the Recyclability of Food-packaging Materials with Respect to Food Safety Considerations: Polyethylene Terephthalate (PET), Paper and Board, and Plastics Covered by Functional Barriers [J]. Food Additives and Contaminants, 2012, 19: 93-110.

[94] Han W, Yu YJ, Li NT, et al. Application and Safety Assessment for Nano-composite Materials in Food Packaging [J]. Chinese Science Bulletin, 2011, 56 (12): 1216-1225.

[95] Arvanitoyannis I S, Choreftaki S, Tserkezou P. An Update of EU Legislation (Directives

and Regulations) on Food-Related Issues (Safety, Hygiene, Packaging, Technology, GMOs, Additives, Radiation, Labelling): Presentation and Comments [J]. International Journal of Food Science and Technology, 2005, 40 (10): 1021-1112.

[96] Jamnicki T, Jamnicki S. Migration of Itx (Isopropyl Thioxantone) from Tetra Pak Bricks into Food [J]. Acta Graphica, 2010, 21 (1-2): 7-13.

[97] Lendl T, Mattern R. Method for Coating a Surface of an Electrically Non-conductive Substrate with Powder Coatings [P]. US20160121361A1.

[98] Licciardello F. Packaging, Blessing in Disguise. Review on Its Diverse Contribution to Food Sustainability [J]. Trends in Food Science and Technology, 2017, 65: 32-39.

[99] Marsh K, Bugusu B. Food Packaging - Roles, Materials, and Environmental Issues [J]. Journal of Food Science, 2007, 72 (3): R39-R55.

[100] Oiwah L, Siukay W. Contamination in Food from Packaging Material [J]. Journal of Chromatography A, 2000, 882 (1): 255-270.

[101] Oliveira M, Abadias M, Usall J, et al. Application of Modified Atmosphere Packaging as a Safety Approach to Fresh-Cut Fruits and Vegetables - A review [J]. Trends in Food Science and Technology, 2015, 46 (1): 13-26.

[102] Risch S J. Chapter 1 "New Developments in Packaging Materials", Food Packaging [J]. ACS Symposium Series, 2000, 753: 1-7.

[103] Singh S, Gaikwad KK, Lee M, et al. Temperature-Regulating Materials for Advanced Food Packaging Applications: A Review [J]. Journal of Food Measurement and Characterization, 2018, 12 (1): 588-601.

[104] Souza VGL, Fernando AL. Nanoparticles in Food Packaging: Biodegradability and Potential Migration to Food - A review [J]. Food Packaging and Shelf Life, 2016, 8: 63-70.

[105] Yun X, Wang Y, Li M, et al. Application of Permselective Poly (ε-caprolactone) Film for Equilibrium-modified Atmosphere Packaging of Strawberry in Cold Storage [J]. Journal of Food Processing and Preservation, 2017, 41 (6): e13247 (1-11).